中 等 专 业 学 校 试 用 教 材

村镇道路与桥涵

唐 凯 主编

姚昱晨 戴庆星 编

中国建筑工业出版社

前　言

　　《村镇道路与桥涵》是根据建设部颁发的普通中等专业学校村镇建设专业毕业生培养规格、专业教学计划、《道路与桥涵》教学大纲、最新国家规范、标准与规定编写的。通过本课程的学习，要求能掌握道路线型的设计原理和计算方法，熟悉道路路基、路面交叉、桥梁和涵洞的组成与构造，达到在一般自然条件下，能基本处理道路设计与桥涵造型工作问题。

　　本教材在编写中结合城市道路与公路的特点，力求突出重点，简要实用，以便于学生掌握和运用。书中主要讲授道路组成与技术标准、路线、交叉、路基、路面、桥梁与涵洞等内容，并对各项讲授内容附有设计成果与设计图示。教学中可根据大纲和各方面实际情况选择或安排自学内容。

　　本教材第一、二、三、四章由浙江省建筑工业学校唐凯编写；第五章由浙江省建筑工业学校姚昱晨编写；第六章由浙江省交通学校戴庆星编写。全书由唐凯主编，交通部呼和浩特交通学校章余恩主审。经中等专业学校工民建与村镇建设专业教学指导委员会专家评审并推荐。

　　由于编者业务水平有限，书中存在的诸多不妥、错误之处，敬请读者们多提宝贵意见。

目　录

第一章 绪 论

第一节 道 路 运 输

一、特点

交通运输包括铁路、道路、航空、水运和管道运输。道路运输是陆地运输的重要组成部分，是国民经济赖以发展的基础设施。道路运输与其它运输方式相比具有以下特点。

（一）机动灵活

道路运输可以直接从"门"到"门"，从产地到市场，做到直达运输，无需中转，节约时间和费用。

（二）适应性强、服务面广

道路布设能很好地适应各种地形情况，受地形、地物、地质方面影响较小。道路是城镇连接山区、乡村和边远地区的纽带。它也可以承担其它种类客、货运输的集散工作。

（三）速度快，效益好

汽车运输时速仅次于飞机，而道路工程投资相对较小，行车迅速、时间灵活，周转快，比其它任何运输方式有明显的优势。

二、作用

道路运输有方便、灵活、迅速、经济的特点，它在整个交通运输中占据主导地位，有着重要作用。

1.道路运输可独立承担完成客、货运输服务。

2.道路运输是联接其它各种类运输方式不可缺少的重要组成。

三、发展

由于道路运输具备显著的优点，故道路设施得以快速发展。当前世界各国在道路运输方面的发展速度大大超过了铁路和其它运输方式，成为交通运输的主导运输方式。一般道路运输量占所有交通运输总量的三分之二以上。道路运输水平往往是衡量国家综合国力，国民经济发展水平的重要标志。

随着道路建设及汽车工业的发展，我国的道路运输业有了较快发展。近年创造了大批低等级道路，建成一批新的道路和高等级道路。目前我国道路通车里程达104万km，桥梁14万座。道路客、货运量每年都有大幅度增加。

虽然，我国道路建设，道路运输有了很大发展，但对于幅员广大、人口众多的国家，现有道路远不能适应国民经济发展，不适应汽车运输发展的需求。为此我们要加倍努力工作，加快道路建设，为国家经济发展，为改革开放需要打下坚实基础。

第二节 道 路 组 成

道路是指为陆地交通运输服务，用于各种类型车辆、人行通行通道的总称。

1

一、分类

（一）道路按使用任务、性质分

1.公路

城镇管辖区外，连接市、镇、县、乡、远郊工业矿区的道路部分。

2.城市道路

城市、城镇管辖区范围内的道路部分。

3.厂矿道路

在工厂、矿区、码头内部的专用道路部分。

4.农村道路

联接乡、村、居民点间的道路部分。

5.林区道路

用于林区内部的生产、生活专用道路部分。

（二）按道路服务范围及道路网中地位分

1.国道

全国性主要公路干线。

2.省道

各省范围内的区域性公路。

3.县道

各县范围内地方性公路。

二、道路组成

道路是三维空间的带状结构物，为车辆与行人提供通行条件。其基本组成部分如下。

1.路线

指道路中线的空中间位置。包括：平面、纵断面、横断面三个部分，由三部分形成了道路的整体。道路线型综合体现道路的外观形象，是道路工程经济、外形美观、行车安全与舒适的关键。

2.路基

是按路线位置和一定技术要求修筑的作为路面基础的带状构造物。它与路面一起共同承受行车荷载作用并抵御自然因素的侵蚀。路基是整个道路建筑的基础，其工程质量的优劣是反映整个道路使用质量，使用品质的主要方面。

3.路面

用各种筑路材料铺筑在道路路基上直接承受车辆荷载的层状构造物。路面要适应行车荷载的直接作用和自然因素的影响。它包括：面层、基层（承重层）、垫层。路面工程是反映道路使用质量，工程经济的重要方面，即要创造安全、舒适、平稳的行车条件，又要有坚固、稳定、耐久的使用品质。

4.交叉口

指多条道路的交汇位置。交叉口包括：平面交叉口和立体交叉口。交叉口是道路交通的重要部位，它的设置首先应确保车辆与行人安全、迅速通行，同时应使排水畅通和外形美观。

5.桥涵

是道路跨越河流及各种障碍的人工构筑物。它包括：基础、墩台、桥跨结构、桥面系等，分为各种形式的大、中、小桥与涵洞。桥涵建设要考虑各种荷载、地形、地质、水文等条件，因地制宜，就地取材，经济地选择桥型及桥跨结构，做到坚固、安全、经济、美观。

6.隧道

指在地面以下的供车辆、行人通行的建筑物。它由衬砌、支撑、通风、排水、照明等设施组成的地下通道。隧道种类有：城市隧道；水底隧道；过岭隧道。隧道工程施工困难，造价高，应充分选择利用良好的地质、地形、水文地质条件，确定方案应从运输经济，工程经济，行车安全，道路等级各方面综合分析比较后审慎选择。

7.附属设施

保障道路行车、行人安全、舒适、迅速通行的道路配套服务设施。它包括：

（1）安全防护设施：护栏，护墙，分隔带，隔离墩等。

（2）管理养护设施：路面标线，交通岛，交通标志（指示、警告、禁令标志），交通监控系统，通讯设备，收费站，道班房等。

（3）环境保护设施：绿化带、隔音墙、噪声、空气、测速等监控设施。

（4）服务设施：照明，加油站，饭店，修车厂，旅店，停车场，商店等。

随着道路交通的发展，现代道路设施根据实际需要将会进一步的发展。重视道路建筑的美化、绿化，创造良好的行车环境，提高行车速度，确保行车安全是道路建设的目标。

第三节　道路技术标准

道路工程是包括道路的规划、勘测、设计、施工、养护等过程的应用科学技术。由于各条道路任务、目的、功能及所在地区的自然条件不同，对每条道路有不同的设计要求。为了满足交通运输发展，国家建设需要，合理地使用工程建设投资，国家制定颁布了《公路工程技术标准》和《城市道路设计规范》等，作为道路工程规划、勘测、设计、施工、养护全过程技术执行标准与质量控制方面的法律依据。

一、公路分级标准

根据公路使用任务、性质及交通量，"公路标准"规定我国新建或改建公路分为：汽车专用公路和一般公路两大类，其中又分有：高速公路、一级公路、二级公路、三级公路、四级公路五个等级。各级公路分级、分类及主要技术指标见表1-1。

二、城市道路分类标准

城市道路按其在道路系统中的地位、交通功能及服务功能规定我国城市道路划分为：快速路、主干路、次干路、支路四大类，其中除快速路外，其余各类道路按城市规模，交通组成、地形情况分为：Ⅰ、Ⅱ、Ⅲ级。我国城市道路分类、分级及主要技术指标见表1-2。

道路技术标准体现了我国道路建设方针、政策和技术要求。因此，在道路规划、设计和施工中应遵守"标准"中的各项规定。值得提出的是，具体运用各项指标时，应从实际出发，在不过份增加工程量的情况下，尽可能采用较高的技术指标，以改善行车条件提高运输效益，并利于今后道路改建。

各级公路主要技术指标汇总　　　　　表 1-1

公路等级	汽车专用公路								一般公路					
	高速公路				一		二		二		三		四	
地形	平原微丘	重丘	山岭	山岭	平原微丘	山岭重丘	平原微丘	山岭重丘	平原微丘	山岭重丘	平原微丘	山岭重丘	平原微丘	山岭重丘
计算行车速度 (km/h)	120	100	80	60	100	60	80	40	80	40	60	30	40	20
行车道宽度 (m)	2×7.5	2×7.5	2×7.5	2×7.0	2×7.5	2×7.0	8.0	7.5	9.0	7.0	7.0	6.0	3.5	
路基宽度 (m) 一般值	26.0	24.5	23.0	21.5	24.5	21.5	11.0	9.0	12.0	8.5	8.5	7.5	6.5	
路基宽度 (m) 变化值	24.5	23.0	21.5	20.0	23.0	20.0	12.0						7.0	4.5
极限最小半径 (m)	650	400	250	125	400	125	250	60	250	60	125	30	60	15
停车视距 (m)	210	160	110	75	160	75	110	40	110	40	75	30	40	20
最大纵坡 (%)	3	4	5	5	4	6	5	7	5	7	6	8	6	9
桥涵设计车辆荷载	汽车-超20级 挂车-120				汽车-超20级 挂车-120 汽车-20级 挂车-100		汽车-20级 挂车-100		汽车-20级 挂车-100		汽车-20级 挂车-100		汽车-10级 履带-50	

我国城市道路分类及主要技术指标　　　　　表 1-2

类别	级别	设计车速 (km/h)	双向机动车道数 (条)	机动车道宽度 (m)	分隔带设置	横断面采用型式
快速路		80	≥4	3.75~4	必须设	双、四幅路
主干路	Ⅰ	50~60	≥4	3.75	应设	单、双、三、四
主干路	Ⅱ	40~50	3~4	3.5~3.75	应设	单、双、三
主干路	Ⅲ	30~40	2~4	3.5~3.75	可设	单、双、三
次干路	Ⅰ	40~50	2~4	3.5~3.75	可设	单、双、三
次干路	Ⅱ	30~40	2~4	3.5~3.75	不设	单幅路
次干路	Ⅲ	20~30	2	3.5	不设	单幅路
支路	Ⅰ	30~40	2	3.5	不设	单幅路
支路	Ⅱ	20~30	2	3.25~3.5	不设	单幅路
支路	Ⅲ	20	2	3.0~3.5	不设	单幅路

注：① 除快速路外，各类道路可根据所在城市的规模大小、政治经济发展、人口密度、土地开发利用、设计交通量、车辆组成、地形、旧城市改建、扩建等情况分成Ⅰ、Ⅱ、Ⅲ三级。
② 改建道路根据地形、地物限制、房屋拆迁、占地困难等具体情况，选用表中适当的道路等级。
③ 省会、自治区首府所在地的中、小城市，其道路等级可根据实际情况提高一级。
④ 各城市文化街、商业街，根据具体情况参照表中次干路及支路的标准设计。

第二章 路　　线

第一节　路线设计依据

一、基本要求

道路各组成部分是以既定路线为基础，并进行其它各项设计的。设计中道路技术"标准"的运用和使用质量首先是通过路线设计得以具体体现。

路线设计是决定道路空间位置与外观、几何形状与各部分尺寸的设计。它应从平面、纵断面、横断面三方面综合考虑，需要有科学和美观两方面的严格要求，把人、车、路和自然环境作为一个整体，使设计方案做到平面顺适、纵坡均衡、断面合理。路线设计应在安全、迅速、经济、舒适、美观原则下达到以下基本要求：

1.道路线形应使驾驶员和乘客有充分的安全感和舒适感。

2.行车驾驶员的视觉和心理反应良好。

3.道路线形应与自然环境和景观协调。

4.道路线形应保持连续和均衡。

5.路线设计应做到工程方面和运营方面经济。

二、设计依据

新建和改建道路设计是以道路的使用任务、性质、地位及交通功能为准则，以道路行车交通量为条件来确定道路等级，并根据道路所在地区的自然与地形条件，合理地选择，确定道路各部分几何设计指标。因此在路线设计中最基本的技术经济依据是：交通量、设计车辆、地形、设计车速。

（一）交通量

1.道路交通量

道路交通量是指某道路横断面上单位时间内（每小时或每昼夜）通过车辆的往返数量。它是确定道路等级的主要经济依据。设计中常考虑的交通量有：

（1）年平均昼夜交通量，N_1：即一年365天交通量的平均值。

（2）最大日交通量，N_2：即一年365天中日交通量的最大值。

（3）高峰小时交通量，N_3：即一年中最大的小时交通量。

（4）昼夜平均小时交通量，N_4：即一昼夜中平均每小时交通量。

（5）30位小时交通量：将一年8760小时交通量，按大小顺序排列后，第30位大小的小时交通量。如图2-1。

（6）远景交通量：道路在设计年限使用期末达到的交通量。

根据我国多年交通量变化规律的统计，以上前四种交通量的关系为：

$$① \frac{N_2}{N_1} = F_1 ; \qquad ② \frac{N_3}{N_4} = F_2$$

式中　F_1为年不平衡系数，它反映我国一年中昼夜交通量变化情况，一般取$F_1=1.6$。

　　F_2为日不平衡系数，它反映我国一昼夜中小时交通量变化范围，一般取$F_2=2.1$。

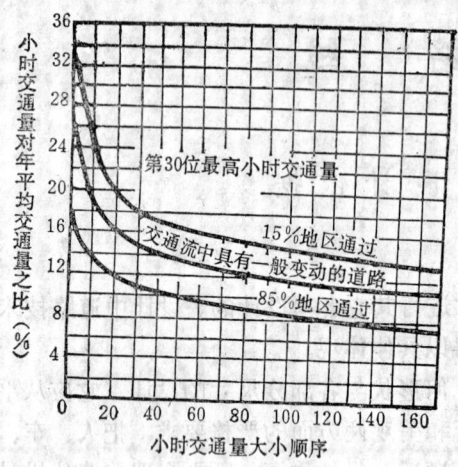

图 2-1　道路30位小时交通量

2. 设计交通量

设计交通量是指一定设计年限末期道路交通量，设计年限末期道路断面所能容纳交通量由现有交通量和设计年限内增加的交通量两个部分组成。设计交通量是确定道路等级的主要经济依据。道路的设计年限一般为：高等级道路（高速公路、一级公路、快速干道）不低于20年；二级公路与城市主干道为15年；三、四级公路与城市次干道为10年。

（1）设计交通量的计算方法

设计交通量可根据道路规划交通量或参照类似规模道路的交通量资料决定，也可由原有道路交通量的统计资料（现行交通量与交通量增长数量）按下述方法计算设计交通量：

①按车辆每年平均增长量计算

$$N_n = N + n \cdot \varDelta N \tag{2-1}$$

②按车辆每年平均增长率对现行统计交通量计算

$$N_n = N(1 + n \cdot r) \tag{2-2}$$

③按车辆每年平均增长率对每年递增交通量计算

$$N_n = N(1+r)^{n-1} \tag{2-3}$$

式中　N_n——设计年限末交通量（辆/昼夜或辆/小时）；

　　　　N——统计年度现有交通量（辆/昼夜或辆/小时）；

　　　　n——道路设计年限；

　　　　$\varDelta N$——统计年度的车辆年平均增长数量；

　　　　r——统计年度的车辆年平均增长率。

（2）设计交通量的确定

确定道路等级主要决定于设计交通量的取值，设计交通量的确定实际上是一个较为复杂的问题，受国民经济发展、城镇建设、交通规划、工程投资等各方面因素制约。若设计交通量取值过低，可能会造成道路上实际交通量经常超出，而发生交通堵塞，即不能满足行车要求，工程投资也无法产生效益。而设计交通量取值过高，道路上实际车流量很小，资金不能充分利用，无法发挥效益而造成浪费同样是不合理的。因此，在工作中应全面分析研究各种交通因素，并根据实际交通特点与交通情况选择计算方式，确定设计交通量。

目前，我国道路设计一般采用"年平均昼夜交通量"作为设计交通量，国外多用30位小时交通量或昼夜小时交通量为设计交通量。无论采用哪种交通量为设计交通量，都必须根据道路所在地区的交通实际状况出发，全面地、切合实际地、合理地确定设计交通量，同时应注意以下几点：

6

①道路应保证高峰小时交通量安全、迅速地通过。

②道路应考虑满足设计年限末期及远景交通量的使用要求。

③应考虑道路上交通流量的季节性与道路吸引部分交通量的使用需要。

3.车辆换算

道路上行驶的车辆类型各不相同，设计中必须把不同尺寸、不同种类、不同行驶速度的各种车辆的交通量换算成同一种"标准车型"的交通量作为计算设计交通量的依据。一般高等级道路（高速公路、一级公路、快速干道）以小汽车为标准车型；其它各级道路以载重车为标准车型。以小汽车和载重车为标准车型的车辆换算系数见表2-1和2-2。

以小汽车为标准的换算系数　　　　　　　　　　　　表 2-1

车　　辆　　类　　型	换　算　系　数
小 汽 车	1.0
小型载重汽车	1.5
3~5t载重汽车	2.0
5t以上载重汽车	2.5
中、小型公共汽车	2.5
大型公共汽车、无轨电车	3.0
摩托车、轻便摩托车	0.8

以载重汽车为标准的换算系数　　　　　　　　　　　　表 2-2

车　　辆　　类　　型	换　算　系　数
载重汽车（包括大卡车、重型汽车、中、小型公共汽车、三轮车、胶轮拖拉机）	1.0
带挂车的载重汽车（包括大型公共汽车、无轨电车）	1.5
大型平板车	2.0
小汽车（包括吉普车、小型客车、摩托车）	0.5

应当注意：上述所说设计交通量是指单位时间内道路横断面上通过标准车的数量，它是反映道路实际通过能力的量值，用来确定道路等级、行车道宽度尺寸、交叉口设计等。而在路面设计中用到的交通量，指的是一个车道上标准轴载的累计有效作用次数（当量轴次），用于计算路面结构强度。它表示车辆荷载重量对路面的作用程度。

（二）设计车辆

道路上行驶的车辆种类繁多、尺寸各异，因此道路的几何设计中应考虑车辆的形状与尺寸，选择有代表性的标准车型作为设计车道宽度、弯道加宽、道路净空等方面的设计依据。根据车辆的外廓尺寸，我国道路规定设计车辆标准尺寸如表2-3，其中设计车辆有：小客车、载重汽车、半挂车三类。

（三）地形

地形对道路线形设计和各项指标确定有很大影响，不但涉及工程投资，对行车安全、运输经济方面也大打折扣。为使路线设计适应地形变化，降低工程费用，满足行车要求，

设计车辆外廓尺寸

表 2-3

车 辆 类 型	项					目
	总 长	总 宽	总 高	前 悬	轴 距	后 悬
	尺		寸		(m)	
小客车	6	1.8	2	0.8	3.8	1.4
载重汽车	12	2.5	4	1.5	6.5	4
半挂车	16	2.5	4	1.2	4+8.8	2

注：自行车的外廓尺寸采用宽0.75m，高2.00m。

公路"标准"中按平原微丘、山岭、重丘三大类地形规定了不同的设计指标。城市道路设计规范也根据地形情况，将同类道路做了级别上的调整，使各项技术指标适应地形变化。因此,路线设计与各技术指标的运用重点应放在地形对路线的限制和影响程度上,针对不同的地形，正确、合理运用标准指标。地形分类情况如下：

1. 平原微丘

指平原、盆地、高原平原等地形平坦无明显起伏，地面自然坡度在3°以下；起伏不大的丘岭，地面自然坡度在20°以下；地面相对高差小于100m等均属于微丘地形。平原微丘地形路线的平、纵线形布设方面均不受限制，路线设计指标较高。

2. 重丘

指连绵起伏的山丘，有较高的分水岭，地面自然横坡一般在20°以上。路线平、纵、横三方面设计大部分受地形限制，设计指标相对较低。

3. 山岭

指陡峻的山坡、山脊地形，地形变化复杂，地面自然坡度大部分在20°以上。路线平、纵、横三方面设计大部分受地形控制，设计指标低，防护工程多。

（四）设计车速

设计车速也称计算行车速度，是决定道路几何设计指标的重要依据。道路的曲线半径、超高、加宽、视距、纵坡、车道宽等项指标无不与设计车速有关。当设计车速确定后，在该行驶车速下的道路各项对应的几何设计指标也随之而定。所以设计车速是道路设计的重要依据，是关键性指标。我国公路，城市道路的设计车速规定见表1-1和1-2。

应当特别指出：设计车速并不代表实际行车速度。道路上驾驶员是根据路况、交通情况、车辆性能、驾驶技术等多方面因素来选择行车速度的。所以在规定的设计车速下选择具体道路各项设计指标时，应尽可能考虑哪些可能会超过设计车速行驶的车辆安全，应尽量采用较高的设计指标。

设计车速是根据道路的使用任务和性质、交通量、地形等条件规定的，它对工程费用和运输效益两方面均有较大影响，确定该指标时应全面考虑各方面的因素并注意以下几点：

（1）避免设计车速取值过高，造成在山岭及地形复杂地区工程费用过高。

（2）防止设计车速选择太低，不能满足车辆行驶需要，超过设计车速行驶车辆过多，造成交通堵塞，增加交通事故而影响运输效益。

（3）对于一条道路，应采用同一设计车速，以保证设计路段的技术指标均衡和行车的连续性。当地形或其它条件发生变化，必须改变路段设计车速时，变更后的设计车速和对应的技术指标与原指标相差愈小愈好。道路设计车速变更位置应选在交通量、地形变化较大处，驾驶员容易判断处，而且路段设计车速变更处应设足够里程长度的指标过渡段。

<h2 style="text-align:center">第二节　道路平面设计</h2>

一、平面线型要素

道路中心线和边线在地表面的投影为平面线形。它是由直线、圆曲线、缓和曲线三个要素组成。为使道路线型适应汽车行驶轨迹要求，达到安全、舒适的目的，公路平面线型设计常采用：直线——缓和曲线——圆曲线——缓和曲线——直线的组合；城市道路一般采用：直线——圆曲线——直线的组合方式。

（一）直线

直线是两点间距离最短的线段。它具有线形直捷，布设方便，行车视距好，行车平稳等优点如图2-2。但直线不能适应地形变化，不便于避让障碍，直线过长容易使驾驶员产生麻痹而放松警惕，发生行车事故，对于夜间行车中尾追车辆距离判断不准，对向行车灯光眩目不利安全。故路线设计中对长直线应限制使用。在城市道路、桥梁、交叉口、隧道等路段，采用直线形显然是极为有利的。路线设计中对直线的设置要与地形、地物、环境相适应。

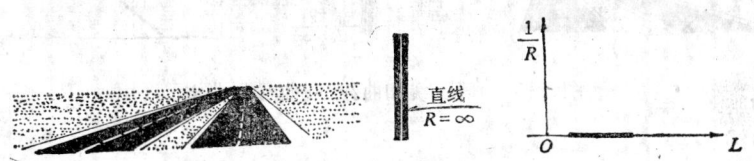

图 2-2　直线与曲率

（二）圆曲线

圆曲线是道路平面走向改变方向或竖向改变坡度时所设置的连续两相邻直线段的圆弧形曲线。圆曲线线形布设方便，能很好地适应地形，避让障碍，与地形配合得当可获得圆滑、舒顺、美观的路线，又能降低工程造价。而且，这种线形使行车景观不断变化，使驾驶员保持适度的警惕，增加行车安全性，也可起到诱导行车视线的作用如图2-3。但圆曲线的选择切不可迁就地形，造成半径过小而影响行车安全。

（三）缓和曲线

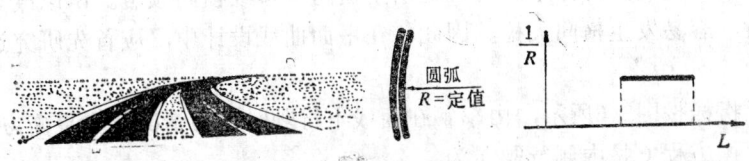

图 2-3　圆曲线与曲率

缓和曲线是平面线形中，在直线与圆曲线、圆曲线与圆曲线之间设置的曲率连续变化的曲线。它易于适应地形，能很好地与汽车行驶轨迹相适应，使线型连续、美观，但缓和曲线计算、布设较为繁琐。

在道路线形设计中若将直线与圆曲线连接如图2-4，会导致直线与圆曲线衔接点处产生曲率间断，而行车轨迹是连续的，若在平面线型设计中不采用缓和曲线，对于进出弯道行驶车辆，特别对哪些以较高速度行驶的车辆来说，在行车安全、行车连续方面的影响将是明显的，其致会使行车偏离车道而发生事故。所以，从道路线型必须适应行车轨迹方面来看，设置缓和曲线是十分必要的。

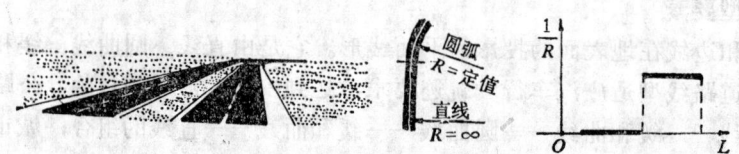

图 2-4 直线-圆曲线与曲率

缓和曲线曲率由零逐渐连续变化，符合匀速行驶汽车的行驶轨迹。在图2-5中可以看出，用缓和曲线将直线与圆曲线连接，提高了平面线型在视觉上的平顺性、行车方面的连续性，缓和了离心加速度变化对乘客的影响，驾驶员可从容顺适操纵方向。所以，缓和曲线的设置对行车安全、连续、线型美观等方面是有益的。

图 2-5 直线-缓和曲线-圆曲线与曲率

二、圆曲线

（一）曲线半径

汽车在圆曲线路段行驶时，产生的离心力为：

$$F = \frac{Gv^2}{gR}$$

式中　F——离心力（N）；

　　　G——汽车重量（N）；

　　　v——汽车行驶速度（m/s）；

　　　R——曲线半径（m）；

　　　g——重力加速度（=9.81m/s²）。

由于汽车受到离心力的作用，将可能产生横向滑移或横向倾覆。所以汽车在小半径曲线路段行驶时，容易发生横向失稳。因此，在平面曲线设计中，应首先研究选择圆曲线半径。

曲线半径指标按图2-6所示，由车辆在曲线上行驶时受力情况建立平衡方程求得。

由图得平衡方程（按内侧行驶）为：

$$F\cos\alpha - G\sin\alpha = (F\sin\alpha + G\cos\alpha)\mu$$

10

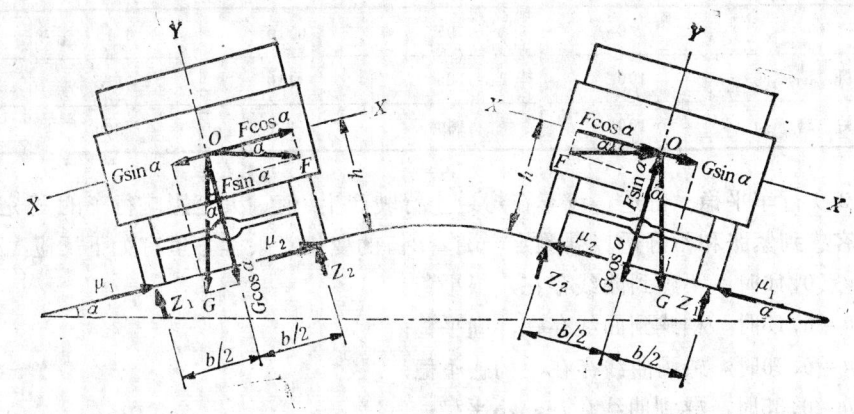

图 2-6　行车受力

方程两边同除以$\cos\alpha$；且令$i_y = \mathrm{tg}\,\alpha$

得：

$$F - Gi_y = \mu(G + Fi_y)$$

将$F = \dfrac{Gv^2}{gR}$代入上式，略去高阶小数$v^2\mu i_y$整理后得到：

$$R = \dfrac{v^2}{g(\mu + i_y)}$$

将车速v(m/s)化为V(km/h)，$g = 9.81$代入上式得：

$$R = \dfrac{V^2}{127(\mu + i_y)} \tag{2-4}$$

从式2-4中看出，曲线半径R与横向力系数μ，横坡i_y，设计车速V有关。这对我们分析选择曲线半径与超高横坡有重要作用。

1. 横向力系数μ与取值

由式2-4得：

$$\mu = \dfrac{V^2}{127R} - i_y$$

横向力系数μ表示单位车重所受到的横向力（离心力），它反映曲线上行车的横向稳定程度，μ值越大越不利，其μ取值大小取决以下几方面。

（1）行车安全。保证曲线路段行车与横向稳定的控制条件是：确保行车不产生横向滑移，即要求μ低于轮胎与路面所提供的横向摩阻系数φ_0。

$$\mu \leqslant \varphi_0$$

φ_0值与路面种类及轮胎状况有关。在干燥路面上$\varphi_0 = 0.4 \sim 0.8$，潮湿路面$\varphi_0 = 0.25 \sim 0.4$，冰雪路面上$\varphi_0$一般小于0.2，而对于黑色路面，不良路面状况时：$\mu \leqslant \varphi_0 = 0.2$。

（2）操纵方便、行车经济。汽车在弯道上行驶，其驱动方向与行驶方向的不同形成一个偏移角，曲线半径越小，偏移角就越大。偏移角的增大会造成操纵困难，增加燃料消耗与轮胎磨损。这种消耗与μ值的关系见表2-4。

从操纵方便，减少消耗的角度看，横向力系数取值$\mu < 0.15$为好。

表 2-4

μ	0	0.05	0.10	0.15	0.20
燃料消耗	100	105	110	115	120
轮胎磨损	100	160	220	300	390

（3）行车平稳、舒适。汽车在弯道上行驶产生 μ 值过大，影响行车的稳定性，使司机和乘客感到紧张和不舒适。据测定，随着 μ 值的变化，乘客心里有如下反应：

当 $\mu < 0.10$ 时　不感到曲线存在，很平稳；

当 $\mu = 0.15$ 时　稍感到曲线存在，尚平稳；

当 $\mu = 0.20$ 时　感到曲线存在，稍感不稳；

当 $\mu = 0.35$ 时　感到曲线存在，不平稳；

当 $\mu > 0.4$ 时　非常不稳，站立不住。

从行车平稳、舒适方面应取 $\mu \leqslant 0.15$ 为宜。

综合上述，从行车安全、经济、舒适诸方面要求上，常取 $\mu \leqslant 0.15$，在设计中高速道路应取较低值，一般取 $\mu_{max} = 0.15$ 为控制值。

2.路面横坡 i_y 与取值

为了减小离心力的作用，一般将曲线路段路面做成外侧高，内侧低的单向横坡形式，并称为超高，i_y 称为超高值。确定最大超高值要考虑车辆在弯道慢行或停车时车辆不致沿路面向内滑移，特别是在有冰冻地区的山岭、重丘区的道路更要严格控制 i_y 值。按公路"标准"规定 i_{ymax} 最大控制值是：高速公路和一级公路为 10%；其它各级公路 8%；有积雪寒冷地区为 6%。

3.极限最小半径

在指定车速（设计车速）下，曲线的最小半径值 R_{min} 决定于最大横向力系数 μ_{max} 和最大横坡度 i_{ymax}，由式 2-4 式得极限半径公式：

$$R_{min} = \frac{V^2}{127(\mu_{max} + i_{ymax})}$$

【例】　证三级公路山岭区极限半径指标。

查"标准" $V = 30 \text{km/h}$；$i_{ymax} = 80\%$；$\mu_{max} = 0.15$
则：

$$R_{min} = \frac{30^2}{127(0.15 + 0.08)} = 30.8\text{m}$$

"标准"规定：$R_{min} = 30\text{m}$，得证。

从指标证明中应注意到：极限半径指标仅能保证以设计车速或低于设计车速行驶车辆的安全平稳。对于那些超过设计车速行驶的车辆来说安全是没有保障的。所以，极限半径指标是各级道路最低控制指标，在设计中应作为曲线半径的控制界限值，不应轻易采用。

我国各级公路圆曲线半径规定见表2-5，表中列有极限值，一般值和不设超高的最小半径值。路线设计中，为了确保行车安全和一定的舒适性，避免采用极限半径，应采用大于或等于表中一般最小半径值。在地形有利，不过分增加工程量与工程费用时，应尽可能采用不设超高的半径值，从改善行车条件，提高道路使用质量，对今后道路改建等级提高

公路等级	汽车专用公路								一般公路					
	高速公路				一		二		二		三		四	
地形	平原微丘	重丘	山岭		平原微丘	山岭重丘	平原微丘	山岭重丘	平原微丘	山岭重丘	平原微丘	山岭重丘	平原微丘	山岭重丘
极限最小半径(m)	650	400	250	125	400	125	250	60	250	60	125	30	60	15
一般最小半径(m)	1000	700	400	200	700	200	400	100	400	100	200	65	100	30
不设超高最小半径(m)	5500	4000	2500	1500	4000	1500	2500	600	2500	600	1500	350	600	150

方面均是有益的。城市道路中，考虑到道路与两侧建筑立面关系，路边缘两侧非机动车行驶安全的要求，平面线半径应采用不设超高的半径。

（二）曲线最小长度

为使汽车在曲线路段顺适行驶，减缓驾驶员的紧张操作，要求曲线必须有一定长度。若曲线长度过短，驾驶行车要很快地急转方向盘，导致驾驶员紧张，不利于行车安全，破坏了行车舒适性。一般驾驶员能从容操纵方向的（左右转动方向）时间为6s，由此得曲线最小长度的计算式为：

$$L_{\min} \geqslant \frac{Vt}{3.6} = 1.67V \quad （m）$$

式中　V ——设计车速（km/h）；

　　　t ——操纵时间，取6s。

平曲线设计中圆曲线最小长度按表2-6规定执行。

公路等级	一		二		三		四	
地形	平原微丘	山岭重丘	平原微丘	山岭重丘	平原微丘	山岭重丘	平原微丘	山岭重丘
平曲线最小长度(m)	170	100	140	70	100	50	70	40
平曲线最小长度低限值(m)							40	20

当道路转角较小时，即使采用相当大的曲线半径，驾驶员也会感到曲线半径和曲线长度比实际小。当道路转角小于7°时，为防止驾驶员在视觉上产生急弯错觉，而导致操纵失误，应设较长的平曲线，并按表2-7取值计算。

公路等级	一		二		三		四	
地形	平原微丘	山岭重丘	平原微丘	山岭重丘	平原微丘	山岭重丘	平原微丘	山岭重丘
平曲线长度(m)	$1200/\alpha$	$700/\alpha$	$1000/\alpha$	$500/\alpha$	$700/\alpha$	$350/\alpha$	$500/\alpha$	$280/\alpha$

（三）平曲线布设计算

1．曲线上技术代号

如图2-7道路平曲线处主点桩技术符号是：

JD——交点（转角点）；

ZY——直圆（圆曲线起点）；

QZ——曲中（圆曲线中点）；

YZ——圆直（圆曲线终点）。

2.几何要素

曲线半径确定后，根据平面导线转角α值，按下列式子计算确定圆曲线各几何要素如图2-7。

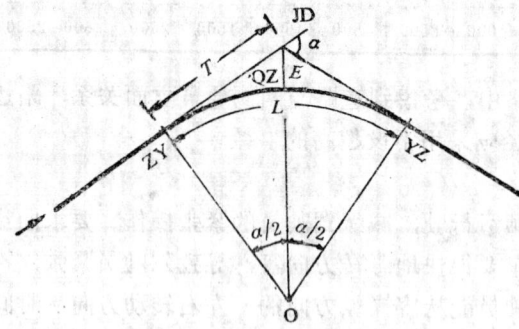

图 2-7 平曲线布设

切线长
$$T = R\,\mathrm{tg}\,\frac{\alpha}{2}$$

曲线长
$$L = \frac{\pi}{180}R\alpha$$

$$(2\text{-}5)$$

外距值
$$E = R\left(\sec\frac{\alpha}{2} - 1\right)$$

校正值
$$J = 2T - L$$

3.曲线主点桩号里程计算

根据已知交点桩的里程和计算出的曲线几何要素值，曲线各主点桩里程计算如下：

$$\mathrm{ZY} = \mathrm{JD} - T$$

$$\mathrm{QZ} = \mathrm{ZY} + \frac{L}{2}$$

$$\mathrm{YZ} = \mathrm{ZY} + L\left(= \mathrm{QZ} + \frac{L}{2}\right)$$

曲线主点桩计算校核如下：

$$\mathrm{JD} = \mathrm{YZ} + J - T$$

实际工作中可根据选定的曲线半径R和测定的路线转角α，查《公路曲线测设用表》确定曲线几何要素后，推算曲线桩里程。

【例】 某道路JD_5桩号为$K_4 + 650.25$测得该转角$\alpha_{左} = 55°41'$，选定该交点处曲线半径为200m，试计算该曲线主点桩里程。

【解】 ①曲线几何要素

$$T = R\,\mathrm{tg}\,\frac{\alpha}{2} = 200\,\mathrm{tg}\,\frac{55.68°}{2} = 105.63\mathrm{m}$$

$$L = \frac{\pi}{180}R\alpha = \frac{3.14}{180} \times 200 \times 55.68° = 194.37\mathrm{m}$$

14

$$E = R\left(\sec\frac{\alpha}{2} - 1\right) = 200\left(\sec\frac{55.68°}{2} - 1\right) = 26.18\text{m}$$

$$J = 2T - L = 2 \times 105.63 - 194.37 = 16.89\text{m}$$

②主点桩里程计算

$$ZY = JD - T = K_4 + 650.25 - 105.63 = K_4 + 544.62$$

$$QZ = ZY + \frac{L}{2} = K_4 + 544.63 + 194.37/2 = K_4 + 641.82$$

$$YZ = ZY + L = K_4 + 544.63 + 194.37 = K_4 + 738.99$$

计算校核：

$$JD = YZ + J - T = K_4 + 739.00 + 16.89 - 105.63 = K_4 + 650.25$$

计算无误。

（四）曲线路段的全超高与全加宽

1.超高

超高为抵消车辆在平曲线路段上行驶时所产生的离心力，而设置的外侧高于内侧的单向横坡。其作用是用车重产生的向内水平分力来抵销部分离心力，以利于行车安全与稳定。当曲线半径小于表2-5中规定的不设超高最小半径时，均应设置超高。超高计算式由2-4式得到：

$$i_y = \frac{V^2}{127R} - \mu \qquad (2-6)$$

当 V 为设计车速，R 为最小半径 $R_{\min}$ 时，则 i_y 为最大超高值 $i_{y\max}$。由于车速是驾驶员根据路况实际情况判断后采用的，因此，在计算超高值时需要将设计车速加以调整。实际车速 V_A 与设计车速 V 之间的关系可按下表2-8取用。

V_A 与 V 关 系 表　　　　表 2-8

设计车速(km/h)	120	100	80	60	40	30	20
实际车速(km h)	81	74	64	52	37	28	19

由式2-3，令 $V = V_A$，并取横向力系数值 $\mu = 0$ 时，得到的任意半径超高值对行车安全、经济、舒适方面最为有利。因此，超提值计算式可写成：

$$i_y = \frac{V_A^2}{127R} \qquad (2-7)$$

超高计算值取值要求：

（1）当计算结果 $i_y \geqslant i_{y\max}$ 时，取 $i_y = i_{y\max}$。

（2）当计算结果 $i_g < i_y < i_{y\max}$ 时，将 i_y 按0.5%的坡度倍数取整。

（3）当计算结果 $i_y \leqslant i_g$（路拱坡度），取 $i_y = i_g$。

总之，任意半径超高值 i_y 不得大于极限超高值 $i_{y\max}$，又不得小于路拱横坡度 i_g。当曲线半径大于不设超高的最小半径时可不设超高。

任意半径超高值也可根据曲线半径从公路规范中直接查取。

2.加宽

汽车在弯道上行驶时车身占用路面宽度比直线路段要大。为了使汽车在转弯时不侵占相邻车道，所以，曲线路段的行车道应进行加宽来满足车辆转弯行驶需求。加宽量的取值取决于以下两个方面。

（1）汽车轮迹需要。弯道上行驶的汽车，各个车轮行驶轮迹是不同的，如图2-8，后轴内侧轮行驶轨迹半径最小，前轴外侧轮行驶轨迹半径最大。因而在车道内侧需要加宽路面，来满足后轴内侧轮行驶要求。加宽量值随半径减小而增加。

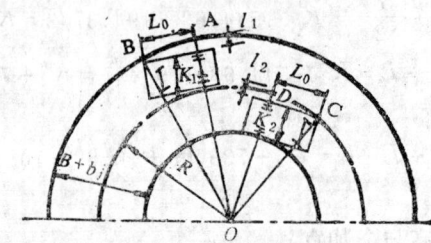

图 2-8　曲线加宽

如图2-8由三角形COD中得到：

$$L_0^2 + (R - l_2)^2 = R^2$$

则有：

$$l_2 = R - \sqrt{R^2 - L_0^2}$$

行车道为双车道，取$b_j = l_2 + l_1 = 2l_2 (l_2 > l_1)$

所以：

$$b_j = 2(R - \sqrt{R^2 - L_0^2})$$

即：

$$R^2 - L_0^2 = R^2 - Rb_j + \frac{b_j^2}{4}$$

因为$\frac{b_j}{4}$与R相比甚小，略去后所得双车道行驶轨迹需用加宽量为：

$$b_j = \frac{L_0^2}{R} \tag{2-8}$$

式中　R——圆曲线半径（m）；

L_0——汽车后轴至车身前缘的尺寸（m）；

（2）汽车行驶摆动需要。汽车做曲线行驶时，由于行驶方向与驱动方向不一致，会造成行驶摆动。行驶摆动随速度的提高而增大，随半径的变小而增大。因此也应考虑曲线路段行车道加宽，用以满足行车摆动需要，以保行车安全。根据测定弯道上行车的摆动要求加宽值为：

$$\frac{0.1V}{\sqrt{R}} \tag{2-9}$$

综上所述：双车道曲线路段的全加宽值由式2-8和式2-9得到：

$$b_j = \frac{L_0^2}{R} + \frac{0.1V}{\sqrt{R}} \tag{2-10}$$

行车道为多车道时应按双车道加宽计算值折算。一般双车道加宽值可按公路"标准"规定（见表2-9）直接查用。

表中所列值为双车道加宽值。当圆曲线半径大于250m时可不设加宽。为适应行车轨迹，节省工程量，增进路容美观，曲线路段加宽宜布置在弯道内侧。一般情况下道路应采

16

加宽类别	加宽值（m） 汽车轴距加前悬（m）	250～200	<200～150	<150～100	<100～70	<70～50	<50～30	<30～25	<25～20	<20～15
1	5	0.40	0.60	0.80	1.0	1.2	1.4	1.8	2.2	2.5
2	8	0.60	0.70	0.90	1.2	1.5	2.0	—		
3	5.2＋8.8	0.80	1.00	1.50	2.0	2.5	—			

用 3 类加宽，对于不常通行半挂车的道路采用 2 类加宽， 1 类加宽用于山岭、重丘区三、四级公路。

三、缓和段

（一）缓和段设置目的

为了使行车能够安全、平稳、顺利地由直线向曲线； 由大半径曲 线向小 半径 曲线行驶，必须设置过渡段，这个过渡段称为缓和段。它包括：缓和曲线、超高缓和段，加宽缓和段。

1.为消除行车转弯时曲率突变，使行车能从容、顺适地进行曲率变化而设置的曲线缓和过渡段为缓和曲线。

2.为使行车平稳、顺适地进行横坡变化而设置的超高变化过渡段为超高缓和段。

3.为适应行车轨迹，顺适地进行宽度变化而设置的加宽过渡段为加宽缓和段。

（二）缓和段长度

为使行车能顺适地完成曲率、超高、加宽的过渡。道路设计时，缓和段长度由离心加速度变化，操纵时间，超高变化三方面因素来控制确定。

1.离心加速度变化的缓和段长度 L_s

曲线上行车产生的离心加速度为 v^2/R； 汽车走完缓和曲线全长 L_s 所用时间 为 L_s/v； 所以该缓和曲线段离心加速度变化率为：

$$p = \frac{v^2}{R} \div \frac{L_s}{v} = \frac{v^3}{L_s R}$$

由上式得缓和段长度计算式为：

$$L_s = \frac{v^3}{pR}$$

从行车舒适测定， 离心加速度变化取值为0.5～0.75， 我国一般取 $p = 0.6 \text{m/s}^3$。 将 v（m/s）化为（km/h）代入上式得：

$$L_s = 0.035 \frac{V^3}{R} \tag{2-11}$$

式中　L_s——缓和曲线长度（m）；

　　　V——设计车速（km/h）；

　　　R——曲线半径（m）。

2.操纵时间要求缓和段长度L_s

为了行车安全,当汽车在缓和段L_s上行驶时,必须给驾驶员从容驾驶操纵方向盘的时间,一般取时间$t=3s$,所对应缓和段长度为:

$$L_s = \frac{Vt}{3.6} = \frac{V}{1.2} \qquad (2-12)$$

3.超高变化要求缓和段长度L_s

由直线的双向路拱横坡向圆曲线段的单坡断面(超高)变化过渡时,为满足行车平稳要求,所需用的缓和段长度为:

$$L_s = \frac{b \cdot \Delta i}{q} \qquad (2-13)$$

式中 q——超高渐变率,(m/m),按表2-10取值;

超 高 渐 变 率 q   表 2-10

计 算 行 车 速 度 (km/h)	超 高 旋 转 轴 位 置	
	绕 中 线 旋 转	绕 边 缘 旋 转
100	1/225	1/175
80	1/200	1/150
60	1/175	1/125
40	1/150	1/100
30	1/125	1/75
20	1/100	1/50

b——超高旋转轴至路面外边缘的距离(m),中轴旋转时取$b = \frac{B}{2}$;边轴旋转时取$b = B$,(B为路面宽度);

Δi——超高旋转轴以外,超高横坡与原路拱坡度的代数差,中轴旋转时$\Delta i = i_y + i_g$;边轴旋转时$\Delta i = i_y$。

综上所述,缓和段长度的确定应综合考虑以上三方面要求,一般根据三方面缓和段长度的计算结果,取其中最长的并按5m倍数取整后作为缓和段长度,这个长度不得小于各级道路所规定的缓和曲线长度(如表2-11)。当缓和段长度最终确定,其缓和曲线、超高缓和段、加宽缓和段均应在缓和长度全长L_s上进行布设。

各级公路缓和曲线最小长度   表 2-11

公 路 等 级	汽 车 专 用 公 路						一 般 公 路					
	高 速 公 路		一		二		二		三		四	
地 形	平原微丘	重丘	山 岭		平原微丘	山岭重丘	平原微丘	山岭重丘	平原微丘	山岭重丘	平原微丘	山岭重丘
缓和曲线最小长度(m)	100	85	70	50	85	50	70	35	70	35	50	25	35	20

(三)超高与加宽缓和段的布设

平曲线路段超高与加宽布置位置如图2-9。

1.超高缓和段

当圆曲线上超高值i_y和缓和段长度L_s确定后，超高缓和应在L_s全长上布置。在设计中应根据超高变化情况计算出任意断面上路肩两侧边缘及路中点对原设计标高（未加宽前路肩边缘标高）的相对高差，为施工放样提供依据。超高缓和旋转变化有边轴旋转、中轴旋转两种。缓和段任意断面上内、中、外相对高差计算与缓和段布置方法如下。

（1）边轴旋转

如图2-10所示，边轴旋转超高变化过程为：外侧路拱先绕路中线旋转（内侧路拱保持不变）至与内侧路拱横坡相同的单坡断面后，将整个单坡断面一起绕内边轴（路面未加宽前的内侧边缘）旋转，使单坡断面横坡达到圆曲线路段的超高横坡为止。

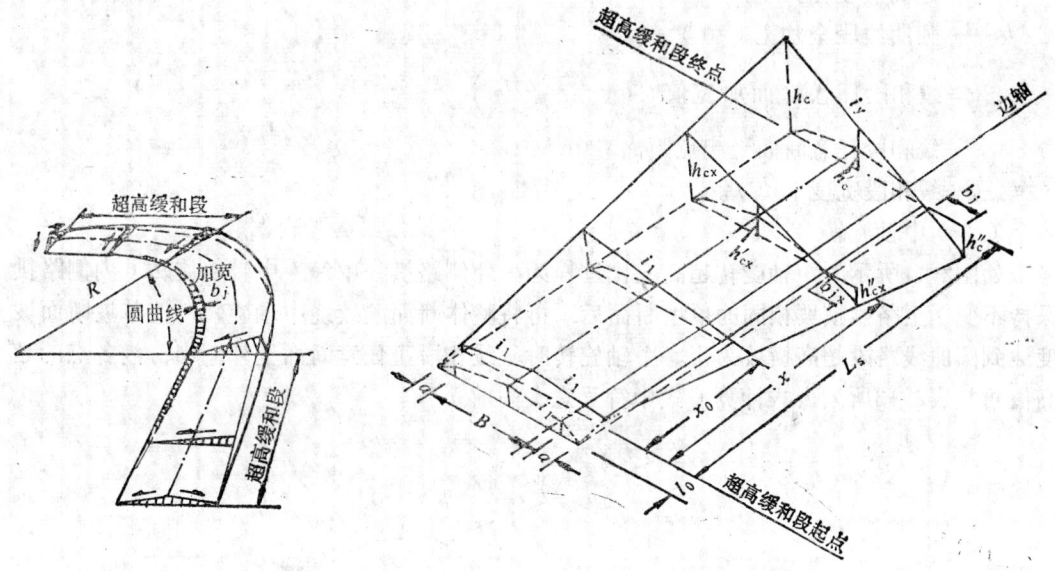

图 2-9　缓和段布设图　　　　　　　图 2-10　边轴旋转超高方式

在设计与施工中，超高缓和段上任意断面上内、中、外各点与原设计标高的相对高差可按表2-12所列公式计算。

边 轴 旋 转 超 高 计 算 公 式 表　　　　　表 2-12

超 高 值	计　算　公　式		备　　　注
	$x \leqslant x_0$	$x > x_0$	
h_c	$ai_0 + (a+B)i_y$		表列值均与设计标高相比
h_c'	$ai_0 + \dfrac{B}{2}i_y$		$x_0 = \dfrac{i_1}{i_y}L_s$
h_c''	$ai_0 - (a+b_j)i_y$		
h_{cx}	$\dfrac{x}{L_s}h_c$		$b_{jx} = \dfrac{x}{L_s}b_j$
h_{cx}'	$ai_0 + \dfrac{B}{2}i_1$	$ai_0 + \dfrac{B}{2}\cdot\dfrac{x}{L_s}i_y$	
h_{cx}''	$ai_0 - (a+b_{jx})i_1$	$ai_0 - (a+b_{jx})\dfrac{x}{L_s}i_y$	

注：公式中计算各值所对应标高为路肩边缘点标高。

表中各符号

h_c，h_c'，h_c''——终点（与全超高i_y连接点）断面处路基外、中、内三点超高值；

h_{cx}，h_{cx}'，h_{cx}''——缓和段上任意断面处路基外、中、内三点的超高值；

a——路肩宽度（m）；

B——路面宽度（m）；

i_0——路肩坡度（%）；

i_1——路拱坡度（%）；

i_y——超高坡度（%）；

b_j——圆曲线段全加宽（m）；

b_{jx}——缓和段任意断面加宽值$\left(b_{jx} = \dfrac{x}{L_s} b_j \right)$；

x——缓和段任意断面至起点距离（m）；

L_s——缓和段宽度（m）。

（2）中轴旋转

如图2-11所示，中轴旋转超高变化过程为：外侧路拱绕中线（中轴）旋转（内侧路拱保持不变）至路拱横坡相同的单坡断面后，再将整体断面继续绕中轴旋转，使单坡断面坡度达到圆曲线路段超高横坡为止。中轴旋转时，缓和段上任意断面上外、中、内各点的超高值可按表2-13所列公式计算（式中符号意义同前）。

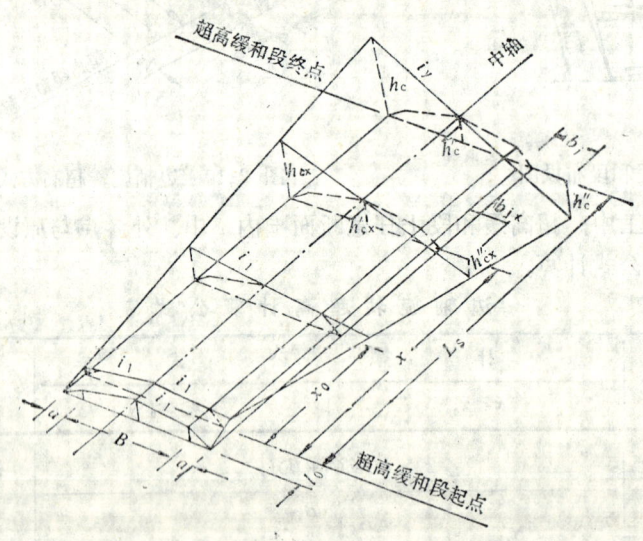

图 2-11　中轴旋转超高方式

以上两种超高缓和段布设方法中，对新建公路，挖方较多路段为减少挖方工程量适宜采用边轴旋转的超高缓和段。而中轴旋转超高缓和段布设方式，适用于旧路改建，路基填方路段以减少填方工程量。城市道路中均采用中轴旋转超高缓和便于控制路中设计标高。对于同一条道路设计，一般均采用同一种超高缓和的布置方法。

2.加宽缓和段

超 高 值	计　　算　　公　　式		备　　注
	$x \leqslant x_0$	$x > x_0$	
h_c	$a(i_0 - i_1) + \left(a + \dfrac{B}{2}\right)(i_1 + i_y)$		表列超高值均与设计标高相比较
h'_c	$ai_0 + \dfrac{B}{2}i_1$		$x_0 = \dfrac{2i_1}{i_1 + i_y}L_s$
h''_c	$ai_0 + \dfrac{B}{2}i_1 - \left(a + \dfrac{B}{2} + b_j\right)i_y$		$b_{jx} = \dfrac{x}{L_s}b_j$
h_{cx}	$\dfrac{x}{L_s}h_c$		
h'_{cx}	$ai_0 + \dfrac{B}{2}i_1$		
h''_{cx}	$ai_0 - (a + b_{jx})i_1$	$ai_0 + \dfrac{B}{2}i_1 - \left(a + \dfrac{B}{2} + b_{jx}\right)\dfrac{x}{L_s}i_y$	

　　当圆曲线路段的全加宽值和缓和段长度 L_s 确定后，加宽缓和应在 L_s 全 长 上 布 设，并应计算出加宽缓和段任意断面处加宽量，为施工提供依据。加宽缓和段任意断面的加宽值的计算方法如下

　　（1）按直线比例加宽方法。如图2-12，设加宽缓和段起点加宽值为零，终点加宽值为 b_j（与圆曲线路段全加宽相等），加宽缓和段上任意断面处加宽值为：

$$b_{jx} = \frac{x}{L_t}b_j \tag{2-14}$$

式中　x ——计算断面至缓和段起点距离（m）。

　　其余符号同前

　　（2）高次抛物线加宽方法

　　如图2-13，高次抛物线加宽缓和段上任意断面处的加宽值按式2-15计算：

$$b_{jx} = \left[4\left(\frac{x}{L_s}\right)^3 - 3\left(\frac{x}{L_s}\right)^4\right]b_j \tag{2-15}$$

式中各符号意义同前。

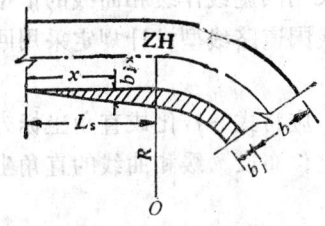

图 2-12　直线比例加宽

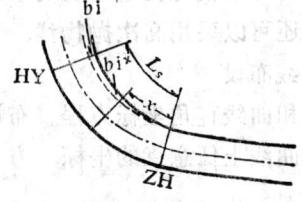

图 2-13　高次抛物线加宽

　　加宽缓和段布设一般常采用直线比例方法，对于高等级道路（高速公路、一级公路、快速干道）及对路线美观性要求高的道路可采用高次抛物线加宽缓和布置方法。

　　（四）缓和曲线

　　1.汽车行驶轨迹与缓和曲线

汽车由直线段驶入曲线时，其转弯半径由无限大（直线段）过渡为一定值 R（圆曲线），其中曲率是一个逐渐变化的过程。为了使行车顺利转弯，路线设计应符号汽车转弯时的行驶轨迹。

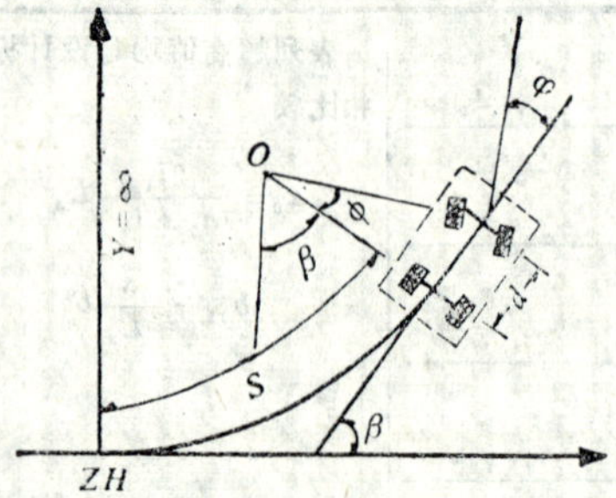

图 2-14 直线→曲线的理论行驶轨迹

如图2-14分析汽车由直线驶入曲线过程的理论行驶轨迹。设：汽车以等速 v（m/s）行驶；等角速度 w 转动方向盘，在时间 t 秒后汽车后轴中心通过的轨迹线（如图2-14）长度为 S，方向盘转动角度为 $\varphi = \omega t$，前轮转动角度 $\varphi = K\varphi$，则前轮的转向角为：

$$\varphi = K\omega t$$

设汽车前后轴之距为 d，此时汽车的转弯半径 r，由图2-14得：

$$r = \frac{d}{\text{tg}\varphi} = \frac{d}{\varphi} = \frac{d}{k\omega t} \qquad (2-16)$$

汽车转弯 t 秒行驶距离为 $S = vt$，将上式2-16代入得：

$$S = \frac{vd}{k\omega r}$$

因该式中：v、d、k、ω 均为常数，并令：

$$\frac{vd}{k\omega} = C（常数）$$

所以：汽车转弯时的理论轨迹方程为：

$$r = \frac{C}{S} \qquad (2-17)$$

式中　C——常数值；

　　　r——汽车转弯 t 秒后所在位置的曲率半径；

　　　S——汽车由直线转弯经 t 秒后行驶距离。

式2-17表明：汽车以等速转弯时，行驶轨迹曲线上任意一点所对应的曲率半径与行驶的距离（弧长）成反比，这一行驶轨迹特性正好与数学上回旋线方程性质相同。因此，回旋线能够满足转弯车辆行驶轨迹的要求，也正是我们采用回旋线作缓和曲线的依据。

缓和曲线还可以采用高次抛物线，双组曲线等，我国道路线型设计规定采用回旋线。

2.缓和曲线布设

（1）缓和曲线直角坐标方程。布设缓和曲线时，应将式2-17化成直角坐标方程式2-18。找出缓和曲线上任意点的坐标，方可将缓和曲线定位布设。缓和曲线的直角坐标方程为：

$$\left.\begin{array}{l} x = S - \dfrac{S^5}{40R^2L_s^2} \\[3mm] y = \dfrac{S^3}{6RL_s} \end{array}\right\} \qquad (2-18)$$

式中　R——圆曲线半径（m）；

　　　L_s——缓和曲线长度（m）；

S——缓和曲线上任意一点距缓和曲线起点的弧长（m）；

$x、y$——对应于弧长S的直角坐标值如图2-15。

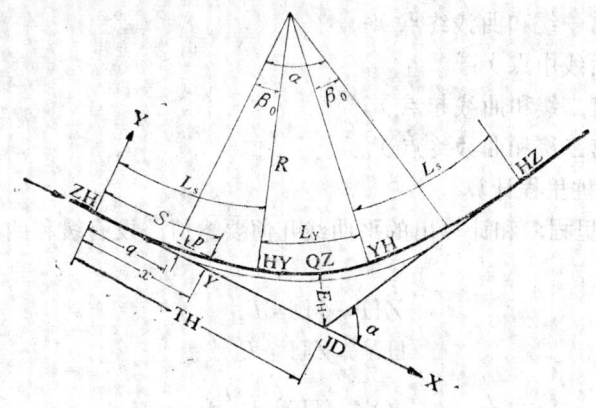

图 2-15　缓和曲线布置

（2）缓和曲线常数。在设有缓和曲线的平曲线布设计算中，应首先得到几个基本常数，如图2-15缓和曲线常数如下：

①缓和曲线中心角：

$$\beta_0 = 28.6479 \frac{L_s}{R} （度）$$ 　　　　　　　（2-19）

②曲线内移值：

$$P = \frac{L_s^2}{24R}$$ 　　　　　　　（2-20）

③曲线切线增长值：

$$q = \frac{L_s}{2}$$ 　　　　　　　（2-21）

由式2-21得出：缓和曲线布设，它的全长L_s一半设在直线段上；另一半则插入圆曲线中，所以，圆曲线上布设缓和曲线的条件是：

圆曲线长度L不得小于缓和曲线长（即$L \geqslant L_s$）。

（3）几何要素计算。当圆曲线半径R、曲线转角α、缓和曲线长度L_s确定后，设有缓和曲线的平曲线几何要素计算式为：

$$\left.\begin{aligned}
\text{切线长}\quad & T_H = (R+P)\,\mathrm{tg}\,\frac{\alpha}{2} + q \\
\text{曲线长}\quad & L_H = (\alpha - 2\beta_0)\frac{\pi}{180}R + 2L_s \\
\text{主曲线长}\quad & L_Y = (\alpha - 2\beta_0)\frac{\pi}{180}R \\
\text{外距值}\quad & E_H = (R+P)\sec\frac{\alpha}{2} - R \\
\text{校正值}\quad & J_H = 2T_H - L_H
\end{aligned}\right\}$$ 　　（2-22）

按式2-22，根据已定R、α、L_s数据计算出有缓和曲线的平曲线几何要素值制成《公路曲线测设用表》，在测设工作中直接查取布设缓和曲线。

（4）技术代号。设有缓和曲线的平曲线主点桩技术代号有：

JD——交点（转角点）；

ZH——直缓（第一缓和曲线起点）；

HY——缓圆（第一缓和曲线终点）；

QZ——曲中（曲线中点）；

YH——圆缓（第二缓和曲线起点）；

HZ——缓直（第二缓和曲线终点）。

（5）曲线主点桩里程计算

根据已知交点桩里程，和计算出的平曲线几何要素值，设有缓和曲线的平曲线主点桩里程计算如下：

$$ZH = JD - T_H$$
$$HY = ZH + L_s$$
$$QZ = HY + \frac{L_y}{2}$$
$$YH = HY + L_y$$
$$HZ = YH + L_s$$

曲线主点桩里程校核：

$$JD = HZ + J_H - T_H$$

在实际测设中，根据 R、α、L_s 查《公路曲线测设用表》确定曲线几何要素后，推算曲线主点桩里程，进行实地布设。

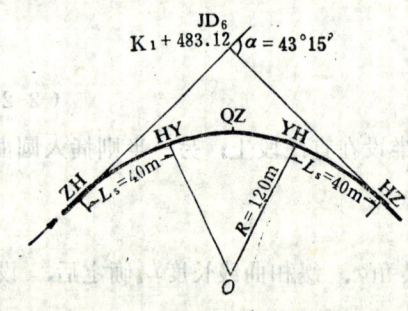

图 2-16 实例

【例】 某道路交点 JD_8 桩号为 $K_1 + 483.12$ 转角 $\alpha_{左} = 43°15'$ 交点处曲线半径为120m，缓和段长度 $L_s = 40$m，如图2-16所示，试推算该交点处曲线主点桩里程。

【解】 ① 曲线常数

$$\beta_0 = 28.6479 \frac{L_s}{R} = 28.6479 \frac{40}{120} = 9.55°$$

$$P = \frac{L_s^2}{24R} = \frac{40^2}{24 \times 120} = 0.556$$

$$q = \frac{L_s}{2} = \frac{40}{2} = 20\text{m}$$

② 几何要素

$$T_H = (R+P)\text{tg}\frac{\alpha}{2} + q = (120+0.556)\text{tg}\frac{43.25°}{2} + 20 = 67.74\text{m}$$

$$L_Y = (\alpha - 2\beta_0)\frac{\pi}{180} \cdot R = (43.25° - 2 \times 9.55)\frac{3.14}{180} \times 120 = 50.55\text{m}$$

$$L_H = L_Y + 2L_s = 50.55 + 2 \times 40 = 130.55\text{m}$$

$$E_H = R + P \sec\frac{\alpha}{2} - R = (120+0.556)\sec\frac{43.25°}{2} - 120 = 9.63\text{m}$$

$$J_H = 2T_H - L_H = 2 \times 67.74 - 130.55 = 4.93\text{m}$$

③ 主点桩里程计算

$$ZH = JD - T_H = K_1 + 483.12 - 67.74 = K_1 + 415.3$$

$$HY = ZH + L_s = K_1 + 415.38 + 40 = K_1 + 455.38$$
$$QZ = HY + L_Y/2 = K_1 + 455.38 + 50.55/2 = K_1 + 480.66$$
$$YH = HY + L_Y = K_1 + 455.38 + 50.55 = K_1 + 505.93$$
$$HZ = YH + L_s = K_1 + 505.93 + 40 = K_1 + 545.93$$

④主点桩校核

$$JD = HZ + J_H - T_H = K_1 + 545.93 + 4.93 - 67.74 = K_1 + 483.12$$

计算无误。

四、平面线型的连接

从本节研究分析得知，平面线型设计的基本问题主要是圆曲线与缓和段的组成设计，但这对于整体平面线型设计组合来说只能是局部的。实践证明：直线、缓和段、圆曲线三方面的组合搭配是否得当，线型与自然条件是否协调是影响行车安全、顺畅、舒适及反映道路使用质量的重要因素。而不良的组合有时会导致行车事故，降低道路通行能力。所以在整体平面线型组合设计中应注意以下几点。

（一）线形与地形

1.地形平坦、开阔的平原地区

城镇道路网与公路的平面线形设计直线应占较大的比例，并在路线转弯处配以大半径曲线为宜。

2.起伏的山岭、丘陵地区

道路平面线形设计应以曲线为主，以线形适应地形为宜。

3.平面线形设计

平面线形设计整体上尽可能直捷，选择曲线半径尽可能大些，应与自然地形等高线相适应为好。选用曲线半径时注意：

（1）一般地形情况下，应选用极限半径4～8倍、对应超高为2%～4%的圆曲线半径为宜。在不增加工程量时宜选用大曲线半径，但平曲线半径不宜大于10000m。

（2）当平面线形受地形条件限制时，应尽可能选用大于或等于一般最小半径值，避免采用极限半径。

（二）直线与曲线

1.在桥梁、隧道内部与进出口路段和平面交叉口前后路段，为缩短构造物长度，争取良好的通视条件，应采用直线为宜。

2.长直线尽头不得设置小半径曲线。长直线或大半径曲线路段易形成较高的行车速度，若遇小半径曲线行车转弯容易导致事故。据国外资料，一般情况下直线长度与曲线半径良好的组合关系为：

直线长度 $L < 500m$ 时，最小半径 $R = Lm$；

直线长度 $L \geqslant 500m$ 时，最小半径 $R = 500m$。

其中直线长度 L 指加设缓和曲线后两曲线间的直线段长度。

3.道路交点处不论转角大小，均应设置平曲线（包括圆曲线与缓和曲线），一般平面线形设置的转角不宜小于10°。

4.转向相同的两相邻圆曲线称为同向曲线。同向曲线之间连以短直线的线形称为"断背曲线"。这种线形易使驾驶员产生判断错误，对行车极不安全，且线形难看，线形中不允许出现。设计中应将"断背曲线"加以调整，可将曲线间的直线段取消合并为复曲线或单圆曲线；也可以拉开两相邻交点间距插入足够长度的直线段。同向曲线间的直线长度应满足表2-14的规定。

直线长度参考值　　　　　　　　　　　　　　　表 2-14

计 算 行 车 速 度 (km/h)		100	80	60	40	30	20
最小直线长度 (m)	同向曲线间 一 般 值	600	480	360	240	180	120
	同向曲线间 特 殊 值	—	—	—	100	75	50
	反 向 曲 线 间	200	160	120	80	60	40

表中规定一般情况下，同向曲线间直线段长度不宜小于6V；当设计车速 在 40km/h 或以下的地形复杂地区道路,同向曲线间直线段长度不小于表列"特殊值" 即不小于2.5 V。其中，直线段长为未设缓和曲线前两圆曲线间的直线段长。

5.转向不同的两相邻圆曲线称为反向曲线。反向曲线间的直线段长度不宜小于表2-1^4 规定值，即不小于2V。在地形复杂地区，布线受限制时， 反向曲线间的直线段不得小于缓和曲线长度，即必须保证缓和曲线的布设。

6.两相邻的圆曲线直接径向对接的曲线称为复曲线。在两半径不同的同向复曲线连接处，原则上应设缓和曲线，但为线形布设方便，常省略连接处的缓和曲线，但必须符合以下省略缓和曲线的条件：

复曲线中的小圆的临界曲线半径　　　　　　　　表 2-15

公 路 等 级	一		二		三	
地　　　　形	平原微丘	山岭重丘	平原微丘	山岭重丘	平原微丘	山岭重丘
临界曲线半径　　(m)	1500	500	900	250	500	130

（1）当两个圆曲线中的小圆半径R_2大于或等于表2-5所列不设超高最小半径时，该复曲线间可不设缓和曲线。

（2）当两个圆曲线中的小圆半径R_2大于表 2-15 所列的临界曲线半径时， 而且大圆曲线（设缓和曲线后）内移值q_1与小圆曲线内移值q_2之差不超过 0.1m （即$q_1 - q_2 \leqslant 0.1$ m ）时，复曲线之间可省略缓和曲线。

（3）两圆曲线中的小圆半径R_2大于表 2-15 所列的临界曲线半径时， 其中大圆半径 R_1与小圆半径R_2的比值满足以下条件，可省略复曲线之间的缓和曲线。

当设计车速 $V \geqslant 80$km/h，$\dfrac{R_1}{R_2} < 1.5$；

当设计车速 $V < 80$km/h，$\dfrac{R_1}{R_2} < 2.0$。

（三）平面线形连接

1.为了使行车能够保持匀速行驶状态，在同一设计路段上的平面线形组合指标应保持相对均衡与连续，应避免线形突变造成行车困难。对于不同设计路段之间必须设置足够距离过渡段，使线型指标逐渐变化，适应行车。

2. 在对向混行的双车道道路上，为提供较好的超车条件，在路线的适当间隔内必须布设一定长度（超车视距长度）的直线段。

3. 为保证道路整体线形的连续性，在直线为主或大半径曲线路段中，当设有个别较小的曲线半径时会造成路线突然转折，影响行车安全。此时，适当增加工程费用，改善局部线形指标，以提高行车安全性，增进运输效益显然是可取的。

4. 路线平面线形应避免任何连续急弯线形。要使圆曲线、缓和曲线、曲线间的直线段都应有足够的、符合规定的长度，且搭配组合合理以达到线形美观，行车安全，顺适的目的。

五、平面视距

为了行车安全，保证驾驶员能随时看到前方一定距离的道路路段，发现道路上的障碍、迎面来车及时采取制动或避让措施，所必须的最短路段距离称为行车视距。在平面线形和纵断面线形设计中都应有足够的行车视距。

平面上为确保行车安全，应必须具有的行车视距为平面视距，由于道路行车情况的不同，平面视距有：停车视距、会车视距、超车视距。

（一）停车视距

停车视距指汽车在同一车道上遇到前方障碍物必须及时刹车，确保安全停车的最短行车距离。停车视距由三部分组成如图2-17有：反应距离l_1，制动距离l_T，安全距离l_0。

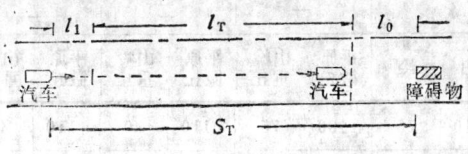

图 2-17 停车视距

1. 反应距离

从驾驶员发现前方障碍到采取制动措施所用时间（称为反应时间t_1）内，汽车所行驶的距离为反应距离：

$$l_1 = \frac{V t_1}{3.6}$$

2. 制动距离

汽车由开始制动到完全停车所行驶距离为制动距离。制动距离取决于汽车制动力与车速，而制动力由车重G和轮胎与路面的摩阻系数φ决定，即制动力$P = \varphi G$。

制动力P与制动距离l_T的乘积所作的功，消耗了汽车原动能，使车速由v_1降至v_2即：

$$l_T \cdot G \cdot \varphi = \frac{G}{2g}(v_1^2 - v_2^2)$$

得：

$$l_T = \frac{v_1^2 - v_2^2}{2g\varphi}$$

将$g = 9.81 \text{m/s}^2$代入上式，并将v（m/s）化成V（km/h）

有：

$$l_T = \frac{V_1^2 - V_2^2}{254\varphi}$$

当停车时$V_2 = 0$，制动效果又受到道线纵坡度i的制约，修正上式得到制动距离为：

$$l_T = \frac{V^2}{254(\varphi \pm i)}$$

3.安全距离

当汽车制动停车后距障碍物所应保持的距离为安全距离。安全距离l_0一般取值$5 \sim 10$ m。

由上述分析、综合后得到的停车视距为：

$$S_T = \frac{Vt}{3.6} + \frac{V^2}{254(\varphi \pm i)} + l_0 \qquad (2\text{-}23)$$

式中　V——设计车速（km/h）；

　　　t——司机反应时间一般取$1.5 \sim 2s$；

　　　i——道路纵坡，取"+"为上坡，取"-"为下坡；

　　　φ——轮胎与路面的纵向摩阻系数，干燥路面为$0.5 \sim 0.7$，潮湿路面为$0.3 \sim 0.5$，
　　　　　　泥泞冰滑路面为$0.1 \sim 0.2$。

我国各级公路停车视距按表2-16规定执行。对于有中央分隔带或单向行车的道路上，如高速公路，一级公路，快速干道等均应保证停车视距。

各级公路停车与超车视距　　　　　　　　　　表 2-16

公路等级	汽 车 专 用 公 路								一 般 公 路					
	高 速 公 路				一		二		二		三		四	
地 形	平原微丘	重丘	山 岭		平原微丘	山岭重丘	平原微丘	山岭重丘	平原微丘	山岭重丘	平原微丘	山岭重丘	平原微丘	山岭重丘
停车视距(m)	210	160	110	75	160	75	110	40	110	40	75	30	40	20
超车视距(m)							550	200	550	200	350	150	200	100

（二）会车视距

在无中央分隔带，双向混行道路上，当行车遇到迎面前来时，来不及错车，双向制动到完全停车，所需用的安全距离，称为会车视距。

如图2-18会车视距长度为：

$$S_H = l_1 + l_2 + l_{1T} + l_{2T} + l_0$$

近似取$l_1 = l_2$，$l_{1T} = l_{2T}$，所以：

$$S_H = 2l_1 + 2l_{1T} + l_0 \fallingdotseq 2S_T$$

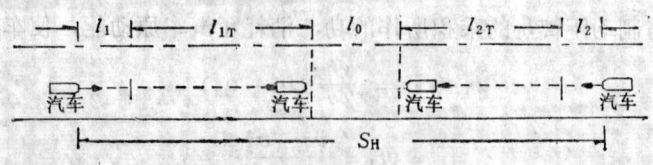

图 2-18　会车视距

由以上算式得知，会车视距应是停车视距的两倍。因此，会车视距可按表2-16中规定的停车视距两倍取值。设计中对于双向混行道路全线必须保证会车视距。

（三）超车视距

对于交通量较大的双向混行双车道道路，应结合地形情况在局部路段适当设置超车视距长度。超车视距如图2-19所示。在双车道上超车车辆利用对方车道完成超车后，回到自己车道上时与对向来车仍保持一定安全距离的过程为超车过程。在完成整个超车过程中，对向双方车辆所必须具有的最小安全距离为超车视距。

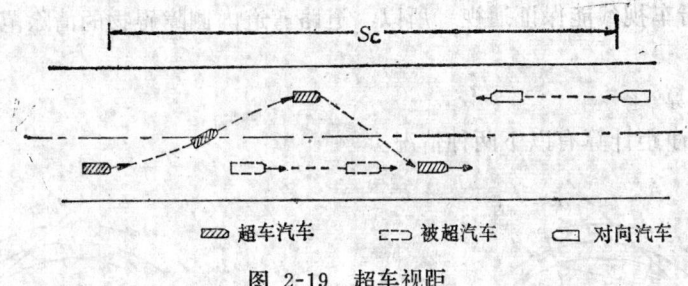

超车汽车 ▭ 被超汽车 ▭ 对向汽车

图 2-19 超车视距

超车视距只用于对向行驶双车道道路的局部路段，也就是说各线道路不必全线保证超车视距。路线设计中，局部路段上保证的超车视距长度值不得小于表2-16规定值。

（四）弯道内侧视距的保证

路线设计在平曲线处，应注意检查弯道路段的行车视距，以防曲线内侧障碍物阻挡驾驶员的视线，而规定的行车视距不能得到保证，造成行车安全方面的问题。

如图2-20（ a ） $\overset{\frown}{AB}$ 为行车轨迹线， AB 线对应的弧长为行车所要求的视距 S 。汽车在弯道上行驶从不同位置 A 如图2-20（ b ），1、2、3……均要能看到对应 B 点，则各点视线

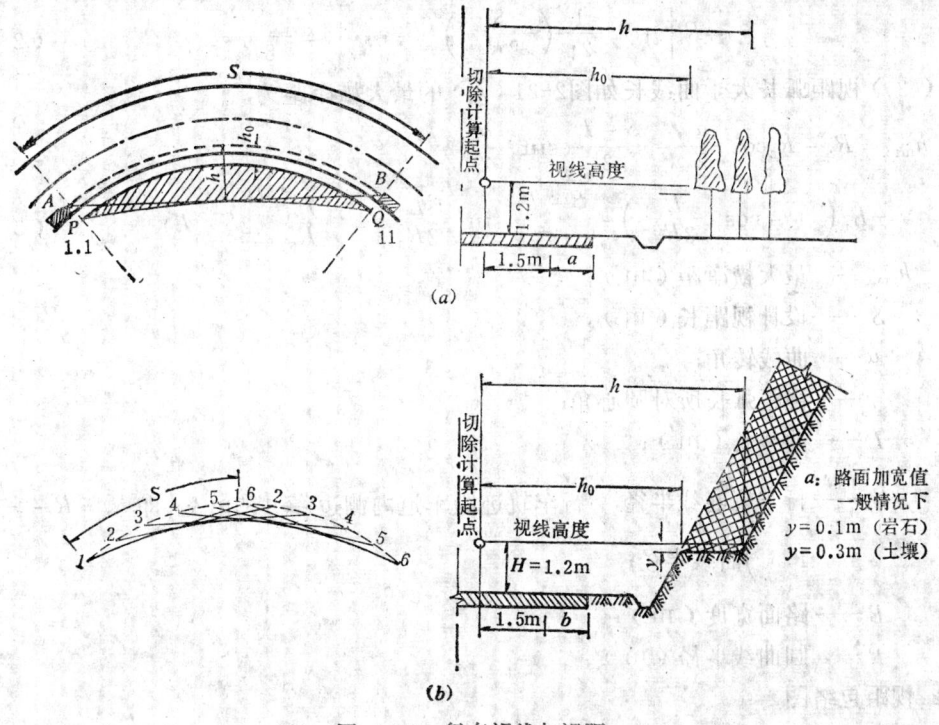

图 2-20 行车视线与视距

29

1-1，2-2，3-3……所对弧长均为规定行车视距弧长，而与这些视线相切的曲线为视距曲线。由图2-20得知：为了保证行车视距，必须使驾驶员的行车视线通视，因此，在视距曲线与行车轨迹线之间的一切阻挡视线的障碍物必须予以清除。

在平曲线处道路断面上，h 为行车轨迹线至视距曲线之距，称为横净距。h_0 为障碍物至行车轨迹线之距。由图2-20中看出，当 $h > h_0$ 时，障碍物阻挡了行车视线，应予清除；当有 $h \leqslant h_0$ 时，行车视线能保证通视。所以，道路弯道内侧障碍物的清除范围由横净距 h 值决定。

1. 横净距计算

如图2-21横净距计算有以下两种情况：

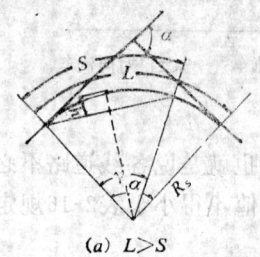

(a) $L > S$　　　　　　　　　　　(b) $L < S$

图 2-21　横净距计算图

（1）视距弧长小于曲线长，如图2-21（a）时的最大横净距为，

$$h_{\max} = R_s = R_s \cos \frac{\nu}{2} = R_s \left(1 - \cos \frac{S}{2R_s} \right)$$

$$= R_s \left[1 - \frac{1}{2!} \left(\frac{S}{2R_s} \right)^2 + \cdots \cdots \right] = \frac{S^2}{8R_s} \qquad (2-24)$$

（2）视距弧长大于曲线长如图2-21（b）的最大横净距为，

$$h_{\max} = R_s - R_s \cos \frac{\alpha}{2} + \frac{S - L}{2} \sin \frac{\alpha}{2}$$

$$= R_s \left(1 - \cos \frac{L}{2R_s} \right) + \frac{S - L}{2} \sin \frac{L}{2R_s} = \frac{L}{8R_s} (2S - L) \qquad (2-25)$$

式中　$h_{\max}$——最大横净距（m）；

　　　S ——设计视距长（m）；

　　　α ——曲线转角；

　　　ν ——视距弧长所对圆心角；

　　　L ——曲线长（m）；

　　　R_s——行车轨迹线半径，行车轨迹距车道内侧边缘1.5m处$\Big($即 $R_s = R - \dfrac{B}{2} +$

　　　　1.5 $\Big)$曲线半径；

　　　B ——路面宽度（m）；

　　　R ——圆曲线半径（m）。

2. 视距包络图

对于弯道内侧阻挡视线的障碍物范围可用图解法进行确定，即用视距包络图法确定清除障碍物的范围，如图2-22作图步骤如下：

（1）按比例绘制弯道平面图，绘出道路中心线、边缘线（包括路面加宽），行车轨迹线及障碍物位置和范围。

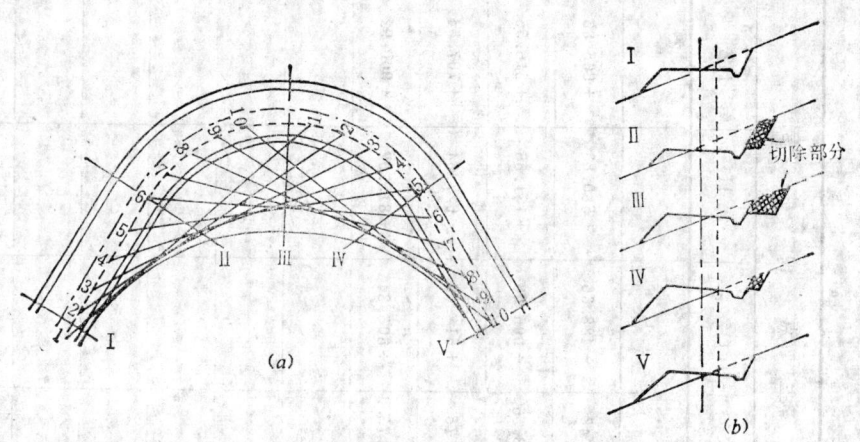

图 2-22 图解横净距

（2）计算最大横净距h_{max}，并以h_{max}在行车轨迹线上定出最大横净距对应的一组行车视线6-6如图2-22（a）。可根据该视线长或对应的设计视距弧长在行车轨迹线上定出多组对应视线1-1，2-2，3-3，⋯⋯。

（3）作出与多组对应视线相切的曲线，这条曲线称为视距包络线，视距包络线与行车轨迹线之间的障碍物必须全部清除，方能保证曲线路段行车视距。

（4）轨迹线至包络曲线的法向距离为横净距。将平面视距包络图上各桩号点的横净距转绘到对应的断面图上，并判断确定清除障碍物（路堑边坡）的范围，按规定的视线高度在断面图上绘出障碍物切除范围如图2-22（b）。

六、平面设计成果

（一）直线、曲线、转角一览表

直线、曲线、转角一览表是道路设计文件内容之一，也是平面设计主要成果。它是通过测角，丈量中线和布设平曲线后得到的成果，它反映了设计者对路线平面线型的设计意图，也是绘制平面设计图的依据。表格形式见表2-17，填表步骤如下：

1.根据平面定线方案，测定各交点处转角α，并测量两邻交点间距。对各交点进行编号并填表。

2.在路线各交点处，选择平曲线半径R，缓和段长度L_s，并布设平曲线。

3.计算每个交点曲线的几何要素（T、L、E、j）并填表。

4.由路线起点开始，根据交点间距和曲线几何要素，推算各曲线主点桩里程并校核。计算出整个设计路线里程，将各主点桩号填表。

5.对曲线、转角一览表进行校核

$$\sum 交点间距 - \sum J = 路线总里程$$

$$\sum 直线段长 + \sum 曲线长 = 路线总里程$$

（二）路线平面图

路线平面图是道路设计文件中主要内容之一，路线平面图可体现路线平面位置、走

31

路线名称：_____

表 2-17

直线、曲线、转角一览表

交点号	交点桩号	转角 左	转角 右	半径 (m)	缓和曲线 (m)	曲线要素值 (m) T_H	L_H	E_H	J_H	主点桩号 ZH	HY	QZ	YH	HZ	直线长度 (m)	交点间距 (m)
A	$K0+000$														311.48	490
JD_1	$K0+490$	19°17′24″		800	85	178.52	354.35	11.86	2.69	$K0+311.48$	+396.48	+488.66	+580.83	+665.83	307.73	608
JD_2	$K1+095.31$		11°18′36″	800	85	121.75	242.99	4.29	0.51	+973.56	$K1+058.56$	+095.06	+131.55	+216.55	313.20	524
JD_3	$K1+618.81$	9°20′15″		600	80	89.05	177.79	2.44	0.31	+529.75	+609.75	+618.66	+627.54	+707.54	4.21	188
JD_4	$K1+806.49$		8°31′48″	700	85	94.74	189.17	6.64	0.31	+711.75	+796.75	+806.34	+815.92	+900.92	195.26	290
B	$K2+096.18$															
Σ							964.30								1131.88	

向，反映沿线人工构造物和工程设施的布置情况以及路线与地形、地物的关系。路线平面图是直线、曲线、转角一览表形象化的表现，平面图可清楚、全面地体现线路方案特点，也是道路平面设计的重要成果。其图绘制步骤如下：

1. 选定比例尺，一般有：1:1000、1:2000、1:5000 几种。其中常用比例为1:2000。
2. 根据直线、曲线、转角一览表，按比例绘制道路中线图。
3. 在道路中线图上标注出起点、里程桩、百米桩、曲线主点桩、桥涵与人工构造物桩号位置。
4. 按比例根据实测资料，结合实际地形勾绘道路中线左右各100~200m范围内的地形等高线，标注地物、地貌、建筑物与构造物位置和名称。

城市道路平面图，应在现状地形图上绘出道路设计红线、中线、行车道与人行道的分界线，并绘出分隔带、绿化带、交通岛、沿街建筑及出入口位置与外形。图中示出管线、排水设施，包括：检查井、进水口、桥、涵等位置。对交叉口应注明道口位置、侧石转弯半径、中心岛等。

5. 整理、修正（等高线、地物、建筑物、构筑物等）图纸，描图出版。路线平面图实例见图2-23和图2-24。若有设计路段地形图，则可直接在图上设计、绘制道路平面图。

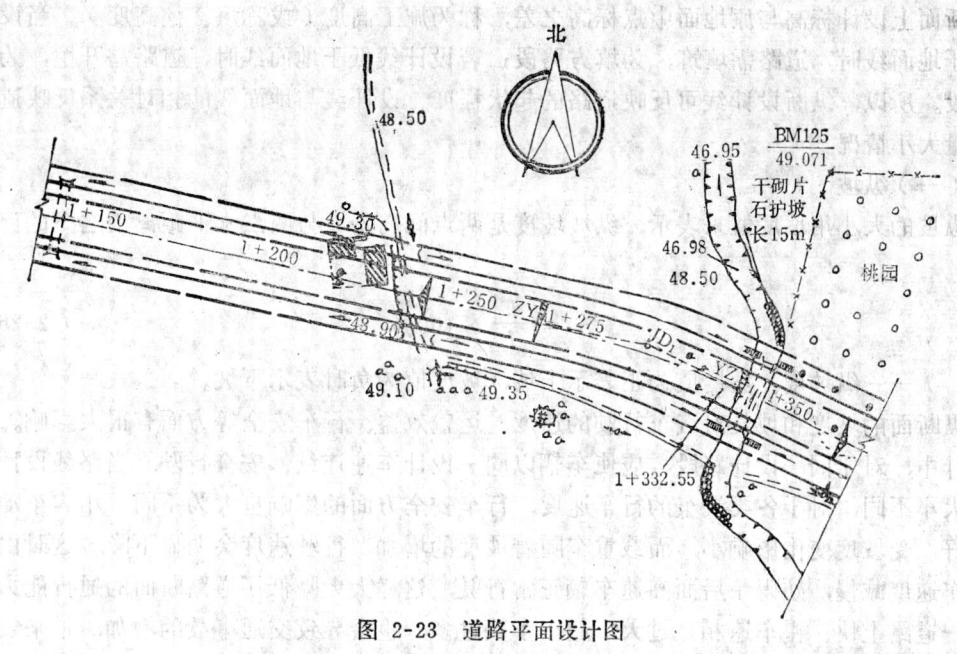

图 2-23　道路平面设计图

第三节　道路纵断面设计

一、纵断线形设计要素

沿道路中心线纵向垂直剖切的立面为纵断面。它反映道路沿线起伏变化情况。在纵断图上（见图2-25）有两条线，一条地面线（又称黑线）；它是根据道路中线原地表标高而点绘成的一条无规则折线。另一条为设计线（又称红线）；它是道路设计标高的连线，设计线是根据汽车爬坡性能、地形条件、运输与工程经济等诸多方面因素经过技术、经济比

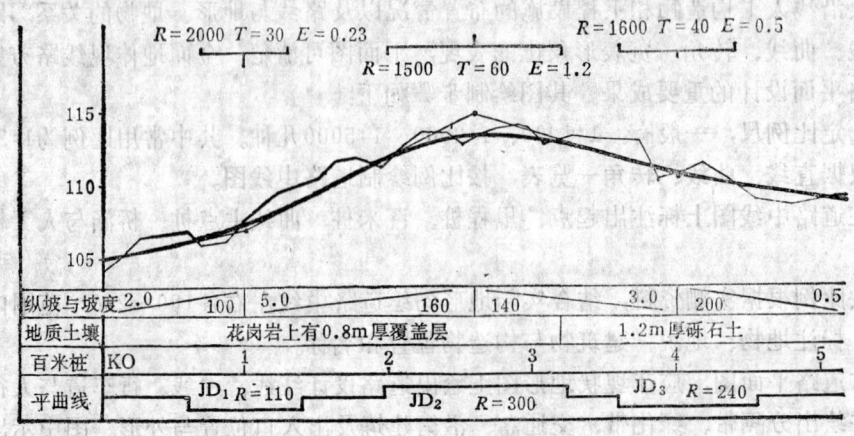

图 2-25 纵断面

较后制定的。

纵断面设计线主要由纵坡和竖曲线两个线形组成,新建公路中,纵断设计线指路基边缘设计标高的连线, 路基边缘各点的标高称为设计标高(城市道路设计标高为路中点标高)。同一断面上设计标高与原地面中点标高之差, 称为施工高度 (或称填、挖高度)。当设计线高于地面线时, 道路需填筑, 为填方路段;若设计线低于地面线时, 道路需开挖, 为挖方路段。所以, 纵断设计线可反映道路的起伏程度。设计线与地面线的相对关系反映道路工程量大小情况。

(一)纵坡

纵坡的大小用坡度值来表示,纵坡坡度是两点间高差 h 与两点水平距离 l 之比的百分数:

$$i = \frac{h}{l} \times 100\% \qquad (2\text{-}26)$$

式中 i ——纵坡度、坡度值为正表示上坡, 坡度值为负时表示下坡。

纵断面的坡度和坡长对汽车行驶的速度、运输效益、行车安全等方面有很大影响。道路设计中, 对于同一设计路段, 应使车辆以同一设计车速连续、安全行驶。当路线设计纵坡度大小不同, 对于各类汽车的行车速度, 行车安全方面的影响也大为不同。小客车动力性能好, 受坡度变化影响小, 而载重车随着坡度的增加, 行驶速度会明显下降。这时由于载重车速度减慢, 妨碍了后面高速车辆正常行驶, 这样大大降低了道路断面的通行能力。若同一道路上快、慢车速相差过大, 超车车辆过多, 也会导致交通事故的增加, 带来安全上的问题。坡度增大对于下坡汽车来说, 车重产生的水平分力会使汽车加速行驶, 越跑越快, 此时必须制动减速。若制动不灵则很容易造成事故。因此, 纵坡设计应使坡度平缓, 起伏均匀, 使各类车辆应在保证行车安全情况下都能接近设计车速匀速行驶, 并使纵断设计线尽可能适应自然地形,降低工程费用, 提高道路使用质量。

(二)竖曲线

为了减小工程量, 纵坡设计线总是尽可能地适应地形的变化。所以, 一条道路设计纵坡总有变化。我们把相邻两坡度变化点 (相交点) 称为变坡点或转坡点。在转坡点处由于竖向曲率的突变容易产生行车颠簸、视距不良现象, 为了行车顺适、安全, 线形美观, 在纵断变坡点处设置曲线用以过渡，这一曲线称之为竖曲线。

竖曲线有圆弧，二次抛物线和三次抛物线几种线形，为了计算布设方便一般采用二次抛物线作为竖曲线。竖曲线由于变坡点性质的不同，分为凸形竖曲线、凹形竖曲线两种。凸形竖曲线易使驾驶员视线受阻，而两种竖曲线半径过小，行车会产生超重或失重的感觉。为了保证行车的顺适、安全，在纵断变坡点处应设置平顺，大半径的竖曲线。

二、纵坡设计指标

（一）最大纵坡与合成坡度

1. 最大纵坡

最大纵坡度是道路在坡长限制条件下，汽车能保持一定车速安全通过的坡度。最大纵坡是根据道路等级、行车安全及地形条件加以规定。我国各级公路的最大纵坡规定如表2-18。

各级公路最大纵坡 表 2-18

公路等级	汽车专用公路								一般公路					
	高速公路		一		二				二		三		四	
地形	平原微丘	重丘	山岭		平原微丘	山岭重丘	平原微丘	山岭重丘	平原微丘	山岭重丘	平原微丘	山岭重丘	平原微丘	山岭重丘
最大纵坡（%）	3	4	5	5	4	6	5	7	5	7	6	8	6	9

注：高速公路受地形条件或其它特殊情况限制时，经技术经济论证合理，最大纵坡可增加1%。

道路等级高，设计车速高，行车密度大时，为了保持纵坡路段车辆行驶速度，纵坡度就必须平缓，否则道路交通量难以达到设计要求。降低了道路使用效益。所以道路等级高，最大纵坡应小。

道路纵坡设计应考虑到各种车辆的行驶要求，行驶安全。对于上坡车辆能保持一定车速，且爬坡不感到困难。而对下坡车辆应考虑到行驶安全问题，一般来说汽车低档爬10%的坡度无多大困难，当下坡时纵坡超过8%时就会造成汽车连续加速冲坡，为了安全制动减速也易发生制动器发热失效导致事故，当路面冰雪路滑时，行车安全就更无保障，因此一般机动车行驶纵坡不易大于8%。对非机动车，当纵坡在3%，坡长超过200m时，上坡就感到相当困难。所以对于城市道路非机动车较多的一块板道路，最大纵坡不得超过3%。

道路纵坡设计也受到地形的制约。在平原或地势平坦地区，设计坡度不受控制，取用平缓坡度，即不增加工程投资，又可提高道路使用质量。但在起伏较大的山岭、重丘区路段，特别是两控制点高差较大的越岭路线。一方面要采用较大纵坡适应地形，避免高填、深挖，减小工程量。另一方面为了克服一定高差必须安排一系列较大纵坡，达到预定高度。如此看来，纵坡度的大小对道路工程费用大小，道路里程长短都有很大影响。

在纵坡设计中应全面考虑道路等级、各种车辆行驶安全、地形情况与工程、运输几方面的问题。设计时应将表2-18规定的最大纵坡作为各级道路纵坡的控制指标，一般情况下不应轻易采用。

2. 合成坡度

在设有超高的平曲线路段，超高横坡与纵坡组成的合成坡度往往比两者更大，在路线设计中应考虑到行车可能沿此合成坡度产生下滑、倾斜、失稳等不安全问题，因此，特别是在大纵坡与小平曲线半径重叠路段，应严格控制合成坡度。合成坡度应按下式计算：

$$i_合 = \sqrt{i^2 + i_y^2}$$
(2-27)

式中　$i_合$——合成坡度；

　　　i——道路设计纵坡度；

　　　i_y——超高横坡度。

我国各级公路合成坡度值不得超过表2-19的规定。合成坡度实际上是限制了小的平曲线半径与大的道路纵坡的组合。一般情况下或积雪严寒地区合成坡度不应大于8％。

合 成 坡 度 值 表 2-19

公路等级	汽 车 专 用 公 路							一 般 公 路					
	高 速 公 路			一		二		二		三		四	
地 形	平原微丘	重丘	山 岭	平原微丘	山岭重丘	平原微丘	山岭重丘	平原微丘	山岭重丘	平原微丘	山岭重丘	平原微丘	山岭重丘
合成坡度值（％）	10.0	10.0	10.5	10.5	10.0	10.5	9.0	10.0	9.0	10.0	9.5	10.0	9.5	10.0

（二）坡长限制与缓和坡段

1.坡长限制

对于汽车行驶，长距离的大坡度路段肯定是非常不利的。上坡时因长时间低档爬坡，增加燃料消耗，又降低行车速度。下坡时又要经常制动，机械磨损严重又不安全。山岭区，有时采用一定大坡度，在争取高度，缩短里程，节省工程量，降 低工程费用方面是必要的，但对于大坡度要加以限制。这是为了使汽车在大坡度路段上坡行驶速度不过份降低，行驶时间缩短，也为下坡行车安全考虑，在纵坡设计中，对于坡度大于５％时坡长应加以控制，我国公路坡长的限制按表2-20规定执行。

纵 坡 长 度 限 制 表 2-20

纵 坡 坡 度 i（％）	坡 长 限 制（m）
$5 < i \leqslant 6$	800
$6 < i \leqslant 7$	500
$7 < i \leqslant 8$	300
$8 < i \leqslant 9$	200

2.缓和坡度

当道路连续纵坡大于５％时，除考虑应按规定控制纵坡长度外，同时必须在规定的坡长处设置一段坡度小于３％的缓和坡段。其作用：对于上坡汽车当爬上大坡段后，在缓和坡段上恢复正常的行车状态和行驶速度，提高道路通过能力，对于下坡行车可以缓和连续的加速冲坡，改善行驶条件，确保行车安全。

3.最小坡长

为了防止纵断面设计出现频繁起伏，崎岖不平的现象，要求纵断变坡 点 应 有 一 定 距离，纵坡有一定长度。考虑到地形情况及竖曲线布设要求，一般纵坡的最小坡长不应小于

9s行程。即：

$$S_{\min} = \frac{Vt}{3.6} = 2.5V \qquad\qquad （2-28）$$

式中　V——设计车速（km/h）。

我国公路规范规定各级公路纵坡最小长度见表2-21。

各 级 公 路 最 小 坡 长　　　　　　　　表 2-21

公 路 等 级	一		二		三		四	
地　　　　　形	平原微丘	山岭重丘	平原微丘	山岭重丘	平原微丘	山岭重丘	平原微丘	山岭重丘
最 小 坡 长 （m）	250	150	200	120	150	100	120	80

（三）平均纵坡

在纵断面设计中，有的路段虽然单一坡度、坡长、缓和坡段均符合设计规定，但从整个路段上检查，由于平均纵坡较大，上坡车辆行驶总体上低档、低速，而下坡时会连续冲坡又需频繁制动，易发生事故或降低通行能力，所以必须控制整体路段的平均坡度，以防止发生局部路段过陡和坡度过长，缓和地段短的现象。为了保证行车安全顺利，公路技术标准对整体路段的平均坡度规定如下：

（1）越岭线地形相对高差为200m～500m时，道路平均纵坡一般不大于5.5%。

（2）越岭线地形相对高差大于500m时，道路平均纵坡一般不得大于5%。

（3）任何相连3km路段的平均纵坡不宜大于5.5%。

（四）最小纵坡

道路的最小纵坡度必须满足排除地面水的需要。在挖方，没有路缘石及横向排水不畅的路段的设计最小纵坡，一般以不小于0.3%的纵坡，作为最小纵坡值。当道路纵坡设计不能满足最小纵坡时，应加大排水边沟纵坡满足排水要求，考虑增加边沟出口，使水流短矩离内排除。当城市道路纵坡不满足最小纵坡要求时，对次要道路采取增加变坡点（纵坡设计成锯齿形）的方法。对于主要道路，中线设计纵坡不动，将路面边缘两侧设成锯齿形，并在落水点（变坡低标高点）处加设雨水口排水。也可适当加大路拱横坡，增设雨水口，加大排水管网管径等措施解决排水问题。

三、竖曲线设计

（一）竖曲线半径

1.视距要求的竖曲线半径

在凸曲线路段，驾驶员不能看到竖曲线的全貌。若凸曲线半径太小，会阻挡驾驶员的行车视线，影响行车安全。因此，凸形竖曲线的半径是按视距要求计算的。

（1）竖曲线长L＞视距长S，如图2-3-2

凸形竖曲线最小半径为：

$$R_C = \frac{S_T^2}{2d} \qquad\qquad （2-29）$$

或：

$$R_C = \frac{S_H^2}{8d} \qquad\qquad （2-30）$$

式中　R_C——竖曲线半径（m）；

　　　S_T——停车视距（m）；

　　　S_H——会车视距（m）；

　　　d——驾驶员视线高，一般取1.2m。

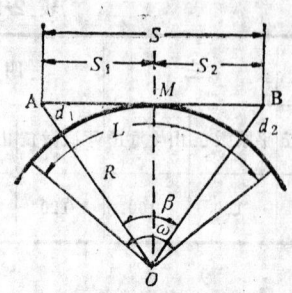

图 2-26　凸形竖曲线半径计算图式（$L>S$）

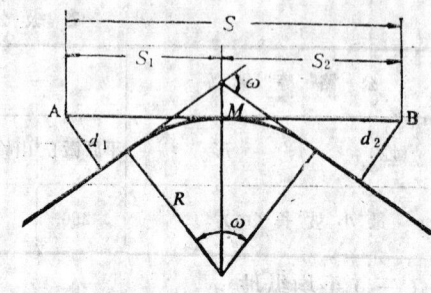

图 2-27　凸形竖曲线半径计算图式（$L<S$）

（2）竖曲线长度$L<$视距长度L

如图2-27凸形竖曲线最小半径为：

$$R_C=\frac{2}{\omega}\left(S_T-\frac{d}{\omega}\right) \tag{2-31}$$

或：

$$R_C=\frac{2}{\omega}\left(S_H-\frac{4d}{\omega}\right) \tag{2-32}$$

式中　ω——变坡点转坡角，为相邻两纵坡的坡度差。

其余符合同前。

2.竖向离心力变化要求竖曲线半径

对于凹形竖曲线，最小半径应避免因竖向离心力过大而引起行车超重，造成对行车平顺、舒适方面的不良影响。

竖曲线上行驶汽车，产生的竖向离心力为：

$$F=\frac{GV^2}{gR_C}=\frac{GV^2}{127R_C}$$

得到：

$$R_C=\frac{V^2}{127(F/G)} \tag{2-33}$$

式中　V——设计车速（km/h）；

　　　G——汽车的总重（N）；

　　　F——竖向离心力（N）；

　　　R_C——竖曲线半径（m）。

为了保证行车安全和舒适，应将单位车重受到离心力F/G控制在0.025以内，由此根据式2-33得凹形竖曲线最小半径为：

$$R_C=\frac{V^2}{3.2} \tag{2-34}$$

式中符号同前。

（二）竖曲线长度

当竖曲线转坡角ω很小时，即使选择的竖曲线半径很大，竖曲线长度仍可能较小。此时，容易造成竖向曲率变化过快，乘客不适，线形突然转折而不美观。因此，设计竖曲线长度不能过短，一般要求竖曲线的最小长度不得小于3s行程时间。即：

$$L_C = \frac{Vt}{3.6} = \frac{V}{1.2}(m) \qquad (2\text{-}35)$$

式中 L_C——竖曲线最小长度（m）；

V——设计车速（km/h）。

综上所述，竖曲线半径和最小长度应根据行车视距、行车时间及限制离心力等方面要求来选择确定。因此在确定竖曲线半径时，必须从曲线半径与曲线长度两个方面进行判断，检查，选择其中较大值。

我国各级公路竖曲线半径和最小长度规定见表2-22。表列极限半径应作为控制界线指标，不应轻易采用。一般应选大于或等于一般最小半径值。在不增加工程量的情况下，尽可能取大些的指标，这对线形平缓，行车安全，舒适美观均有良好的效果。

各级公路竖曲线最小半径和最小长度　　　　　　　　　　　表 2-22

公路等级		汽 车 专 用 公 路					一 般 公 路				
		高 速 公 路			一		二	二		三	四
地　　形		平原微丘	重丘	山岭	平原微丘	山岭重丘	平原微丘	山岭重丘	平原微丘	山岭重丘	平原微丘	山岭重丘	平原微丘	山岭重丘
凸形竖曲线半径（m）	极限最小值	11000	6500	3000	1400	6500	1400	3000	450	3000	450	1400	250	450	100
	一般最小值	17000	11000	4500	2000	10000	2000	4500	700	4500	700	2000	400	700	200
凹形竖曲线半径（m）	极限最小值	4000	3000	2000	1000	3000	1000	2000	450	2000	450	1000	250	450	100
	一般最小值	6000	4500	3000	1500	4500	1500	3000	700	3000	700	1500	400	700	200
竖曲线最小长度（m）		100	85	70	50	85	50	70	35	70	35	50	25	35	20

（三）竖曲线布设

1. 计算转坡角ω

纵断面上相邻两坡度线相交时的交角为转坡角，用ω表示，如图2-28，ω的大小近似等于相邻两纵坡的代数差，即：

$$\omega = i_1 - i_2 \qquad (2\text{-}36)$$

式中

i_1，i_2——分别为相交两坡度的坡度值。上坡取正值，下坡取负值。

计算ω时，i_1和i_2值连符号一起代入2-36式计算，其结果：ω为正时，是凸曲线；ω为负时，是凹曲线。

2. 竖曲线几何要素计算

当选定竖曲线半径R_C和得到转坡角ω以后，如图2-28，布设竖曲线时的几何要素计算式如下：

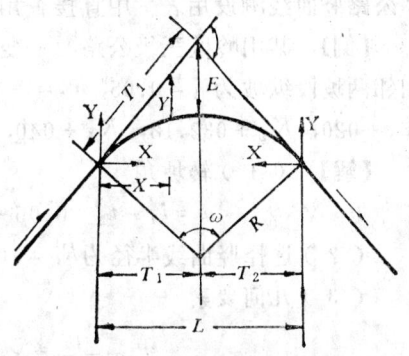

图 2-28　竖曲线基本要素

$$
\left.
\begin{aligned}
\text{切线长：} & T_c = 1/2\,R_c\omega \\
\text{曲线长：} & L_c = R_c\omega \\
\text{外距值：} & E_c = \dfrac{T_c^2}{2R_c}
\end{aligned}
\right\}
\qquad (2\text{-}34)
$$

式中　T_c——竖曲线切线长（m）；

　　　L_c——竖曲线曲线长（m）；

　　　E_c——竖曲线外距（m）。

其余符号同前。

竖曲线是采用二次抛物线，在纵断面计算中，只计算水平距离和垂直高度，故近似地将切线长，曲线长均以水平面上的投影长度计算，见图2-28。

3. 竖曲线的坐标及方程

（1）竖曲线坐标。竖曲线坐标原点是设在竖曲线的起点与终点处，如图2-28所示。坐标点的桩号为：

起点桩号 = 变坡点桩号 - 切线长 T_1

终点桩号 = 变坡点桩号 + 切线长 T_2

坐标以水平方向为X轴方向，以垂直高度方向为Y轴。计算中以变坡点桩为分界线，即水平方向的最大取值 $X \leqslant T$。

（2）竖曲线标高修正值方程。竖向曲线范围内任意一点的标高修正值方程为：

$$
Y_i = \frac{X_i^2}{2R_c}
\qquad (2\text{-}38)
$$

式中　R_c——竖曲线半径（m）；

　　　X_i——竖曲线任意桩点到竖曲线坐标原点（起点或终点）的水平距离（m）；

　　　Y_i——对应于 X_i 桩点的切线点到竖曲线点上的垂直高度（标高修正值）（m）；

（3）竖曲线上设计标高计算。在竖曲线路段内，竖曲线上的设计标高是根据任意桩点上切线的标高与对应的标高修正值得到的，即：

凸曲线设计标高 = 切线标高 - Y_i

凹曲线设计标高 = 切线标高 + Y_i

竖曲线设计中，竖曲线的各几何要素及竖曲线上各桩点标高修正值 Y_i，均可以从《公路竖曲线测设用表》中直接查用。

【例】　某山岭区三级公路，一变坡点桩号为 $K_5 + 0.3218$，该桩点标高为258.78m，相邻两坡段纵坡为 $i_1 = 0.05$，$i_2 = -0.03$，计算下列竖曲线各桩设计标高：$K_5 + 000$，$K_5 + 020$，$K_5 + 032.18$，$K_5 + 040$，$K_5 + 060$

【解】　（1）转坡角

$$
\omega = i_1 - i_2 = 0.05 - (-0.03) = 0.08（凸曲线）
$$

（2）选择竖曲线半径为 $R_c = 1000$m。

（3）几何要素

$$
T_c = \frac{1}{2}\omega R_c = \frac{1}{2} \times 0.08 \times 1000 = 40\text{m}
$$

$$
\omega_c = \omega R_c = 0.08 \times 1000 = 80\text{m}
$$

$$E_C = \frac{T_C^2}{2R_C} = \frac{40^2}{2 \times 1000} = 0.8\text{m}$$

（4）竖曲线起、终点桩号。起点桩号 $= K_5 + 0.3218 - 40 = K_4 + 992.18$

终点桩号 $= K_5 + 032.18 + 40 = K_5 + 072.18$

（5）竖曲线上各桩点设计标高计算

① $K_5 + 000$

切线标高 $= 258.78 - 0.05 \times 32.18 = 257.17\text{m}$

距起点距离：$X = K_5 + 000 - K_4 + 992.18 = 7.82\text{m}$

X 点标高修正值：

$$Y = \frac{X^2}{2R_C} = \frac{7.82^2}{2 \times 1000} = 0.03\text{m}$$

设计标高 $= 257.17 - 0.03 = 257.14\text{m}$

② $K_5 + 040$

切线标高 $= 258.78 - 0.03 \times 7.82 = 258.55\text{m}$

至终点距离 $X = K_5 + 072.18 - K_5 + 040 = 32.18\text{m}$

X 点标高修正值

$$Y = \frac{X^2}{2R_C} = \frac{32.18^2}{2 \times 1000} = 0.52\text{m}$$

设计标高 $= 258.55 - 0.52 = 258.03\text{m}$

同理：其它各桩点竖曲线设计计算如表2-23。

竖 曲 线 计 算 表 表 2-23

桩 号	平曲线		纵坡%与坡 长(m)	竖曲线		未设竖曲线之设计标高(m)	距竖曲线起(终)点距离(m)	改正值(m)		设计标高(m)	地面标高
	左	右		凹	凸			+	−		
1	2	3	4	5	6	7	8	9	10	11	12
⋮											
⋮											
$K_4 + 992.18$					$+992.18$	256.78	0		0	256.78	
$K_5 + 000.00$		$R = 70$	$\dfrac{+5.0}{300}$		$R=1000$	257.17	7.82		0.03	257.14	
$K_5 + 020.00$						258.17	27.82		0.39	257.78	
$K_5 + 032.18$			$\dfrac{258.78}{+032.18}$		$E=0.80$	258.78	40.00		0.80	257.98	
$K_5 + 040.00$		JD_{15}	$\dfrac{-3.0}{250}$		$T=40$	258.55	32.18		0.52	258.03	
$K_5 + 060.00$						257.95	12.18		0.07	257.88	
$K_5 + 072.18$					$+072.18$	257.58	0		0	257.58	
⋮											
⋮											

注：本表为"路基设计表"中的一部分。

四、纵断面线形

（一）纵坡

1.纵坡设计，缓坡宜长，陡坡宜短。最大纵坡，坡长限制等极限指标不应轻易采用。

2.纵坡长度不应过短，避免短距离内起伏过频，应使纵断线形均衡平顺。连续上坡（下坡）路段的纵坡避免设置反坡。

3.沿河布线的路线纵断面设计线应高出表2-24列洪水频率水位标高0.5m以上。

路基设计洪水频率   表 2-24

公 路 等 级	一	二	三	四
设计洪水频率	$\frac{1}{100}$	$\frac{1}{50}$	$\frac{1}{25}$	按具体情况确定

4.桥上纵坡不宜大于4%，桥头引道纵坡不得超过5%。位于市、镇或交通繁忙路段桥上与桥头引道纵坡均不得超过3%。

5.纵坡设计除满足汽车行驶要求，尚应考虑各种车辆及运输工具爬坡能力，下坡安全方面的要求。城镇道路和机动车与非机动车混行车道的最大纵坡不大于3%。

6.纵断设计应在保证路基强度和稳定性的前提下，尽可能适应自然地形，争取填挖平衡，节省土石方工程量与其它工程量，降低造价。

7.城市道路纵断设计尚应注意：

①满足道路与两侧街坊排水，道路与侧石顶面标高低于两侧街坊或建筑物地坪标高。

②设计线必须满足城市地下管线的最小覆土深度要求。防止损坏地下管线。最小覆土深度一般不小于0.7m。

③道路纵断面设计，协调城市立面布置，应与相交广场、道路、出入口等平顺衔接。

（二）竖曲线

1.竖曲线设计应同时使曲线半径和曲线长度两方面符合规定。竖曲线应尽可能选用大些，以利于视觉和路容美观。在有条件的情况下应考虑优先按表2-25所列半径值设计竖曲线，来获得平顺连续的线形。

从视觉观点所需的最小竖曲线半径值   表 2-25

计算行车速度 （km/h）	凸形竖曲线半径 （m）	凹形竖曲线半径 （m）
100	16000	10000
80	12000	8000
60	9000	6000
40	3000	2000

2.对于同向竖曲线，若竖曲线间直坡段不长时，应尽可能将两竖曲线连接起来，取消直坡段合并为单竖曲线或复曲线，避免出现断背竖曲线。

3.对于反向竖曲线之间必须设有直坡段，直坡段长度一般不小于按设计车速3s行程长度，即不短于V/1.2。

（三）平、纵线形组合

1.平曲线（包括圆曲线和缓和曲线）与竖曲线两方面重合，是平、纵线形最好的组合。使平曲线长于竖曲线（将竖曲线包括在平曲线内）更好。这样可以引导行车视线，而且可得到平顺、美观的立体线形。图2-29为平、竖曲线的组合情况。

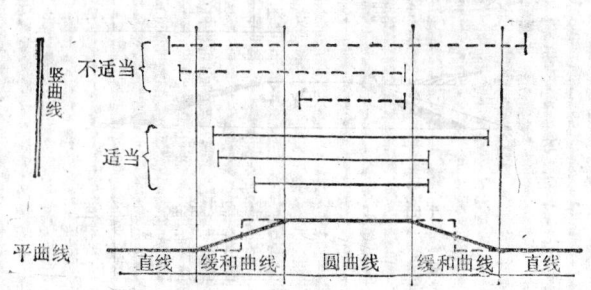

图 2-29 平、竖曲线组合

2.平、竖曲线重合时其曲线半径大小应保持均衡，一般平、竖曲线半径之比为1：10～20，方可在视觉上获得较好的效果，如图2-30（a）中平、竖线形均衡，线形平顺。而图2-30（b）中竖曲线过小破坏了线形的平顺、连续，产生扭曲。

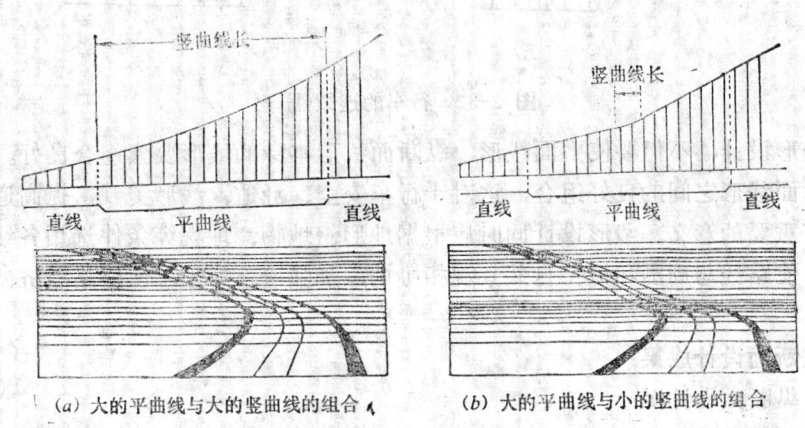

(a) 大的平曲线与大的竖曲线的组合　　(b) 大的平曲线与小的竖曲线的组合

图 2-30 平曲线和竖曲线的均衡

3.不得在凸曲线的顶部或凹曲线的底部，设置平曲线的起（终）点，这种组合使驾驶员失去视线，行车至凸曲线顶部才发现平曲线，急转方向盘而易发生事故。凹曲线上驾驶员容易超速行驶至曲线底部转弯也是危险的，且线形扭曲难看。

4.避免在一个平曲线内设置两个竖曲线或平面的直线段上包括两个以上的竖曲线。这样的线形组合，看不见前面路段方向，使驾驶员视线中断，判断不清行车方向，不敢以正常速度行驶，而且线形扭曲，不连续，使行车的连续性遭到破坏。同样，在一个竖曲线内也不得包括两个或两个以上平曲线，这同样会形成线形扭曲，行车不连续等方面的问题，如图2-32所示。

5.长陡坡下避免设置小半径的平曲线，也不得将陡坡与小半径平曲线重合，以防止车辆下坡速度过高时拐弯而发生事故。

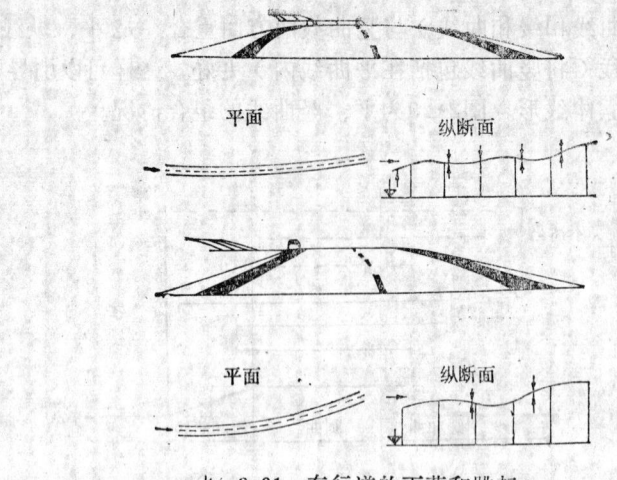

图 2-31 车行道的下落和跳起

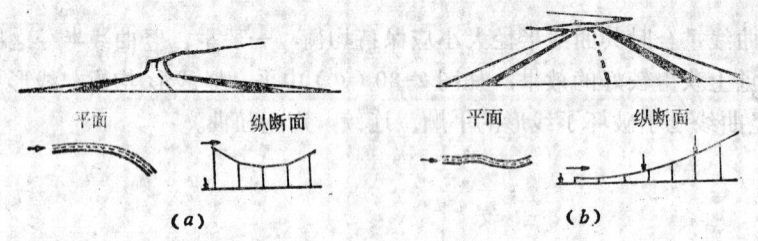

图 2-32 行车的连续性

道路线形设计，不但要使平面线形，纵断面线形本身的线形要素组合良好。还要注重平面与纵断面线形之间的良好组合，这对于行车安全、舒适、线形美观，提高道路使用质量等方面有重要的意义。线形设计同时应根据地形、地物、地貌等条件选用各线形要素，合理组合，使路线与周围环境、自然景观相协调，加强道路绿化，使道路经济、安全、舒适。

五、纵断面设计成果

（一）纵断面设计图

纵断面图是道路设计的主要文件之一。它表示道路中线立面地形起伏情况与设计标高关系，结合平面线形，反映出道路空间位置与组合情况。如图2-33，其纵断图绘制步骤如下。

1.准备工作

（1）纵断图采用直角坐标。该图横坐标表示水平距离，纵坐标表示高程。在计算纸（毫米方格纸）上选定比例，图中水平比例尺用1:2000或1:5000，垂直比例尺相应地用1:200或1:500。

（2）根据测设资料完成图下列各栏：①土壤地质说明；②坡度与坡长；③里程百米桩；④直线与平曲线（曲线右偏口朝下，左偏口朝上）。

（3）根据中桩和水准测录设计各桩点地面标高点于图上，连接后得到地面线。

2.标注控制点

控制点是影响纵坡设计高程的制约点。纵断图上标注控制点有两类。

（1）标高控制点：包括：起点、终点、垭口、洪水位、桥涵标高、隧道进出口标高、交叉点标高、路基最小填土高度等作为控制设计坡度的依据。

（2）经济参考点：包括：路基横向填挖平衡、多挖少填（保证路基稳定）、全挖方路基（减少防护工程）等以降低工程造价的点子作为纵坡设计的参考因素。

3. 初定设计线

根据地形情况，控制点与经济点要求，考虑纵断技术指标与设计规定和路线设计意图，在纵断图上初拉坡度线。

4. 调整设计线

根据初定设计线进行全面细致的检查，核对线形指标是否符合规定，线形组合，平纵配合是否得当，是否满足控制点，照顾到大多数经济点要求。从平面、横断面方面对纵断线加以调整修正，全面分析比较选取合理的纵断设计线，最后在整桩点处确定变坡点。

5. 确定设计线

纵坡经调整核对合理后，确定纵坡设计线。由控制标高（起点标高）开始根据纵坡度和坡长计算出各变坡点的标高。校核无误后，设计线随之落实。

6. 布设竖曲线，计算设计标高

在变坡点之间，按纵坡坡度值和变坡点标高计算出各桩点的设计高程。在变坡点处布设竖曲线，计算竖曲线范围内各桩点修正值，计算出竖曲线范围各桩的设计高程。

7. 绘图

经拉坡和设竖曲线后，将设计线与竖曲线绘于图上，并注明纵坡度、坡长、竖曲线要素。同时注入各有关资料如：平曲线资料、排水沟沟底设计线、桥涵与人工构筑物、道路交叉资料、河流及洪水位、水准点资料等。最后整理图纸，按有关规定描图。

（二）路基设计表

路基设计表是道路设计文件组成内容之一。它是道路平、纵、横三方面主要设计资料的综合。为路基横断面设计提供数据，也是道路施工的根本依据之一，路基设计表如表2-26所示。表列内容如下：

（1）桩号与平曲线：桩号为平面线形中线上所设各桩里程；平曲线是平面线形所设曲线资料。

（2）纵坡、竖曲线、设计标高：纵坡与竖曲线均为纵断面设计资料。设计标高是各桩点设计高程，也是纵断面设计线。设计标高是根据变坡点标高、坡度值和桩距推算而得。

（3）地面标高：是平面中线各桩水准测量得到的原地面标高。

（4）填挖高度：是设计标高与同桩位地面标高之差，即：

设计标高＞地面标高－为填方高度

设计标高＜地面标高－为挖方深度

（5）路基宽度：指道路平面路中线两侧的路基宽度（包括加宽和加宽缓和段）。

（6）设计标高与路基边缘中桩关系：主要取决于路拱横坡（直线）与曲线段超高横坡的变化（包括圆曲线上全超高和超高缓段）。

（7）中桩施工高度：填高（20）栏二（13）栏十（18）栏，而挖深（21）栏二（14）栏一（18）栏。

表 2-26

路 基 设 计 表

桩号	平曲线		纵坡(%)坡长(米)	竖曲线		未计竖曲线之设计标高(米)	距切点距离(米)	改正值(米)		设计标高(米)	地面标高(米)	填切值(米)		路基宽度(米)			路边与中桩和设计标高差(米)			施工时中桩填切值(米)	
	左	右		凹	凸			+	-			填	切	左	右	全宽	左	中	右	填	切
1	2	3	4	5	6	7	8	9	10	11	12	13	14	15	16	17	18	19	20	21	22
K13+279			216.23 / +270			216.53	21	0.07		216.60	220.23		3.63	3.75	3.75	7.50	0	+0.08	0		3.55
+291						216.92	9	0.01		216.93	219.83		2.90	3.75	3.75	7.50	0	+0.08	0		2.82
+300				+300						217.22	221.49		4.27	3.75	3.75	7.50	0	+0.08	0		4.19
+315				R=3000						217.72	221.55		3.83	3.75	4.11	7.86	+0.05	+0.08	-0.02		3.75
ZY+321.97			+3.3 / 170	T=30, E=0.15						217.95	221.47		3.52	3.75	4.95	8.70	+0.16	+0.08	-0.02		3.44
+342										218.61	219.71		1.10	3.75	4.95	8.70	+0.16	+0.08	-0.02		1.02
QZ+362.01		JD170 R=60			+399					219.27	221.90		2.63	3.75	4.95	8.70	+0.16	+0.08	-0.02		2.55
+386					R=1500					220.06	220.07		2.01	3.75	4.95	8.70	+0.16	+0.08	-0.02		1.93
+400					T=41, E=0.56	220.51	1		0	220.52	220.40		1.88	3.75	4.95	8.70	+0.16	+0.08	-0.02		1.80
YZ+402.05						220.59	3.05		0.12	220.59	222.37		1.78	3.75	4.95	8.70	+0.16	+0.08	-0.02		1.70
+418						221.11	19		0.43	220.99	221.35		0.36	3.75	3.75	7.50	0	+0.08	+0.07		0.28
+435						221.68	36		0.28	221.25	220.98	0.27		3.96	3.75	7.71	-0.11	+0.20	+0.43	0.35	
YZ+452.05			221.84 / +440			221.57	28.95		0.04	221.29	220.42	0.87		5.15	3.75	8.90	-0.11	+0.20	+0.43	1.07	
QZ+469.64	JD171 R=40					221.19	11.36			221.15	218.30	2.85		5.15	3.75	8.90	-0.11	+0.20	+0.43	3.05	
YZ+487.22										220.80	220.95		0.15	5.15	3.75	8.90	-0.11	+0.20	+0.16	0.05	
+500			-1.6		+481					220.52	221.70		1.18	4.26	3.75	8.01					1.09

46

第四节　道路横断面设计

道路横断面是指垂直于道路中心线方向的断面。它是由横断面设计线与地面线所围成的截面。公路断面包括：行车道（路面）、路肩、中间分隔带等组成。此节我们主要研究横断面中与行车、人行直接有关的部分，即行车道、人行道、分隔带、路肩等方面问题，为断面各部分横向尺寸、形状的规划设计打下基础，也便于指导施工。对于路面结构、边沟、边坡、防护支挡结构等项内容，则放在路基、路面中加以解决。

一、横断面的组成部分

（一）行车道

行车道是供各种车辆行驶的路面部分。它包括机动车道和非机动车道。

1.机动车道

（1）单车道宽。在道路上供机动车辆行驶的路面部分为机动车道。其中提供给一纵列车辆安全行驶的地带，称为单车道。单车道宽度取决于：车辆车身宽度和行车两侧的横向安全距离两个方面。

车身宽度应采用道路上经常通行的有代表性的"标准"车型宽度；一般采用：载重车型2.5m；小客车型2.0m。对于偶然通过的大型车辆不作为计算依据。

横向安全距离指车辆行驶摆动、偏移宽度，及车身（包括装货允许突出部分）与相邻车道或路边缘的安全间隙。它与行车速度、路面的质量有关，一般取值范围如下：（符号及横向关系见图2-34）。

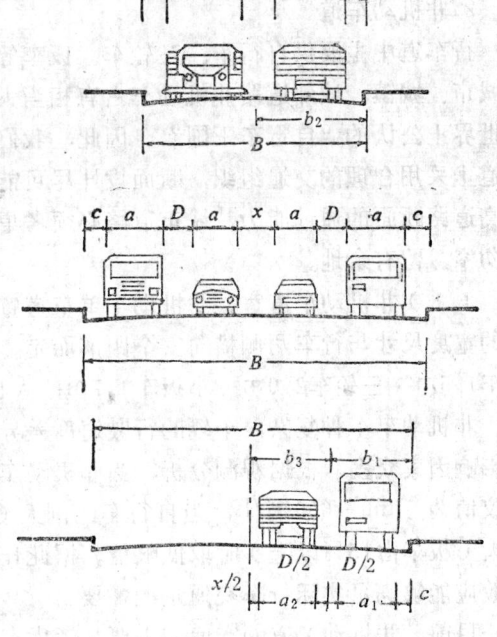

图 2-34　车道宽度示意图

①对向行车横向安全距离为：

$$x = 1.2 \sim 1.4m$$

②同向行车横向安全距离为：

$$D = 1.0 \sim 1.4m$$

③行车与路边缘带的横向安全距离为：

$$c = 0.5 \sim 0.8m$$

所以说，每条车道的宽度与车道的位置和车道上行驶车辆的种类有关。即单车道宽度是"标准"车型宽度尺寸加上两侧行车横向安全距离。根据计算单车道宽度一般取值为3.5m。

由于车道宽度确定还受到车辆、行车速度交通组成、工程量等多方面因素的影响。实际上单车道宽度应根据具体情况在3.0～4.0m范围内合理取值（其中每0.25m为一进级标准）。对于单车道路面的车道宽度不得小于3.5m，对于多车道低速道路考虑到可调剂使用车道时，每条车道宽可低于3.5m。对于高速行车道，城市道路铰接公交车道，或机动车与非机动车混行车道时每条行车道宽度不小于3.75m。

（2）机动车道总宽。行车道总宽度等于各条单车道宽度的总和。其中行车道数是根据行车道设计交通量与每条车道的实际通过能力确定的。

通过能力是指在同种车型，同样车速，车间距离相同的条件下，单位时间内通过道路断面的最大车辆数。实际通过能力（交通量）按前者车型、车速、车辆间距离等不同有很大差异，再考虑到：过街人行、交叉口干扰，车道宽度、车辆间的影响等诸多影响因素造成通过能力的折减，一般单车道上每小时实际最大通过能力：小汽车500～1000辆/h；载重汽车300～600辆/h；混合交通情况下为400辆/h。当道路交通组织良好时取高限。由此机动车道总宽度为：

$$机动车道总宽 = 车道数 \times 单车道宽$$

我国道路中：城市道路机动车道宽见表1-2所列；我国各级公路的车道宽度一般规定见表1-1。注意：规定的宽度值必须能够满足实际通过能力（交通量）的需要，当交通量超过四车道容量时，对其车道数应按双倍数增加。四级公路交通量较大时，行车道宽应采用6m。

道路设计中，车道数常采用两车道、三车道、四车道、六车道几种，一般不宜超过六车道。车道过多，路宽过大不但引起行人车辆过街不便，也容易造成行车超车、抢道，形成交通秩序混乱，而且工程费用过高，对提高道路通过能力方面作用不大，显然这种设计应避免。

2.非机动车道

行车道中主要供自行车、三轮车、板车等非机动车行驶的路面部分为非机动车道。我国城市、城镇、城郊道路非机动车占有相当大的比重，其中以自行车数量增加最快。已成为世界上公认的"自行车王国"，因此，我们应对非机动车道设计给予应有的重视。在行车道上采用合理的交通组织，断面设计尽可能将机动车与非机动车分流，减少相互干扰，提高道路断面的通过能力。城市道路必须考虑自行车的增长趋势，非机动车车道宽度宜宽勿窄，留有余地。

（1）非机动车道宽。非机动车单车道宽度设计原理与机动车道设计基本相同，由车辆的宽度尺寸与行车两侧横向安全距离而定。一般各种非机动车的单车道宽度取值为：自行车1.5m；三轮车2.0m；小板车1.7m；大板车2.8m。

非机动车车种复杂，车辆的行驶速度差异很大，在实际通过能力上除行车速度外，其它影响因素众多，根据观测分析，当非机动车辆混合行驶时，一条车道上的实际通过能力建议值为：400～600辆/h，当自行车比例大（自行车占60%以上）时取高限，当板车比例大（板车占15%以上）时取低限值。据此作为确定车道数的依据。而选定的非机动车车道数应能够满足实际行车交通量的需要。

目前，非机动车道的宽度，主要是考虑车道上行驶非机动车的类型，根据非机动车的横向组合方式来确定车道总宽度。车道宽度还必须保证较宽的车型能够与其它车型并行或超车行驶。非机动车道的组合情况与车道宽度如下：

①自行车组合车道：双车道2.5m；三车道3.5m；四车道4.5m；依次类推。

②一辆自行车与一辆三轮车组合：3.5m。

③两辆三轮车道：4.0m。

④两辆自行车与一辆三轮车组合：4.5m。

⑤一辆三轮车与一辆大板车组合：5.0m。

⑥两辆自行车与一辆公共汽车停靠站时的组合：5.5m。

根据经验，非机动车道推荐宽度在4.5～8m范围取值（每0.5m为一进级标准）为宜。在规划设计分离式（三块板）非机动车道时，每车道宽度不宜采用最低推荐值，应适当留有余地。当机动车道与非机动车道可以调剂使用断面（一、二块板断面）中设计非机动车道的宽度可适当减小。

（2）非机动车道的布置。非机动车道沿道路，对称布置在机动车道和人行道之间。为保证行车安全，提高行车速度，非机动车道与机动车道应用标志线或分隔带分隔开。交通量很小的道路（支路或住宅区路）上，非机动车与机动车可混行，但必须靠右侧行驶。

（二）人行道

人行道的主要功能是满足行人步行交通需要，同时用来布置绿化带、地上杆线、交通标志、埋设地下管线等设施。

1. 人行道宽度

人行道宽度主要取决于道路功能，沿街建筑物的性质。宽度的确定应综合考虑行人步行道宽度，及布置绿化、线杆等用地宽度，并注意地下埋设管线需用宽度。

（1）行人步行道宽。行人步行道宽的计算与行车道宽度计算方法相似，等于一条步行道宽度乘以步行道条数。

一条步行道宽与行人性质有关（空手、提、背、抱、挑时宽度不同）。一般道路上，单行步道宽0.75m，在火车站、港口码头、商场及闹市附近的干道上，携物行人较多时，单行步道宽度可取0.90m。

一条步行道的通行能力与行人步行速度和街道性质相关。据统计：一般道路一条步行道通行能力为800～1000人/h，闹市区、游览区道路为600～700人/h。体育场，剧院散场时可达1000～1200人/h。需用步行道的数目取决于，一条步行道的通行能力和高峰小时行人交通数量。

城市道路，一般情况下行人步行道宽度应满足双人对向并行的要求，即单侧布置行人步行道条数不少于4条（3m）。主干道上单侧行人步行道数不少于6条，支路、街坊内单侧行人步行道数不少于2条。对行人交通数量大的商业街、闹市路段应根据行人交通量实际数量确定步行道数目。

（2）绿化、杆线、地下管线所需宽度。为了保证植物能良好的生长，绿化带宽度为1.0～2.0m。最好不小于1.5m。地面杆线布设需用宽度为0.5～1.0m，常布置在绿化带上。这样，步行道宽度，另外加上绿化、杆线所用宽度，即得到人行道单侧宽度，一般不小于4.5m。当管线埋设在人行道下面时，人行道宽度要求既能满足步行交通的需要，又要满足铺设地下管线的要求。如埋设电力、电讯、给水三种管线所需最小宽度规定不小于4.5m，如图

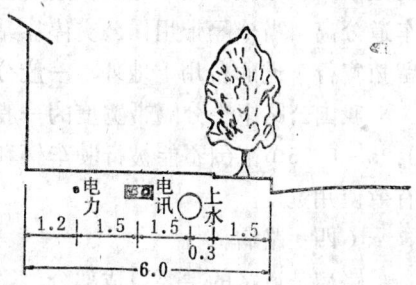

图 2-35　人行道上绿化、管线所占的宽度（尺寸单位：m）

2-35，加上绿化带宽则单侧人行道宽度应为6m。设计人行道宽度可参考表2-27采用。

项　　　　　　　　目	最 小 宽 度 (m)	铺砌最小宽度 (m)
设置电线杆和电灯杆的地带	0.5~1.0	
种植行道树的地带	1.25~2.0	
火车站、公园、城市道路终点站及其他行人聚集的地点	7.0~10.0	6.0
全市性干道有大商店和公共文化机构的地段	6.5~8.5	4.5
区域性干道有大商店和公共文化机构的地段	4.5~6.5	3.0
住宅区街巷	1.5~4.0	1.5

2.人行道布置

人行道通常对称布置在行车道两侧，在受地形、地物或有特殊要求时，也可作不等宽或仅在一边布置。

为了保证交通安全，避免人、车相互干扰，通常人行道要高出行车道0.08~0.20m，宜采用0.15m，并采用混凝土预制块（或条石）设置路缘石（侧平石）作为行车道、人行道之间的分界线，也可起到支撑路面与支挡人行道边缘的作用。为了排水，人行道上应设向行车道方向倾斜的直线形排水横坡。有铺砌的人行道横坡为1.5%~2.5%。

（三）分隔带

分隔带作用主要是分离各种车流，以减少车辆间相互干扰，是保障行车安全，迅速行驶的交通设施。分隔带按布设位置分有：

1.中央分隔带

即将分隔带设置在行车道中间部分，用以分离对方向车流。在高等级公路（高速公路和一级公路），快速干道上应按规定设中央分隔带。

2.机动车与非机动车分隔带

这种分隔带设置于机动车道两侧。用以分离机动车与非机动车车流。常用于城市道路中机动车和非机动车交通量较大的主干道，或快速干道上分离非机动车辆。

分隔带除用以分隔车流外，还用作道路绿化、照明、设置交通标志、布置管线、公交停靠站台及自行车停车场等，并可为道路今后拓宽发展留设余地。

分隔带宽度与道路占地、工程造价有密切的关系。从安全、便利行车方面看，把各种车流分离得远些为好，但考虑到工程经济，尽可能少占地时分隔带应窄些。对于用地紧张的地区，固定式分隔带宽度一般不宜小于1.2~1.5m，并兼作绿化带，用缘石或栏杆与行车道分离。当分隔带用作公交停靠站或自行车停放场时，宽度不宜小于2 m。除为远期保留拓宽行车道的备用土地外，一般分隔带宽度不宜大于4.5m。

我国公路中央分隔带宽度的一般规定见表2-28。表中所指路缘带是沿分隔带两侧0.25~0.75m范围不能被行驶车辆利用地带，应划归分隔带用地，避免减少行车道路面的有效使用宽度。

（四）路肩

路肩是道路的主要组成部分。多用于公路，设于行车道（路面）外侧。如图2-36，除作为路面的横向支承以外，还有保护路基、路面，防止雨水冲刷，可供行人通行和公路上临时停车的作用，也可增加道路开阔感，有助于行车舒适，避免紧张，对超车、错车车辆提供临时行驶地带，增加道路断面通过能力，为道路养护提供堆料、操作场地等。

公路等级	高 速 公 路				一 级 公 路	
项目＼地形	平原微丘	重 丘	山	岭	平原微丘	山岭重丘
中央分隔带宽度(m)	3.00 (2.00)	2.00 (1.50)	1.50	1.50	2.00 (1.50)	1.50
左侧路缘带宽度(m)	0.75 (0.50)	0.50 (0.25)	0.50 (0.25)	0.50 (0.25)	0.50 (0.25)	0.50 (0.25)
中间带宽度(m)	4.50 (3.00)	3.00 (2.00)	2.50 (2.00)	2.50 (2.00)	3.00 (2.00)	2.50 (2.00)

注：当受地形条件及其它特殊情况限制时，可采用括号内的数值。

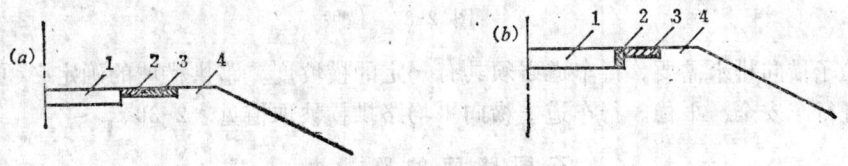

图 2-36 路肩

a)高级路面的路肩；b)次高级路面的路肩

1—路面；2—路沿带或路沿石；3—路肩加固部分；4—土路肩

路肩宽是根据道路等级，汽车与行人密度，行车道宽度等方面综合确定的。我国各级公路单侧路肩宽度的一般规定见表2-29。

公路等级	汽 车 专 用 公 路				一	
地形	高 速 公 路				平原微丘	山岭重丘
	平原微丘	重 丘	山	岭		
硬路肩宽度(m)	≥2.50	≥2.50 (2.25)	≥2.25 (1.75)	≥2.00 (1.50)	≥2.50 (2.25)	≥2.00 (1.50)
土路肩宽度(m)	≥0.75	≥0.75	≥0.50	≥0.50	≥0.75	≥0.50

公路等级	汽车专用公路		一	般	公	路	
地形	二		二		三		四
	平原微丘	山岭重丘	平原微丘	山岭重丘	平原微丘	山岭重丘	平原微丘 山岭重丘
硬路肩宽度(m)							
土路肩宽度(m)	1.50	0.75	1.50	0.75	0.75	0.75	0.5或1.5

注：当受地形条件及其它特殊情况限制时，可采用括号内的数值。

对四级公路单车道（单侧）路肩宽不小于1.5m。高速公路、一级公路的路肩部分应包括路缘带（路缘石）、硬路肩、土路肩三方面构成，外侧土路肩不得小于0.5m。

为了保证道路横向净宽和良好的行车视距，路肩上不得植树和设置交通设施。

路肩应设有向外侧倾斜的排水横坡，其坡度值一般比路面横坡度大1%~2%。

二、道路横坡与路拱

（一）道路横坡

人行道、行车道在道路横向单位长度内升高或降低的数值，称为道路横坡，如图2-37；横坡大小以横坡度表示即：

$$i_g = \operatorname{tg}\alpha = \frac{h}{d} \qquad (2-39)$$

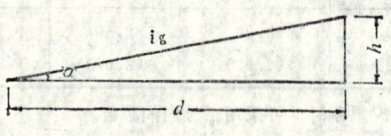

图 2-37 横坡

为了横向排水需要。行车道必须具有一定的横坡度。路拱横坡的确定必须有利于排水和保证行车安全、平稳。行车道上横向平均路拱横坡取值见表2-30。

不同路面的路拱横坡度   表 2-30

路　面　面　层　类　型	路　拱　坡　度（%）
水泥混凝土路面	1.0~2.0
沥青混凝土路面	1.0~2.0
其他黑色路面	1.5~2.5
整齐石块路面	1.5~2.5
半整齐和不整齐石块路面	2.0~3.0
碎、砾石等粒料路面	2.5~3.5
加固土路面	2.0~4.0
低级路面	3.0~4.0

行车道路拱平均横坡度的大小主要取决于路面材料、当地气候条件和道路纵坡。行车道面层粗糙，防水性能差，横坡度应大些，否则，水在路面上流动缓慢，容易渗到路面下层而降低路面强度；在多雨地区道路横坡宜取高限值，干旱地区可取低取；当道路纵坡较大时，为避免合成坡度过大给行车安全带来不良影响，横坡可适当减小。为了尽快排除路表水，行车道一般设计成双向路拱横坡，当横坡大时对排水有利，而对行车横向平稳性不利，反之亦然，因此，道路横坡度取值的着眼点，应是路面排水和保证行车的横向平稳这两方面都得到妥善解决。

（二）路拱

路面横断面的两端与中间形成一定坡度的拱起形状，称之为路拱。路拱的基本形式有：抛物线、直线、曲线直线组合型、折线型四种。

1.抛物线型路拱

抛物线路拱横坡从拱顶至拱脚逐渐增大，外形圆顺美观，路拱边部坡度大有利于排水。中间部分平缓，行车平稳性好。但易于吸引横向行车，集中行驶中部而造成路面损坏。

抛物线路拱计算时以路中心为原点，水平方向为 x 轴（见图2-38），则路拱表面任意点的标高等于路中点设计标高减去该点纵距，即：

$$H_i = H_中 - y_i \qquad\qquad (2\text{-}40)$$

式中 H_i——路拱表面任意点标高（m）；

$H_中$——路中心点设计标高（m）；

y_i——任意点的纵距，纵距的计算应根据路拱抛物线类型来决定。

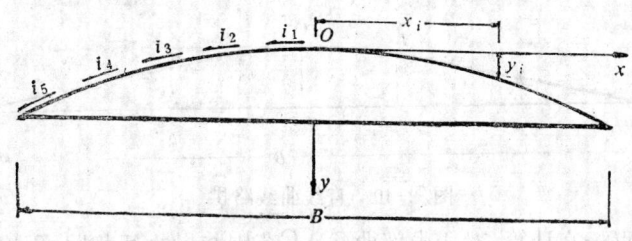

图 2-38　抛物线型路拱的计算图式

（1）二次抛物线路拱。二次抛物线路拱表面任意点标高修正值纵距计算式为：

$$y_i = h\left(\frac{2x_i}{B}\right)^2 \qquad\qquad (2\text{-}41)$$

式中 x_i——距行车道中点的横向距离（m）；

B——行车道总宽（m）；

h——路拱高度$\left(h = \dfrac{B}{2}i_g\right)$为路中点与拱脚标高之差（m）；

i_g——行车道平均横坡。

这种路拱的边缘横坡是随路宽的增加而加大，路拱过大影响行车安全，一般常用于不大于12m行车道路拱。选择的路拱平均横坡不超过3％为宜。

（2）半立方抛物线路拱。半立方抛物线路拱表面任意点标高修正纵距计算式为：

$$y_i = h\left(\frac{2x_i}{B}\right)^{3/2} \qquad\qquad (2\text{-}42)$$

式中符号意义同前

半立方抛物线路拱改善了二次抛物线路拱边缘部分横坡较陡的不利情况。这种路拱适用于行车道宽度在20m以内的沥青类路面，路拱的平均横坡应小于3％。

2.直线路拱

直线路拱是由两条倾斜直线相交而成，如图2-39。直线路拱横坡为定值（不随路宽变化）对于边缘部分行车有利，施工方便。而路中路拱顶点有凸起转折，对行车不利。

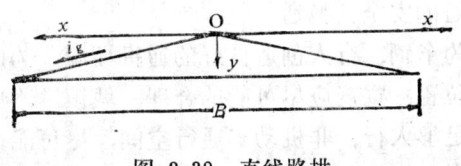

图 2-39　直线路拱

直线路拱表面任意点标高修正纵距计算式为：

$$y_i = i_g \cdot x_i \qquad\qquad (2\text{-}43)$$

式中符号意义同前。

直线路拱多用于刚性路面（水泥混凝土路面或预制板块铺装路面）和单向排水路面。适用于任意行车道宽度，横坡应不小于1.5％以利于排水。

3.直线曲线组合路拱

组合型路拱是在路中部设抛物线（或其它曲线）边部为直线路拱（如图2-40）。用以改善中部线形，增进外形美观以利于行车。设计时中部插入曲线长度不宜小于1/3行车道宽。

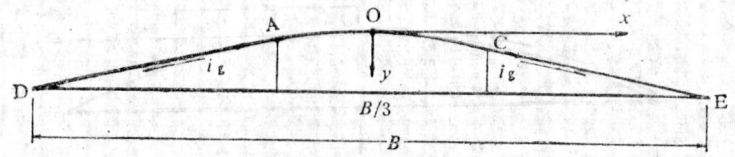

图 2-40　直线曲线路拱

路拱表面任意点标高计算，对于中部曲线AC范围与抛物线相同，而边部直线AD(CE)范围与直线路拱相同。

直线与抛物线组合路拱，适用于各种宽度及横坡的路面，多用于宽度超过20m的高等级道路路拱和沥青类路面。

4.折线型路拱

折线路拱是由短直线段连接而成，如图2-41。直线各段横坡度由路中向边部逐渐增加。这种路拱横坡容易控制，便于施工整形，排水良好，适用于较宽的柔性路面，对于直线转折处的突变点，往往不利行车，应注意在施工中碾压平顺。

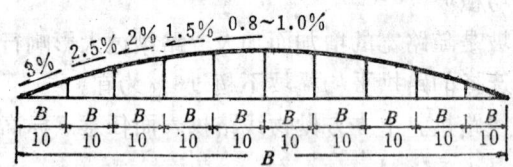

图 2-41　折线型路拱

以上所述各种路拱，选择时应根据路面类型、行车道宽度、路拱横坡等条件进行合理的分析确定。在有分隔带的分离式非机动车道或有中央分隔带的机动车道宜采用单向横坡形式路拱。采用双向横坡路拱时，路拱顶点两侧的行车道宽度必须对称。

三、横断面布置

断面布置是将道路断面的各组成部分在横向合理的安排、设置。

（一）断面布置原则

1.保障行车与行人交通的安全、畅通

道路的主要功能就是为车辆、行人创造良好的通行环境，为此，从满足各类交通需要和便利，各类车道的设置位置、宽度应尽可能的合理。城镇道路应根据各类交通量的数量，街道性质考虑布置有足够人行、非机动车通行空间，尽可能地与机动车分离。以避免人与车、非机动车与机动车之间的相互干扰和交通混乱，确保交通安全与畅通。

2.有利于道路范围雨水排除

横断面设计应选择合理的路拱型式与路拱横坡，设计出适用、合理、满足排水要求的道路排水设施。将路基、路面范围内的雨水迅速排至路基影响范围以外，以防雨水的侵蚀、冲刷，降低路基、路面的强度，破坏其稳定性，影响行车安全、畅通。同时还应防止道路范围以外的雨水进入。

3.与周围自然环境和建筑相协调

断面布置应与自然地形相适应、相协调，避免大填大挖，以确保路基稳定，降低工程造价。充分利用河、湖、海等自然景观，设计风景优美的道路。城市道路应注意与道路两侧建筑物相协调，路宽与建筑物高度应有恰当的比例。应既能显示建筑物的宏伟壮观，又能体现道路的开阔美观，以增进城市面貌的改善。

4.考虑近、远期结合

道路断面的大小直接涉及工程费用与占地面积，所以断面的规划设计应尽可能节约用地，合理地使用投资。在必须满足交通使用的前提下，断面各组成部分的布置，既要紧凑，又要留有余地。

在道路规划建设初期交通量很小时，应一次规划用地范围，开辟修建能够满足使用的，较小的道路断面，随着今后道路交通发展的需要对道路逐步的拓宽和提高完善，以充分地利用投资。对于初期的断面设计还应考虑到能在今后被充分的利用，避免造成浪费。

5.注重道路绿化

道路绿化，既有美化环境，诱导行车视线，保证交通安全的目的，又有遮萌，保护路面，降低噪声、防尘、净化空气等作用。因此，现代道路绿化已成为道路工程的重要组成。考虑到节约用地，绿化带的布置尽可能与分隔带、照明、线杆综合考虑布置。但绿化植物不得影响行车视线以保障行车安全。

（二）断面布置形式与适用性

道路断面交通主要由行人和车辆交通组成。因此断面宽度组成主要取决于人行道和行车道两部分。在断面的布设中必须合理地解决人与车、车与车之间的矛盾。城镇道路通常采用侧石和绿化带将人行道、行车道布置在不同高度上，做到人车分流防止相互干扰。而机动车与非机动车道安排是根据道路交通组成、交通量大小、道路等级与功能等具体情况，采用混合行驶、对向分流、车种分流等几种不同的交通组织要求来布设断面。根据不同的交通组织方式，行车道断面的布置、设计有以下四种基本型式，如图2-42。

1.单幅式

单幅式断面又称"一块板"。道路上所有行驶车辆在同一幅车道混合行驶。这种断面形式造价低，用地省，对向行驶车辆之间、机动车与非机动车之间干扰大，行车速度低。但道路断面小，起伏小，人行过街方便。它是城市道路与公路上有很高使用价值的断面形式。适用于城市道路交通量不大的次要道路、商业街、旅游道路等，对于一般公路的各级（二、三、四级公路）均采用一块板的断面布置。

2.双幅式

双幅式断面又称"二块板"。利用中间分隔带把行车道一分为二，使道路行驶车辆对向分开行驶。形成对向分流的断面形式，有效地避免了对向行车的相互干扰。而机动车与非机动车仍为混合行驶，相互影响较大，这种断面绿化、照明布置方便，增加道路美观，也可减少夜间行车灯光眩目。它适用于高等级汽车专用公路（高速，一级公路），并将非

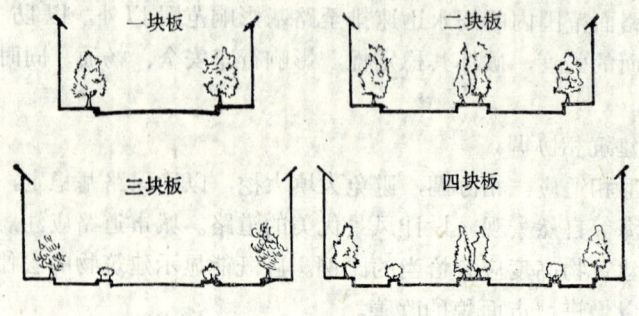

一块板　　　　　　　　二块板

三块板　　　　　　　　四块板

(a) 城市道路横断面基本型式

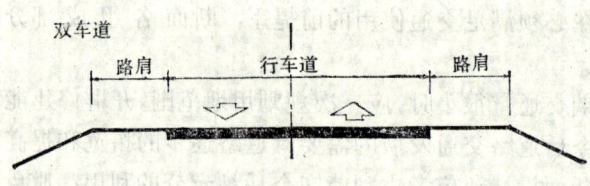

双车道

路肩　　　行车道　　　路肩

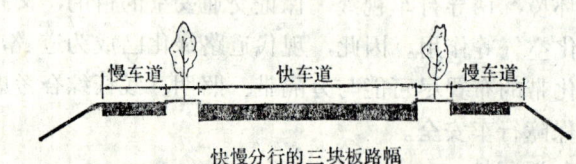

慢车道　　　快车道　　　慢车道

快慢分行的三块板路幅

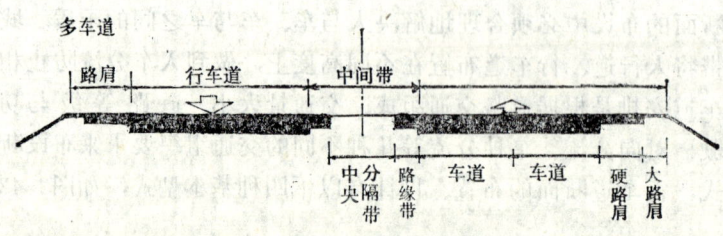

多车道

路肩　　　行车道　　　中间带

中分 路缘 车道 车道 硬路 大路
央隔 带 肩 肩
带

(b) 公路路幅基本型式

图 2-42 道路断面型式

机动车与低速车辆从断面分离出去，确保了行车的高速、安全，从而大幅度提高了公路的使用品质。但城市道路非机动车多时不宜选用两块板断面。

3.三幅式

三幅式断面又称"三块板"。用两条分隔带把行车道分隔成三部分，中间为双向行驶的机动车道，两边为单向行驶（彼此方向相反）的非机动车道，形成车种分流的断面形式。这种断面路面宽，占地面积较大，费用较高，但解决了机动车与非机动车之间相互干扰的问题，对保障行车安全，提高各类车辆行车速度，改善道路运输效益是有利的，且便于绿化、照明、杆线、地下管线的布置，是使用效果较好的断面布置形式。它作为城市道路优先考虑规划、设计的断面,多用于城市道路非机动车交通量较大的主干道,有利于提高机动车辆行驶速度。但由于断面宽度较大,不适应地形变化,在公路道路的断面布置中一般不宜采用。

4.四幅式

四幅式断面也称"四块板"。在三块板断面形式的基础上,再设中央分隔带把机动车道对向分开。使行车道一分为四,形成车种分流、对向分流的断面形式,这是一种完全分道行驶的最理想的断面形式。它集中体现了两块板、三块板的优点。但道路占地面积大,工程费用高。因此,在道路断面的选择设计中仍不能广泛采用。这种断面主要用于城市道路的快速干道上。

四、道路建筑限界

为保障车辆与行人的正常通行,规定在道路的一定宽度和高度范围内不允许有任何设施及障碍物侵入的空间范围,称之为道路建筑限界。

宽度限界是道路规划设计断面的各部分组成尺寸。高度限界是行车道路面顶面以上的竖向净空部分,亦称为净高。

道路机动车道建筑净高不得小于5.0m,低级道路建筑净高最小不小于4.5m。非机动车道净高不小于3.0m,取3.5m为宜。人行道净高不小于2.5m取3.0m为宜。

我国各级公路建筑限界规定如图2-43。对于道路立体交叉,跨街各类设施的设计不得进入规定的界限。

图2-43中符号所示:

W——行车道宽度(m)见表1-1规定。

E——建筑限界顶角宽度,当$L \leqslant 1m$时,$E = L$;当$L > 1m$时,$E = 1m$。

H——净高,三、四级公路为4.5m,其它各级公路为5.0m。

L——侧向宽度,为二、三、四级公路表2-29的路肩宽度减去0.25m。

L_1——左侧硬路肩宽度,按表2-29取值。

L_2——右侧硬路肩宽度,按表2-29取值。

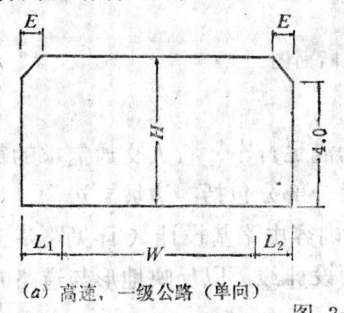

(a) 高速,一级公路(单向)　　　(b) 二、三、四级公路

图 2-43　建筑限界

五、横断面设计与土石方数量计算

(一)横断面设计内容

横断面设计的任务是确定道路断面形式,及各组成部分尺寸。根据断面地形变化(地面线)情况,完成断面设计(绘设计线),为路基土石方数量统计提供依据,为道路施工提供断面资料。断面设计主要内容如下。

1.确定道路标准断面

按照道路交通的需要，选定道路断面的布置形式及各部分尺寸。根据所设计路段地形变化情况与纵断设计所确定的横断面填、挖性质，选择确定代表所设计路段的标准断面形式。如图2-44所示，一种标准断面可归结为以下几类，即：①全填方路堤，②半填半挖路基，③全挖路堑。标准断面应是设计路段上所使用的设计断面形式。

2.道路断面设计

断面设计是在所设计路段的每个桩点的实测横断地面线上绘制横断设计线的过程。其中的设计线是标准横断面所确定的断面形状与尺寸在每个桩位上的体现。断面设计应逐桩进行，并为统计设计路段土石方工程数量提供依据。

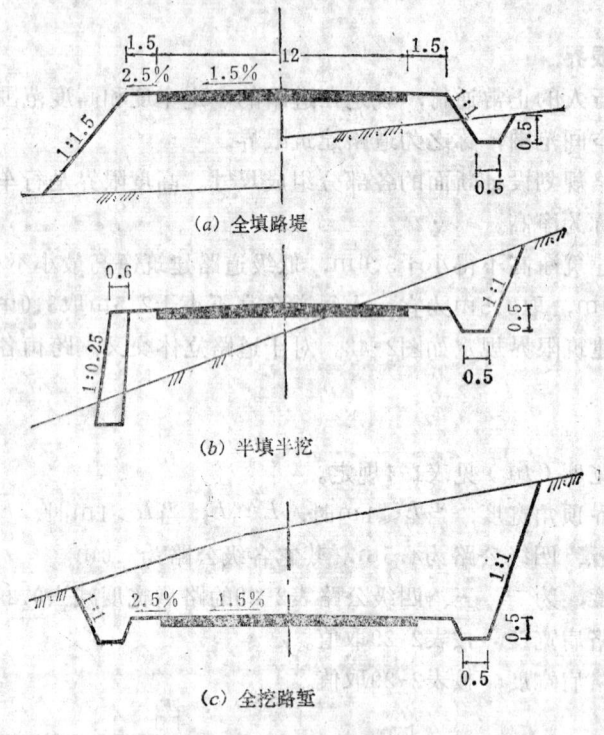

(a) 全填路堤

(b) 半填半挖

(c) 全挖路堑

图 2-44 标准断面图

3.路基设计

道路断面设计线包括两个部分，其一，是为满足行车、行人交通需求的行车道、人行道、分隔带、路肩等组成的断面形状与尺寸。另一部分包括：边坡、边沟、挡土墙及道路附属设施的断面形状、位置、尺寸等，这部分内容由路基设计（详见路基工程一章）完成。根据路基与断面设计提供的数据，完成断面设计线，以反映地形与道路断面的关系，为路基施工提供资料。

（二）横断面设计方法

横断面设计是在实测各桩横断面地面线上，按纵断面设计确定的路中线填挖高度，结合当地地形、地质等自然条件，按照标准横断面设计模式，逐桩绘制道路横断面设计线。设计线与地面线围成的断面称为横断面设计图。横断面设计图绘制步骤如下。

1.断面设计采用毫米方格纸（计算纸）。采用比例一般为1:200或1:100。在计算纸上按照平面路线的桩号顺序，由图纸的左下方开始逐桩向上，逐排向右排列绘出各桩地面线并标注桩号，技术代号。

2.根据纵断设计路基设计表，在横断地面线图纸上，按对应桩号逐个标出中线处的填（T）或挖（W）高度，断面中线左右宽度（包括超高、加宽值），并将填、挖与左、右宽度数值注于图上。

3.根据地质调查资料，在图中表示出断面覆盖层厚度或土石方界线。

4.根据路基设计提供的数据，填（挖）高度和断面宽度，断面布置形式等资料，用三角板逐桩绘制断面设计线，如图2-44。对直线路段断面应按填（挖）高度作水平线（不必绘出路拱坡度）。对弯道路段有超高、加宽时，必须作出超高和加宽。

5.检查曲线路段断面内侧的视距是否满足要求，将需要开挖的范围（满足视距）绘于相应的断面图上；检查路基边坡的稳定情况，需要地表处理及设置支挡防护设施绘于相应的断面图上。

6.分别计算各桩断面的填方面积 A_T，挖方面积 A_W，并按不同的填挖性质分别注于相应的断面图上。或横断面戳上。横断面设计图示内容见图2-45。

（三）土石方数量计算

道路断面设计线与地面线围成的面积，为道路路基工程施工范围。路基土石方量是道路工程的主要工程量，土石方数量的大小是计价路线设计质量的主要经济指标。它直接影响整个道路的工程造价。也是编制施工组织计划、工程概预算的依据。土石方数量计算一般列表进行，计算原理与方法如下。

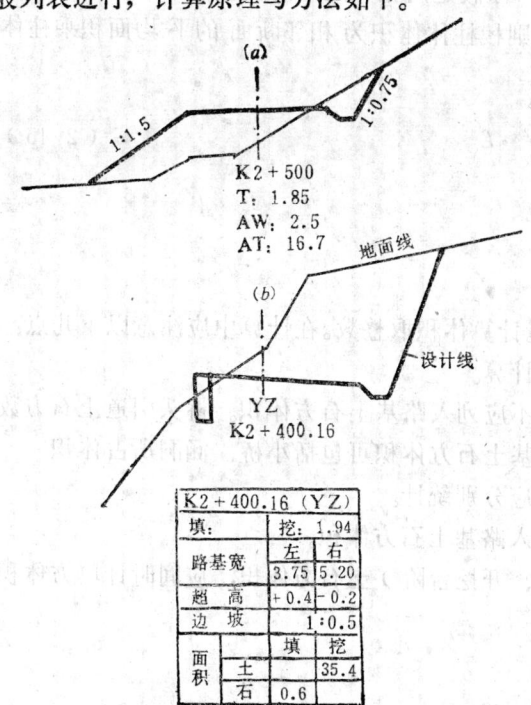

K2+400.16（YZ）		
填	挖:	1.94
路基宽	左	右
	3.75	5.20
超高	+0.4	-0.2
边坡	1:0.5	
面积	填	挖
土		35.4
石	0.6	

图 2-45 横断面图

1.横断面填挖面积计算

断面设计线与地面线围成为不规则图形，要精确计算其面积相当繁琐，况且绘制的地面线并不能准确反映原地面情况。所以精确计算实用意义不大。一般我们常用操作简便，计算迅速，满足精度要求的几种方法。

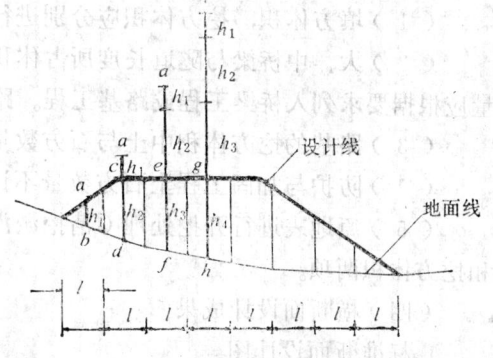

图 2-46 积距法

（1）积距法。如图2-46，先将所计算的面积分成若干个底宽相等的三角形或梯形条块。再量取每个三角形、梯形的"平均高度"值并将高度值累加起来乘以宽度，即得某断面的总面积：

$$A = l \times (h_1 + h_2 + h_3 + \cdots\cdots h_n) = l \sum_{i=1}^{n} h_i \qquad (2-44)$$

式中 A ——横断面面积（m^2）；

   l ——每个三角形或梯形条块的等分底宽，通常采用1m的底宽（比例为1:200时，

   $l = 5mm$ ）；

   h_i ——每个三角形或梯形条块的平均高度（m）。

操作方法：先用卡规两脚量取h_1长，随即移至 c 点向上量取h_1点位后，固定上方脚点，将c点一脚移至d点，即得$h_1 + h_2$长度。如此同理依次量取并叠加各块"平均高度"h_n后，此时两规脚间距即称积距（ $h_1 + h_2 + h_3 + \cdots\cdots + h_n$ ），将积距乘以底宽l即为面积。若取 $l = 1m$时，积距值（卡规开口）即为断面面积。

在操作中，当断面面积较大时，使用卡规就有些不方便，这时常采用毫米方格纸折成窄条，作为量尺代替卡规量取积距，直接读数得出断面面积，操作更为方便。

（2）混合法。对于面积较大的断面，常将断面中的一部分划成规则的几何图形，如正方形、矩形或梯形并求出其面积，剩余的部分面积用积距法量取，将两面积相加即为该断面面积。

2.土石方数量计算

土石方工程数量计算常采用平均断面法。即假定两相邻断面为一棱柱体，棱柱体高为相邻两断面距离（为两桩号的里程之差），则棱柱体体积为相邻断面的平均面积乘柱体高。计算公式为：

$$V = \frac{A_1 + A_2}{2} \cdot L \qquad (2-45)$$

式中 V ——两断面体积（m^3）；

   A_1、A_2 ——相邻两断面面积（m^2）；

   L ——相邻两断面中线距离（m）。

土石方数量计算常列表进行，见表2-31。计算体积取整数。在计算中应注意以下几点：

（1）填方体积，挖方体积应分别进行计算。

（2）大、中桥梁与隧道长度所占体积不应列入路基土石方体积。桥头引道土石方数量应根据要求列入桥梁工程或路基工程。路基土石方体积可包括小桥、涵洞所占体积。

（3）路基的挖方体积中土与石方数量应分别统计。

（4）防护与加固工程土石方数量不计入路基土石方体积。

（5）原地表进行开挖处理（清挖淤泥、开挖台阶）土石方体积，应同时计填方体积和挖方体积两项。

（四）横断面设计成果

1.标准断面设计图

标准断面设计图为横断面设计的主要文件。它是设计路段上应采用的标准断面设计形式。断面上应该能反映出各组成部分的布置情况，断面各部分的设计尺寸及数据，路基构造物与断面相对位置关系及必要的尺寸数据，如图2-47，以此作为道路各断面设计的基本依据。

2.断面设计图

断面设计图是横断面设计主要文件。它表示每个桩位上断面设计线与地面线、地物、路基构造物的具体关系。也反映了路基防护加固设施，排水设施等在路线上的实际设置位置，用以指导路基施工，并为计算路基土石方工程数量提供资料。

3.土石方数量计算表

土石方数量计算表是道路设计文件组成内容。它是道路路线设计完成后路基工程数量的集中反映，为评价道路设计的主要指标。是道路施工组织设计、确定施工方案、制定工程概预算的基本数据。土石方数量计算表见表2-31。填表时应注意：

（1）道路开挖的土石方数量应尽可能根据实际地形情况，在横向及纵向充分利用，以减少废方，减少另外取土。但在利用调配中应防止纵向远距离调运，不得跨沟，跨河调运，避免上坡调运，废土方不得乱弃，防止堵塞河道，避免占田。

（2）土石方数量计算表每页应小计，每公里必须统计土 石 方 总 数 量，并按下式核算：

$$挖方 + 借方 = 填方 + 废方$$

每公里土石方数量统计，验算闭合后，汇入《路基土石方数量表》，最后全设计路段土石方数量进行全线总计与核算。

第五节　道路选线与定线

一、各类地形选线要点

选线工作是根据道路的使用任务、性质、建设要求，结合当地地形、地质等自然条件，通过政治、经济、技术方面的分析比较，在地面上（或地形图上）选定合理路线位置的过程。

路线的选位，应符合国家建设发展需要。并注意运营经济与工程经济两方面的协调统一。充分地利用路线所经地区的有利地形、地势，避开不良地形、地质路段。结合自然条件，正确合理地运用各项技术指标，使行车安全、畅通，并尽可能降低工程造价。同时应注意到平、纵、横三方面组合良好，使线形连续、均衡以提高道路使用质量，达到行车安全、迅速、舒适、经济、美观的目的。

道路选线的最终目标是确定路线在地面上的位置。路线的布置可以有多种走法，各种方案。选定路线主要取决于控制点的落实，根据规划设计要求与各方面实际情况，细致地调查分析和反复研究比较确定出合理的路线控制点是其中的关键。一旦控制点明确，路线的平面布局也就基本上得以控制。一般选择路线按以下步骤进行。

1.总体布局

总体布局是安排路线的基本走向（落实大的控制点），即起点、终点及道路要求经过的城市、村镇、工矿、企业、重要交通枢纽（车站、码头）等的确定。这些控制点往往是修建道路的目的所在。

2.逐段安排

在大控制点间进一步加密控制点，解决路线的局部布设工作。这一步应经过实地踏勘调查后选择诸如坡面、垭口、河岸、跨河位置、居民点、交叉口等作为控制点。这类加密

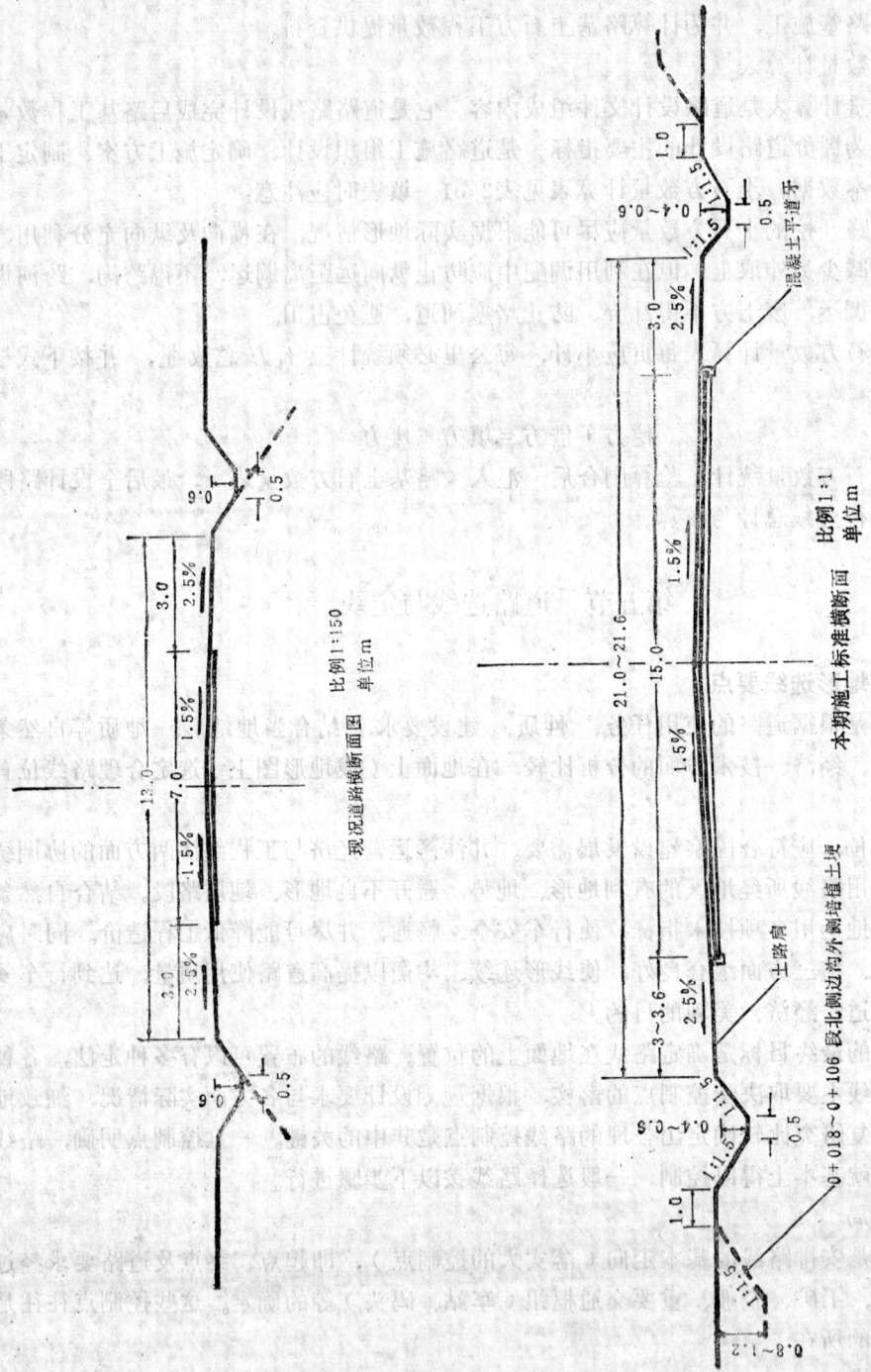

现况道路横断面图

比例 1:150
单位 m

本期施工标准横断面

比例 1:1
单位 m

混凝土平道牙

0+018~0+106段北侧边沟外侧培植土壤

土路肩

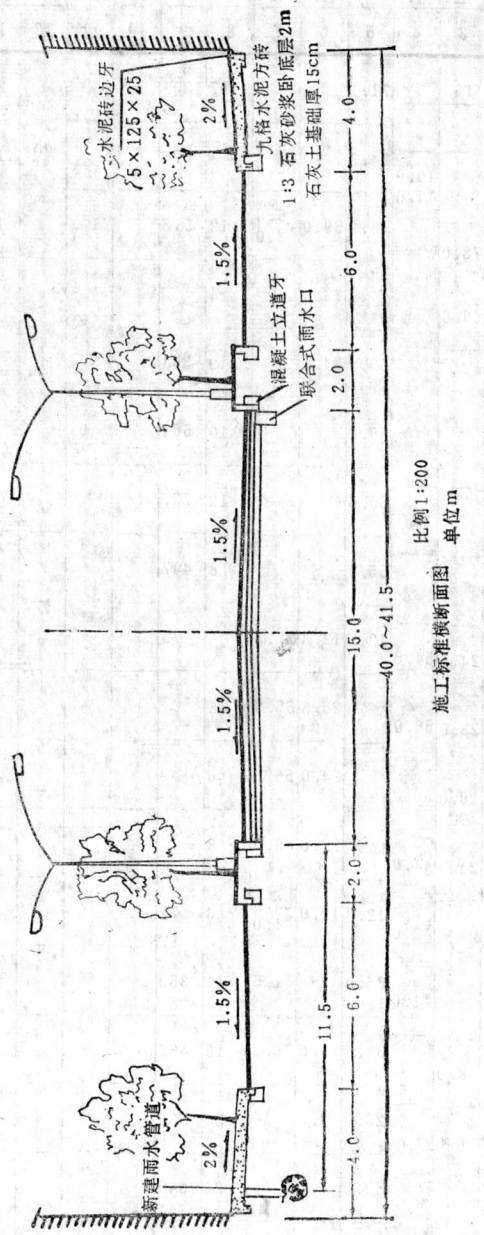

图 2-47 道路标准断面设计图例

水泥砖边牙
75×125×25

2%

1.5%

九格水泥方砖
1:3 水泥砂浆卧底层2m
石灰土基础厚15cm

混凝土立道牙
联合式雨水口

1.5%

1.5%

1.5%

2%

新建雨水管道

施工标准线断面图
比例1:200
单位 m

4.0 | 6.0 | 2.0 | 15.0 | 2.0 | 6.0 | 4.0
40.0~41.5

11.5

6.0 | 4.0

桩 号	横断面积(m²)或为半面积 挖	填土	填石	平均面积(m²) 挖	填土	填石	距离(m)	总数量	土 I %	I 数量	II %	II 数量	III %	III 数量	石 IV %	IV 数量	V %	V 数量	VI %	VI 数量
1	2	3	4	5	6	7	8	9	10	11	12	13	14	15	16	17	18	19	20	21
16+000	60.0			71.1			17	1209				242		121				604		242
+017	82.2			84.3		5.0 *2.0	8	674			20	135		67				337	20	135
+025	86.4		10.0 *4.0	43.2	39.0	5.0 *2.0	12	518				103		52				259		104
+037		78.0			73.8		4													
+041		69.6		39.2	34.8		9	353						71				176		106
+050	78.4			56.4			10	564						113				282		169
+060	34.4			60.6			12	727						145				364		218
+072	86.8			55.9			8	447						89				224		134
+080	25.0			12.5	12.3	27.3	6	75						15				37		23
+086		24.6	54.6		26.3	55.3	8													
+094		28.0	56.0		24.0	56.0	6										50			
+100		20.0	56.0		22.0	50.0	8												30	
+108		24.0	44.0	12.0	12.0	22.0 *1.0	6	72						14				36		22
+114	24.0		*2.0	35.0		*1.5	10	350						70				175		105
+124	46.0		*1.0	31.0	4.0	*0.5	16	496						99				248		149
+140	16.0	8.0		29.0	7.0		20	580						116				290		174
+160	42.0	6.0		52.0	3.0		20	1040						208				520		312
+180	62.0			38.0	10.5		10	380						76				190		114
+190	14.0	21.0		7.0	28.5		10	70						14				35		21
+200		36.0																		
小 计							200	7555				480		1270				3777		2028

填方数量 (m²)		利用方数量(m³)及运距(单位)							借方数量(m³)及运距(单位)		废方数量(m³)及运距(单位)		总运量(m³)(单位)		备注
		本桩利用		填缺		挖余		远运利用纵向调配示意							
		土	石	土	石	土	石		土	石	土	石	土	石	
22	23	24	25	26	27	28	29	30	31	32	33	34	35	36	37
						363	846	石:500 调至上公里				346/③		1038	1.(4)、(7)、(23)栏中的"*"表示砌石
	40 / *16			56		202	416	土:363↑ <				329/③		987	2.(24)(30)栏中的"( )"表示以石代土
468	60 / *24	155 (279)		84	34			石:(87) 土:202							3.(31)、(32)、(33)、(34)栏中,分子为数量,分母为运距
295				295				石:(40)							4.(31)、(32)栏系借普通土和次坚石,若有不同,须加注明
313		71 (242)					40								
						113	451					443/②		886	
						145	582								
						89	358	②							
74	164	15	60	59	104			土:347							
210	442			210	442			石:882 (66)					694	1896	
144	336			144	336										
176	400			176	400			土:105					105	609	
72	132 / *6	14	58	58	80			石:480 (129) ①							
	*15		15			70	265								
64	*8	64	8			35	389					45			
140		116 (24)					440					440			
60		60				148	832				148	832			
105		76 (29)					275					60			
285		14 (56)		215				石:(215)							
2406	1574 / *69	585 (630)	281	1191	1362	1165	4894	土:654 石:1362 (537)			148	2495	799	5416	

的控制点对路线的标准、使用质量、工程投资均有重大影响。

3.具体定线

在逐段安排的小控制点间进一步落实路线位置。应细致地观察、比较、选点、穿线并充分利用地形、地势各方面的有利条件，避让各种不利因素，选择合理的中线位置。具体布线过程涉及路线指标的取值、路基的稳定与工程数量的大小等因素。

选线工作是落实路线位置的环节，要选出合理的方案，应由广泛到局部、全面到具体，深入细致地作好调查选点工作。选线质量的优劣是关系到道路使用质量的关键，应十分重视。

（一）平原微丘地区选线要点

平原地区地势平坦，路线有多种走法。路线纵断面不受地形控制，平面布线主要是落实控制点，选线应考虑少占用田地，避让障碍物，利用老路，减少拆迁，避免不利的水文地质条件对路基的水、温稳定性影响，注意断面布置应满足各种行车、行人交通需求，保证视距及交通管理设施的设置。

平原地区选择的路线应尽可能直捷，采用较高的技术指标，使线形平顺，行车舒适。

微丘地区地形起伏，局部方案多，应使线形尽可能适应地形。平面、纵断面线形即不要过分迁就地形，造成技术指标降低；又不能过分追求长直线高指标，形成填挖过大破坏了自然地貌，增加工程量。微丘地区路线选线注重线形适应地形，平、纵、横三方面的协调组合，增进线形美观。

（二）重丘区选线要点

重丘地区地形起伏较大，选线时采用技术指标的活动余地较大。平面、纵断面线形应适应地形，既不能片面强调平面线形高指标，造成纵向起伏过大，又不能使平面过分弯曲降低线形标准。应综合考虑平、纵、横线形的协调，尽可能提高线形质量。选线时应注意横向路基的整体稳定性，地面横坡平缓时采用少填或半填半挖断面；地面横坡较缓时应采用半填半挖断面使横向填挖平衡；当地面横坡较陡时，应采用挖多于填或全挖断面。选线还应兼顾到土石方横向、纵向的充分利用，减少借方、废方，降低工程投资。

重丘区道路选线应根据道路等级与地形情况，使线形平、纵、横协调并适应地形，整个线型指标均衡，平面上顺直，纵断面平缓，在工程与营运两方面达到经济。

（三）山岭地区选线要点

山岭地区地形复杂多变，布线特点也各有不同，按照路线所经地区的地形、地貌情况，主要有：沿河（溪）线、山腰线、越岭线几种类型。

1.沿河（溪）线

沿河线是山岭地区道路的主要布线方案。沿河线一般线形指标较高，纵坡平缓，联系居民点多，修筑养护方便。选线时关键问题是解决河岸选择、路线布置高度、路线跨河位置三个方面。

考虑选择布线的河岸应地形、地势平坦；地质、水文条件好；河岸支沟少、支沟小；村镇多，冰冻地区应选择迎风、阳坡一岸。这样有利于路线平、纵线形布设，提高路线技术指标，减少路基病害，方便群众的生产、生活等。

路线布设的高度，主要是以路线能充分利用有利地形为准则。一般情况多采用低线方案。这样便于筑路与养护，有利于跨河，但容易发生水害，因此，路线高度必须高于设计洪水位标高0.5m，以保安全。

沿河线的布置应尽可能不跨河或少跨河。当必须跨河时，跨河位置应选在河床稳定、顺直、两岸开阔、能够处理好桥位与桥头引道的地点。使桥头引道有足够的回旋余地，避免形成急弯而影响行车安全。

山区沿河线布线时常遇到以下三类不同的地形情况。应根据实际情况采用不同的布线策略。

（1）山间开阔河谷地形。这类地形情况主要有两种适宜采用的选线方案。其一，选择靠山脚线。这种布线是利用靠山脚处的有利地形，减少占地，路基稳定，地质水文条件好，筑路材料丰富。另一种方案是沿河布线，可以少占地，修筑路堤防止水害保田、保树、保民。但路基易受水的侵害，防护工程量增大。

（2）半开阔，河道曲折河谷地形。布线应选择河岸平顺，地质条件好，利于布设路线及工程量相对较小一侧。对于局部地形曲折，有突出山嘴地段，应适量加大工程量，采取深挖路堑或隧道的方案突破，以利于整体线形质量。

（3）两岸陡峭峡谷地形。选择布线的河岸由地形、地质条件控制活动余地不大。应首先考虑选择地质条件好的一侧布线，并应充分利用有利地形来考虑路线布置高度，降低工程量，注意防止开挖废弃土石方堵塞河道。

2.山腰线（山脊线）

路线布设平、纵断面均受到地形控制，遇曲折复杂地形很难避让，因此，主要的是把路线选择布置在横坡平缓、顺直、坡面曲折少，地质条件好，山体稳定及自然病害少的山坡上。同时应考虑路基整体范围的稳定，防护工程小，并使布线的总方向不过分偏离。

3.越岭线

越岭线是山岭地区路线的控制点在山岭两侧，路线必须翻越山岭克服一定高差。越岭线选线是以纵断面为主导，即纵断面坡度的大小直接控制影响了路线的总长度。

越岭线选择首先是过岭垭口的确定。选定的垭口应符合：①标高低；②不偏离路线总方向；③地质条件好；④垭口两侧地形有利于布线、展线等几个条件。选定垭口后，应确定穿越垭口的过岭标高。过岭标高应根据垭口的地质、地形采用适当地挖深方案。对垭口多挖，降低了过岭标高，缩短了路线过岭长度，但垭口处挖方工程数量显然增大。总之，垭口挖深应该从工程量与路线长度及行车里程方面综合分析、经济比较后确定，同时应注重挖方路堑边坡的稳定性，避免坍方形成病害。在垭口处不能采用填筑方案。

越岭线为了克服一定的高差必须有足够的路线长度，所以必须进行"展线"（将路线拉长使纵向坡度满足汽车行驶要求所规定的坡度）。选线应充分选择，利用各种有利地形进行展线，尽可能采用适应地形的自然展线，使线形顺畅，并符合总体方向，避免形成在小范围山坡上多次回头展线，从而影响路基稳定，对行车不利。

在越岭线路段确定方案时，应重视同隧道方案综合比较。隧道方案可大大缩短路线长度，纵坡平缓，道路使用质量大幅度提高。隧道方案利于今后道路等级提高，对行车安全、缩短运输周转、营运效益增加是很有利的。特别对于山体地质好、厚度小、道路等级高时更应优选隧道方案。但隧道方案的工程造价一般有所提高。

二、路线定线方法简介

定线是在选线之后，标定道路中线，完成路线设计的过程。道路定线除受地形、地质、地物等自然条件制约外，还有国家政策、技术标准、社会因素等条件的影响。定线时应充分了解路线的任务、性质、使用目的与要求，应该多跑、多看、多作调查，熟悉路线所经地区的地形、地质、水文、气候等情况，经过多方面的反复比较，其中尽可能处理好技术、工程、经济方面的问题，从中找到一条适用、美观、经济的最佳路线。目前，我国的道路定线常用两种方法，即纸上定线和现场的直接定线方法。

（一）实地定线

在地面上直接布置设计道路路线的方法为实地定线。实地定线主要有：分段安排、穿线交点，设置平曲线、纵断面设计及横断面设计几个步骤。对于越岭线，首先进行放坡后，根据坡度点的控制，进行平面布线穿线交点。详见《路线》设计手册，现述一般地形下实地定线方法。

1.分段安排

根据道路总体布局要求，根据选线所拟定的路线布设位置，再进一步检查、分析控制点间路线的布置安排在技术标准、路基稳定、地形与地势的利用、不利地质、水文条件及障碍物避让等方面是否合理，针对具体情况采取相应措施，找到路线布置的合理方案。对于定线人员，经过实地的调查、踏勘后应作到：全线布局明确，分段安排合理，整体线形协调，局部措施得当，使定线工作有的放矢。

2.穿线交点

根据路线的布置安排，在控制点间实地布置平面导线（直线）——穿线。穿出的直线首先必须满足平面线形布置要求与线形指标设计规定，考虑平面、纵断面、横断面三方面的设计要求与相互结合。应注意路线两侧路基宽度范围地形情况与路基稳定性关系，该宽度范围同周围建筑物相互位置关系等。控制好路中线位置，最后定出相邻两直线交点。

3.设置平曲线

穿线交点定出平面导线后，在交点处按测定的交点转角，结合地形、地物情况选择确定平曲线半径布设平曲线。曲线设置应控制好弯道部分（曲线路段路基宽度范围）的平曲线线位。根据实地地形、地物情况，平曲线的设置方法如下。

（1）单交点法

单交点法适用于交角不大，实地布置平曲线受地形、地物影响较小的地方。选择曲线半径布置平曲线应根据实际地形、地物情况及线形设计要求考虑，常有以下几种情况。

①设置的平曲线位置受到地形、建筑物的影响时，曲线外距 E 应严格控制，应选择的平曲线半径值为（如图2-48）：

$$R = \frac{E}{\sec \frac{\alpha}{2} - 1} \tag{2-46}$$

②当交点转角为小偏角 α 时，必须考虑满足曲线长度 L 的条件，应选择的曲线半径值为：

$$R = \frac{60° L}{\alpha} \tag{2-47}$$

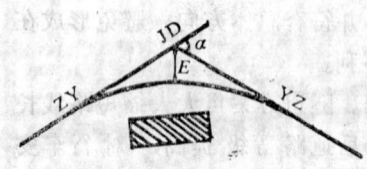

图 2-48　外距控制曲线半径

③设置平曲线的起（终）点位置如图2-49，受到相邻两曲线间规定的直线段长度，与

68

交叉口、桥头等直线段长度的影响，而必须控制平曲线的切线 T 长度时，应选择的平曲线半径值为：

$$R = \frac{T}{\mathrm{tg}\,\alpha/2} \qquad\qquad (2\text{-}48)$$

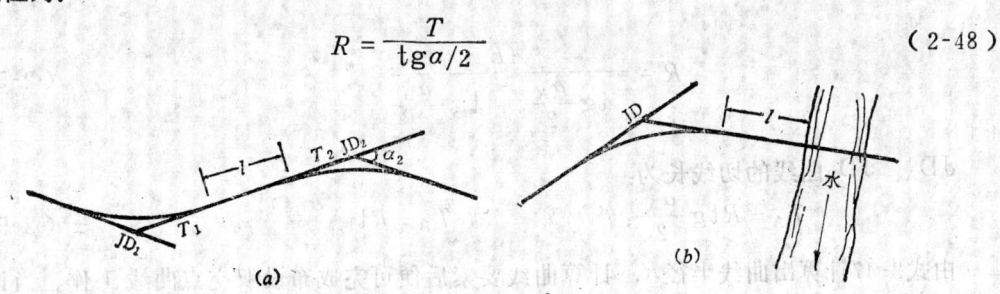

图 2-49　切线及控制曲线半径

曲线半径是根据以上几种实际情况初步选择，并查核是否符合道路等级与技术标准规定，最后按 5 m 取整确定半径，布置平曲线。当地形、地物均不限制外距 E、切线长 T、曲线长 L 时，布设平曲线选择半径应尽可能取大些（不低于不设超高的最小半径）。

（2）虚交点法

当交点转角过大，交点距曲线中线位置过远，地形复杂，对外距 E、切线 T 测设、丈量有困难时，可采用虚交点法布设平曲线，如图2-50，在导线前后适当位置确定 A、B 两点为虚交点，测出 α_A、α_B 两转角，丈量辅助线 AB 距离，在 $\triangle ABC$ 中求得：

曲线转角 $\qquad\qquad\qquad \alpha = \alpha_A + \alpha_B$

得：两条三角形边长分别为：

$$a = \frac{\sin\alpha_A}{\sin\alpha} \cdot \overline{AB} \qquad\qquad b = \frac{\sin\alpha_B}{\sin\alpha} \cdot \overline{AB} \qquad (2\text{-}49)$$

选择确定圆曲线半径 R，计算曲线几何要素：切线长 T、曲线长 L 后可得出该曲线起点、终点的位置。

起点的位置由 A 点向导线 E 方向量取 $T-b$ 长度得到；终点位置由 B 点向导线下方向量取 $T-a$ 长度得到。定出曲线起终点桩位后便可进行曲线上其它桩点定位。

（3）双交点法

双交点布设曲线与虚交曲线基本相同。如图2-51；双交曲线为虚交曲线的特殊情况，选用的平曲线中间某点与辅助线 AB 相交于 C 点.形成同半径的两交点（JD_A、JD_B）曲线。

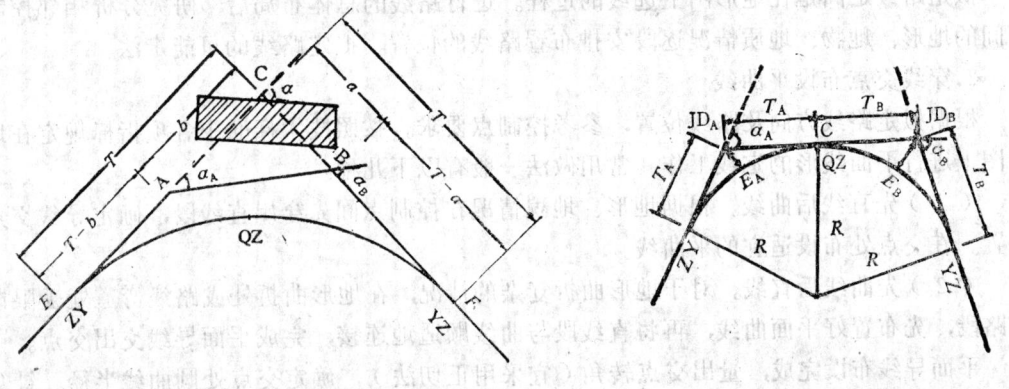

图 2-50　虚交曲线　　　　　　　　　图 2-51　双交曲线

测出α_A、α_B的转角，并丈量辅助线AB距离，则得到：

双交点应采用的圆曲线半径为：

$$R = \frac{\overline{AB}}{\text{tg}\dfrac{\alpha_A}{2} + \text{tg}\dfrac{\alpha_B}{2}} \qquad\qquad (2-50)$$

JD_A、JD_B曲线的切线长为：

$$T_A = R\,\text{tg}\frac{\alpha_A}{2}; \qquad\qquad T_B = R\,\text{tg}\frac{\alpha_B}{2} \qquad\qquad (2-51)$$

由式2-47计算出曲线半径R，计算曲线要素后便可完成布设双交点曲线工作。当计算的曲线半径R值增大或减小时，曲线不再与AB辅助线相切于C点，成为虚交曲线形式。

设置平曲线并计算出各交点处曲线几何要素，由测定的导线交点间距离，推算各桩里程，同时在地面上标定各桩桩位。完成路中线平面布线工作及拿出平面设计成果。

4. 纵断面设计

根据路中线各桩的里程和测定各桩的地面标高，点绘纵断面地面线后进行纵坡设计，竖曲线设计。完成纵断面设计及纵断设计成果。

5. 横断面设计

测定路中线各桩横向地面线，根据路线纵断面设计的各桩设计标高与地面标高的关系确定填、挖高度，根据标准断面设计形式与尺寸，完成各桩的横断面设计与各项设计成果。

实地定线当地形复杂，地面植物茂密时，定线人员的视野受到限制，会有个别路线段定位不当，一般平面线形的设计定位不当，在纵断面或横断面设计中得以反映，对此应及时的采取相应的措施或修正平面线位以弥补缺陷。所以在定线工作中应多跑、多看、多做调查研究，多做比较，减少避免不合理的设计，尽可能获得满意的效果。

（二）纸上定线

纸上定线是在大比例尺（一般采用1:2000或1:1000）地形图上，确定道路中线位置完成设计的过程，然后再将定位的路线放到实地地面上。纸上定线走向、穿线交点布设平曲线、纵断面设计、横断面设计几个步骤。对于一般地形的纸上定线方法简述如下。

1. 拟定路线走向

拟定路线走向是在地形图上选线的过程。进行路线的总体布局后，研究分析相邻控制点间的地形、地物、地质情况逐段安排布置路线的位置。拟定路线的可能走法。

2. 穿线交点布设平曲线

根据拟定路线方向及路线位置，参考控制点要求。按照技术标准中各项指标规定在地形图上进行平面线形的定线工作。常用做法一般有以下几种：

（1）先直线后曲线。根据地形、地貌情况在控制点间先穿出直线段，确定导线交点位置。在交点处布设适宜的平曲线。

（2）先曲线后直线。对于地形曲折复杂的情况，在地形曲折处或路线弯道处受限制的路段，先布置好平面曲线，再将直线段与曲线顺适地连接，完成平面导线交出交点。

平面导线布设完成，量出交点转角（宜采用正切法），确定交点处圆曲线半径。计算曲线要素再量取交点间距后，推算路线里程桩，加设中线各桩。绘制路线平面图完成平面设计成果。

3.纵断面设计

根据平面中线各桩桩位在图纸上标高，点绘纵断面地面线，进行纵坡设计、竖曲线设计。绘制纵断面设计图，完成纵断面设计成果。

4.横断面设计

根据平面图做出路中线各桩的横向地面地面线，由纵断面设计成果和标准断面设计布置情况，设计绘制横断面设计图，完成横断面设计成果。

纸上定线，由纵断面与横断面设计可检查平面线形的布置情况，对平面线形不合理处可在图纸上进行反复修正，使平面、纵断面、横断面各方面都尽可能完美合理，也可使三方面协调组合良好。

纸上定线，不受野外条件的限制，在图纸上可观察到整个地区的地形、地物情况，对准确合理的设计定线大有帮助。对于路线设计也可在图纸上反复修改，使路线的平、纵、横三个方面尽可能完美，线形整体配合良好，节省工程投资。当然可同时在图纸上选择设计几个不同的方案，而后经过技术、经济、工程方面综合分析比较后，选定其中的最佳方案。显然，纸上定线比实地直接定线有明显的优越性，应该加以提倡。

第三章　道　路　交　叉

道路与道路（或与铁路）的相交处称为交叉口（道口）。

道路系统是由各种不同方向的道路组成，所以不可避免地形成许多交叉口。交叉口也是道路系统的主要组成部分，是道路交通的咽喉。交叉口要有利于道路行车和行人的交通组织与转换。由于相交道路上车辆和行人必须汇集于交叉口后，才能转向其它道路，此时，车辆之间；车辆和行人之间；机动车和非机动车之间相互干扰，相互影响，不但会降低车速，阻滞交通，且易发生交通事故。据统计，道路交通事故多半是发生在交叉口附近。因此，如何正确设计交叉口，合理组织交通，对于提高道路的通行能力，减少交通事故，避免道路交通堵塞具有极其重要的作用。

交叉口根据相交道路交汇时的标高情况，分为两类，即平面交叉和立体交叉。

第一节　平面交叉形式与交通

一、平面交叉形式

平面交叉指各条相交道路中心线在同一高程上相交。

平面交叉的形式决定于道路规划、相交道路的等级、交通量的大小和交通组织特点、交叉口地形与用地等。按交汇于交叉口相交道路的条数分为：三路交叉、四路交叉、多路交叉几类。其中常见的平面交叉口的形式有（如图3-1)几种：十字形（a)、X字形（b)、T字形（c)、错位交叉（d)、Y字形（e)和多路复合交叉（f)。道路相交时应采用90°正交交叉形式,这种形式布置简单,交通组织方便,占地少;而斜形交叉口，车辆交汇长度增大，占地多，特别当以较小的锐角交汇时，对左转车辆交通不利，也不便于街口建筑处理。一般尽可能避免斜交形式，更要防止小角度斜交。

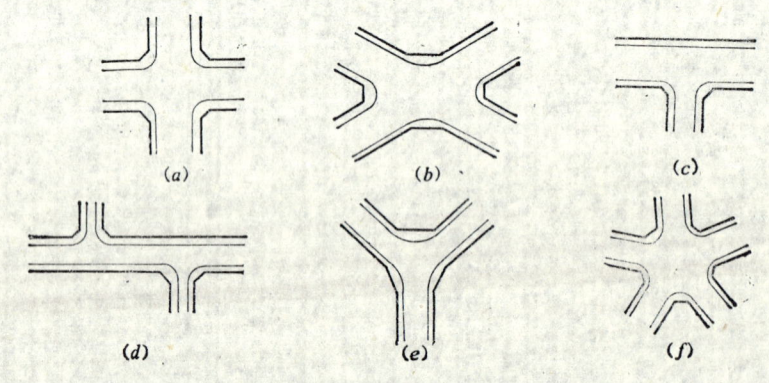

图 3-1　平面交叉口形式

T字形交叉一般用于主要道路与次要道路（或街坊通道口）相交的交叉处，主要道路必须设在交叉口的顺直方向上，保证主干道上车辆行驶畅通。多路复合交叉形式，交通组织困难，占地面积大，应避免采用。

二、交叉口的交通

在交叉口内，各条道路上的车辆在此汇集和分散，形成车辆间的穿插交错。两股不同方向车流轨迹线呈交叉形的交会点称为冲突点。两股不同方向车流轨迹线呈Y形的交会点称为交织点（见图3-2）。冲突点、交织点是造成车速降低和发生交通事故的地点，特别是冲突点最为危险。

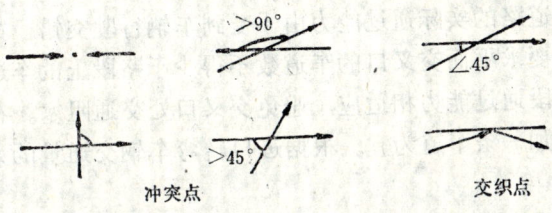

图 3-2　交织点与冲突点

冲突点随相交道路的增加而显著地增加，如图3-3，四路交叉有16个冲突点，五路交叉增加到50个冲突点，而六路交叉为172个冲突点，在交叉口产生冲突点最多的是左转弯车辆，如果在十字交叉口，没有左转弯车辆，冲突点由16个减至4个。因此，在交叉口设计中，如何正确处理和组织左转弯车辆，是提高交叉口通过能力，保证交通安全的关键。减少交叉口冲突点的方法如下。

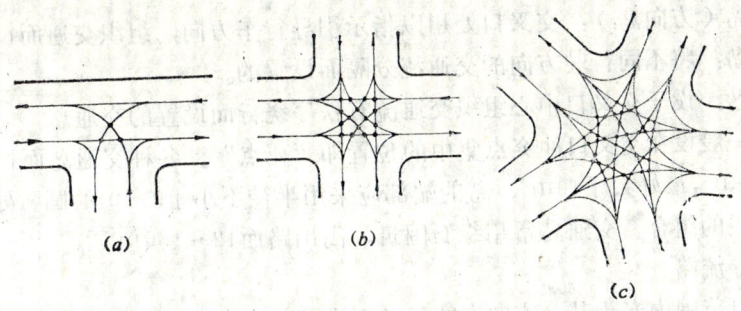

图 3-3　交叉口内冲突点示意

1. 交叉口范围内应有足够的视距，进入交叉口处设置标志牌，使驾驶员驶入交叉口前能看到各向来车，以便采取相应的安全措施。

2. 在交叉口实行交通管制，用信号灯或交通警指挥，使通过交叉口直行车和转弯车辆通行时间错开。

3. 采用渠化交通，在交叉口范围内合理地布置交通岛、组织车辆分道行驶，将冲突点变为交织点，减少车辆行驶的相互干扰。

4. 采用立体交叉，在车速高交通量大的交叉口，设立体交叉，将不同行驶方向的车流分布在不同标高的车道上，各行其道，互不干扰，这是解决交叉口交通问题的最彻底的办法。

三、平面交叉口的组成要素

平面交叉的布置设计中主要考虑的组成要素包括：行车道、交通岛、导流路，路缘带及交叉口视距等。

（一）行车道

交叉口处行车道的设置以满足各种不同需要的交通安全、畅通的行驶为目标。行车道主要是确定行车道数和行车道宽度。在交通量大的交叉口进口处，应分别设置左、右、直行车辆的专用车道，应将机动车和非机动车分流，让各种行驶方向车辆在各自的专用车道上候车或行驶，避免相互干扰。但对于交通量小的道路，交叉口设置过多车辆，很不经济，一般采用混合行驶车道。

平面交叉口处，道路的实际通过能力由于受到车辆行驶交错、穿插干扰而比路段上道路通过能力低，所以要求平面交叉口的车道数不得少于路段上的车道数，为了保证交叉口的交通通过能力与路段通过能力相适应，避免交叉口处交通阻塞。在交通量大的交叉口进口处（此路段上）增加一条车道为宜。根据进口转弯车辆交通量的大小，常增辟一条左或右的转弯车道。

交叉口处每条车道宽度一般不小于路段上的车道宽，在城市道路中，多车道的平面交叉口，当交通量大时，为了限制进入交叉口的车辆行驶速度（保障行车安全），可将交叉口每条进口车道宽度适当缩窄，但不窄于2.75m（小汽车）或3.0m。

（二）交通岛

交通岛是为了控制车辆行驶方向和为行人过街安全在车道之间设置的高出路面的岛状交通设施。交通岛按设置作用可分为：

1. 安全岛：为保障行人横穿道路安全而设置的。

2. 导流岛（方向岛）：交叉口处用以指示引导行车方向，组织交通而设的。

3. 分车岛：将不同行驶方向的交通流分隔而设置的。

4. 中心岛：设于交叉口中心组织交通流有秩序绕行而设置的交通岛。

交通岛一般设在交叉口冲突点集中的位置即"死点"。各种交通岛面积大小适宜，一般不宜小于5m²，最好大于10m²。岛的端部应采用半径不小于0.5m的圆弧处理，平面线形是圆弧与直线的组合。交通岛常用缘石围筑，高出路面12~15cm。

（三）导流路

在交叉口范围内专为某一方向车流行驶而设置的行车道为导流路。导流路常用交通岛和路缘石，路面标志线划出。

转弯导流路应按交叉口的设计车速（0.6倍设计车速）来计算曲线半径，城市道路交叉口停车后再转弯的导流路曲线半径一般为15~30m。

导流路行车道宽度不低于路段上宽度标准，转弯导流路应考虑曲线内侧加宽值。当导流路用交通岛分隔时，在交通岛一侧路面还应考虑加0.5m的余宽。

（四）交叉口转角缘石

为保证各种右转弯车辆能以一定速度顺适地转弯，交叉口转角处的缘石应做成圆曲线形。路缘石的曲线半径为：

$$R_1 = R - \left(\frac{b}{2} + W \right) \qquad (3-1)$$

式中　　R——机动车右转弯车道中心线半径（m）；

　　　　b——机动车道单车道宽度取3.5（m）；

W ——转弯处非机动车道宽（$w \geqslant 3m$）。

在条件允许的情况下，尽量采用较大的缘石半径，可增加交叉口宽度利于提高行车速度。缘石曲线应与路段直线段顺适连接，在圆曲线与直线段之间插入缓和曲线段为好。

（五）交叉口视距

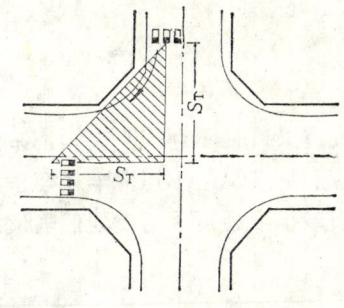

图 3-4　交叉口视距三角线

为保证交叉口范围行车安全，驾驶员在进入交叉口前的一段距离内，应能看到相交道路上交汇车辆行驶情况，以便能及时停车安全避让，避免造成事故的一段必须保证的距离，不得小于路段上的停车视距S_T。

在平面交叉路口处，由两条相交道路停车视距所组成的三角形，称为视距三角形。如图3-4，在视距三角形范围内（阴影部分）不得有任何阻挡驾驶员视线的物体存在。视距三角形应以最不利情况为准，即靠最右侧的第一条直行车道轴线与相交道路最靠中线的行车道轴线所构成的三角形。在此三角形范围内有阻挡视线障碍物时应予以清除。当受条件限制时停车视距S_T长度可以适当减小，但不得小于表中3-1所列低限值。但必须同时采取，设置限速标志、车辆分道行驶等技术措施。

公路平面交叉视距　　　　　　　　　表 3-1

公路等级	一		二		三		四	
地　形	平原微丘	山岭重丘	平原微丘	山岭重丘	平原微丘	山岭重丘	平原微丘	山岭重丘
停车视距(m)	160	75	110	40	75	30	40	20
停车视距低限值(m)	120	55	80	30	55	25	30	15

第二节　平面交叉设计

平面交叉的设计主要由两部分：平面设计和竖向设计组成。交叉口的平面设计要达到保证各类交通在交叉口能安全、迅速通过之目的，并应利用最小的占地面积来组织好交叉口的交通。为此，交叉口的平面设计主要内容包括：正确地选择交叉口的类型；确定各组成部分尺寸；合理地选择设置交通设施。

一、交叉口平面布置与设计

交叉口平面布置设计，主要由道路网的规划、交叉口用地、交通量与交通组织，特别是交叉口的转弯与直行交通量情况等作为平面设计依据。平面交叉常采用的设计型式有：简单交叉、渠化交叉、拓宽交叉、环形交叉。

（一）简单交叉

简单交叉指平面交叉中，对交叉口范围平面上不作任何处理，又不进行交通管制。这种交叉口处行驶车辆不受控制各自按交通规则行驶。

简单交叉口适用于交通量小，车速低，转弯车辆少的道路交叉口。这种交叉口的设计主要是保证驾驶员有足够的视距与合理地确定交叉转角的缘石半径，如图3-5。视距要求

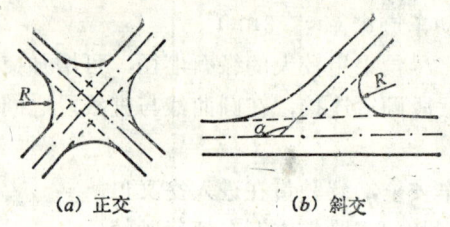

(a) 正交　　　　　　(b) 斜交

图 3-5　简单交叉

在交叉口最不利视距三角形范围内不得有任何阻挡行车视线的物体存在。路缘石半径设计应满足汽车最小转弯半径要求。转角圆弧的缘石半径按表3-2取值。斜交路口锐角处的缘石最小半径可采用表列低限值。注意表列缘石半径值是作为最小控制值。

不同角度时加铺转角边缘的曲线半径　　　　　表 3-2

公路等级		二		三		四	
		平原微丘	山岭重丘	平原微丘	山岭重丘	平原微丘	山岭重丘
路口右转弯车速(km/h)		20~25	15~20	15~20	15	10~15	10
曲线半径(m)	$\alpha = 45°$	27~35	25~27	25~27	25	27~25	27
	$\alpha = 60°$	23~32	17~23	17~23	17	20~17	20
	$\alpha = 80°$	20~30	13~20	13~20	13	12~13	12
	$\alpha = 90°$	19~30	12~19	12~19	12	10~12	10
	$\alpha = 100°$	19~29	11~19	11~19	11	9~11	9
	$\alpha = 120°$	18~29	10~18	10~18	10	8~10	8
	$\alpha = 135°$	18~28	10~18	10~18	10	7~10	7

　　城市道路平面交叉口缘石半径最小取值为：主干道（20~25m）；次干道（15~20m）；支路与住宅区道路（10~15m）。

　　（二）渠化交叉

　　在道路上用划线或用不同颜色路面；用隔离墩、绿化带和交通岛来分隔车流，使不同行驶方向、不同类型、不同速度的车辆，顺着一定方向互不干扰地通过交叉口，这类用渠化交通组织方式布置的交叉口为渠化交叉，如图3-6。

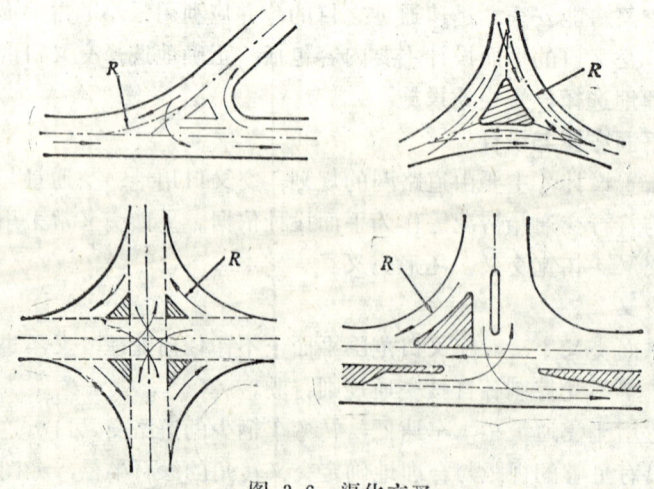

图 3-6　渠化交叉

这种交叉由于能使各种车辆限制行驶方向与行驶宽度范围，因而可减少车辆间的相互碰撞机会，并可控制速度防止超车，使车辆能以一定速度沿规定的方向顺利行驶通过，从而有效地提高交叉口的通过能力和交通安全，减少事故。交叉口的渠化交通组织对解决畸形交叉口复杂的交通非常有效。这种交叉口占地较多，一般用于交通量较大，转弯车辆多，车速较高，特别是形状不规则的道路交叉口。

渠化交叉用交通岛或路面标志线来分离车流（其中最有效的是高出路面的交通岛），形成供车流分道行驶转弯的导流路。渠化交叉导流路的行车道最小半径取值不得小于表3-3所列各值。其行车道宽包括：标准车道宽、弯道加宽和交通岛边缘的余宽组成。交通岛的选择布置应根据交通岛的作用，交叉口交通组织的要求合理安排，以确保交通安全、畅通。

分　道　转　弯　最　小　半　径　　　　　　　　表 3-3

公 路 等 级	二		三		四	
	平原微丘	山岭重丘	平原微丘	山岭重丘	平原微丘	山岭重丘
右转弯车速(km/h)	55	30	40	25	30	20
最小半径(m)	110	35	60	25	35	15
最小半径低限值(m)	90	25	50	20	25	12

（三）加宽路口交叉

在交通量大，转弯车辆较多的交叉路口，当转弯车辆慢行时，可能会阻碍后面直行车辆正常行驶。为了保证交叉口处交通需要，行车畅通。可采用加宽路口增辟右转或左转车道，以供转弯车辆及直行车辆候车或行驶之用。这种加宽式路口可减少进出交叉口的不同行驶方向车辆间相互干扰，对于提高交叉口的通行能力极为有效。

加宽路口（如图3-7）增辟单车道宽一般为3～3.5m。交叉路口进口方向增设的为车辆减速候车之用的车道，称为减速车道$L_{减}$，增设在出口位置的使车辆迅速驶离交叉口的车道，称为加速车道$L_{加}$。交叉路口拓宽车道长度主要根据停车等候车辆数量及车身长度决定，一般设计采用的停车数量不超过10辆。且减速车道长度不小于加速车道长，所以，减速车道长度一般为

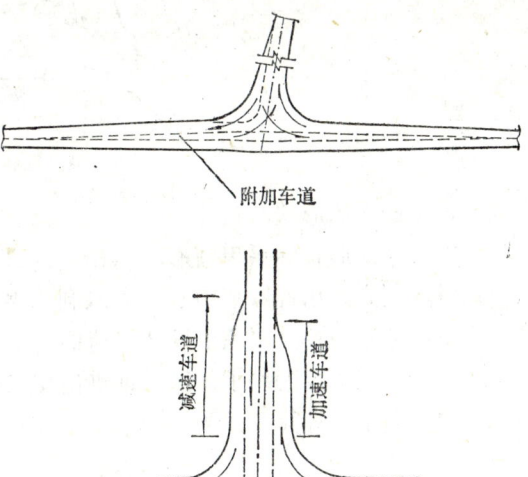

图 3-7　加宽路口式交叉

50～80m。加速车道长度不小于表3-4所列值，一般是减速车道长度的$\frac{1}{2}$～$\frac{2}{3}$。

（四）环形交叉

环形交叉（俗称转盘），是在交叉口中心设圆形或椭圆形中心岛，围绕中心岛布置环

公路等级	二		三		四	
	平原微丘	山岭重丘	平原微丘	山岭重丘	平原微丘	山岭重丘
加速车道长度 （m）	80	30	45	25	30	20

加宽路口式加速车道长度 表 3-4

形车道，使进入交叉口车辆沿环道，一律按逆时针方向绕中心岛行驶至要去路口驶离，如图3-8。

环形交叉可消灭冲突点，车辆在交叉口可连续行驶，不必等车，无需专人指挥。它适用于交通量大，转弯车辆多，多条道路（四条以上）相交的交叉口。但交叉口占地面积大，车辆在环道行驶时车速受到限制，在有非机动车和行人交通量大的交叉口，相互干扰大，不宜采用环形交叉。

环形交叉口设计的基本内容有：中心岛形状与尺寸，交织长度与交织角，环道宽度和进出口转弯半径等。

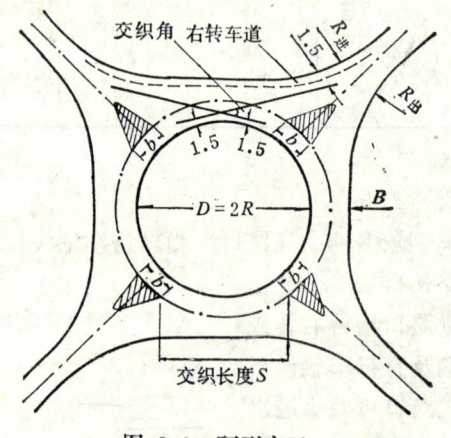

图 3-8 环形交叉

1.中心岛的形状与尺寸

中心岛的形状多采用圆形，当相交道路交通量差别很大或几条相交道路中线不相交于一点时，则宜采用椭圆形中心岛，以利于主干道方向行车。

中心岛直径首先要满足设计车速的要求，同时中心岛直径必须考虑相邻路口之间距离达到车辆交织长度的要求，以保证进出交叉口车辆的连续行驶。

中心岛半径计算公式为：

$$R = \frac{v^2}{127(\mu + i)} - \frac{B}{2} \qquad (3-2)$$

式中　　R——中心岛半径（m）；

　　　　μ——横向力系数一般取0.15；

　　　　i——交叉口车道横坡一般取1～2％；

　　　　B——环道宽度（m）；

　　　　v——环道设计车速按表3-5取值。

78

不同环道设计车速相应的中心岛直径可参考表3-5取值。

环式交叉中心岛直径与最小交织长度　　　　　　　　　表 3-5

环式交叉适应的交叉口性质	1.特殊原因下与一级公路相交；2.二级公路与二级公路或与其它等级公路相交；3.二三级公路与城市道路相交			1.二级公路与其它等级公路相交；2.三级公路与三级公路相交；3.三级公路与城市道路相交		
环道计算行车速度(km h)	40	35	30	30	25	20
中心岛直径(m)	110～120	80～100	60～70	60～70	40～50	20～30
最小交织长度(m)	45	40	35	35	30	25

注：特殊原因是指一级公路近期交通量不大，采用平交不会危及行车安全时，或者与一级公路相交的公路交通量很少，能用信号或其它措施控制的，或由于地形等特殊的情况。

按交织长度所需要的中心岛半径，可按下式验算：

$$R' = \frac{n \cdot s}{2\pi} - \frac{B}{2} \qquad (3-3)$$

式中　n ——交叉口相交道路条数；

　　　s ——相邻路设计交织长度（m）；

　　　B ——环道宽度（m）。

由3-3式可知，交叉口相交道路条数越多，中心岛直径就越大，就会增加交叉口的用地，所以环交道路相交条数不宜多于六条。

2.交织长度与交织角

交织长度是环形交叉进、出环道车辆互相交织换道行驶所需要的距离，主要取决于相邻路口的距离。交织长度必须使环道进出车辆，在合适时机交织车道并保证连续行驶。

相邻车道交织长度应按下式计算：

$$S = \frac{\pi \cdot \alpha}{360} (2R - B) \qquad (3-4)$$

式中　α ——相邻车道中心线夹角度数，应取其中最小夹角。

　　　其余符号同前。

按式3-4计算的交叉口交织长度不得低于表3-5所列最小交织长度，否则应增大中心岛直径或采取其它措施增加交织长度。

交织角是进出环道车辆交换车道理论轨迹的相交角度，如图3-8。交织角大小取决于环道宽度和交织长度。交织角小，行车安全，但交织长度和中心岛直径会增大，占地增加。一般控制交织角度不大于40°，最好在20°～30°之间选择。

3.环道宽度

环道宽度为绕中心岛行车道总宽，应根据环道交通情况与行车要求确定。一般环道布置，将紧靠中心岛的一条车道为环行行车道，最外一条车道供进出交叉口车辆行驶，中间应设置1～2条车道作为行驶交织使用。所以环道车道数一般为3～4条，每条车道宽一般不小于4.0m，则环道总宽度一般为12～15m，城市道路环道最小宽度不小于15m。

4.进出口曲线半径与环道处缘石

进出口曲线半径的选用，应使出口曲线半径$R_{出}$大于进口曲线半径$R_{进}$。以满足车辆加速驶离交叉口需要，进口半径稍小，起控制进入交叉口车辆行车速度作用，并应采用接近中心岛半径值，使环道车速均衡。

环道外侧缘石平面形式不宜设成反向曲线。如图3-9中反向曲线阴影部分无车辆行驶，因此，环道外缘石宜采用直线或曲线连接。如图3-9虚线所示。

环道的断面应满足行车平稳和排水要求。环道断面为双向路拱横断面，如图3-10。路脊

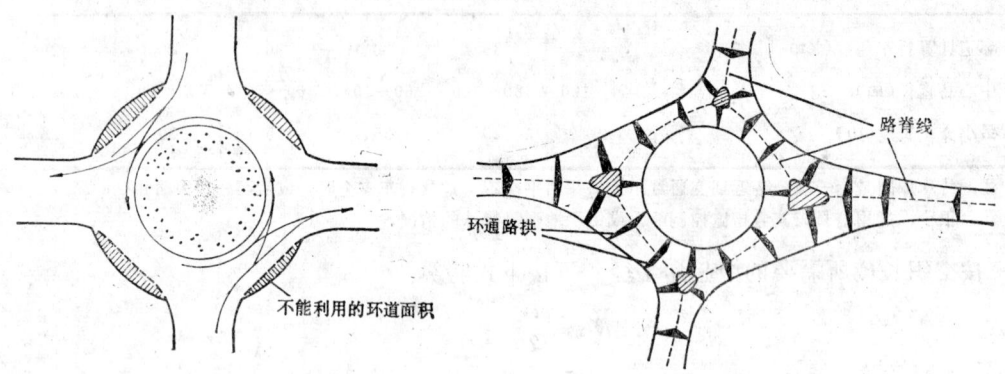

图 3-9　环道的外缘石平面形状　　　　图 3-10　环道的路拱脊线

线设在环道中心的交织车道中间即环道中线。中心岛周围应设排水设施，保证环道排水。环形交叉应布置在地形平坦处，交叉口路段纵坡不应大于3%。

二、交叉口立面布置设计

交叉口立面设计主要解决交叉口排水和行车平顺的问题，应使相交道路在交叉口范围有平顺的共同面，并能迅速排除交叉口范围雨水，并使交叉口标高和周围地形、建筑相协调。交叉口立面设计主要内容有：选择交叉口路面设计类形，确定交叉口设计标高、布设排水设施。

（一）交叉口立面设计要求

交叉口立面设计主要由相交道路的等级、交通量、断面形状、纵坡方向及地形情况决定。立面设计应注意以下要求。

1. 主要道路与次要道路相交时，应保证主要道路行车方便。主要道路的纵坡与横坡不变，次要道路的纵坡与横坡应通过调整与主要道路的路面边缘顺适连接。

2. 同等级道路相交时，相交道路纵坡保持不变，纵断高程在中心线交点处衔接，调整横坡使交叉口立面协调。

3. 要保证交叉口排水，设计时至少有一条道路纵坡离开交叉口（出水路口）。应在进水路口设置必要数量的排水设施，减少雨水进入交叉口。

4. 立面坡度平顺、外形美观、无积水。

（二）交叉口立面设计基本类型

为了解决交叉口排水和正确地进行立面规划布置，根据相交道路纵坡和交叉口地形，首先应合理地选择确定交叉口等高线的布置形式。十字形交叉口设计等高线有六种基本类型。

1. 相交道路纵坡全部由交叉口中心向外倾斜，如图3-11。设计时应适当调整接近交叉口路段的横坡。交叉口范围无需设雨水口。

2.相交道路纵坡全部向交叉口倾斜，如图3-12。设计时应适当抬高交叉口中心部位标高（为伞状），在各进水路口及路边缘低凹处设雨水口排水，这种交叉口类型对行车、排水均不利，应予避免。

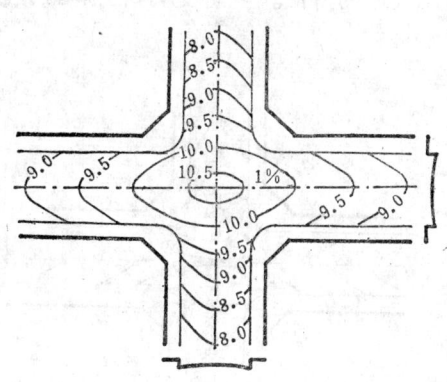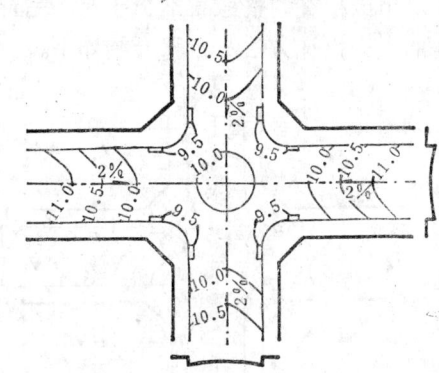

图 3-11　屋脊地形上的交叉口　　　　　图 3-12　在盆地地形上的交叉口

3.三条道路纵坡由交叉口向外倾，一条为进水路口，如图3-13。设计时进水路口延顺方向道路纵横坡一般保持不变，调整两侧出水路段横坡。在进水路口处设雨水口。

4.三条道路纵坡向交叉口倾斜，一条为出水路口如图3-14。设计时出水路口延顺方向道路纵横坡一般保持不变，调整两对向进水路口纵坡最低转折点（变坡点）离交叉口远些，并插入竖曲线，最低点设雨水口排水。

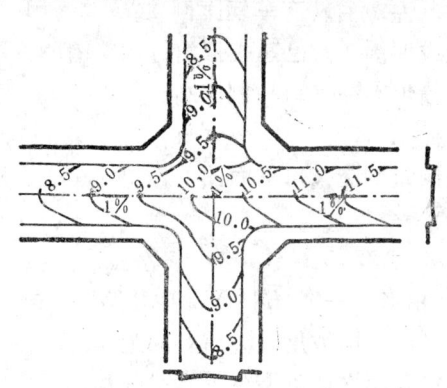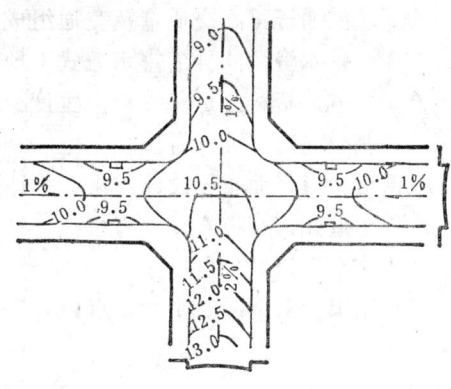

图 3-13　在脊线地形上的交叉口　　　　图 3-14　在谷线地形上的交叉口

5.相邻两条道路纵坡倾向交叉口，另两条为出水路口如图3-15。设计时，各道路纵坡均保持不变，调整相邻路口横坡逐渐向纵坡方向倾斜。将交叉口布置成单向倾斜立面。

6.相对两条道路纵坡向交叉口倾斜，另两条相对道路为出水路口，如图3-16。设计时，两进水路口纵坡转折点离交叉点一定距离，并在最低点设雨水。两出水路口在交叉中心范围横纵坡均应平缓些。

（三）交叉口立面设计方法与步骤

交叉口立面设计，通常采用方格网法、设计等高线法、方格网设计等高线法三种方法。方格网法是在交叉口范围内以相交道路中线为坐标基线打方格网，测出方格网各交点上的地面标高，求出设计标高，并计算各点施工高度。设计等高线法是在交叉口范围布置设计等高线，选定施工控制点，测定控制点的地面标高，根据设计等高线补插确定各控制点设计标高，以求得施工高度。方格网设计等高线法，是在方格网法基础上进一步绘出等高线，用以检查调整标高不合理处，完善立面设计线形的方法。现将交叉口方格网设计等高线的立面设计方法与步骤介绍如下。

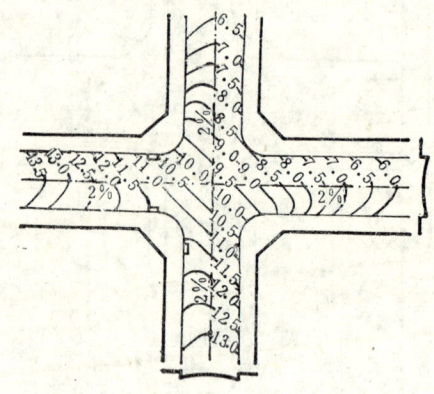

图 3-15 在斜坡地形上的交叉口

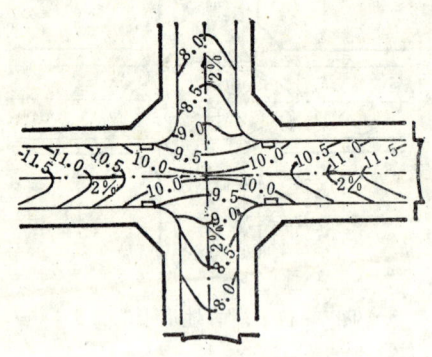

图 3-16 在马鞍形地形上的交叉口

1. 搜集资料

（1）测量资料：一般常用1:500或1:200的地形图。在图上以相交道路中心线为坐标基线做方格网，方格网一般采用5×5～10×10m²，并测出方格网点的地面标高。

（2）交通资料：交通量及交通组成（直行，左，右转弯车辆比例）。

（3）排水资料：弄清排水方式（地下管道或明沟）及已建或拟建排水管网的位置。

（4）道路资料：道路等级、宽度、纵坡、横坡、交叉口控制标高。

2. 绘制交叉口平面布置图

根据交叉口平面布置设计成果，按地形图比例绘制交叉口平面图并标出：相交道路中心线，行车道和人行道宽度，方格线，缘石半径。

3. 确定交叉口设计范围

设计范围一般为缘石半径切点以外5～10m（相当于一个方格），这是路段上的双向横坡向交叉口立面坡度过渡需要的距离。

4. 确定立面设计类型及等高线间距

根据相交道路等级、纵坡方向、地形以及排水要求，选定立面设计类型（如图3-11至3-16所示）。确定相邻等高线布置间距，根据道路纵坡缓陡一般采用0.02～0.10m的等高差，取偶数可方便计算。

5. 绘制路段上设计等高线

根据道路纵坡及路拱横坡，按确定的等高差，可计算路段上等高线水平距离并布置等高线，如图3-17。

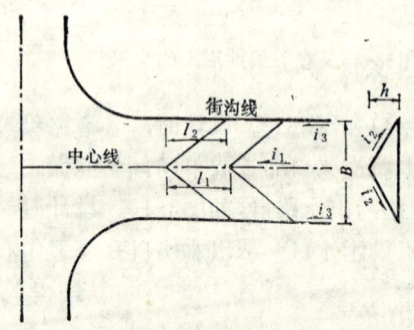

图 3-17 路段上设计等高线

（1）相邻等高线的水平距离

根据道路纵坡在行车道中心线上定出某整数设计标高位置，根据确定的等高线间距，相邻等高线水平距离为：

$$l_1 = \frac{\Delta h}{i_1} \qquad\qquad (3\text{-}5)$$

式中　l_1——相邻等高线水平距离（m）；

　　　Δh——相邻等高线等高差（m）；

　　　i_1——路段纵坡度。

根据 l_1 可定出行车道中线上其余等高线的位置。

（2）等高线在街沟线（边缘线）的位置

由于行车道横坡的影响，等高线在街沟线上的位置向纵坡的上方偏移水平距离 l_2：

$$l_2 = h_1 \cdot \frac{1}{i_3} = \frac{B}{2} \cdot \frac{i_2}{i_3} \qquad\qquad (3\text{-}6)$$

式中　h_1——路拱高度（m）；

　　　i_2——路拱横坡度；

　　　i_3——街沟线纵坡度。

根据 l_2 可定出沿街沟线上相应等高线位置。最后连接等高点，即得设计等高线在路段立面设计图。

6.绘制交叉口上设计等高线

（1）确定交叉口上路脊线和控制标高

路脊线是路拱顶点（分水点）的连线。路脊线的选定直接影响交叉口的排水、行车平顺和立面美观。一般情况，行车道中心线即为路脊线，路脊线的交点即为交叉口控制标高位置。

在三路斜形交叉口，相交的道路中心线虽然也交于一点，但斜交偏角大时，道路中心线不宜作路脊线，调整后的路脊线如图3-18中所示的AB′线，修正路脊线起点由A开始，B′点的位置应选在斜交路口双向车流中间位置。

交叉口的控制标高，应根据相交道路纵坡交叉口周围地形和周围建筑物来确定。确定道路中心线交点控制标高，应不使相交道路纵坡的差值超过0.5%，尽可能使交叉口相交道路纵坡基本相等，这样有利于立面设计处理。

（2）选择标高计算线网

标高计算线网是立面设计中计算交叉口范围内各点标高必不可少的辅助线。控制点及路脊线上的设计标高必须通过计算线网才能得到，并可进一步得到交叉口范围其它各点设计标高。标高计算线网有以下几种。

①圆心法（如图3-19）。根据施工需要，将路脊线等分后定出各点。把这些点分别与相应的缘石半径圆心连直线，形成以路脊线为分水线，以路脊线交点为控制中心的标高计算线网。

②等分法（如图3-20）。把交叉口范围内路脊线分为若干等分，再将相应的缘石曲线也分成同样等分，依次连接这些等分点，即得交叉口的标高计算线网。

③平行法（如图3-21）。先把路脊线交点与各转角圆心连成直线，再将路脊线分成若干点，通过这些点作以上直线的平行线交于路缘线，即得标高计算线网。

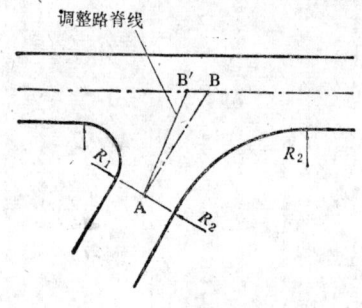

图 3-18　调整路脊线

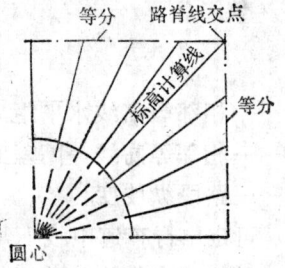

图 3-19　圆心法

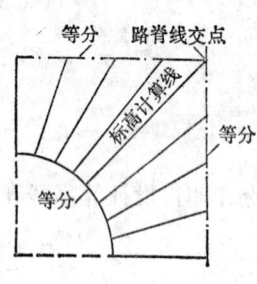

图 3-20　等分法

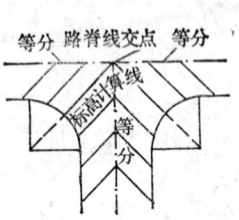

图 3-21　平行线法

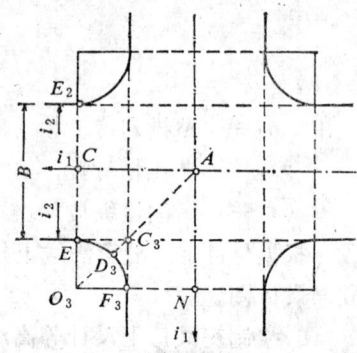

图 3-22　方格网法

④方格网法。在交叉口平面图上，平行于道路中心线画出方格网线如图3-22。作为交叉口标高计算线网。方格网法适用于正交道路交叉口。为了方便计算与布置等高线网应采用等分法为宜。

（3）求标高计算线网各点设计标高

按图3-22，根据坡度与距离条件由控制点标高推算线网的各点设计标高（以方格网为例）。

①求各道口缘石切点断面的三点标高。由交叉口控制点标高 h_4，可得缘石切点断面各点标高为：

$$h_G = h_A \pm \overline{AG} \cdot i_1 \tag{3-7}$$

$$h_{E_3}(\text{或} h_{E_9}) = h_G - \frac{B}{2} \cdot i_2 \tag{3-8}$$

式中符号意义同前。式3-7中路脊线纵坡向路口方向下坡时式中符号为负，反之为正。

同理，可求得其它路口断面各 F_3、N 等控制点标高。

②计算交叉口范围内的各点设计标高。按 E_3、F_3 的标高得出缘石延长线上 C_3 点的标高为：

$$h_{C_3} = \frac{(h_{E_3} \mp R \cdot i_1) + (h_{F_3} \mp R i_1)}{2} \tag{3-9}$$

式中符号的确定取决于路脊线的纵坡方向。

缘石曲线中间点 D_3 的标高为：

$$h_{D_3} = h_A - \frac{h_A - h_C}{\overline{AC_3}} \times \overline{AD_3} \qquad\qquad (3\text{-}10)$$

同理，可得出缘石曲线四个角的各点标高，并求出交叉口范围所需线网各交点标高。并注在图上。

（4）勾绘交叉口上设计等高线。根据已求出的计算线网上各点设计标高，补插确定等高点的位置，并将等高点连接后，便得到初步的，以设计等高线表示的交叉口立面设计图。

7. 调整标高

参照选定的交叉口立面设计类型，按行车平顺和排水迅速，立面美观的要求，调整等高线并使调整后的等高线中间疏，边上密，变化均匀，标高低凹处补设进水口。

8. 计算施工高度

根据已调整后的交叉口设计等高线，用补插法求出交叉口范围各控制线网交点的设计标高，根据各交点处原地面标高最后求得各点施工高度。

若交叉口为水泥混凝土路面，应按水泥混凝土板块划分，求出各个板缝角点的设计标高供施工使用。

【例】 某交叉口在斜坡地形上，已知相交道路边二级路和三级路相交，其中二级路中线纵坡及街沟纵坡 i_{11} 均为 0.01，路面横坡为 0.02，行车道宽为 9m；三级路中线纵坡及街沟纵坡 i_{12} 均为 0.008，路面横坡为 0.02，行车道宽为 8m。缘石半径均为 40m，等高线间距采用 0.06m，试绘制交叉口立面设计图。

【解】 （1）路段设计等高线

$$l_{11} = \frac{h}{i_1} = \frac{0.06}{0.01} = 6\text{m}$$

$$l_{21} = \frac{h}{i_1} = \frac{0.06}{0.008} = 7.5\text{m}$$

$$l_{21} = \frac{B}{2} \cdot \frac{i_2}{i_3} = 4.5 \times \frac{0.02}{0.01} = 9\text{m}$$

$$l_{22} = \frac{B}{2} \cdot \frac{i_2}{i_3} = 4.0 \times \frac{0.02}{0.008} = 10\text{m}$$

由 l_{11}、l_{12}、l_{21}、l_{22} 绘出路段上设计等高线。

（2）画出交叉口上设计等高线

①根据交叉口中心标高，求路口缘石切点断面标高。

$$h_N = h_A + AN \cdot i_1 = 14.54 + 44 \times 0.008 = 14.9\text{m}$$

$$h_{F_3}(\text{或} h_{F_4}) = h_N - \frac{B}{2} \cdot i_2 = 14.9 - 4 \times 0.02 = 14.82\text{m}$$

同理，可求出 h_{E_4}（或 h_{F_1}）= 14.01m；

$$h_{F_1}(\text{或} h_{F_2}) = 14.12\text{m};$$

$$h_{E_2}(\text{或} h_{E_3}) = 14.89\text{m};$$

②根据 A、F_4、E_4 点标高，求交叉口范围内等高点的变化

$$h_{C_4} = \frac{(h_{F_4} - R \cdot i_1) + (h_{E_4} + R \cdot i_1)}{2}$$

$$= \frac{(14.82 - 40 \times 0.008 + 14.01 + 40 \times 0.001)}{2} = 14.45\text{m}$$

$$h_{D_4} = h_A - \frac{h_A - h_C}{AC_4} \times AD_4$$

$$= 14.54 - \frac{(14.54 - 14.45)}{6} \times 16.56 = 14.39\text{m}$$

同理，可得出 $h_{C_2} = 14.46\text{m}$；$h_{C_3} = 14.5\text{m}$；$h_{C_4} = 14.43\text{m}$；

$h_{D_2} = 14.3\text{m}$；$h_{D_3} = 14.43\text{m}$；$h_{D_4} = 14.23\text{m}$。

③根据 F_4、D_4、E_4 各点标高，求出缘石曲线上各个等高点 $\overset{\frown}{F_4 D_4}$、$\overset{\frown}{D_4 E_4}$ 的弧长

$$L = \frac{1}{8} \cdot (2\pi \cdot R) = \frac{1}{8} \times (2 \times 3.14 \times 40) = 31.3\text{m}$$

$\overset{\frown}{F_4 D_4}$ 间应有设计等高线条数为

$$n = \frac{14.82 - 14.29}{0.06} = 9 \text{ 根}$$

等高线平均间距为 $\dfrac{31.3}{9} = 3.47\text{m}$

同理，$\overset{\frown}{D_4 E_4}$ 间应有设计等高线条数为

$$n = \frac{14.29 - 14.01}{0.06} = 5 \text{ 根}$$

等高线的平均间距为：$\dfrac{31.3}{5} = 6.26\text{m}$

$\overset{\frown}{F_3 D_3}$ 应有的设计等高线条数为：

$$n = \frac{(14.82 - 14.43)}{0.06} = 7 \text{ 根}$$

等高线的平均间距为：$\dfrac{31.3}{7} = 4.47\text{m}$

$\overset{\frown}{D_3 E_3}$ 间应有的设计等高线条数为：

$$n = \frac{(14.89 - 14.43)}{0.06} = 8 \text{ 根}$$

等高线的平均间距为：$\dfrac{31.3}{8} = 3.9\text{m}$

$\overset{\frown}{E_2 D_2}$ 间应有的设计等高线条数为：

$$n = \frac{(14.89 - 14.3)}{0.06} = 10 \text{ 根}$$

等高线的平均间距为：$\dfrac{31.3}{10} = 3.13\text{m}$

$\overset{\frown}{F_2 D_2}$ 间应有的设计等高线条数为：

$$n = \frac{(14.3 - 14.12)}{0.06} = 3 \text{ 根}$$

等高线的平均间距为：$\dfrac{31.3}{3} = 10.43\text{m}$

$\overset{\frown}{F_1 D_1}$ 间应有的设计等高线条数为：

$$n = \frac{(14.23 - 14.12)}{0.06} = 2 \text{ 根}$$

等高线的平均间距为：$\dfrac{31.3}{2} = 15.65\text{m}$

$\overset{\frown}{D_1E_1}$间应有的设计等高线条数为：

$$n = \frac{(14.23 - 14.01)}{0.06} = 4 \text{ 根}$$

等高线的平均间距为：$\dfrac{31.3}{4} = 7.8\text{m}$

④根据A、M、K、G、N各点标高，分别求出路脊线AM、AK、AG、AN的等高点（计算从略）。

⑤根据以上求出点标高绘出等高线，经合理调整后即得如图3-23所示的交叉口立面设计图。

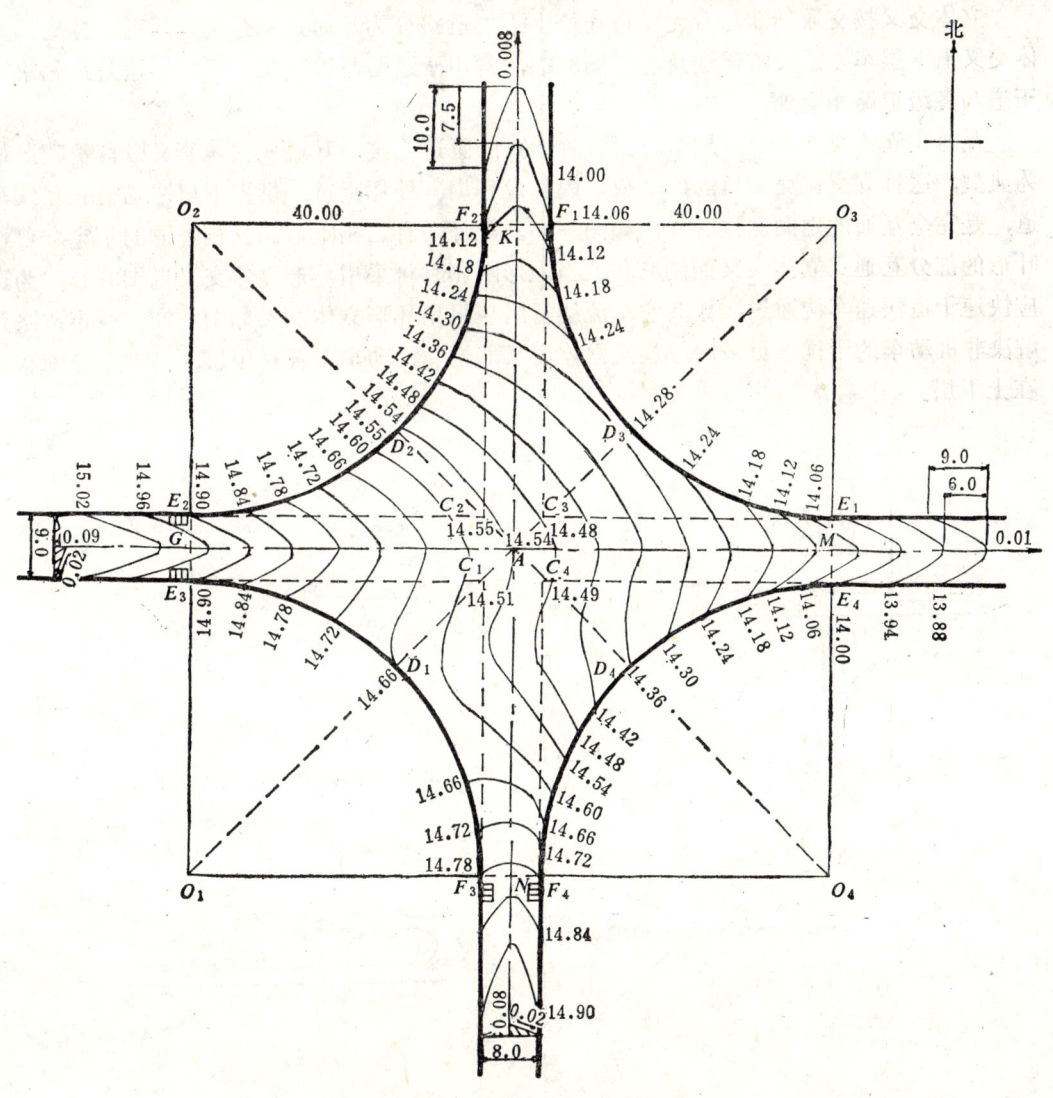

图 3-23 交叉口立面设计图

第三节 立 体 交 叉 简 介

立体交叉是指相交道路在不同高度上的交叉。这种交叉使各条 相汇 道路 车流互 不干扰，并可保持原有车速通过交叉口，即能保证行车安全，也大大提高了道路通过能力。在高速公路或快速干道与其它各级道路相交；道路与铁路相交时相互干扰很大，都应采用立体交叉。当地形、环境适宜时也可采用立交。但立体交叉造价高，占地面积大，所以，一般在平面交叉不能解决交通问题时，考虑修建立交。

一、立体交叉类型

立体交叉按交叉道路相对位置与结构类型分为上跨式（跨路桥式），即交叉道路从原道路上方跨越；下穿式（隧道式），即交叉道路从原道路下部穿过的立体交叉。

立体交叉按交通功能与有无匝道连接上下层道路分为互通式和分离式两种。分离式立体交叉上下层车道不设匝道连接，如图3-24，常用于道路与铁路相交处，高速公路和快速干道与各级道路相交处。

互通式立体交叉，上下层车道用各种形式的匝道连接。互通式立体交叉以苜蓿叶形最为典型，这种立交在交叉口的四个象限内都设有内、外环匝道，供上下层车辆行驶互换车道，是完全互通的定向立体交叉，如图3-25。此外还有二相匝道、三相匝道的不完全苜蓿叶形的部分互通式立体交叉如图3-26。当地形限制时可采用菱形立体交叉见图3-27。为适应快速干道快速车流通过，让其它车流绕行时应采用环形立体交叉如图3-28。城市道路为解决非机动车的干扰，可采用三层式立体交叉，把非机动车布置在中层，机动车分别布置在上下层。

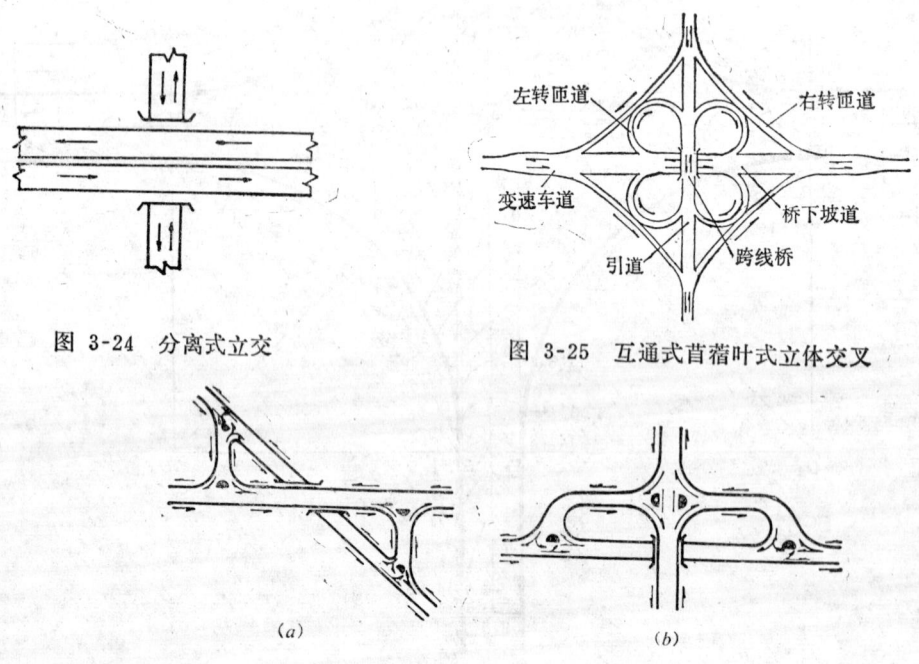

图 3-24 分离式立交   图 3-25 互通式苜蓿叶式立体交叉

左转匝道   右转匝道
变速车道   桥下坡道
引道   跨线桥

(a)   (b)

图 3-26 部分苜蓿叶式立体交叉
(a)斜交道路；(b)正交道路

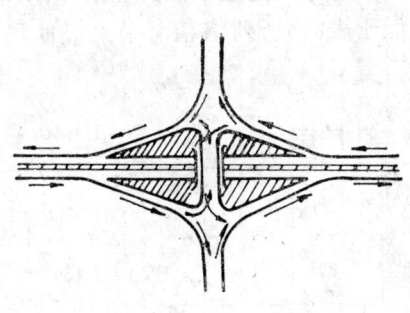
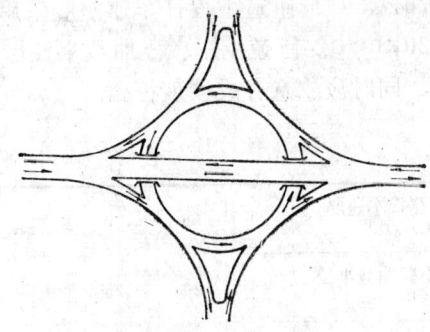

图 3-27　菱形立体交叉　　　　　　图 3-28　环形立体交叉

立体交叉形式很多，选用时应根据相交道路等级、性质、交通量及转弯车辆数量，结合地形和工程投资等条件综合确定。

二、立体交叉组成部分与要求

1.立交桥洞

立交桥洞应符合道路建筑限界规定，路肩式人行道桥洞净高不得小于2.5m，非机动车道净高不得小于3.0m，机动车道桥洞净高一般不小于5.0m，三、四级公路不得小于4.5m。桥洞净宽除保证路段上行车道净宽外，两侧应各加0.25m的横向安全净空。如：双车道宽度为8m时，则桥洞净宽不小于8.5m。

2.匝道

立体交叉口用以连接上下层车道，供左、右转弯车辆交换车道使用的道路如图3-25。进入交叉口的车辆在交换车道行驶时，都必须按右转方向进出匝道行驶。匝道的行车道按车辆行驶方向分为单向车道、双向混合行驶车道两种。

立体交叉的匝道中，专供右转弯车辆交换车道行驶的匝道称为外环匝道；供左转弯车辆交换车道行驶的匝道称为内环匝道（设在环形匝道内侧）。车辆从主道进入匝道的路口称为出口；车辆从匝道行驶进入主车道的路口称为进口，如图3-29。

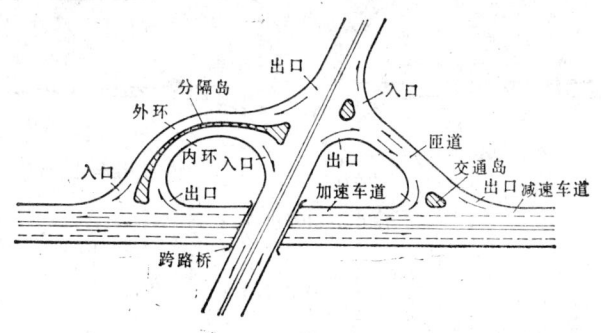

图 3-29　立体交叉组成部分

匝道上纵坡不宜大于4%，与主车道连接段纵坡不大于3%，匝道上要设有超高和加宽。匝道部分路幅宽度：单向行车匝道一般为5.5～7.0m（路面宽为3.0～3.5m）；双向行车匝道路幅宽一般为10～11m（路面宽为6.0～7.0m）。

匝道的曲线半径应满足行车安全要求，通常进入匝道的设计车速取值为主道设计车速的50~70%，环形匝道上设计车速一般采用30~40km/h，当受地形或其它条件限制时不得小于20km/h。匝道上平、竖曲线半径取值不得低于表3-6所列各值，平、竖曲线应设计重合，同时应注意合成坡度符合规定。

匝道最小平、竖曲线半径   表 3-6

匝道计算行车速度 (km/h)	20	25	30	35	40	50	55	60	70	80
匝道最小圆曲线半径 (m)	15	20	25	40	50	80	100	125	180	250
匝道最小竖曲线半径(m) 凸形	500	500	500	750	1000	1500	2000	2500	3000	4000
凹形	500	500	500	500	500	500	750	750	750	1000

3. 引道

立体交叉范围内，行车主道与立交桥头或立交桥洞最低点相连接的路段称为引道。机动车道引道纵坡不大于4%，以不超过3%为宜。非机动车引道纵坡不大于3%，控制在2%以内为宜。

4. 变速车道

连接主道与匝道，用于加速或减速的专用车道称为变速车道。立交中设于出口处的变速车道用于行车减速（减速车道），设于进口处用于行车加速的变速车道为加速车道。变速车道有定向式和平行式两种。若主道与匝道行车速度相差较大时应采用平行式；差异不大时应采用定向式变速车道，如图3-30。变速车道必须采用不同颜色的路面或划线，以便于行车识别。

变速车道宽度通常为单车道宽（不小于3.5m）。变速车道长度可参照下式计算确定。

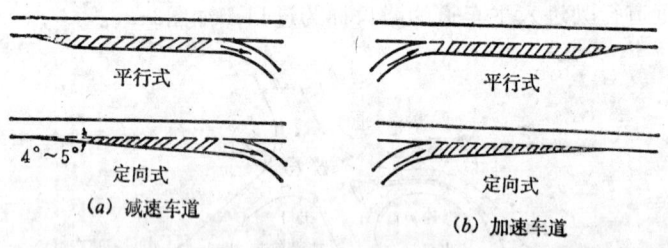

图 3-30 变速车道

$$L = \frac{V_1^2 - V_2^2}{26a}$$ （3-11）

式中 V_1——主车道设计车速（km/h）；

V_2——匝道设计车速（km/h）；

a——行车的平均加速度或减速度；

减速时取 $a = 2.0~3.0$（m/s²），

加速时取 $a = 0.8~1.0$（m/s²）。

90

第四节　道路与其它路线交叉要求

一、道路与铁路平面交叉

道路与铁路平面交叉时，交叉道路两侧路线应在交叉点外各有不小于50m的直线路段，应尽可能采用正交，当必须斜交时，交角应大于45°。

在交叉道口，应保证汽车在道路上距铁路道口有相当于各级道路停车视距（并不小于50m）的范围外，能看到两侧铁路上不小于表3-7规定距离以外的火车。当道口不能达到规定要求时，应按有关规定设置看守。

铁 路 交 叉 道 口 视 距　　　　　　　　表 3-7

交 叉 道 口 铁 路 等 级	视 距 长 度 （m）
Ⅰ	400
Ⅱ	340
Ⅲ级(工业企业Ⅰ、Ⅱ级)	270
工业企业Ⅲ级	200

为了道口的行车安全、方便，在交叉道口的两端钢轨外侧各设有不小于16m长度的水平路段（不包括竖曲线），接该水平路段纵坡不应大于3％。平交道口范围应铺便于翻修的砌块路面，长度应延伸至钢轨外2m，宽度不小于相交道路的路基宽度，铺砌标高与轨顶标高相同。铁路平面交叉道口必须设置明显的安全标志。

二、道路与其它道路平面交叉

道路与道路相交时，交叉范围内道路间应采用直线、正交，当必须斜交时，交叉角应大于45°，交叉点前后相当于相交道路停车视距长度的三角形范围内必须通视。平面交叉点应设在水平路段处，紧接水平路段纵坡不宜大于3％，困难时不得大于5％。

道路与农村道路相交时，应采用正交，当斜交时交角不小于45°。农村道路在与之相交道路两侧应各有不小于10m的水平路段，接水平路段纵坡不宜大于3％。交叉口范围应有良好的视距，驾驶员在距交叉口不小于20m处，能看到相交道路两侧50m以外的行车。交叉口处必须设置明显的安全行车标志。

三、道路与管线交叉

各种管线（电力线、电讯线、电缆、管道等）与道路相交时，均不得侵入道路限界。不得妨碍道路交通安全，不得损害道路构造物，不得影响道路设施的使用。各种管线设施与公路交叉或接近时，应符合表3-8的规定要求。

城市道路与线杆、照明设施、地下管线接近或交叉布置时，应参照城市道路设计规范与市政设施管理规定执行。

各种管线与公路交叉或接近的基本要求　　　　　　　　　表 3-8

项目	电讯线		电力线					管道		渠道	
	明线线路	埋式电缆	配电线路		送电线路			地上管道	地下管道	地上渠道	地下渠道
			低压(1kV以下)	高压(1~10kV)	35~110kV	154~220kV	330kV				
交叉角	应尽量正交 斜交时≥45° 条件受限制不得已时≮30°		应尽量正交 斜交时≥45° 条件受限制不得已时≮30°					一般采用正交 斜交时一般≥60°; 受限制≥45° 山岭地区特殊困难的个别地段≮30		应尽量正交 斜交时≥45°	
最小垂直距离(m)	距路面≥5.5	一、二级公路：用管道保护。管道距路面基底≥1,受限制时≥0.8 三、四级公路：缆顶距路面基底≥0.8; 受限制时≥0.7; 距边沟底≥0.5	距路面 ≥6	≥7	距路面 ≥7	≥8	≥9	石油管道底距路面：≥5 天然气管道底距路面：≥5.5	管顶距路面基底：≥1 管顶距边沟底：≥0.5	渠道底距路面：≥5	按涵洞要求设计
最小水平距离(m)	距路基边缘：≥5 条件受限制时应设在公路用地范围以外	应尽量设在公路用地范围以外； 条件受限制时距路基边缘≥1.0	应尽量设在公路用地范围以外； 条件受限制时距路基边缘 ≥1.0	≥1.5	杆、塔外缘距路基边缘交叉时：8 平行时：最高杆、塔高当条件受限制时： 5.0	5.0	6.0	油气管道的防护带至公路用地范围边缘间的安全距离： 1.石油管道≥10 2.天然气管道≥20 3.地形受限制地段或四级公路,上述距离可适当减小。地形特别困难的个别地段,当对管道采取安全保护措施后,最小不得小于1m 4.油气管道距大中桥≮100m,距小桥≮50m。天然气管道不得利用桥梁或隧道通过,特殊情况须经双方协商同意,并采取必要的保护措施		一般设在路基范围以外,并不致影响路基稳定	

第四章 路 基

第一节 路基的组成与要求

路基是道路的重要组成部分，为线型建筑的主体。它贯穿道路全线与桥涵、隧道等构筑物相连形成道路整体。其质量优劣影响到整个道路的使用质量。

路基也是路面的基础，它与路面共同承担行车荷载的作用，路基的质量直接关系到路面的使用质量与行车的正常。路基松散，不仅引起面层不均匀沉陷，影响到路面的平整，造成行车颠簸，降低车速，增加油耗和车辆维修费用，而且会导致路面开裂破坏。路基的损坏与坍方，直接造成道路交通中断，因此，合理的路基设计与良好的路基施工质量，对提高道路的使用质量和提供稳固的行车路面是十分重要的。

一、路基的基本组成

（一）路堤

是路基在原地面以上修筑而成，为填方路基的形式。路基整体应是填筑起来的压实土层。其质量的关键是填筑土料的选择与填筑压实，同时应注意原地表的处理、边坡的坡度与防护、排水等问题。

（二）路堑

是路基在原地面以下建成，为挖方路基型式，路基主体是路面以下的天然地层。它的质量关键主要是地质条件与挖方深度。并应重视开挖边坡坡度的稳定与加固、排水等问题。

（三）排水设施

是路基的重要组成部分，其作用是迅速地将地面水和地下水排至路基范围以外，以保证路基稳定性减少水害。排水设施设置应简单有效，方便合理，排水畅通。

（四）防护加固设施

是路基的主要组成结构，其主要作用是防护、加固、支挡路基边坡，是保证路基强度与稳定性的必要设施。防护加固设施对路基防护应可靠有效，结构自身应牢固稳定。

（五）其它附属设施

路基附属设施还包括：护坡道、取土坑、碎落台、弃土堆等，这些设施的设置应有利于路基的稳定和保证行车畅通，以提高整个路基工程的使用质量。

二、路基的要求

为了保证行车安全和道路畅通，路基除断面尺寸应符合设计标准外，还应满足以下基本要求。

1.具有足够的整体稳定性

路基是在原地面填筑或将原地面挖去部分建筑的。路基的修建改变了原地面的自然平衡状态，在不利的地形或地质条件下，路堑边坡可能会坍塌，路堤可能沿较陡地面整体下滑。因此，必须采用一定的工程技术措施来保证路基整体结构的稳定性。

2.具有足够的强度

路基要承受由路面传递下来的行车荷载，还要承受路面和路基的自重，这些荷载会对路基土体产生一定的压应力。路基只有具备了足够的强度，才能抵抗压应力的作用，而不致产生超过允许范围的沉陷变形。

3.具有足够的水、温稳定性

路基在地面水和地下水作用下，路基土体强度会显著降低。在季节性冰冻地区，由于产生周期性的冻融作用，使路基填土松软或翻浆，强度急剧下降。因此，应保证路基在最不利的水与温度影响作用下，强度不显著降低，即要求路基具有足够的水、温稳定性。

三、路基常见病害

1.路堤沉陷

填方路基下沉导致的断面形状与尺寸改变的现象，称为路堤沉陷。这种不均匀沉陷会造成路面损坏影响行车，严重时产生交通中断。沉陷有路堤下陷和地基下沉两种情况，前者主要因填料不当，填筑方法不合理，压实不足等原因引起；后者往往发生在软弱地基上，如在未经处理的泥沼、软土、流砂、耕地、松散堆土等处直接填土引起。

2.边坡坍方

边坡坍方是新建的山区道路常见的路基病害。坍方的表现形式有剥落、碎落、滑坍和崩坍。其中剥落、碎落、崩坍主要发生于路堑边坡路段。

（1）剥落，是边坡表面土层、岩石风化后从坡面上脱落的现象。路堑边坡剥落的碎屑堆积，会堵塞边沟，影响路基稳定和妨碍交通。一般含溶盐量大的土层及松软的岩层容易发生剥落。

（2）碎落，是岩石碎块的剥落现象，其危害程度比剥落严重。产生原因主要是路堑边坡陡，岩层破碎严重，在自然因素与水的浸蚀下，块状碎石沿坡面下落。容易使路基结构遭到破坏，亦威胁行车与行人安全。

（3）崩坍，是大量土石脱离坡面坍落形成石堆或岩堆现象。由于一次崩坍的土石方量大且集中，会造成交通中断，是危害最大的路基病害。其原因主要是不良的工程地质条件与路堑开挖使自然坡面失去平衡所致。

（4）滑坍，是指坡面上大量土石沿着一定滑动面整体下滑现象。滑坍对交通影响和对路基的危害十分严重。路堤的滑坍，是由于自然地面较陡，填方前原地面处理不当，填方不密实，缺少必要的支撑与加固设施，以及边坡过陡造成的。路堑边坡滑坍，是由于岩层倾向路基，并夹有软弱层和透水层，在水的作用下形成滑动面使土石失去平衡所致。

3.水毁

在南方多雨季节，由山洪或急流对路基的浸湿、冲刷、掏空而引起的坍方或毁坏的现象。严重时危及桥涵在内的整个路基工程。水毁一方面是路基的防护加固设施不当，另外是由于不利的气象、水文、地形等条件造成，是路基最常见的病害。

4.冻胀与翻浆

在季节性冰冻地区潮湿路段的冰冻过程中，由于水分来源充足及土壤毛细的作用，**路基土中的水分向路基上层移动，使路基上部大量聚冰且膨胀，造成路面隆起、开裂称为冻胀。**

冻胀路基在春融期间，路基上层融化而下层仍然冻结，水分不能排除，路基强度因含水过多而下降，在行车荷载作用下，路面发生弹簧、裂纹、车辙、冒泥等现象，称为翻浆。

造成冻胀翻浆的条件首先是寒冷的气候，其次必须有水源及毛细作用强的粉土，细砂等细粒土壤。因此，解决冻胀和翻浆的途径是：

（1）消除水源。有效地排除地表水与降低地下水，或隔断地下水。

（2）路基土料。在冻结深度内采用不发生冻胀翻浆的砂砾土壤，替换易产生毛细现象的粉土与细砂。

（3）路基路面综合设计。合理地填高使路基处于干燥状态，设置隔温层，路面结构满足抗冻要求等。

综合上述，路基病害产生的主要原因是：不良的工程地质与水文地质条件；不利的自然气候因素；路基设计不合理；施工不符合规定。其中地质与自然气候条件是影响路基工程质量的根本，水是路基病害的主要原因。因此，应深入现场加强调查，针对当地条件及各种因素，采取正确的设计方案与施工方法，才能减少路基病害确保路基工程质量。

四、路基设计内容

路基设计应使其在行车荷载和各种自然因素的作用下，达到路基的基本要求，即应保证路基有足够强度与稳定性，减少或消除病害，提高道路使用质量，确保运输安全与畅通，并为施工提供依据。路基设计主要有以下内容。

1.根据道路沿线自然情况和路线设计资料进行路基设计，确定路基断面形式尺寸（包括：路基宽、高度、边坡坡度）。并对个别特殊条件路基进行设计验算（参阅《路基》公路设计手册）。

2.根据当地气候、水文、地质水文情况，进行地面和地下排水结构物的布置、设计。

3.根据地质、地形及自然条件要求进行路基防护与加固设施的布置、设计。

4.根据实际情况及需要，进行路基工程其它附属设施布置、设计。

第二节 一般路基设计

一、路基的强度与稳定性

路基的强度与稳定直接关系到路基、路面的使用质量。路基的强度与稳定，取决于路基在各种外界因素和荷载作用下的工作状况。

（一）路基受力与应力工作区

路基受到从路面传来的行车荷载与路基土体自重共同作用，使路基处于受力状态。此时，路基土体中产生的应力随深度分布情况如图4-1。

在车轮荷载的作用下，土基内所产生的应力，称为动荷载应力，它是随深度而减弱，并与深度的平方成反比，即：

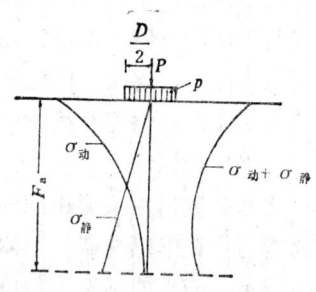

图 4-1 土基在行车荷载及自重的作用下应力沿深度的分布

$$\sigma_d = K \frac{P}{Z^2} \qquad\qquad (4-1)$$

式中 σ_d ——动荷载应力（kPa）；

   P ——车轮荷载重（kg）；

   K ——应力系数，取 $K = 0.5$；

   Z ——荷载传递垂直深度（cm）。

路基土体自重所引起的应力与深度成正比，即：

$$\sigma_g = \gamma Z \qquad\qquad (4-2)$$

式中 σ_g ——土体自重荷载应力（kPa）；

   γ ——路基土体的容重（kg/cm³）。

车辆荷载应力和土基自重应力两者叠加应力曲线如图4-1所示。在路基某深度 Z_a 处，车辆荷载应力已经很小，仅为自重应力的 $\frac{1}{5} \sim \frac{1}{10}$ 时，车辆荷载在此深度 Z_a 以下对路基强度和稳定影响很小可忽略不计。因此将 Z_a 这一路基深度区域视为车辆荷载对路基作用的有效深度范围，也称路基应力工作区。那么注重路基应力工作区内土体工作状态，强调其强度与稳定，对于保证路面的强度与稳定，给路面提供一个坚实而稳定的支撑，是极为重要的。也是提高路面使用质量、减薄路面厚度的经济而有效的手段。因此，路基设计与施工工作之重点应放在应力工作区上。一般情况下，应力工作区深度范围指路槽底（路面以下）80cm的深度。在此深度区域内路堤填土应注意：土料选择、充分压实、降低含水量等方面满足设计要求，使这个区域的土体处于良好的工作状态，以提高抵抗荷载能力，减小路基沉陷变形。

当路堤填筑高度 H 大于 Z_a，如图4-2(a)应力工作区包含在填方路基之内（高路堤）时，应使填方部分满足设计要求与施工质量。

图 4-2 路堤高度与应力作用区深度的关系

(a) $H > Z_a$；(b) $H < Z_a$

当路堤填高 $H < Z_a$ 时（矮路堤），如图4-2(b)，应力工作区已深达原地面，此时车辆荷载不仅作用于路堤，同时作用于天然地面上部土层。因此，应根据天然地面情况，在填筑路堤前，将原地面进行处理，并采取压实、换土等措施，使路基填土和原地表土层均满足工作区设计要求，以防地基与路基沉陷。

（二）路基强度与稳定

1.强度指标

路基强度指标主要由回弹模量值控制。它反映路基土体在垂直荷载作用下抵抗竖向变形的能力。在车辆荷载与土体自重垂直荷载作用下，土体的变形主要与土体的粘聚力和摩阻力有关，而土的粘聚力与摩阻力则受土的组成成分，土颗粒的大小形状，土的密实程度和含水量影响，即土基强度（回弹模量值）取决于路基的土体性质与状态。路基强度与竖向变形和垂直荷载关系可用以下关系式表达：

$$E_0 = \frac{2P\delta(1 - \mu_0^2)}{l_r} \cdot \frac{\pi}{4} \qquad (4\text{-}3)$$

式中　　μ——泊桑比取0.35；

　　　　P——承载板压力，（MPa）；

　　　　2δ——承载板直径（$D = 2\delta = 28\text{cm}$）；

　　　　l_r——相对于P荷载的竖向变形，（cm）；

　　　　E_0——土基回弹模量，MPa；

由式4-3得知：当垂直荷载一定时，土基的回弹模量大，产生的竖向垂直变形就小。当竖向变形一定时，回弹模量大，则土基承受外荷载作用的能力也大。为此，一个强度高，稳定性好，变形小，承载力高的路基对于路面使用效果的优劣是十分重要的。在柔性路面设计中采用回弹模量作为土基的强度指标。即要求路槽底部土基强度必须满足设计要求，若土基回弹模量值达不到要求应采取措施提高路基强度，以避免沉降变形过大导致路面破坏。

回弹模量表示路基强度，也是柔性路面设计的重要指标。土基回弹模量的确定可在最不利季节用承载板法，根据荷载P与回弹变形l_r的关系由式4-3确定。无实测条件下，回弹模量取值应根据公路自然区划，路基土类，路基工作区内土的相对平均含水量（干湿状况），查表5-13确定（见路面设计部分）。

2.路基强度与稳定性的保证

路基的强度与稳定，直接影响路面的设计与使用质量。路基强度低，路面设计为了弥补路基强度的不足，就得增加路面厚度，保持路面的设计强度以适应车辆荷载的作用，从而提高了工程费用；路基强度低，变形就大，稳定性差，路面失去了稳定的支撑而导致开裂和沉陷损坏。所以，任何情

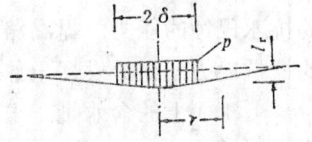

图 4-3　荷载与回弹变形示意图

况下应充分地提高路基的强度与稳定，这对于增强路基、路面的综合承载力以满足使用要求将是十分重要的。路基的强度与稳定受到土的性质、状态、水及气候等自然因素的影响。在路基设计中，应对设计路段各种自然情况进行深入调查、分析，根据实际情况的不同，有针对性地采取有效措施以满足路基使用的基本要求，一般常见措施如下。

1.路基必须有足够的高度。这个高度应保证路基工作区处于中湿或干燥状态，这样路基上部工作区内不受或少受地表积水或地下水的影响。

2.有效地排水。迅速排除地面水，以疏干路基，防止路面雨水下渗，避免路基过湿沉陷或水流冲刷造成水毁；有效地降低地下水，尽可能降低地下水保持工作区内土体干燥。在季节性冰冻地区，应设置隔离层（用不透水材料）或防冻层（导热差、孔隙大的材料）以防地下水毛细作用的水位上升，而造成路基过湿或形成冻胀、翻浆现象。

3.选用好的填筑土料。路基填筑所用土料的强度与稳定性是确保路基良好使用性质的内在因素，应重视填料的选择与合理使用。各类土组路用性质简述如下：

（1）碎（砾）石质土。其颗粒较粗、摩擦力大，因而强度与稳定性均能满足要求，填筑时应注意控制密实度，以防止由于孔隙大而形成路基积水，产生不均匀沉降或表面松散病害。对于风化或浸水软化岩石不宜采用。

（2）砂土。透水性好，摩擦系数大，强度与水稳性好。但筑路易松散，压实困难，需用振动法或灌水法破坏摩擦力后才能充分压实。砂土路基压缩变形小，砂土中适当掺入

粘土，可避免松散，提高路基稳定性。

（3）砂性土。有一定粗粒与细粒组成的较好级配的土类。它具有一定粘结性又不松散。在车辆荷载作用下容易被压实，形成具有足够强度和水稳定性的坚实路基。

（4）粉性土。含有较多的粉土颗粒，干燥时稍有粘性、飞尘大，浸水后稳定性差，易成稀泥。粉土毛细作用高度可达1.5m。季节冰冻地区的春融期间极易形成翻浆。南方多雨地区路基极易水冲坍方而毁。粉性土为最差路基用土，当路基必须采用粉土时，应掺其它材料，改善土性。并加强排水和设置隔离层措施。

（5）粘性土。粘结力大，透水性差，吸水力强，毛细现象显著，干燥坚硬，不易透水，浸湿后水不易挥发，强度显著降低。对粘性土应充分压实和采取有效的排水措施，可获得稳定性良好的路基。施工时应防止粘土过湿现象，以防产生弹簧土、橡皮土。

（6）重粘土。其性质与粘土相似，它不透水，粘结力特强，干燥时很坚硬，难于施工，浸湿后膨胀强烈，可塑性大。重粘土为筑路不良土料，不宜用于填筑路基。

总之，砂性土是修筑路基最好的土料，其次为碎（砾）石土和砂土，粘土次之，粉土为不良材料，容易引起路基路面病害，对于重粘土、淤泥、泥炭、冻土、土中可溶性盐含量及腐殖质含量超过允许规定的土，不宜作为筑路用土。对强度低或过湿土体可掺用石灰或水泥加以改善。

4.充分压实。通过充分的压实提高路基土体的密实度，减小孔隙率，使路基具有一定的抗水侵蚀的能力，提高路基强度、承载力和水稳性，以增强路基对外部荷载与自然因素的抵抗能力，充分发挥土体强度功能。为了提高压实效果应注意作好以下几个工作。

（1）土的含水量。土体压实质量首先与土体中的水分含量有关：水分过少，土粒间的摩阻力大，在外荷载作用下压实效果不佳；但含水量大，水充满土粒孔隙，无法压实。因此，土在配以适当含水量压实时，水分起到润滑作用，减小了摩阻力，压实效果最好，即最佳含水量时能得到最大的压实效果。

（2）铺土厚度。不同的压实机械有不同的有效压实厚度，若一次铺土过厚，下层土体不能达到规定的压实度，所以整个土层的平均压实效果并不能满足要求；若每层铺土过薄，必然增加总体压实层数，未充分利用有效压实厚度，从而增加了总的压实次数，造成浪费。因此，每层铺土厚度应与压实机械的有效压实厚度相吻合，即能达到压实要求又符合经济原则。

（3）压实功。压实功指在压实土体过程中机械所作功。它包括辗压遍数和机械重量两方面。土体压实遍数过少，密实度不足；但碾压达到一定遍数后，土体密实度提高甚微，压实效果变差，而且不经济。因此，压实施工应用较少的碾压遍数达到符合规定的压实度即可。对于一种土体当密实度愈大，抵抗外荷载能力就愈大，在压实过程中采用一种重量的压实机械，将土体压实到一定的压实度，继续碾压时土体的密实度很难提高，当换用重型压路机时，可以获得更高的压实度。但机械重量过大，超过土体抗剪强度，土体就会破坏。因此，在保证土体不发生剪切破坏的前提下，采用较大重量的压实机械可获得较高的压实度。

总之，提高压实质量应根据不同的土体和压实度的规定，控制好含水量、铺土厚度、压实功几个方面，同时应注重按先慢后快、碾压均匀、轮迹重叠做好压实组织工作，并选用振动效果好、压力传布深的振动式压路机或夯实机械，将会得到满意的压实效果。

5.原地表处理。对原地表处理是使路基填筑部分与原地面结合紧密，防止路堤滑坍或由于地表沉降而产生路堤沉陷病害。

路堤位于耕地或松土层，应将原地面夯实达到要求再填筑路堤；若松土厚，应先挖到实土层后分层填筑夯实；对水田、水塘等应先排水、去淤、将基底加固后再填筑路堤；对软土地基必须采用可靠的措施加固地基后方可填筑路堤。

路堤位于稳定密实地表时，当地表横坡缓于1:10时，地表可不处理，但路堤填高小于0.5m时，必须清除地表杂草、垃圾后方可填筑路堤；地面横坡在1:10～1:5时，应清除地表杂草、垃圾，并拉毛后再填筑路堤；当地面横坡陡于1:5时，应将原地坡面挖成宽度不小于1.0m的台阶后方可填筑路基；当横坡陡于1:2.5时，应考虑设置支挡防护设施。

6.合理的选择路基断面形式。根据路基地质、土质正确地确定路堤与路堑边坡，以减少路基病害，确保路基整体稳定性。对于水稳性差或易遭水流冲刷损害的路基边坡应采取可靠的防护与加固设施加以保护。

二、一般路基设计

一般路基是一般地区低于规范规定高度的路基。它可以结合当地地形、地质情况，直接应用长期生产实践和科学研究总结的设计规定，进行路基断面形式选择，正确确定边坡坡度，根据实际需要，设置防护、加固、排水构物。对于特殊地形、地质或高度超过规范规定的路基，必须个别设计并进行稳定性验算（设计验算方法参见《路基》公路设计手册）。

（一）路基宽度

路基宽度由行车道、人行道、路肩、分隔带等断面基本要素构成。其宽度组成尺寸的确定，第二章路线断面设计中已作论述。

（二）路基高度

路基设计标高通常以路基边缘标高为准，改建公路与城市道路以路面中心标高为设计标高。路基高度一般指填挖深度，它是路基设计标高与中线原地面标高之差。路基高度是通过纵坡设计确定的。为了保证路基的强度与稳定性，在纵断设计前提出对路基高度控制要求。

为了减少或避免地表长期积水和地下水对路基强度和稳定性的影响，路基应有一定高度，这个高度应使路基上部应力工作区范围土层（路槽底面以下80cm深度）处于某种干湿状态的最小高度，这个最小高度称为某种干湿状态的临界高度。如图5-3，当路基高度 $H = H_2$ 时，路基为中湿状态临界高；若 $H < H_2$，路基处于潮湿状态；若 $H_2 < H < H_1$ 路基处于中湿状态。临界高度可根据常期地表积水，或地下水位，按地区划分与土类查表5-5确定。也可实测路槽以下80cm内平均含水量 $\overline{W}_x$，按自然区划和土类查表5-4和5-3判定路基干湿类型（详见第五章路面设计有关内容）。

路基高度，在条件许可情况下，应尽量满足路基临界高度的规定。规定要求路基高度应使路基处于干燥或中湿状态，其中的中湿状态的临界高度 H_2 作为路基最小填土高度的控制指标，此时路槽底80cm深度的平均含水量应满足 $W_{xi} < W_2$ 条件。路基最小高度满足中湿状态临界高度要求，可减少地下水或地表长期积水对路基强度和稳定性的影响，是保证路基、路面使用质量的有效措施。

当路基高度受到限制，不能满足要求而处于潮湿状态时，则应采用相应排水、换土、设置隔离层等处理措施，避免水对路基危害。一般路基高度不得处于过湿状态。

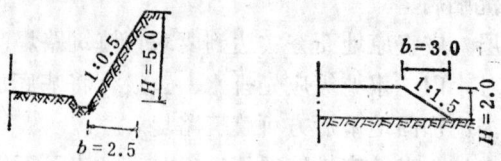

图 4-4　边坡坡度示意(单位：m)

（三）路基边坡

路基边坡坡度用边坡高度 H 与放坡宽度的比值表示，即 $i = H:b$。如图4-4，路堑边坡

坡度 $i = \dfrac{H}{b} = \dfrac{5}{2.5} = \dfrac{1}{0.5} = 1:0.5$；路堤边坡坡度 $i = H:b = 2:3 = 1:1.5$。以 $i = 1:m$ 表

示，m 称之为坡度系数，m 愈大坡度愈平缓，边坡就愈稳定。

路基边坡坡度对路基整体稳定起着重要作用，路基设计主要内容之一，就是正确确定路基边坡的形式及坡度。边坡坡度的大小，关系着边坡稳定和工程投资。边坡陡，稳定性差，容易形成坍方病害。边坡缓，稳定性好，但土石方工程量增大而造价增加，受雨水冲刷侵蚀面积大，反而不利。因此，确定路基边坡，应考虑到土质、岩性、水文地质条件等自然因素及路基高度对边坡稳定性的影响，使设计的边坡稳定合理。

1.路堤边坡

路堤边坡有土质和石质两种情况：

路 堤 边 坡 坡 度 表　　　　　　　　表 4-1

填 料 种 类	边坡的最大高度(m)			边　坡　坡　度		
	全部高度	上部高度	下部高度	全部坡度	上部坡度	下部坡度
粘性土、粉性土、砂性土	20	8	12	—	1:1.5	1:1.75
砾石土、粗砂、中砂	12	—	—	1:1.5	—	—
碎(块)石土、卵石土	20	12	8	—	1:1.5	1:1.75
不易风化的石块	20	8	12	—	1:1.3	1:1.5

注：粉土边坡可根据具体情况适当放缓

（1）土质路堤边坡。路堤基底情况良好时，一般土质路堤边坡均采用1:1.5。当路堤填土较高时按表4-1的规定，底部边坡改用1:1.75。路堤高度超过表中最大高度时，应根据地质、土质另行设计边坡。

浸水路堤，水淹部分的路堤边坡应采用1:2的坡度，并应根据水流情况采取有效的边坡加固及防护措施。

（2）石质路堤边坡。填石路堤是利用挖方路基的石料。填石路堤石料应选用坚硬、不易风化的石块。其边坡坡度按表4-1选用。当采用石块粒径大于25cm，边坡表面用较大石块码砌整齐时，边坡坡度可采用1:1。当采用石料易风化，填筑路堤边坡应按土质路堤边坡设计。若路堤边坡高度超过20m时，则必须通过稳定性验算来确定边坡坡度。

2.路堑边坡

路堑边坡有土质、石质土和岩石三类情况。

（1）土质路堑边坡。土质路堑边坡坡度应根据边坡高度、土的密实程度及土的含水量情况来确定。

一般情况下，土质（包括粗粒土）挖方边坡坡度按表4-2和表4-3分析选用。均质粘性土挖方边坡应按表4-2中，较松情况选用坡度不宜陡于1:1。均质砂类土路堑边坡坡度可参考表4-4确定。一般土质挖方边坡高度不得超过30m。

土 质 挖 方 边 坡 坡 度 表   表 4-2

密 实 程 度	边 坡 高 度 （m）	
	<20	20~30
胶　　结	1:0.3~1:0.5	1:0.5~1:0.75
密　　实	1:0.5~1:0.75	1:0.75~1:1.0
中　　密	1:0.75~1:1.0	1:1.0~1:1.5
较　　松	1:1.0~1:1.5	1:1.5~1:1.75

注：1.边坡较矮或土质比较干燥的路段，可采用较陡的边坡坡度；边坡较高或土质比较潮湿的路段，可采用较缓的边坡坡度。

2.开挖后，密实程度很容易变松的砂土及砂砾等路段，应采用较缓的边坡坡度。

3.土的密实程度的划分见表4-3。

土 的 密 实 程 度 划 分 表   表 4-3

分　　级	试 坑 开 挖 情 况
较　　松	铁锹很容易铲入土中，试坑坑壁很容易坍塌
中　　密	天然坡面不易陡立，试坑坑壁有掉块现象，部分需用镐开挖
密　　实	试坑坑壁稳定，开挖困难，土块用手使力才能破碎，从坑壁取出大颗粒处能保持凹面形状
胶　　结	细粒土密实度很高，粗颗粒之间呈弱胶结。试坑用镐开挖很困难，天然坡面可以陡立

（2）石质土路堑边坡。石质土指土中粒径大于2mm的石粒含量超过50%的土类。石质土路堑边坡坡度可参考表4-5确定。当石质土中土含量多时应按土质边坡规定确定挖方边坡。

（3）岩石路堑边坡。岩石挖方边坡坡度是根据岩性、岩石地质构造、岩石风化破碎程度、边坡高度及水的影响诸方面因素分析确定。一般情况下岩石边坡坡度可参考表4-6和表4-7确定。对于由地质岩石的风化破碎程度可按表4-7进行分级。构造控制的坡度，则应按岩石地质构造面的实际情况设计边坡。

深路堑开挖边坡，当地层土类与岩性分层变化时，应根据实际地质变化情况及边坡坡度的规定，根据不同土类、岩性采用折线型路堑边坡，以保证路堑边坡的稳定，降低土石工程数量。

路基其它附属设施如取土坑、护坡道、碎落台等设计详见《路基》公路设计手册。

均 质 砂 类 土 路 堑 边 坡 参 考 表 表 4-4

土 类			边 坡 高 度 （m）		
			<6	6～12	12～18
砂土及砂性土	粗 砂	密 实	1:0.5～1:0.75	1:0.75～1:1.0	1:1.0～1:1.25
		中等密实	1:0.75～1:1.0	1:1.0～1:1.25	1:1.25～1:1.5
	中 砂	稍密实	1:1.25～1:1.5	1:1.5	1:1.5～1:1.75
	细 砂	密 实	1:0.75～1:1.0	1:1.0～1:1.25	1:1.25～1:1.5
		中等密实	1:1.0～1:1.25	1:1.25～1:1.5	1:1.5
	亚砂土	稍密实	1:1.5	1:1.5	1:1.5

注：①砂土及砂性土按密实程度选用边坡坡度。密实：孔隙比 $e<0.55$；中等密实：$0.55\leqslant e\leqslant 0.70$；稍密实：$e>0.70$。

②必要时进行防护与加固。

碎 石 类 土 路 堑 边 坡 表 表 4-5

土体结合密实程度	边 坡 高 度		
	10m以内	10～20m	20～30m
胶 结	1:0.3	1:0.3～1:0.5	1:0.5
密实、半胶结	1:0.5	1:0.5～1:0.75	1:0.75～1:1
中等密实	1:0.75～1:1	1:1	1:1.25～1:1.5
稍密实	1:1～1:1.5	1:1.5	1:1.5～1:1.75
松 散	1:1.5	1:1.5～1:1.75	

注：①含土量较多时，可按土质边坡设计。

②土层中有地下水时，需采取处理措施，不宜放缓边坡来处理。

岩 石 挖 方 边 坡 坡 度 表 表 4-6

岩 石 种 类	风化破碎程度		边 坡 高 度 （m）	
			<20	20～30
1.各种岩浆岩 2.厚层灰岩或硅、钙质砂砾岩 3.片麻、石英、大理岩	轻 度		1:0.1～1:0.2	1:0.1～1:0.2
	中 等		1:0.1～1:0.3	1:0.2～1:0.4
	严 重		1:0.2～1:0.4	1:0.3～1:0.5
	极 重		1:0.3～1:0.75	1:0.5～1:1.0
1.中薄层砂、砾岩 2.中薄层灰岩 3.较硬的板岩、千枚岩	轻 度		1:0.1～1:0.3	1:0.2～1:0.4
	中 等		1:0.2～1:0.4	1:0.3～1:0.5
	严 重		1:0.3～1:0.5	1:0.5～1:0.75
	极 重		1:0.5～1:1.0	1:0.75～1:1.25
1.薄层砂、页岩 2.千枚岩、云母、绿泥、滑石片岩及炭质页岩	轻 度		1:0.2～1:0.4	1:0.3～1:0.5
	中 等		1:0.3～1:0.5	1:0.5～1:0.75
	严 重		1:0.5～1:1.0	1:0.75～1:1.25
	极 重		1:0.75～1:1.25	1:1.0～1:1.5

分级	外观特征				
	颜色	矿物成分	结构构造	破碎程度	强度
轻度	较新鲜	无变化	无变化	节理不多，基本上是整体，节理基本不张开	基本上不降低，用锤敲很容易回弹
中等	造岩矿物失去光泽，色变暗	基本不变	无显著变化	开裂成20~50cm的大块状，大多数节理张开较小	有减低，用锤敲声音仍较清脆
严重	显著改变	有次生矿物产生	不清晰	开裂成5~20cm的碎石状，有时节理张开较多	有显著降低，用锤敲声音低沉
极重	变化极重	大部成分已改变	只具外形，矿物间已失去结晶联系	节理极多，爆破以后多呈碎石土状，有时细粒部分已具塑性	极低，用锤敲时，不易回弹

第三节 路基排水

造成路基及道路构造物产生病害的主要原因，是来自地面与地下水的浸湿、冲刷作用。路基排水的目的就是保证路基强度与稳定性，并使路基工作区土体始终保持干燥或中湿状态。因此，必须有效地汇集、拦截地面水，并迅速地排至路基范围以外，防止其停积或下渗；同时应有效地拦截、降低地下水，避免其影响路基稳定性。

排水设施设计必须进行充分的调查研究。在查明水流、水源、水量情况的基础上合理正确地选择、规划和设计排水设施。在保证水流排泄畅通的前提下，尽量不占或少占农田，并与农田水力建设相配合。各种排水设施的位置应选择在地形、地质条件好的地区范围布置。排水构造物设计应按因地制宜、就地取材、结构简单、排水迅速有效和工程经济的原则进行。使水流迅速、畅通地排除。路基排水设施通常分为地面排水和地下排水两大类。

一、地面排水设施

路基地面排水设施包括边沟、截水沟、排水沟、急流槽等沟渠排水结构物。

（一）边沟

边沟设置在挖方路基的路肩外侧或路堤坡脚外侧，主要用于汇集和排除路基范围内以及流向路基的小量地面水。

边沟的断面如图4-5有梯形、三角形、矩形、流线形几种。一般情况下边沟常用梯形，石质路基边沟采用矩形；积雪或积沙路段边沟用流线形；对矮路堤并采用机械施工时常用三角形边沟。边沟底宽不得小于0.4m，边沟深度一般为0.4~0.6m（不小于0.4m）。边沟尺寸应根据当地气候与汇水流量考虑确定。

边沟的边坡根据地质情况而定，土质边坡为：1:1~1:1.5；岩石边坡为：直立~1:0.5。土质三角形边沟边坡内侧为1:2~1:4；外侧为1:1~1:2。边沟纵坡一般与路线纵

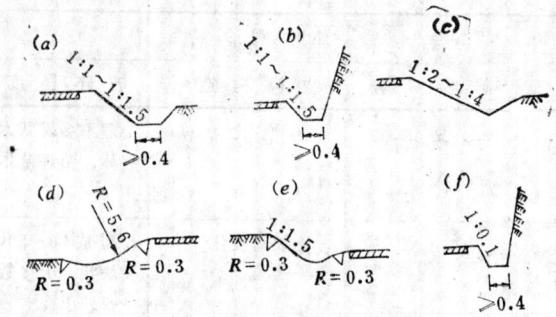

图 4-5 边沟的横断面
(a)梯形；(b)梯形；(c)三角形；(d)流线形；(e)流线形；(f)矩形

坡一致，并不得小于0.5%。当边沟纵坡较大，有冲刷可能时应采取加固措施。为了防止水流漫溢或冲刷，边沟长度不宜超过500m，多雨地区不超过300m，三角形边沟长度不超过200m，并利用有利地形条件将边沟水排入附近低凹处或自然沟槽中。路堑边沟出口常设在与填方路堤交接处，应处理好出水口方向避免水流冲刷路堤。当边沟水流引向桥涵、渠道时，应将边沟出水处设急流槽引水，避免水流冲刷损坏桥涵、渠道构筑物。

（二）截水沟

当路基上侧山坡汇水面积较大时，应在挖方路堑坡顶5m以外设置截水沟，用以拦截、排除山坡流向路基的水流，山坡下填方路段路堤坡脚2m以外也应该设截水沟用以拦截流向路堤水流。截水沟的断面布置图如图4-6。

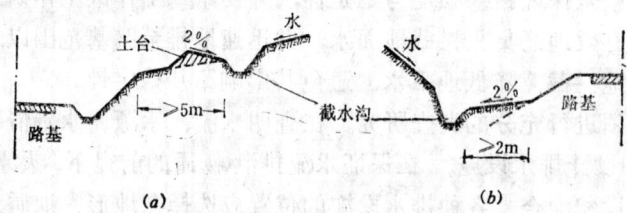

图 4-6 截水沟断面布置图

根据地形与水沟情况，沿山坡设置一道或几道相互平行截水沟，分段拦截地面径流，截水沟布置方向宜同地面水流方向垂直。

截水沟断面常采用梯形，边坡坡度为1:1.0～1:1.5，沟底宽度及沟深均不应小于0.5m，流量大时，沟断面应适当加大。截水沟沟底纵坡一般不应小于0.5%，截水沟长度不应超过500m，并充分利用地形，将拦截水流迅速排入自然河道、沟渠或山脚处。设置在易渗水或较松土层的截水沟需进行加固，以防止水流冲刷和渗水而形成边坡坍方等病害。

（三）排水沟

排水沟的作用是将路基范围内的水排到低凹地或河道中，以防水流危害路基。

排水沟断面采用梯形，边坡坡度据土质不同分别为1:1.0～1:1.5，沟底宽深均不得小于0.5m，断面尺寸应根据流量计算而定。排水沟沟底纵坡不应小于0.5%，特殊情况纵坡不得小于0.2%。

排水沟沿路线布设时，应离路堤坡脚3.0m以上。排水沟线形应力求平顺，尽可能采用直线。排水沟与其它河道相交时，应成锐角相交，交角不大于45°如图4-7。出水口必须朝河道下游方向布置，让水流畅通，避免造成冲刷、淤积。排水沟出口应用圆弧线形顺适连接，半径不得小于10倍的排水沟底宽。

（四）急流槽

当排水沟渠纵坡较大，水流过急，为避免水流冲刷损坏排水设施，常在沟渠通过陡坡地段设置急流槽。急流槽是一种较陡的人工排水设施，断面尺寸形状与连接的排水设施相同。其纵向结构由进水、急流槽、消力池、出水口几部分组成如图4-8。急流槽多采用矩形断面，底宽在全长范围一般不变动。当进水或出水渠道过大时，需设过渡段。

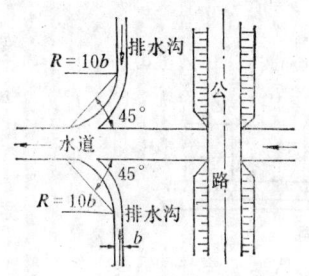

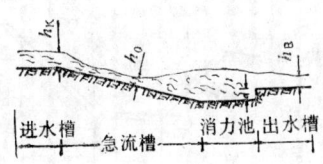

图 4-7 排水沟与水道的衔接
图 4-8 急流槽示意图

h_K—进口临界水深；h_0—急流槽终点水深；d—消力槛高；h_B—下游水深

为了使出口水流流速降低减少冲刷，在出口段设消力池，放缓坡度，增加槽底粗糙度或放宽槽宽度等措施。急流槽用浆砌块石或混凝土筑成。当急流槽较长时，可分段铺筑，每段长为5～10m，每段与基底土层固定牢固，接头处应用防水材料嵌塞严密。在进水口处必须予以加固，防止冲刷损坏。

（五）排水沟渠的加固

为了防止水流对排水沟渠的冲刷和避免沟渠渗漏，应对沟底和沟壁进行必要的加固。

沟渠的加固，应本着就地取材，经济有效的原则进行，常用的加固类型见表4-8，加固断面形式见图4-9。加固类型的选择，应根据沟渠的地质土质情况、使用年限、沟渠的纵坡等综合确定，见表4-9。

沟渠加固类型   表 4-8

型　式	名　　　　　称	铺砌厚度(cm)
简 易 式	平铺草皮 竖铺草皮	单　层 叠　铺
	水泥砂浆抹平层	2～3
	石灰三合土抹平层	3～5
	粘土碎(砾)石加固层	10～15
	石灰三合土碎(砾)石加固层	10～15
干 砌 式	干砌片石	15～25
	干砌片石砂浆勾缝	15～25
	干砌片石砂浆抹平	20～25
浆 砌 式	浆砌片石	20～25
	混凝土预制块	6～10
	砖砌水槽	

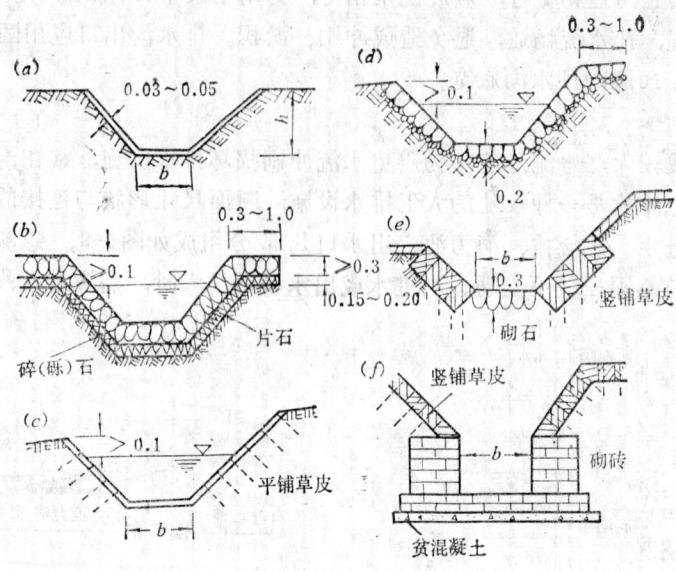

图 4-9　沟渠加固断面图（单位：m）

(a)石灰三合土抹平；(b)干砌片石(碎石垫平)；(c)平铺草皮；(d)浆砌片石(碎石垫平)；(e)竖铺草皮，砌石底；(f)砌砖

加固类型与沟底纵坡关系表　　　　　表 4-9

纵坡（%）	<1	1～3	3～5	5～7	>7
加固类型	不加固	1.土质好，不加固 2.土质不好，简易加固	简易加固或干砌式加固	干砌式或浆砌式加固	浆砌式加固或改用跌水

二、地下排水设施

停留或流动于地层中的水为地下水。为了防止地下水引起路基土体过分潮湿，保证路基的强度与稳定，需要设置拦截、汇集和排除地下水的结构物，称之为地下排水设施。

排除或降低地下水一般以导流为主，常用的简易地下排水设施有明沟、暗沟、渗沟和渗井等。

（一）明沟

明沟适用于排除浅层（1～2m）地下水，明沟应布设在地层稳定地段，能够进行较深开挖。明沟可用以拦截，降低地下水位，又可兼排地面水。施工养护简便，造价低。明沟常采用梯形或矩形断面，边坡应采用干砌片石加固，并设反滤层使地下水顺利进入。明沟底宽不宜小于0.6m，深度应满足降水要求。纵坡应适当增加，保证沟内水流及时排出，使水位处于较低状态（如图4-10所示）。

（二）暗沟

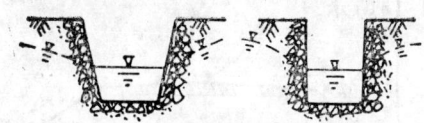

图 4-10　地下排水明沟

　　暗沟是引排地下水流的沟渠，它的作用是隔断或截流流向路基的泉水和地下集中水流，并将水流排入地面排水沟渠，以减少路基病害（见图4-11）。

　　暗沟如图4-12用石块或混凝土块干砌而成，为了防止涵沟淤塞，在其周围用碎石、砂等做成反滤层以过滤泥砂阻止其进入暗沟。反滤层的砂砾直径由下向上，由里向外应逐渐由大到小布置，每层厚度不小于15cm。暗沟净宽一般为0.2～0.3m上加盖板，沟底纵坡不小于1％。出水口应高出地面排水沟渠的高水位0.2m以上，以防倒灌。暗沟布置应朝向地下水流上游方向，沟背面必须设隔水有效的隔水层（如图4-12），以防地下水进入路基。

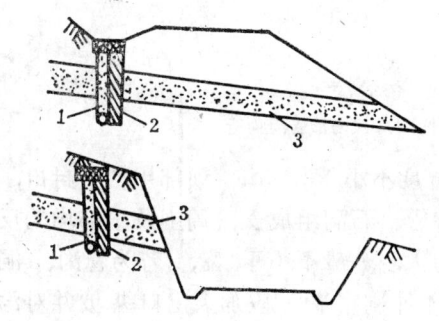

图 4-11　暗沟布置图　　　　　图 4-12　干砌式暗沟构造示意图（尺寸单位：m）

（三）渗沟

　　渗沟主要用于吸收、汇集、排除路基土体的地下水，以达到降低地下水位疏干路基的目的。渗沟的排水构造型式分为：盲沟、管沟、洞沟三种，如图4-13。当地下水量较大时

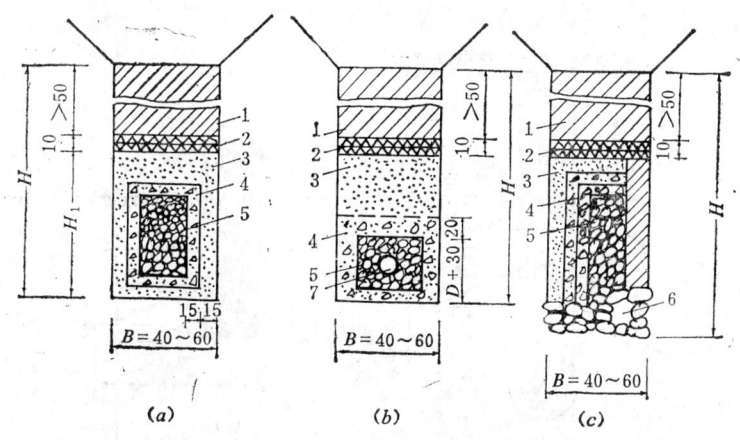

图 4-13　渗沟构造（单位：cm）

1—粘土夯实；2—双层反铺草皮；3—粗砂；4—石屑；5—碎石；6—浆砌片石沟洞；7—混凝土预制管（管壁有渗水孔）

应选用洞沟或管沟，如图4-14所示。

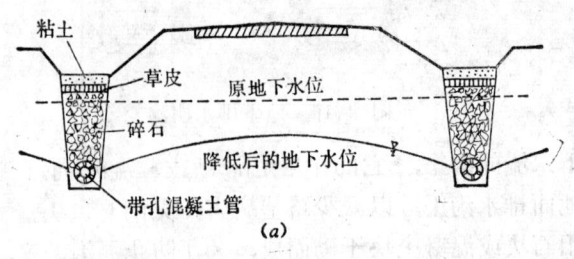

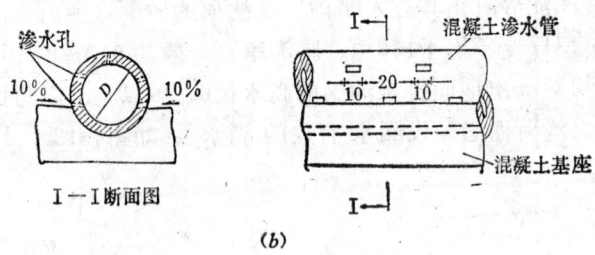

图 4-14 渗管沟

(*a*)采用有渗管沟降低地下水位；(*b*)渗管沟构造

渗沟构造与暗沟相同，断面为矩形，总宽度不小于0.6m，顶部用粘土封口，防止地表水下渗，底部中间为排水通道（由块石或渗管、石洞组成），周围及上部均为反滤层。

渗沟纵坡，当采用盲沟式时，因排水阻力大，一般不小于1%，若为管沟、洞沟时最小纵坡为0.5%，渗沟出口应保证泄水畅通和不冲刷路基，应加大出口纵坡并对沟底进行加固处理。

（四）渗井

渗井用于汇集浅层地下水，并渗入地层深处，以疏干路基。

渗井构造如图4-15，分为上部集水部分和下部排水部分组成。上部集水部分构造与渗沟相同，周围设反滤层，顶面设有封口层。下部用粗粒材料填充，以利排水。

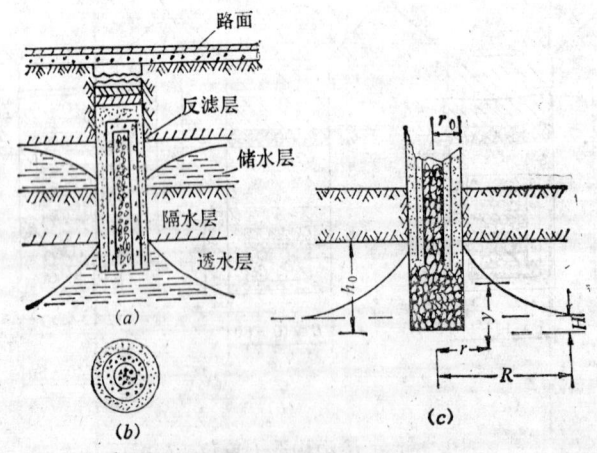

图 4-15 渗井

a)垂直剖面；*b*)横剖面；*c*)渗流曲线图

渗井断面一般为矩形或圆形，尺寸不小于0.6m，填筑砂石材料由外向内，粒径由小到大。顶部用粘土夯实，并加设混凝土盖板。

三、城镇道路排水设施

城镇道路排水，是城镇排水系统的重要组成，其目的是为了避免道路和相邻街坊积存雨水，确保车辆与行人正常通行，并防止雨水下渗对路基产生危害。城市道路排水方式主要有明式、暗式两类，也可两种混合使用。

（一）明式排水

明式排水是由街沟、边沟、排水沟等组成的明沟排水方式。常用于小城镇或大、中城市的近郊道路。

街沟是行车道外侧，路拱边缘带用以排水地带。应设有不小于0.3%的纵坡。城镇道路边沟的断面形式、尺寸与公路边沟基本相同，但城镇道路边沟沟底与沟坡应用块石铺砌加固。城镇道路排水明沟，为了节约用地，断面形状采用矩形，常用明排水方沟和盖板方沟两种。

1.方沟

方沟主要用于排除道路范围内雨水。沟底侧墙可用砖石材料砌成，表面用水泥砂浆勾缝或抹面。沟深及底宽均不小于0.50m，也不应大于1.0m。纵坡不小于0.5%。断面尺寸大小宜根据设计流量确定，沟顶应高出设计水位至少0.2m，方沟断面构造如图4-16。为了保证方沟排水迅速，应根据地形尽早将沟内雨水引入道路两侧河道。

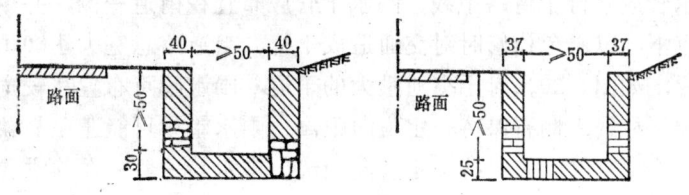

图 4-16 砖石方沟断面图（单位：cm）

2.盖板方沟

在较大的城镇采用明沟排水，一般用方沟加盖板的措施，以增加行人、行车安全，并可以增加行车道与人行道的有效使用宽度。

如图4-17行车道方沟断面布置图，方沟净高一般为40～160cm，净宽为50～80cm，沟壁用砖石材料砌成，内用水泥砂浆抹面，纵坡不小于0.5%。方沟盖板如图4-18，板上

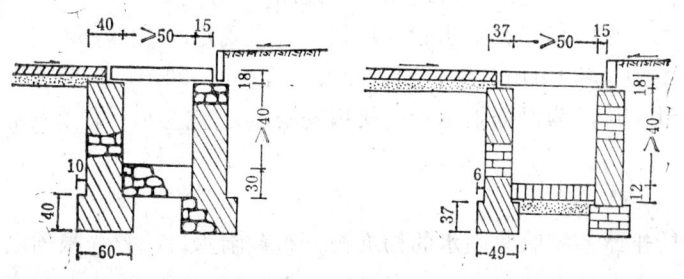

图 4-17 砖石行车道盖板方沟断面（单位：cm）

开有泄水孔，板厚应根据行车荷载确定，行车道盖板一般不小于18cm，位于人行道方沟盖板厚不小于8cm。板内应埋设钢筋网。盖板方沟也常用于不宜埋设雨水管的城镇道路或厂矿、单位内部道路的排水。

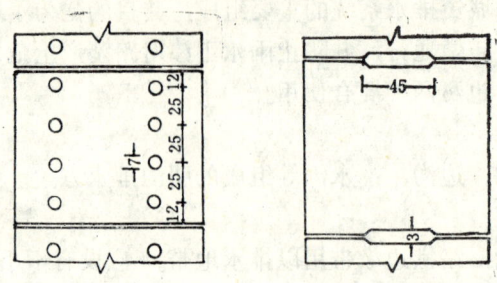

图 4-18　方沟混凝土盖板泄水孔式样

（二）暗式排水

暗式排水是采用雨水管排水。路面雨水汇集街沟后顺街沟纵坡，流入雨水口，再经埋设于路面下的支管流入雨水干管，最后经出口排入河道。暗式排水设施包括：街沟、雨水口、支管、干管、检查井以及出水口等（见图4-19）。

1.雨水管

道路雨水管应平行于道路中线。雨水干管应布置在街道一侧，并尽可能不布置在主干道的机动车道下，以避免检修时对交通造成干扰。当道路总宽大于60m时，可考虑沿道路两侧双线布置，如图4-20。对于交通量大的干道，雨水管可布置在较宽的人行道下面，但必须与绿化带、杆线、侧石保持一定横向距离。雨水管尽可能避免与铁路、河流和其它城市管线交叉，必须交叉时应保持一定竖向距离。排水管一般应在其它管线下面通过（除污水管外）。

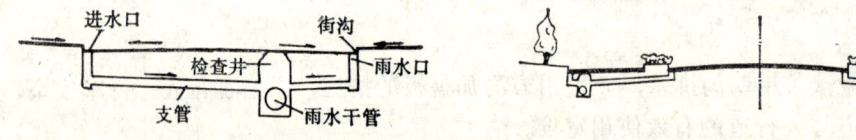

图 4-19　暗式排水系统　　　　　图 4-20　双线雨水管布置示意图

雨水管中雨水是靠重力自流，管道纵坡与道路一致，一般不小于0.3%，管径大于500mm时最小纵坡不小于0.15%。雨水管径应根据流量确定，支管不小于200mm，街坊、厂区内雨水管径不小于300mm，干管管径一般不宜小于500mm。为降低工程造价，地表距管底埋深不超过4m，为保证雨水管的使用安全，行车道下、管顶上部的覆土厚度一般不小于0.7m。

2.雨水口

雨水口是暗管排水系统收集雨水的构筑物。布置雨水口，首先根据纵断设计，将雨水口布设在纵向街沟低凹处（落水点）、交叉口进水路口、道路排水汇合点、凹曲线底部、道路转弯半径切点处、建筑物水落管下及广场、街坊低凹处，应避免设在建筑物门口、停车站、街沟分水（挑水）点及地下管道顶上。根据当地暴雨强度与流量，道路雨水口间距为30～80m。在交叉口或排水集中的低回处，应采用加大进水面积，同时适当缩小雨水口间距，以便迅速排水。

雨水口构造包括进水箅、井身、连接管三部分，图4-21为平式单箅雨水口。

平式雨水口的进水箅盖平铺于道路街沟雨水口井身上，进水箅盖顶应稍低于街沟路面0.5～3cm，进水箅孔隙大，进水效果好。机动车道上多采用铸铁箅盖，人行道可用钢筋混凝土箅盖。在交通繁忙的干道上，有侧石时，可考虑采用侧式雨水口。这种雨水口在道路侧石处设置竖向进水搁栅，用以排水。侧式雨水口进水较慢，布置间距不宜过大。在城市干道上多采用平式与侧式两种雨水口的组合形式，称之为联合式雨水口。

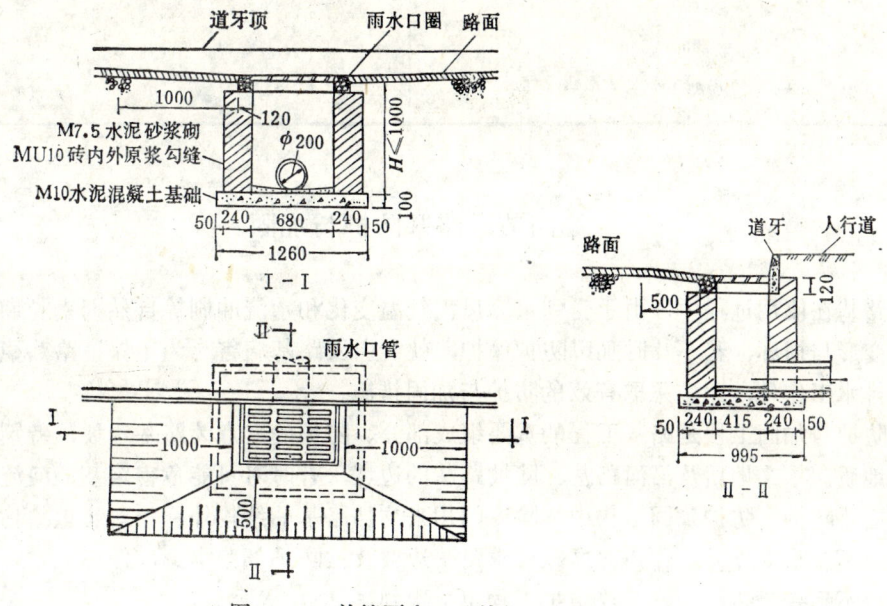

图 4-21 单箅雨水口（单位：mm）

3.检查井

为了便于对管道的检查、疏通，雨水管道系统上必须设检查井。检查井也是连接雨水管路的构造物，如图4-22。

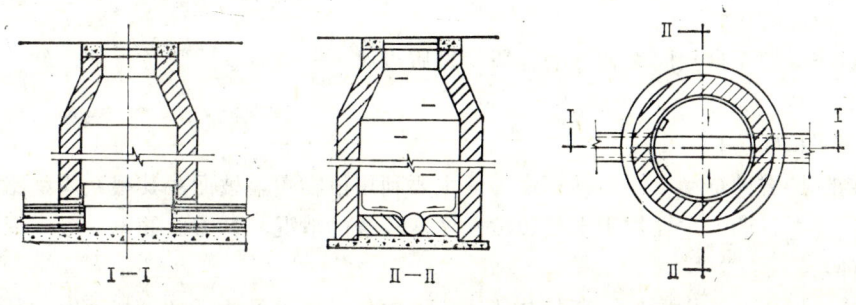

图 4-22 检查井

检查井布置必须使相邻检查井之间的雨水管在一条直线上，以便检查、疏通管道，检查井在直线管的最大间距按表4-10规定采用。一般在管道改变方向处、改变坡度处、改变高程处和管道断面变更处均应设检查井。

城镇道路排水可采用暗式，也可采用明式。明式排水造价低、养护方便，在建筑密集、交通量大的地段会引起生产、生活、交通不便，占用土地较多。暗式排水造价高，维修养护不便，但对于减小用地，道路美观卫生，交通便利方面大有益处。城镇道路排水可根据实际情况综合采用两种方式，达到经济有效的目的。

直 线 管 道 检 查 井 间 距　　　　　　表 4-10

管　　　　径　（mm）	最　　大　　间　　距　（m）
<700	75
700～1500	125
>1500	200

第四节　路基防护与加固

路基在使用过程中，由于受到水、风、气温变化和水流冲刷等自然因素长期作用，会发生变形与损坏，若不及时加以防护保护，就会引发路基病害。为了保证路基稳定，除应做好排水工作外，还应采取有效的防护与加固措施。

防护与加固工程是路基工程的重要组成部分。防护的重点为路基边坡，特别是不良土质、地质、水文地质及沿河路基、陡坡路基的边坡，有时对可能危害路基的河流、山坡也进行必要防护。防护加固结构中，除专门用来支挡路基的结构外，一般防护结构受力很小或完全不能承受外荷载作用。所以要求路基边坡及被防护部分本身应保持稳定。否则路基不但得不到有效防护，甚至连防护工程也会遭到破坏。

路基防护与加固工程，按其作用不同分为坡面防护、冲刷防护和支挡建筑（挡土墙）三大类。常把起隔离作用以防路基坡面冲刷或风化的设施称为防护工程；而把起支挡、支承作用，防止路基边坡或山体滑坍的结构物，称为加固工程。路基常用的防护与加固设施类型见表4-11。

一、坡面防护

常用于保护受自然因素破坏的土质与岩质边坡。一般有植物防护、坡面处治和砌石防护三大类。

（一）植物防护

植物防护有种草、植树、铺草皮等。主要利用植物覆盖坡面，其根系固结路基土体达到保护边坡之目的。主要用于土质边坡、坡度较缓的情况，其方法简单，效果良好。

1.种草

种草土层应有一定厚度。草籽是能适应土壤与当地气候的低矮、根系发达的多年生草种。对长期侵水边坡不宜采用。种草防护如图4-23。

2.铺草皮

112

路基防护与加固类型及使用条件综合表　　　表 4-11

编号	防护与加固类型	使用条件							采用范围		
		水 文 条 件				基　底		一般边坡			
		浸水延长时期	水的容许深度(m)	容许流速(m/s)	流水容许程度	基底土质	基底沉陷	陡度	河床	河岸	路基
1	种　草	短时期	任何的	0.6	不允许	任何适于长草的土质	容许	1:1.5	-	-	+
2	植　树	短时期	5~6	3.0	微小的	任何适于生长植物的土质	容许	—	-	+	+
3	平铺草皮	短时期	任何的	1.2	不允许	任何适于长草的土质	容许	1:1.5	-	-	+
4	竖铺草皮	短时期	任何的	1.8	不允许	任何适于长草的土质	容许	1:1~1:1.5	-	-	+
5	抛　石	任何的	任何的	3.0	中等的	充分密实的	容许	1:1~1:2	+		+
6	砌　石	任何的	任何的	单层2~3 双层3~4 浆砌4~5	微小的或中等的	充分密实的	不允许	1:1.5~1:1.2	+		+
7	石　笼	任何的	任何的	5.0	强　的	充分密实的	容许	1:0.5	+		+
8	整　体 混凝土板	任何的	任何的	5~8	中等的	充分密实的不鼓起的	不容许	1:2			+
9	混凝土块板	任何的	任何的	8.0	中等的	充分密实的	容许	1:3	+		+
10	柴排厚度 50厘米	经常的	任何的	3.0	不容许	任何的土质受冲刷轻的	容许	1:0.5	+	+	+
11	排水堤坝	任何的	2~3	—	—	充分密实的	—	—	+		+
12	挡 土 墙	任何的	任何的	3.5~8.0	强　的	任何的		1:0~1:0.4	-	+	+

注：表中"-"号为不适宜采用的类型，"+"号为适宜采用的类型。

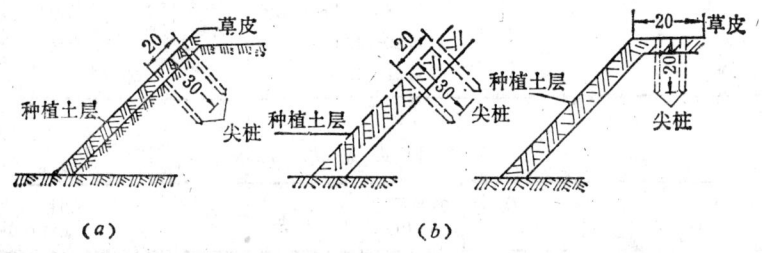

图 4-23　种草防护（图中尺寸单位：厘米）
(a)种植土层厚度等于草皮厚度；(b)种植土层厚度大于草皮厚度

　　铺草皮常用于较高的土质路基边坡防护。铺草皮的形式有平铺和竖铺两种，见图4-24和图4-25。铺草皮防护常用于水流冲刷坡面的保护。当水流速低于1.2m/s及坡面较缓时应采用平铺法。竖铺法用于坡面坡度为1:1~1:1.5，水冲流速小于1.8m/s的情况，为了防止草皮下滑，常用木或竹桩加以固定，竖铺方式见图4-25。草皮铺设适用范围与固定方法要求见表4-12和表4-13。

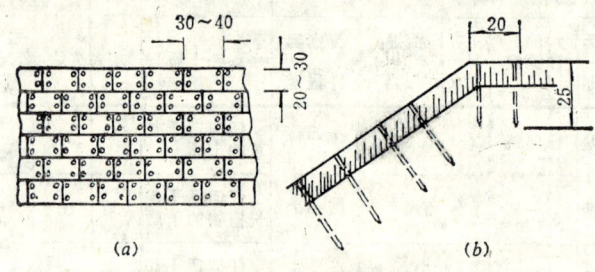

图 4-24　平铺草皮示意图（单位：cm）

(a)平面；(b)剖面

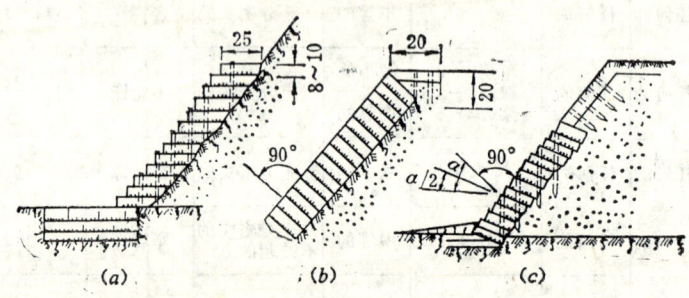

图 4-25　竖铺草皮示意图（单位：cm）

(a)平放叠铺；(b)垂直于坡面；(c)和水平面成α/2角

草皮铺设形式和使用范围表　　　　　　表 4-12

铺　设　形　式	坡　面　防　护	冲　刷　防　护
平　　铺	边坡<1:1.5	流速<1.2m/s
平放叠置	边坡≥1:1	流速1.2～1.8m/s
垂直于坡面	边坡为1:1～1:1.5	流速1.2～1.8m/s
与水平面成α/2角式	边坡<1:1	流速1.2～1.8m/s
方格式	边坡<1:1.5	

草皮和尖桩尺寸表　　　　　　表 4-13

草皮种类	尺　寸 (cm)	厚　度 (cm)	尖桩尺寸 (cm)	钉桩方法	每1000根木尖桩木料数量 (m³)
方块状	20×25 或25×40 或30×50	6～10	2×2×20～30	四角钉桩	每1000根20cm长的木尖桩约需木料0.15m³
带　状	宽25 长200～300	6～10	2×2×20～30	梅花状间距40cm	每1000根30cm长的木尖桩约需木料0.25m³

注：用作冲刷防护时，最好使用新伐的柳木桩。柳木桩直径4～6cm，排成梅花状，间距为50～100cm。

3.植树

在路基坡面或沿河路基河滩上植树，用以加固路基与河岸，减缓水流，达到防水冲刷的目的。植树也可防雪、防砂，保护路基避免雪阻，砂埋。

植树防护的植树应结合当地经验，选用根系发达、成活率高的树种，其宽度与间距可参见表4-14和表4-15。在路基防护范围种树可采用连续或带状防护，见图4-26和4-27。

植树的宽度 表 4-14

波浪高度(m)	0.25	0.50	0.75	1.0
植树防护宽度(m)	5	15	26	40

植 树 间 距 表 4-15

种 植 方 法	树 的 种 类	行 距 (m)	株 距 (m)
单株种植	柳 树 类	1.0	0.8
	杨 树 类	0.8	0.5
	灌 木 类	0.8	0.4
一窝一窝地种植	乔 木 类	1.0	1.0
	灌 木 类	0.8	0.5

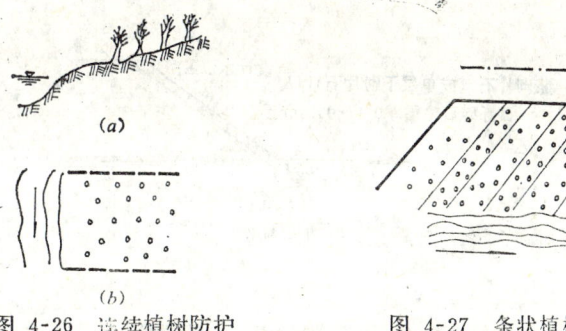

(a)

(b)

图 4-26 连续植树防护   图 4-27 条状植树防护

（二）坡面处治

对于无法采用植物防护的石质类路基边坡，可选用各种坡面处治方法。如抹面、喷浆、灌浆、嵌补或锚固等处治措施。

喷浆防护 适用于易风化和表面不平的岩石边坡，喷浆厚一般2cm，采用水泥砂浆喷浆前，坡面应粗糙处理，清理干净并洒水湿润后分层进行喷浆施工，尔后注意洒水养护。

抹面防护 适用于风化剥落的岩石路堑边坡。抹面前基面应粗糙、洁净、湿润，抹面厚2~3cm，厚度应均匀，并拍实抹平，表面罩厚1cm的混合砂浆保护。抹面底层配料如表4-16。

灌浆防护 适用于坚硬岩石有较大裂纹的路堑坡面，借助于灌入的水泥砂浆使坡面形成稳定的防水整体。

嵌补防护 用以嵌补岩面上较大的凹坑，以防坑槽积水造成岩石坡面破损、碎落。常用水泥砂浆浆砌片石嵌补。

材料名称	石灰、炉渣混合灰浆 两层共厚20～30mm			石灰、炉渣三合 土 厚 50mm		四合土厚80～100mm	
	体 积 比		每m²用料	重量比	每m²用料	重量比	每m²用料
	表 层	底 层					
石 灰	1	1	6kg	1	6kg	1	12kg
炉 渣	2～2.5	1.5～3	0.03m³	5	0.05m³	9	18kg
粘 土	—	—	—	1	7kg	3	36kg
河 砂	—	—	—	—	—	—	72kg
纸 筋	—	—	0.5kg	—	—	—	—
卤 水	—	—	0.14kg	—	—	—	—

　　锚固防护　适用于岩石边坡的层理与构造裂隙倾向路基，并有可能沿裂隙下滑的情况。在垂直于岩石坡面上钻洞后，将钢筋插入至稳定的岩石构造层，并在洞内灌入水泥砂浆或混凝土，使钢筋串联各岩层形成整体坡面的防护方法。

　　（三）砌石防护

　　1.砌石护坡

　　砌石护坡可防止边坡不受雨水和地表水的冲刷，以保边坡稳定。砌石护坡有干砌和浆砌两种，干砌不适用浸水路基边坡防护。砌石护坡有单层或双层，如图4-28，单层砌石厚度为0.25～0.4m。

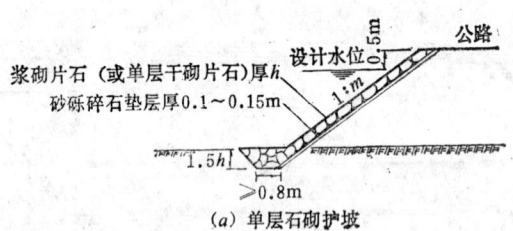

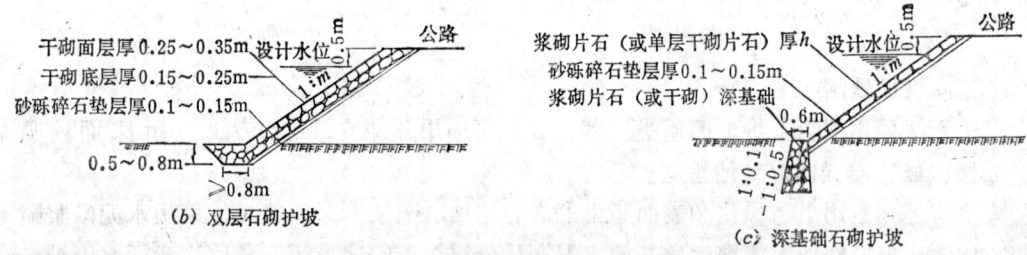

图 4-28　石砌护坡图

注：m值应缓于或等于1:1.5，h值干砌为0.25～0.35m，浆砌为0.25～0.6m

　　干砌片石应相互挤紧、错缝搭接，最好表面用水泥砂浆勾缝，以防雨水侵入。

　　浆砌片石应采用座浆砌筑。在冻胀变形较大的土质边坡上，必须加设0.1～0.15m的砂砾垫层。砌石护坡基础埋深一般为护坡厚度的1.5倍。当护坡沿河受水冲刷时，基础埋深应在冲刷线以下0.5～1.0m。基础砌筑应牢固稳定，以保证质量。石料缺乏时，可采用混凝土预制块防护边坡。

2.护面墙

护面墙常用于严重风化破碎，易产生碎落坍方的路堑边坡防护。护面墙身是贴砌在坡面上。仅能承受自重，不能承受外力作用。故确保墙身稳定与被防护坡面的稳定十分重要，同时要求墙底地基有足够的承载力。护面墙布置见图4-29，其尺寸及构造见表4-17。

护面墙一般为单层浆砌片石，当墙高大于10m时，为确保墙体稳定性，每隔6～10m分一阶，中间设宽度不小于1.0m的平台，沿墙背每隔4～6m应设宽度不小于0.5m的错台。护面墙顶要防水侵入，用原土夯实或砂浆抹合。护面墙基础应设在稳定地基上，地基承载力不足必须进行加固。

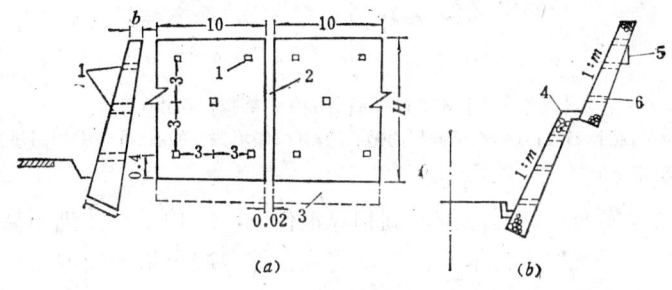

图 4-29 护墙（图中尺寸单位：m）
(a)护面墙的伸缩缝与泄水孔；(b)护墙平台与措台
1—泄水孔；2—伸缩缝；3—基础；4—平台；5—措台；6—泄水孔

护 墙 尺 寸 表　　　　　　　　　　　　　　　　表 4-17

护 墙 高 度 H (m)	路 堑 边 坡	护 墙 厚 度 (m)	
		顶 宽 (b)	底 宽 (d)
$H \leqslant 2$	1:0.5	0.40	0.40
$H \leqslant 6$	1:0.5	0.40	$0.40 + H/10$
$6 < H \leqslant 10$	1:0.5～1:0.75	0.40	$0.40 + H/20$
$10 < H < 15$	1:0.75～1:1	0.60	$0.40 + H/20$

二、冲刷防护

沿河路基防止水流冲刷的措施有两种，一类是加固岸坡的直接防护；另一类是改变河道水流性质的间接防护。

直接防护，除坡面防护外，还有抛石、石笼、浸水挡墙等防护方法；间接防护包括各种导流和调治构造物，如丁坝、顺坝、格坝和拦河坝等，详见《路基》公路设计手册。

（一）抛石防护

抛石防护主要用于水下路基边坡和坡脚，以免被水流冲刷、掏空、浸润破坏。抛石防护在坡脚处设置护脚，也称石垛，其形式如图4-30所示。抛石边坡通常不得陡于石料浸水堆积的天然休止角。一般为1:1.5～1:2.5，当水流流速大时应采用较大石块，抛石坡度放缓为1:2～1:3。抛石厚度一般为石料粒径的3～4倍。石垛中设反滤层作用是防止退水时，路基坡面土体被水带走，使路基迅速干燥。在缺乏石料地区也可用混凝土块代替。

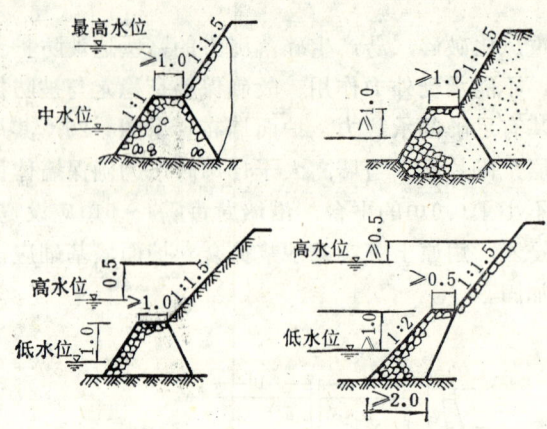

图 4-30　抛石防护（单位：cm）

(a)普通抛石垛；(b)有反滤层的抛石垛；(c)新填路基抛石垛；(d)旧路堤抛石垛

（二）石笼防护

沿河路堤坡脚或河岸，受急流冲刷和风浪侵袭，防护工程基础不易处理，又无大石块抛填时，可用较小石块塞于竹木笼、铁丝笼或钢筋混凝土框架笼内用于路堤或河岸冲刷防护。布设时可采用平铺或叠码在需防护坡面上，如图4-31所示。石笼外形可做成便于码砌的几何形。笼内所填石料，应选容重大，坚硬无风化，尺寸不小于石笼网孔的石块。石笼尺寸及装料粒径见表4-18。石笼外形见图4-32。

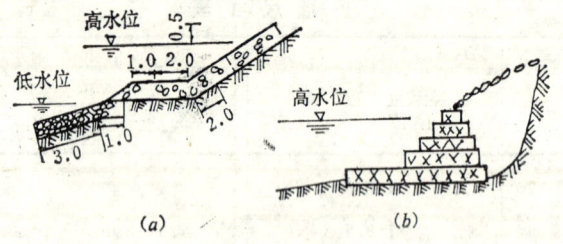

(a)　　　　　　　　(b)

图 4-31　石笼防护坡岸（图中尺寸单位：m）

a)平铺；b)叠码

石 笼 尺 寸 与 装 石 数 值 表　　　　　　　　表 4-18

石　　　　　笼		适用石笼的种类	表 面 积（m²）	容 量（m³）	装石粒径（cm）
形　式	尺　寸(m)				
箱　　形	3×1×1	铁丝笼及木笼	14.0	3.0	5～20
箱　　形	3×2×1	铁丝笼及木笼	22.0	6.0	5～20
扁长形	4×2×0.5	铁丝笼	22.0	4.0	5～20
扁长形	2×1×0.25	铁丝笼	5.5	0.5	5～20
扁长形	3×2×0.5	铁丝笼	17.0	3.0	5～20
扁长形	4×3×0.5	铁丝笼	31.0	6.0	5～20
扁长形	3×1×0.5	铁丝笼	10.0	1.5	5～20
圆柱形	φ0.5×1.5	铁丝笼及竹笼	2.4	0.3	5～15
圆柱形	φ0.6×2.0	铁丝笼及竹笼	3.8	0.57	5～15
圆柱形	φ0.7×2.0	铁丝笼及竹笼	4.4	0.77	5～15

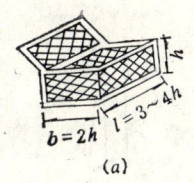 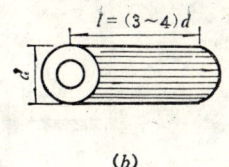

(a) (b)

图 4-32　石笼外形（$h = 0.25 \sim 1.5$m）

(a)箱形；(b)圆柱形（$d = 0.5 \sim 0.7$m）

石笼铺设基面要求处理平整，底层石笼宜用铁杆固定在基础上，使其不能随水移动。

冲刷防护是沿河路基的重要设施。防护类型的选择主要取决于水流性质，其中包括水流大小、水位高低及水的作用力强弱等，另外还应考虑防护位置的地形、地质等条件。一般常选用施工方便、构造简单、防护有效、经济、耐久的直接防护措施。选择时应根据具体情况按表4-19参考确定。

沿河路基防护主要类型表　　　　　　　　　　表 4-19

防护类型	结　构　型　式	容许流速 （m/s）	适　　用　　条　　件
植物防护	种草，铺草皮，植树	1.2~1.8	水流方向与路线接近平行，不受各种洪水主流冲刷的季节性浸水的路堤边坡，可种草或铺草皮，河岸漫滩附近可植树
干砌片石护坡	单层厚： 0.25~0.35m 双层厚： 上层为0.25~0.35m 下层为0.15~0.25m	2~4	水流方向较平顺的河岸滩地边缘，不受主流冲刷的路堤边坡
浆砌片石护坡	厚 0.25~0.4m 0.3~0.6m	4~6 8	受主流冲刷及波浪作用强烈的路堤边坡
石　笼	竹木石笼，镀锌、铁丝石笼，钢筋混凝土框架石笼	5~6	用于受洪水冲刷地段及缺少石料地区。无大滚石时，宜用竹木石笼或镀锌铁丝石笼；有大滚石时，宜采用钢筋混凝土框架石笼
挡土墙	石料或混凝土	5~8	峡谷急流、冲刷严重地段
抛　石	石块尺寸一般不小于0.3~0.5m，抛石厚度不小于石块尺寸的两倍	3	水流方向较平顺，无严重局部冲刷地段的被水浸的路堤边坡及河岸

三、挡土墙

挡土墙是设置于天然地面或人工坡面上，用以抵抗侧向土压力，防止墙后土体坍塌的支挡建筑物。在道路工程中，它可以稳定路堤和路堑边坡，减少土方和占地面积，防止水流冲刷及避免山体滑坡、路基坍方等病害发生。

挡土墙各组成部分如图4-33（a）所示。墙后受土压力作用一侧为墙背，前面外露一侧为墙面，墙面与墙底交界线为墙趾，墙背与墙底交线为墙踵。

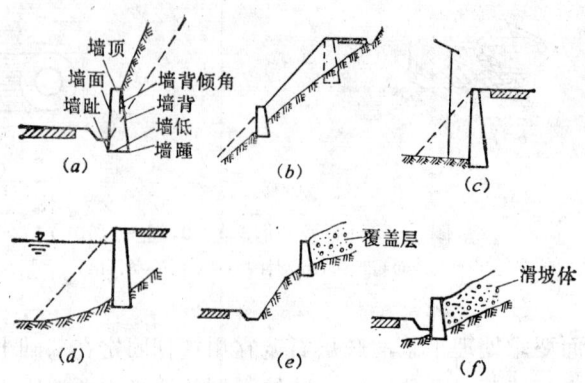

图 4-33 设置挡土墙的位置

(a) 路堑墙；**(b)** 路堤墙（虚线为路肩墙）；**(c)** 路肩墙；**(d)** 驳岸（路肩墙）；**(e)** 山坡挡土墙；**(f)** 抗滑挡土墙
（图中虚线表示不设挡土墙时的路基边坡）

挡土墙按其所在位置可分为：路堑墙、路堤墙、路肩墙、山坡墙；按其结构形式有：重力式、衡重式、半重力式、锚杆式、垛式、扶壁式等；按砌筑墙身材料分为：石砌、砖砌、混凝土、钢筋混凝土、加筋挡土墙等。挡土墙造价较高，应根据经济实用，结构牢固，就地取材的原则选用。目前道路上常用石砌重力式、衡重式及混凝土半重力式挡土墙。各类挡土墙的主要特点及适用范围见表4-20所列，可按土质、地质、地形、材料情况参考选择使用。

（一）挡土墙构造

常用石砌挡土墙，一般由墙身、基础、排水设施、沉降缝等构成。

1.墙身

（1）墙身断面形式及特点。根据墙背的倾斜方向，墙身断面形式可分为：仰斜、垂直、俯斜、折线、衡重等几种形式，如图4-34。

计算表明：在其它条件相同时，仰斜挡土墙墙背所受土压力比俯斜要小。故墙身断面经济，用于路堑墙时，墙背方向与开挖面一致。仰斜式开挖回填量均比俯斜式小。当地面横坡陡时，仰斜挡墙基础外移，如图4-35所示，墙高增加、断面加大、不经济。若采用俯斜挡墙，不但断面小而经济，而且其抗滑移、抗倾覆稳定性均比仰斜好。

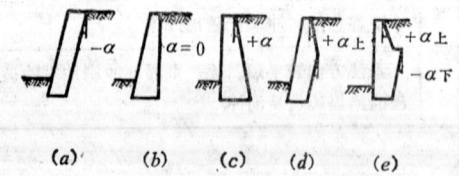

图 4-34 石砌挡土墙的断面形式
(a) 仰斜；**(b)** 垂直；**(c)** 俯斜；**(d)** 凸形
折线式；**(e)** 衡重式

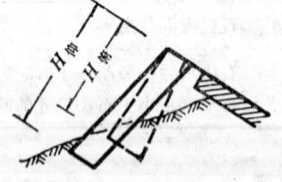

图 4-35 仰斜式挡土墙基础外移情况

若将仰斜挡土墙上部墙背改为俯斜，即折线式，断面尺寸减少；若在折线式的上下墙背间加设一平台，即衡重式，在其它条件相同时，其断面尺寸比俯斜小，比仰斜大。它可利用平台上的垂直土压力，使墙体重心后移，提高稳定性，但基底应力较大，故对地基承

顺序	类 型	特　　　点	结 构 示 意 图	适 用 范 围
1	石砌重力式	1.依靠墙身自重抵抗土压力的作用 2.型式简单，取材容易，施工简易	墙顶 墙面　墙背 基底	1.产砂石地区 2.墙高在6.0m以下，地基良好，非地震区和沿河受水冲刷时，可采用干砌 3.其他情况，宜用浆石砌
2	石砌衡重式	1.利用衡重台上部填土的下压作用和全墙重心的后移，增加墙身稳定，节约断面尺寸 2.墙面陡直，下墙墙背仰斜，可降低墙高，减少基础开挖	上墙　衡重台 下墙	1.山区、地面横坡陡峻的路肩墙 2.也可用于路堑墙，兼有拦挡坠石作用 3.亦可用于路堤墙
3	混凝土半重力式	1.在墙背加入少量钢筋，以减薄墙身，节省圬工 2.墙趾较宽，以保证基底宽度，必要时在墙趾处设少量钢筋	钢筋	1.缺乏石料地区 2.一般适用于低墙
4	锚杆式	1.由立柱、挡板和锚杆三部分组成，靠锚杆锚固在山体内拉住立柱 2.断面尺寸小 3.立柱、挡板可预制	立柱　挡板 锚杆	1.高挡墙 2.备有钻岩机、压浆机等设备 3.较宜用于路堑墙，亦可用于路肩墙
5	垛 式	利用钢筋混凝土预制杆件，纵横交错锚装配成框架，内填土石，以抵抗土的推力	混凝土构件 基座	缺乏石料地区
6	钢筋混凝土悬臂式	1.由立壁、墙趾板和墙踵板三个悬臂梁组成，断面尺寸较小 2.墙高时，立壁下部的弯矩大，消耗钢筋多，不经济	立壁 墙趾板　墙踵板	1.缺乏石料地区 2.普通高度的路肩墙 3.地基情况可以差些
7	钢筋混凝土扶壁式	沿悬壁式墙的墙长，隔一距离加一道扶壁，使立壁与墙踵板连接起来，更好受力	扶壁	在高挡墙时较悬臂式经济。其余同上

载力要求偏高，在地面横坡陡时，衡重挡墙高度比仰斜小，断面面积较俯斜小。

（2）墙身断面。墙背坡度：俯斜式挡土墙墙背坡度一般不缓于1:0.25，最大不超过1:0.4。仰斜挡土墙墙背坡度不宜缓于1:0.3，以提高抗滑移稳定性。对于衡重式挡墙，上墙俯斜坡度通常为1:0.25～1:0.45，下墙仰斜坡度一般为1:0.25。上下墙的高度比，一般为2:3。

墙面：一般为平面，其坡度应与墙背坡度相协调。当地面横坡陡时，墙面可采用直立坡面或将坡度控制在1：0.05～1：0.20以内。当地面横坡平缓时，墙面可缓些，但不宜缓于1：0.40，以避免增加墙高。墙面陡可降低墙高，墙面缓有利于提高墙体抗倾覆稳定性。

墙顶最小宽度：浆砌块石不小于0.5m；干砌块石不小于0.6m。墙顶（特别路肩墙）应用强度等级低的细粗混凝土或M5水泥砂浆做顶帽，其厚度不小于0.04m。干砌挡土墙顶部0.5m高度内，宜采用浆砌或水泥砂浆勾缝，以增加墙身整体稳定性。

墙的高度：对于干砌挡土墙墙高不宜大于6.0m，高度大于6.0m挡土墙均应浆砌。在设计中对于高度在12m以内的重力式挡土墙，可根据挡土墙所在位置、地形、地质、土壤等情况直接查用标准设计图。对墙高大于12m或特殊地质的挡土墙，应进行个别特殊的设计并验算。

为了保证交通安全，在地形险峻或墙顶高出地面6.0m，墙长超过20m的路肩墙顶，须设护栏或护墙等防护设施。所设置的防护设施不得侵占道路的有效使用宽度（不占用路肩）。

2.基础

挡土墙基础是挡土墙质量的关键。稍有不慎就会导致墙体破坏。基础设计前应对基底情况作充分调查。基础设计包括选择基础类型和确定基础埋深两个主要内容。

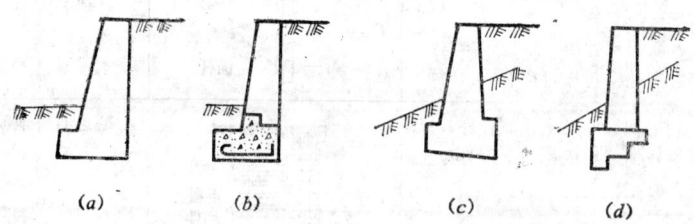

图 4-36 挡土墙基础形式

（1）基础形式。挡土墙基础是直接修筑在天然地基上的。当地基承载力不足，而地势平坦时，为减小基底应力，增加墙体稳定，常采用扩大基础。对于基底软弱的扩大基础应防止墙趾伸出过大而损坏，也可设混凝土基础并加设钢筋，同时做好基底土体加固处理工作。为提高基础抗滑稳定性，可将基础底面作成逆坡状。对于地面横坡较陡而地基为坚实岩层时，为节省工程量可将基础底面做成台阶形，如图4-36。

扩大基础是将墙趾处加宽，伸出一台阶，墙趾加宽量应根据基底应力决定，一般为0.2m。台阶的高宽比应为3：2或2：1。当挡土墙受滑动稳定性影响时，采用基底逆坡形式提高抗滑力。基底逆坡坡度，土质地基不大于0.2：1，岩石地基不大于0.33：1。挡土墙位于岩石基面上的台阶基础，高宽比不应大于2：1，台阶宽度不小于0.8m。挡墙基础刚性扩散角，对混凝土基础不大于40°，其它砌块基础不大于35°。

（2）基础埋深。挡土墙埋深，必须避免冻胀、冲刷影响其强度与稳定性。基础埋置深度应保证基底土层的容许承载力大于基础底面出现的最大应力，以确保挡土墙稳定。因此，设在土质地基上的挡土墙，基底应埋于天然地面以下至少1.0m；受水流冲刷时，基底在冲刷线以下不小于1.0m；受冻胀时，基底在冰冻线以下至少0.25m。

设置在岩石地基上的挡土墙，应清除表面风化层，当风化层较厚，难以全部清除时，挡土墙基底应埋设在有足够承载力的风化层中。当墙趾前地面横坡较陡时，基底的埋设必

安全襟边宽度表   表 4-21

地基地质情况	安全襟边宽 L（m）	基础埋深 h（m）	示　　意　　图
轻风化的硬质岩石	0.2~0.6	0.2	
风化的或软质岩石	0.4~1.0	0.4	
坚实的石质土	1.0~2.0	1.0	

须按表4-21规定执行，即基底埋深与墙趾前安全襟边宽度均不得小于表列值规定。

3. 排水系统

挡土墙墙后排水是十分重要的工作，若排水不畅，会导致地基承载力下降和墙背部压力增加，严重时造成墙体损坏或发生倾覆。为了迅速排除墙背土体的积水，要求在墙身的适当高度处设置一排或数排泄水孔如图4-37所示。泄水孔尺寸可视墙背泄水量的大小，常采用5×10cm或10×10cm的矩形或圆形孔。泄水孔横竖间距，一般为2~3m，上下排泄水孔应交错布置。为保证泄水顺畅，避免墙外雨水倒灌，泄水孔应布置成向墙面倾斜，并设成2%~4%的泄水坡度。

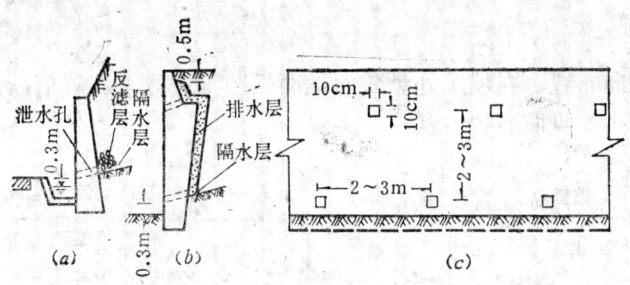

图 4-37   挡土墙的泄水孔及排水层

最下一排泄水孔出口应高出原地面、边沟、排水沟及积水地带的常水位线至少0.3m。为了防止墙后积水下渗进入地基，最下一排墙背泄水孔下面需铺设0.3m的粘土隔水层。泄水孔的进水孔处应设粒料反滤层，以防孔洞被土体堵塞。在墙后排水不良或填土透水性差时，应从最下一排泄水孔至墙顶下0.5m高度内，铺设厚度不小于0.3m的砂、石排水层。同时也可减小冻胀时对墙体的破坏。

路堑挡土墙墙趾边沟应予以铺砌加固，防水渗入挡土墙基础。干砌挡土墙可不设泄水孔。

4. 沉降与伸缩缝

为了防止墙身因地基不均匀沉降而引起的断裂，需设沉降缝。为了防止砌体硬化收缩和温度与湿度变化所引起的开裂，需设伸缩缝。

沉降缝和伸缩缝在挡土墙中同设于一处，称之为沉降伸缩缝。对于非岩石地基，挡土

墙每隔10～15m设置一道沉降伸缩缝。对于岩石地基应根据地基岩层变化情况，可适当增大沉降缝间隔。设置缝宽为2～3cm，自基础底到墙顶拉通。浆砌挡土墙缝内可用胶泥填塞；但在渗水量大、填料易流失或冻害严重地区，宜用沥青麻筋或沥青木板材料，沿墙内、外、顶三边填塞，深度不小于15cm。墙背为填石料时，留空不填防水材料板。干砌挡土墙，缝的两侧应用平整石料砌筑成垂直通缝。

（二）挡土墙的布置

挡土墙的布置，通常在路基横断面图的墙趾处纵断面图上进行。布置前应实地核对路基断面图（不足时应补测断面）。同时绘出墙趾处原地面纵向地面线，并收集墙底处的地质、水文等资料。

1.挡土墙选位

挡土墙位置的选择确定一般在横断面图上进行。

路堑挡土墙，大多设在边沟旁。山坡挡土墙应考虑设在地形较平坦、地质较好、墙高小、基础可靠的位置。

若路堤挡土墙与路肩挡土墙相比，墙高及工程量相近，基础情况一致时，宜采用路肩挡土墙，可减少路堤填方量。布置时挡土墙不得侵占路基宽度（路肩宽）。若路堤墙高度和工程量比路肩墙显著降低，且基础稳定可靠时，宜选用路堤墙，并应经过比较选择最经济的挡土墙位置。

沿河浸水挡土墙布置，不应挤压河道，布置应保证河道水流畅通，避免造成局部冲刷。

2.纵向布置

挡土墙的纵向布置，在墙趾处纵断面地面线图上进行，布置后绘出挡土墙正面设计图，如图4-38所示。纵向布置方法：

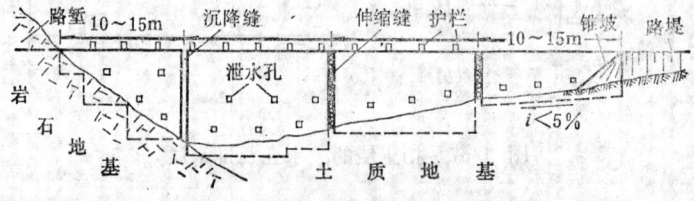

图 4-38　挡土墙纵向布置图

（1）确定挡土墙的起、终点和墙长。确定挡土墙与路基或道路其它结构物的连接方式。挡土墙路肩墙应嵌入路堑挖方2～3m，与路堤连接处应设锥形护坡。

（2）根据纵向地形与地质情况进行分段。确定挡土墙沉降伸缩缝的位置。

（3）根据纵向地面变化与地质情况，确定挡土墙沿纵向各段高度与基础埋深。当墙趾处原地面有纵坡时，挡土墙基础底面纵向可设计不大于5％的纵坡度。若墙趾地面纵坡大于5％或为岩石地基时，挡土墙纵向基础可布置成台阶形，以适应地形变化，但台阶高宽比不大于1:2且每台阶宽度不宜小于1.0m。

（4）在墙面上确定泄水孔的位置、间距、尺寸。

正面图表示出挡土墙纵向布置情况，并应注明：各断面桩号、路线纵坡及墙顶、基底、冲刷线、冰冻线、水位线的标高、泄水布置等。

　　3.横向布置

　　在纵向布置图中，选择并绘制挡土墙起、终点，墙体最高处、墙身或基础变化处等有代表性的挡土墙断面图。按设计计算结果或所套用的标准图，布置墙身断面，确定基础形式，布设排水设施，指定墙背填料，原地面的处理与填料的施工要求和墙顶防护设施设计等。

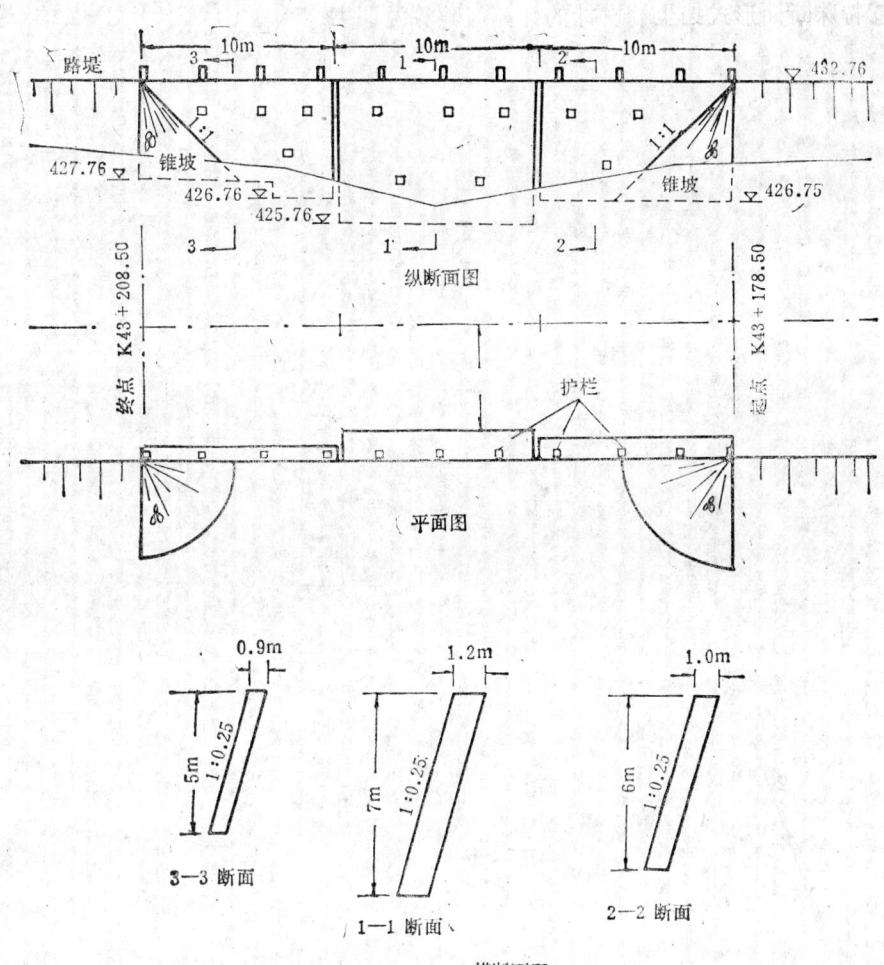

图 4-39　公路$K_{43}+178.50 \sim K_{43}+208.50$段挡土墙布置图

　　断面图表示：挡土墙横向布置情况，并应示出：墙身与基础断面尺寸，挡土墙与地面，行车道相互位置与相互关系。并能反映基础埋设、排水措施、地面处理等情况。

　　4.平面布置

　　一般情况下可不进行平面布置，对个别布置复杂的挡土墙，应绘制平面图。平面图是由正面和断面挡土墙设计成果得到的。在平面设计图上需表示出：挡土墙与路中线平面位置关系，并能直接反映挡土墙基础、墙顶宽度及变化情况，以及墙体两端与路基衔接处理情况，为施工提供依据。沿河挡土墙还应示出河道与流水方向，以及与挡土墙有关的防

125

护、加固设施布置情况。

挡土墙设计并应完成的设计文件包括：

①选用挡土墙设计参数和依据。

②外业勘测资料和设计完成的挡土墙平面、正面、横断面设计图（如图4-39）。

③挡土墙工程需用的材料与数量。

④挡土墙施工的有关要求和注意事项。

⑤特殊断面形式挡土墙设计的计算与验算说明书。

第五章 路　面

道路路面是公路的重要组成部分，它直接影响公路的行车速度、运输成本、行车安全和舒适程度。路面是直接为汽车行驶服务的，路面状况对公路运输关系极大，因此，路面工程是公路工程的主要内容。从经济上说，路面造价在整个公路造价中占很大比重，一般高级路面要占公路建设总造价的60～70％。所以合理地进行路面设计，合理地施工、养护、维修、管理并注重投资效益，对延长公路的使用寿命，降低营运费用，提高运输效能，具有十分重要的意义。

第一节　路面结构层划分及分级分类

一、路面的基本要求

路面是用筑路材料铺在路基顶面，直接承受车辆荷载的层状构造物。在其使用过程中，直接承受行车荷载和自然因素的作用。为了确保车辆行驶安全、迅速、舒适、降低运输成本，改善行车环境，路面必须满足以下各项基本要求。

1.具有足够的强度

路面的强度，是指路面结构层对于行车荷载、交通量和自然因素等作用的抵抗能力。行驶在路面上的车辆，必然产生"行车荷载"，这个荷载以垂直力、水平力、冲击力、震动力和真空吸力等多种方式作用于路面。在上述荷载的重复作用下，路面会逐渐出现累积变形，产生磨损、开裂、坑槽、沉陷和波浪等破坏现象，从而影响正常行车。因此，路面结构整体及各个组成部分，在其设计使用年限内必须具有足够的强度，才能承受行车荷载作用，不致产生影响汽车正常行驶的各种破坏变形。

2.具有足够的稳定性

在自然因素的长期作用下，路面不应发生过大的变形，并保持强度，在一年中变化的幅度尽量小，路面的这种保持一定强度的能力称为路面的稳定性。路面的病害是由于行车与各种自然因素共同作用的结果，其中主要是雨水、地下水、冰、雪的作用。例如，在重车作用下，路面出现裂缝，雨水从裂缝中侵入路面下层，含水量增加强度下降，造成更大的破坏。因此，水对路面工程的不利影响，应引起足够的重视。

路面稳定性通常分为：水稳定性、干稳定性、温度稳定性和时间稳定性，有时也将水稳定性和温度稳定性合称为气候稳定性。

3.具有足够的平整度

路面平整度是反映路面使用质量的一项重要指标。路面平整度愈差，行车阻力就愈大，将使车速降低、油耗上升，轮胎加速磨损；与此同时，车轮对路面的冲击力增大，造成行车颠簸，汽车机件和路面迅速损坏。对于低、中级路面，平整度差还会使路面积水下渗，加速路面的破坏。因此路面应保持足够的平整度，路面等级愈高，其平整度的要求也愈高。

4.具有足够的抗滑性

汽车在光滑的路面上行驶时，车轮与路面之间缺乏足够的附着力或摩擦阻力；在雨天高速行车、紧急制动、突然起动、或爬坡、转弯时，车轮容易产生空转或打滑，致使行车速度降低，油料消耗增多，甚至引起严重的交通事故。因此，抗滑性直接关系到公路运输的安全和经济效益。行车速度越高，对抗滑性的要求也越高。

路表面的抗滑能力可以采用坚硬、耐磨、表面粗糙的骨料组成路面表层材料来提高；有时也可以采用一些工艺性措施来实现，如水泥混凝土路面的刷毛、刻槽、嵌石、酸蚀处理工艺等。此外，还应及时清除路面积雪、浮冰、污泥等，以保证路面的抗滑性。

5.具有足够的不透水性

对于水稳性差的基层和土基，应特别重视路面的不透水性，这就应从路面的结构组合和适当的路拱横坡综合考虑，减少雨水渗入路面的可能性，从而保证不致因路面透水导致土基和路面强度降低而产生破坏。

6.具有噪声低与扬尘性低

行车噪声一方面因路面平整度差而引起，另一方面与不良的线形设计导致车辆频繁的加速、减速、转向有关。扬尘主要发生于砂石路面，车身后面所产生的真空吸力会将路面表层中较细材料吸出而扬起。扬尘不但使路面松散破坏减短行车视距，降低行车速度，而且对旅客和沿线居民，行人的卫生条件以及对农作物均有不良影响。值得注意的是，高级路面如不及时清扫路面浮土，同样会导致严重的扬尘。因此要求路面在行车过程中尽量减小扬尘和尽可能降低噪声。

二、路面结构层划分

路面结构的整体强度，由土基和各结构层的强度，以及它们的组合和层间的联接情况所决定。行车荷载和大气因素对路面的作用随着深度而逐渐减弱，路基的水文地质情况直接影响到路面的工作状态。考虑上述各因素，路面按照层次和作用一般分为面层、基层和垫层，如图5-1所示。

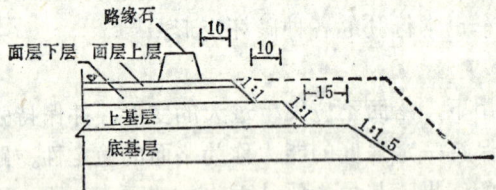

图 5-1　硬路肩边缘构造（尺寸单位：cm）

1.面层

路面结构的最上面一层叫面层。它直接承受行车荷载作用，受各种自然因素的不利影响最大。因此，面层应具备较高的结构强度和稳定性，同时还应具有耐磨、不透水性，以及具有良好的抗滑性和平整度。高级路面的面层常由两层或三层组成，分别称为面层上层和面层下层，或面层的上层、中层、下层。例如，下层为粗粒式沥青混凝土，上层为沥青砂路面；以及双层式水泥混凝土路面。

修筑面层所用的材料主要有：水泥混凝土、沥青混凝土、沥青碎（砾）石混合料等。

2.基层

基层位于面层之下，主要承受由面层传下来的行车荷载，并将其扩散到垫层和土基中。因此，基层材料必须密实、稳定、具有足够的强度和扩散力。当基层较厚或材料来源广泛时，可分两层铺筑，则下面一层为底基层，可用质量较差的当地材料。

修筑基层所用的材料主要有：各种结合料稳定土或稳定碎（砾）石、贫水泥混凝土、天然砂砾、各种碎石或砾石、块石、各种工业废渣（如煤渣、粉煤灰、矿渣、石灰渣等）所组成的混合料以及它们与土、砂、石所组成的混合料。

3. 垫层

在排水不良路段或可能发生冰胀的土基，在基层或底基层与土基之间设置垫层，其作用是调节和改善水温状况并保证路面结构的稳定性。在地下水位较高地区铺设的能起隔水作用的垫层称隔离层；在冰冻较大地区铺设的能起防冻作用的垫层称防冻层；对于湿软土基，为扩大承受应力作用的面积而设置的垫层称为稳定层。

常用材料有两类：一类是用松散材料组成的透水性垫层，如砂、砾石、炉渣、片石或碎石等；另一类是由整体性材料组成的稳定性垫层，如石灰土或炉渣石灰等。

图5-1所示只是一个典型的路面结构示意图。实际上，路面并不一定都是有那么多的结构层次，有时一个层次起着两个或三个作用。例如，修筑在土基上的碎（砾）石路面、块石路面或水泥混凝土路面，都只有一个路面结构层。相反地，为适应路面某种结构性能的需要，有时在面层与基层之间设置联结层、整平层，或者过渡层。对路面结构层起养护作用的磨耗层和保护层，以及为路面结构需要而设置的联结层等，均是路面结构的附属层次。

为了保证车轮荷载向下扩散和传递，较下一层应比其上一层的每边宽出0.25m，或将垫层向两侧延伸直至路基边坡表面，以便于排水。此外，在路基顶面一定深度内的土层，不论是填方或挖方，均应按规定予以严格压实。否则在使用过程中会产生过量的变形，从而造成路面破坏。

三、路面的分级与分类

（一）路面的分级

路面一般按面层的使用品质、结构强度、材料组成分为四个等级。

1. 高级路面

这类路面的特点是：结构强度高，稳定性好，使用寿命长，能适应较大的交通量、平整无尘，能保证高速行车。并且养护费用少，运输成本低，但建设投资大，需要质量较高的材料。

2. 次高级路面

这类路面各项指标略低于高级路面。造价低，但要定期维修，养护费用和运输成本较高。

3. 中级路面

这类路面结构强度低，稳定性差，使用年限短，易扬尘，行驶车速低，只能适应较小的交通量。它的维修养护工作量大，不能保证行车舒适，运输成本高。

4. 低级路面

结构强度很低，水稳性、平整度和不透水性都差，晴天扬尘、雨天泥泞，只能保证低速行车，雨季有时不能通车，所以适应的交通量最小。它的造价最低，但养护工作极大，运输成本最高。

各级路面相应的面层类型见表5-1。路面等级应与面层类型相适应，同时应与道路的技术等级相适应，并应考虑当地材料和自然气候等情况。

各等级路面所具有的面层类型及其所适用的公路等级　　　　　表 5-1

路 面 等 级	面 层 类 型	所适用的公路等级
高　　级	水泥混凝土、沥青混凝土、厂拌沥青碎石、整齐石块或条石。	高速、一级、二级
次 高 级	沥青贯入碎(砾)石、路拌沥青碎(砾)石、沥青表面处治、半整齐石块。	二级、三级
中　　级	泥结或级配碎(砾)石、水结碎石、不整齐石块、其他粒料。	三级、四级
低　　级	各种粒料或当地材料改善土，如炉渣土、砾石土或砂砾石等	四级

（二）路面的分类

根据路面的力学特性，可把路面分为下述三种结构类型。

1.柔性路面

路面具有柔韧性，它是由具有粘性、弹性结合料和颗粒矿料所组成的路面。柔性路面在荷载作用下的弯沉变形较大，路面结构本身抗弯拉强度较低，因而土基的强度和稳定性，对路面结构整体强度影响较大。柔性路面包括铺筑在非刚性基层上的各种沥青路面，用结合料或不用结合料的各种粒料路面和改善土壤路面。

2.刚性路面

主要指用水泥混凝土作面层或基层的路面结构。刚性路面刚度大，板体性强，具有较高的抗弯拉强度和弹性模量。因此车轮荷载通过水泥混凝土板扩散分布到土基的荷载面积大，荷载作用下混凝土板产生的弯沉变形极小。

3.半刚性路面

路面所用的混合料（石灰稳定土、水泥稳定土、石灰三合土及用各种含有水硬性结合料的工业废渣）筑成的基层，由于前期具有柔性路面的力学特性，随着时间的增长，当环境适宜时，其强度和刚度不断增大，但其最终抗弯拉强度和弹性模量，还是较刚性路面低，具有板体性能，因此这类路面结构称为半刚性路面，这类基层称为半刚性基层。

路面的颜色，主要有白色和黑色路面，前者指水泥混凝土路面，后者指沥青类路面。

第二节　路面对路基的要求

路基是路面的基础，必须稳定坚实。路基是一个线型的构造物，具有线长、同大自然接触面广的特点，其稳定性在很大程度上是由当地自然条件所决定的。

一、公路的自然区划

我国幅员辽阔，各地自然条件、工程性质相差很大，为了区分不同自然因素对筑路影响的差异性，便于选择路线通过方案，考虑路基边坡稳定，合理地确定路面结构类型和设计参数，以及有关筑路材料的要求，以保证设计质量，将全国进行公路自然区划。

根据地形、地貌、气候等因素，将全国分为七个一级区划。以气候、地形为主导因素，潮湿系数 K 为主要标志，在一级区划下，又将全国分为33个二级区和19个副区。三级区划，是二级区划的进一步划分，考虑地方的自然特点，并结合当地筑路经验自行划定，见表5-2。

公路自然区划各分区的主要特征

表 5-2

分区名称		水 热 状 况				地下水理深(m)	地 表 状 况		路 基 路 面 的 特 点
一级区	二级区(包括副区)	潮温系数(K)	年降水量(mm)	雨型	多年平均最大冻深(cm)		地表状况	地表切削深度(m)	
北部多年冻区 I	I₁ 连续多年冻区	0.75~1.00	400~600	夏秋雨	>300	1~3		北部<200 南部200~500	需采用保温措施，防止夏季融化降低土基强度
	I₂ 岛状多年冻区	0.50~1.00	400~600	夏秋雨	250~300	1~3		200~500	在春冻区要着重考虑翻浆问题
东部湿润季冻区 II	II₁ 东北部山地温冻区	0.75~1.50	600~1200	夏雨	80~250	>3 洼地,谷地1~1.5	大部为:200~500 除完达山外,大部为平原		土质条件好，故翻浆分布广泛，公路基翻浆亦严重
	1a 三江平原副区	0.75~1.00	600~800	夏秋雨	150~200	<1			软土和沼泽分布广泛，化冻较慢水分易下渗，不佳，冻胀翻浆亦是最严重的
	II₂ 东北中部山地前平原重冻区	0.50~1.25	400~600	夏雨	120~240	>3 谷地 1~3	大部为平原		冬季降温较快，化冻较慢，春季升温较期长，故翻浆期较期长，但翻浆程度并不是最严重的
	2a 辽河平原冻融交替典型区	0.75~1.25	600~300	夏雨	80~120	1~3 海滨<1	大部为平原		冬季水分积聚，易于水分积聚，升温快，化冻时间同短，冻融交替典型，故翻浆最为严重
	II₃ 东北西部干冻区	0.50~0.75	200~600	夏雨	100~240	1~3 山前>3	大部为平原 或200~500		因水源增加了冻前土基水分，故翻浆时间同短，但是相当严重
	II₄ 海滦中冻区	0.50~0.75	400~800	夏秋雨	40~100	1~2 海滨<1	大部为平原		秋雨增加了冻前水分，春季升温亦快，故翻浆时间同短，但足相当严重
	4a 燕辽山地副区	0.75~1.00	600~800	夏秋雨	100~120	>3 谷地 2~4		200~500	路基条件较好
	4b 胶东大丘陵副区	0.75~1.00	600~800	夏秋雨	60~80	>3	微丘		由于冻深较浅，且土质排水条件好，故冻胀翻浆较轻
	II₅ 鲁豫轻冻区	0.50~1.00	600~800	夏秋雨	10~40	2~3 海滨<2	平原		翻浆只是在某些路段偶而发生
	5a 山东丘陵副区	6.75~1.25	600~1000	夏秋雨	30~50	>3 谷地,海滨200~500		<200或200~500	路基强度较高

131

分区			水　热　状　况				地　表　状　况		路　基　路　面　的　特　点
一级区	二级区（包括副区）	名　称	潮湿系数（K）	年降水量（mm）	雨型	多年平均最大冻深（cm）	地下水埋深（m）	地表切割深度（m）	
Ⅲ 黄土高原平温过渡区	Ⅲ₁ 山西山地盆地中冻区		0.50~1.00	400~600	夏秋雨	40~100	>3 盆地1~3	山地为500~1000，盆地部分为平原	春季有道路翻浆
	Ⅰa 渭北浆萱副区		0.50~0.75	400~600	夏秋雨	100~140	>3 盆地1~3	山地为500~1000，盆地部分为平原	冬季有冻胀，春季翻浆相当严重
	Ⅲ₂ 陕北典型黄土高原中冻区		0.50~1.00	400~600	夏秋雨	40~100	河谷<3 塬>20	大部<200 局部200~500	一般土基强度尚佳
	2a 榆林副区		0.50~0.75	400~600	夏秋雨	100~120	河谷<3 塬>20	大部200~500	春季翻浆水较严重
	Ⅲ₃ 陇东黄土山地区		0.25~0.75	200~600	夏秋雨	80~100	河谷<3 塬>20	<200	
	Ⅲ₄ 黄渭阳山盆地轻冻区		0.50~1.00	600~800	夏秋雨	15~40	>3 河谷<1.5	边缘山地500~1000 盆地部分有平原	盆地地下水位较高，土基强度较差

分区			水　热　状　况					地　表　状　况		路　基　路　面　的　特　点
一级区	二级区（包括副区）	名　称	潮湿系数（K）	年降水量（mm）	雨型	最高月K值	最大月雨期长度（天数）	地下水埋深（m）	地表切割深度（m）	
Ⅳ 东南湿热区	Ⅳ₁ 长江下游平原潮湿区		1.00~1.50	1000~1400	夏秋雨（北）春雨梅雨（南）	2.0~3.0	2.5~3.5	海滨1~2 湖滨<1	平原	软土和稻田土分布广泛，土基水文条件差，不利季节时连续阴雨，夏是严重
	Ⅳ₂ 江淮丘陵湿区		1.00~1.50	1000~1600	夏雨梅雨	1.5~2.5	3.0~3.5	>3 丘间盆地1.5~2	大部为200 或局部200~500	公路基础条件好，土强度高
	Ⅳ₃ 长江中游平原中湿区		1.25~1.75	1200~1800	春雨梅雨	2.5~4.0	3.6~4.0	1~2 湖滨<1	平原	在江湖冲积平原，软土分布广，不利季节土基强度差；圩副区为近塑形成的零土基强度最差
	Ⅳ₄ 浙阁沿海山地中湿区		1.00~2.00	1400~2200	台风暴雨	2.0~3.5	3.0~4.5	谷地1~3 山岭>5	大部为200~500	沿海有局部软土分布，影响土基强度

续表

分区 一级区	二级区 名称（包括附副区）	潮湿系数（K）	年降水量（mm）	雨型	最高月尺值	最大月雨期长度（天数）	地下水埋深（m）	地表切割深度（m）	路基路面的特点
东南湿热区 IV	IV₅江南丘陵过湿区	1.50～2.25	1400～2200	梅雨秋雨	3.5～5.0	4.0～5.0	谷地 2～3	≤200 局部200～500	红粘性土和粉砂岩风化后的碎屑，粘结性差，影响土基强度
	IV₆武夷南岭山地过湿区	1.50～2.25	1400～2000	春雨夏雨	3.0～4.5	3.5～5.5	谷地 2～3 山岭>5	大部为500～1000 局部为≥1000	不利季节水分充足，气温较低，红粘性土和细砂岩分布地区路基强度降低
	6a武夷副区	1.75～2.25	1800～2600	梅雨夏雨	3.5～4.5	4.0～5.0	>5	>1000	花岗岩分布广，路基稳定
	IV₇华南沿海台风雨区	0.75～2.00	1600～2600	夏雨和台风暴雨	2.0～3.0	2.5～4.5	>3	平原或≤200	砖红色粘土，花岗岩分布地区，土基强度特高，珠江三角洲地区软土分布广，土基强度差
	7a台湾山地过湿副区	1.50～2.75	2000～2800	夏雨和台风暴雨	>3.0	2.5～3.0	>3	50～1000或≥1000	
	7b海南岛西部干润副区	0.50～0.75	800～1600	台风雨	<3.0	<3.0	1～3	平原或≤200	
	7c南海诸岛副区	—	1600～2000	对流雨台风雨	—	—	—	平原	
西南潮暖区 V	V₁秦巴山地潮湿区	1.00～1.50	800～1400	夏雨	2.0～3.0	3.0～3.5	埋深不足	大部分500～1000 局部为<200	路基条件佳
	V₂四川盆地中湿区	1.25～1.75	1000～1400	夏雨秋雨	2.0～3.0	3.5～4.5	丘陵>2谷地，成都平原1～2	大部<200 东南部500～100 西部为平原	一般紫粘性土地区，土基强度中等；成都粘土地区因土质粉粘路基强度持续性强，影响路基强度
	2a雅乐过湿副区	1.75～2.75	1200～2200	全年多雨秋雨特严重	3.0～4.5	4.0～5.5	—	大部500～1000	全年多雨，秋雨更是连绵不断，严重影响土基强度
	V₃三西、贵州山地过湿区	1.50～2.00	1000～1400	全年多雨	2.5～4.0	4.0～5.0	埋深不足	大部200～500 局部<200或500～1000	降水持续性大，造成土基过湿
	3a滇南桂西潮湿副区	1.00～1.50	1000～1600	夏雨秋雨	1.5～2.5	3.0～4.0	谷地2～3 山岭>5	大部为200～500 局部<200或500～1000	砖红粘性土强度高
	V₄川、滇、黔高原干湿交替区	0.50～1.00	600～1000	夏雨秋雨	1.5～2.5	4.5～5.0	—	西北部500～1000 中南部200～500	干湿季节分明，湿季能保证土基强度
	V₅滇西横断山地区	1.00～2.00	1200～1600	夏雨	2.0～5.0	5.0～12.0	—	大部为>1000 南部500～1000	多暴雨，全国降雨连续地区
	5a大理景洪副区	1.00～1.50	800～1800	夏雨	2.0～4.0	4.0～5.5	—	大部为>1000 南部500～1000	降水连续性较主区差

分区 一级区	二级区名称（包括副区）	潮湿系数(K)	年降水量(mm)	水热状况 雨型	多年平均最大冻深(cm)	地下水埋深(m)	地表状况 地表切割深度(m)	路基路面的特点
西北干旱区 VI	VI₁ 内蒙草原区	0.25~0.50	150~400	夏雨	140~240	谷地、洼地 2~4，1~2	大部为平原或 ≦200	公路基础稳定。呼市、包头、集宁一带冻胀翻浆严重
	Iα 河套副区	<0.25	150~200	夏雨	100~140	≦1.5	平原	地下水位高、灌溉渠系发达、浸湿土基
	VI₂ 绿州-荒漠区	<0.25，其中塔里木至甘西<0.05	<150，其中塔里木至甘西<50	夏雨或"无雨"	<100	绿州≦3 荒漠≦5	大部为平原	土基条件好、通过绿州处、地下水位高、造成土基软和翻浆
	VI₃ 阿尔泰山地冻土区	0.25~0.50	200~400	夏雨	≧150	≧3	≧1000	分布有岛状永冻土和季节冻土
	VI₄ 天山-界山山地区	0.25~1.00	200~600	夏雨	100~150	≧5	500~1000 或≧1000	河谷灌区冻胀翻浆较重
	4b 伊犁河谷副区	0.25~0.50	≦200	夏雨	≦100	3~5	平原或 500~1000	灌区地下水位高、有翻浆
青藏高寒区 VII	VII₁ 祁连昆仑山地区	0.25~0.50	100~400	夏雨	—	山地≦5 山前洪积扇3~50	≧1000	高山属永冻区
	VII₂ 柴达木荒漠区	<0.25	<50	夏雨或"无雨"	100~200	西部荒漠35 东部盐沼≦3	大部为平原或 500~1000	气候干旱，土基强度高
	VII₃ 河源山原草甸润湿区	0.50~1.50	200~600	夏秋雨	—	洼地<1	200~500或 500~1000	有岛状永冻土和沮洳地分布
	VII₄ 羌塘高山冻土区	≦0.50	≦200	夏秋雨	—	≧3	台原≦200 山地500~1000	为我国自然条件最严重地区
	VII₅ 川藏高山峡谷区	0.75~1.50	400~1000	春夏雨	—	≧3	≧1000	
	VII₆ 藏南高山台地区	<0.50	200~600	夏雨	—	阶地3~5	谷地或≧1000	季节冻土和季节冻重，土基不稳定，春季
	6a 拉萨副区	0.25~0.75	400左右	夏雨	—	≧3	谷地或≧1000	较湿润，土基条件尚好

《中华人民共和国公路自然区划图》见《公路设计规范汇编》。

二、路基的干湿类型

（一）路基的干湿类型及湿度来源

路基的干湿类型可分为干燥、中湿、潮湿和过湿四类，这四种类型表示路基应力工作区土体工作时，路基所处的状态。

路基的强度和稳定性，一方面决定于土质和密实度，另一方面决定于土的干湿状态。导致路基湿度变化的水源有以下几种：

（1）大气降水　通过路面、路基和边坡渗入；

（2）地下水　借助毛细作用上升到路基内部；

（3）地面水　沿边沟流动，排水困难，积两侧渗入；

（4）汽态水　在土的空隙中移动的水汽冷凝为水分。

路基湿度来源如图5-2所示。

（二）路基干湿类型划分

1.以分界相对含水量划分

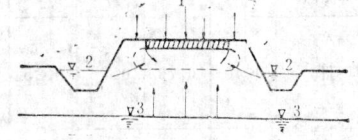

图 5-2　路基湿度来源

1—降水；2—地面水；3—毛细水

对原有公路，在最不利季节，于路槽下80cm内，每10cm取一土样，测定天然含水量及液限含水量，其相对含水量为土的含水量和土液限含水量的比值。算术平均相对含水量可按下式计算：

$$W_{xi} = \frac{W_i}{W_y} \tag{5-1}$$

$$\overline{W}_x = \frac{\sum_1^8 W_{xi}}{8} \tag{5-2}$$

式中　W_i——路槽下80cm内，每10cm为一层，第 i 层的天然含水量；

W_y——同一层土的液限含水量；

W_{xi}——第 i 层的相对含水量；

$\overline{W}_x$——路槽下80cm内土的算术平均相对含水量。

根据 $\overline{W}_x$ 判断路基干湿类型，要以道路自然区划、路土的类别，查表5-3，将 $\overline{W}_x$ 与表中分界相对含水量 W_0、W_1、W_2、W_3 建议值相比较再查表5-4即可判断路基是四种类型中的哪一种。

2.以临界高度判断路基的干湿类型

对于设计中的新建公路，路基尚未建成，不能用相对含水量 $\overline{W}_x$ 来判断路基的干湿类型。此时采用地下水或地表长期积水的水位至路槽底的高度，与临界高度相比，判断路基的干湿类型。

路基的标高可以从纵断面设计查到，扣除预估路面厚度，即可得到地下水位或地表水位距路槽底的高度 H。如图5-3所示。路基处于干燥、中湿、过湿、潮湿四种状态，路槽底距地下水位（或地表水位）的最小高度 H_1、H_2、H_3 即为临界高度。将 H 与临界高度相比较，可有下述情况：

自然区划	砂性土				粘性土				粉性土				附注
	W_0	W_1	W_2	W_3	W_0	W_1	W_2	W_3	W_0	W_1	W_2	W_3	
$II_{1、2、3}$ $II_1a、II_2a$	0.45	0.70	0.75	0.80	$\frac{0.45}{0.50}$	$\frac{0.50}{0.55}$	$\frac{0.60}{0.65}$	$\frac{0.70}{0.75}$	0.50	$\frac{0.55}{0.60}$	$\frac{0.60}{0.65}$	$\frac{0.70}{0.75}$	粘性土：分母适用于$II_{1、2、3}$区；粉性土：分母适用于II_2a副区
$II_{4、5}$	0.45	0.75	0.80	0.85	0.45	0.50	0.60	0.70	0.50	0.55	0.65	0.75	
III	0.40	0.70	0.78	0.85					0.45	$\frac{0.50}{0.55}$	$\frac{0.60}{0.65}$	$\frac{0.70}{0.75}$	分子适用于粉土地区；分母适用于粉质亚粘土地区
IV	0.50	0.70	0.80	0.87	0.50	0.60	0.70	0.80	0.55	0.60	0.70	0.80	
V					0.50	0.57	0.70	0.80	0.55	0.60	0.70	0.80	
VI	0.40	0.70	0.78	0.85	0.45	0.55	0.63	0.70	0.45	0.55	0.65	0.75	
VII	0.40	0.65	0.73	0.80	0.45	0.55	0.63	0.70	0.45	0.55	0.65	0.75	

注：W_0——干燥状态路基常见下限相对含水量；

W_1——干燥和中湿状态路基的分界相对含水量；

W_2——中湿和潮湿状态路基的分界相对含水量；

W_3——潮湿和过湿状态路基的分界相对含水量。

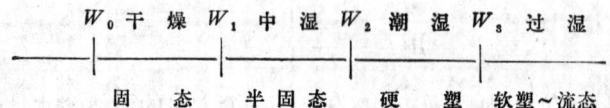

$$W_0 \text{干燥} \quad W_1 \quad \text{中湿} \quad W_2 \quad \text{潮湿} \quad W_3 \quad \text{过湿}$$

固 态   半固态   硬 塑   软塑~流态

路基干湿类型	路槽底面以下80cm土层平均相对含水量 $\overline{W}_x$ 与分界相对含水量的关系	一 般 特 征
干 燥	$\overline{W}_x < W_1$	路基干燥稳定，路面强度和稳定性不受地下水和地表积水影响。路基高度 $H > H_1$
中 湿	$W_1 < \overline{W}_x < W_2$	路基上部土层处于地下水或地表积水影响的过渡带区内。路基高度 $H_2 < H < H_1$
潮 湿	$W_2 < \overline{W}_x < W_3$	路基上部土层处于地下水或地表积水毛细影响区内。路基高度 $H < H_2$
过 湿	$\overline{W}_x > W_3$	路基极不稳定，冰冻区春融翻浆，非冰冻区弹簧。路基高度 $H < H_3$

注：1. H——路槽底面距地下水或地表积水位高度；

2. H_1、H_2、H_3——分别为路基干燥、中湿和潮湿状态的临界高度。

路 基 临 界 高 度 参 考 值 表　　表 5-5

土组 自然区划	砂性土 地下水 H₁	H₂	H₃	路槽底 地表长期积水 H₁	H₂	H₃	粘性土 地下水位至路槽底 H₁	H₂	H₃	粘性土 地表长期积水 H₁	H₂	H₃	粉性土 地下水位至路槽底 H₁	H₂	H₃	粉性土 地表长期积水 H₁	H₂	H₃
Ⅱ₁							2.9	2.2					3.8	3.0	2.2			
Ⅱ₂							2.7	2.0					3.4	2.6	1.9			
Ⅱ₃	1.9~2.2	1.3~1.6					2.5	1.8					3.0	2.2	1.6			
Ⅱ₄							2.4~2.6	1.9~2.1	1.2~1.4				2.6~2.8	2.1~2.3	1.4~1.6			
Ⅱ₅	1.1~1.5	0.7~1.1					2.1~2.5	1.6~2.0					2.4~2.9	1.8~2.3				
Ⅲ₁													2.4~3.0	1.7~2.4				
Ⅲ₂													2.4~3.0	1.7~2.4				
Ⅲ₃													2.4~3.0	1.7~2.4				
Ⅲ₄													2.4~3.0	1.7~2.4				
Ⅲ₁a													2.4~3.0	1.7~2.4				
Ⅲ₂a	1.4~1.7	1.0~1.3											2.4~3.0	1.7~2.4				
Ⅳ₁ Ⅳ₁a							1.7~1.9	1.2~1.3	0.8~0.9				1.9~2.1	1.3~1.4	0.9~1.0			
Ⅳ₂							1.6~1.7	1.1~1.2	0.8~0.9				1.7~1.9	1.2~1.3	0.8~0.9			
Ⅳ₃							1.5~1.7	1.1~1.2	0.8~0.9	0.8~0.9	0.5~0.6	0.3~0.4	1.7~1.9	1.2~1.3	0.8~0.9	0.9~1.0	0.6~0.7	0.3~0.4
Ⅳ₄	1.0~1.1	0.7~0.8					1.7~1.8	1.0~1.2	0.8~1.0	0.9~1.0			1.9~2.1	1.3~1.5	0.9~1.1			
Ⅳ₅							1.7~1.9	1.3~1.5	0.9~1.1	1.0~1.1	0.6~0.7	0.3~0.4	2.0~2.2	1.5~1.6	1.0~1.1			
Ⅳ₆a	1.0~1.1	0.7~0.8					1.8~2.0	1.3~1.5	1.0~1.1	0.9~1.0	0.5~0.6	0.3~0.4	1.8~2.0	1.3~1.4	0.9~1.1			
Ⅳ₇							1.6~1.7	1.1~1.2	0.7~0.8	1.0~1.1	0.7~0.8	0.4~0.5	2.3~2.5	1.4~1.6	0.5~0.7			
Ⅴ₁Ⅴ₂Ⅴ₂（紫色土）				0.9~1.0	0.7~0.8	0.6~0.7	1.7~1.8	1.4~1.5	1.1~1.2				1.9~2.1	1.3~1.5	0.5~0.7			
Ⅴ₃							2.0~2.2	0.9~1.1	0.4~0.6				2.3~2.5	1.4~1.6	0.5~0.7			
Ⅴ₁Ⅴ₂Ⅴ₂a（黄壤土、现代冲积土）							1.7~1.9	0.8~1.0	0.4~0.6				1.7~1.9	0.9~1.1	0.3~0.5			
Ⅴ₄Ⅴ₅Ⅴ₅a							1.7~1.9	0.9~1.1	0.4~0.6				2.2~2.5	1.4~1.6	0.5~0.7			

自然区划 土组	砂性土 路槽底至地下水位临界高度(m) 地下水			地表长期积水			地表临时积水			粘性土 地下水			地表长期积水			地表临时积水			粉性土 地下水			地表长期积水			地表临时积水		
	H_1	H_2	H_3	H_1	H_2	H_3	H_1	H_2	H_3	H_1	H_2	H_3	H_1	H_2	H_3	H_1	H_2	H_3	H_1	H_2	H_3	H_1	H_2	H_3	H_1	H_2	H_3
VI₁	(2.1)	(1.7)	(1.3)	(1.8)	(1.4)	(1.0)	0.7	0.3		(2.3)	(1.9)	(1.6)	(2.1)	(1.7)	(1.3)	0.9	0.5		(2.5)	(2.0)	(1.6)	(2.3)	(1.8)	(1.3)	(1.2)	0.7	0.4
VI₁ᵃ	(2.0)	(1.6)	(1.2)	(1.7)	(1.3)	(1.0)	(0.5)			(2.2)	(1.9)	(1.5)	(2.0)	(1.6)	(1.2)	(0.9)	(0.5)		(2.5)	(2.0)	(1.5)	(2.2)	(1.7)	(1.2)	(1.2)	0.6	
VI₂	(1.9)	(1.5)	(1.1)	1.7	(1.2)	(0.9)	(0.5)			(2.2)	(1.8)	(1.5)	(1.9)	(1.6)	(1.1)	(0.8)			2.6	2.2	1.6	2.3	1.6	1.2	1.0	0.5	
VI₃	(2.1)	(1.7)	(1.3)	(1.9)	(1.5)	(1.1)				(2.4)	(2.0)	(1.6)	(2.2)	(1.7)	(1.4)	(0.8)	(0.6)		(2.6)	(2.1)	(1.6)	(2.4)	(1.8)	(1.4)	(1.3)	(1.7)	
VI₄	(2.2)	(1.8)	(1.4)	(1.9)	(1.5)	(1.2)	0.8			2.4	2.0	1.6	(2.2)	(1.7)	(1.3)	1.0	0.6		(2.6)	(2.2)	(1.7)	2.4	1.9	1.4	1.3	0.8	
VI₄ᵃ	(1.9)	(1.5)	(1.1)	(1.7)	(1.2)	(0.9)	(0.5)			(2.2)	(1.7)	(1.4)	(1.9)	(1.4)	(1.1)	0.7			(2.4)	(1.9)	(1.4)	2.1	1.6	1.1	1.0	0.5	
VI₄ᵇ	(2.0)	(1.6)	(1.2)	(1.7)	(1.3)	(1.0)	(0.8)	(0.4)		(2.3)	(1.8)	(1.4)	(2.1)	(1.6)	(1.2)	(0.8)			(2.1)	1.9	1.4	(2.2)	(1.7)	(1.2)	1.0	0.5	
VII₁	(2.2)	(1.9)	(1.6)	(2.1)	(1.6)	(1.7)	(0.9)			(2.2)	(1.9)	(1.5)	1.8	1.4	1.1	(0.9)	(0.5)		(2.5)	(2.0)	(1.5)	(2.4)	(1.8)	(1.3)	1.1	0.6	
VII₂	(2.3)	(1.9)	(1.6)	(2.1)	(1.6)	(1.3)	(0.9)			(2.3)	(1.9)	(1.6)	(2.0)	(1.6)	(1.3)	0.8	0.4		(2.5)	(2.1)	(1.6)	(2.2)	(1.6)	(1.1)	0.9	0.4	
VII₃	(2.1)	(1.8)	(1.6)	(1.8)	(1.6)	(1.0)	(0.9)			(2.1)	(1.6)	(1.3)	(1.8)	(1.4)	(1.1)	(0.9)	(0.5)		2.6	2.1	1.6	(2.3)	(1.8)	(1.3)	1.2	0.7	
VII₄	(2.3)	(2.0)	(1.6)	(1.6)	(1.3)	(1.0)	(1.1)	(0.7)		(2.6)	(2.1)	(1.6)	(2.4)	(2.0)	(1.6)	(0.7)			(2.3)	(1.8)	(1.3)	(2.1)	(1.6)	(1.1)	(0.9)		
VII₅	(3.0)	(2.4)	(1.9)	(2.0)	(1.6)	(1.6)	(1.1)	(0.9)	(0.5)	(3.3)	(2.6)	(2.0)	2.1	2.0	1.6	(1.5)	(1.1)	(0.5)	(3.8)	(2.2)	(1.6)	(2.3)	(2.2)	(1.5)	(1.3)	(0.5)	
VI₅ᵃ										(2.8)	2.4	1.9				1.4	(0.8)		(2.9)	(2.5)	1.8	(2.7)	2.1	1.5	1.6	1.1	

注：1. H_1——干燥状态路基临界高度；H_2——中湿状态路基临界高度；H_3——潮湿状态路基临界高度，路槽底至水位高度小于H_3时为过湿路基，须经过处理后方能铺筑路面。

2. VI、VII区表列数字表示实测资料较少，有括号者表示没有实测资料，根据规律推算的。

3. 缺少资料的二级区可暂先论证，也可参考相邻二级区数值，并应积极进行调查积累本地区的资料。

$H > H_1$时路基处于干燥状态；

$H_1 > H > H_2$时路基为中湿状态；

$H_2 > H > H_3$时路基为潮湿状态；

$H < H_3$时路基为过湿状态。

以临界高度判断土基干湿类型，同样是以分界相对含水量为依据的。路基干湿状态与临界高度及分界含水量关系可见图5-3。

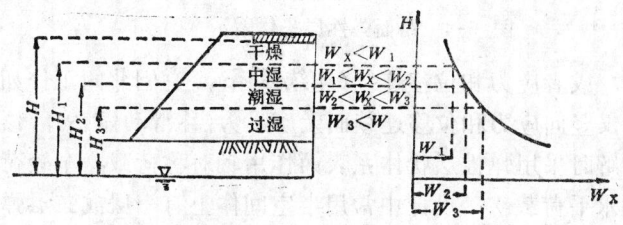

图 5-3 路基高度（对地下水）及路基土干湿类型

W_z—规定深度内路基土的平均相对含水量，W_1、W_2、W_3—各种状态的路基土分界含水量

根据规范规定，路基的最小填土高度，应保证路基至少处于中湿状态，以保证路基的强度和稳定性。表5-5为路基临界高度参考表。

第三节 柔 性 路 面 设 计

一、概述

柔性路面设计的任务是：确定路面等级；选择路面类型；进行路面结构组合设计；计算路面各层厚度及结构层材料的组合设计等。确保路面在设计的使用年限内处于某一规定的工作状态。我国柔性路面设计规范规定路面设计理论以三层体系理论为基础，所以本章着重阐述基于三层体系理论法的柔性路面的组合设计与结构计算。

二、弹性层状体系的基本假定

由不同材料的结构层与土基组成的路面结构，在力学性质上属于非线性的弹—粘—塑性体，但考虑到行驶车轮作用的瞬时性（百分之几秒），对于厚度较大、强度较高的高等级路面，产生的应力数量很小，将其视作线性弹性体应用弹性层状体系理论计算是合适的。

弹性层状体系是由若干个弹性层组成，上面各层具有一定的厚度，最下一层为弹性半空间体（土基），如图5-4。

应用弹性力学方法求解弹性层状体系的应力、应变和位移的基本假定是：

1.各层材料均为连续的、完全弹性的、均匀的、各向同性并服从虎克定律，而且位移和形变是微小的；

2.最下一层在水平方向和垂直方向下方向为无限大，其上各层厚度为有限，水平方向为无限大；

3.各层在水平方向无限远处及最下层向下无限深处的应力和位移等于零；

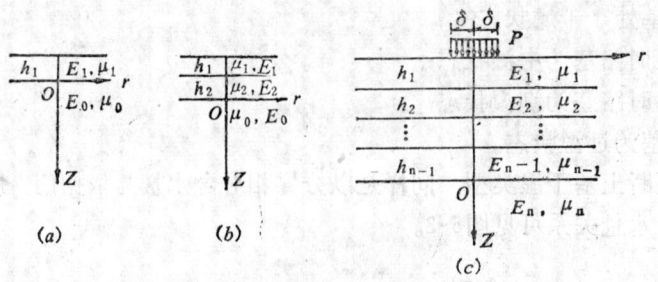

图 5-4　路面弹性层状体系示意图

4.层间接触情况，或者应力和位移连续(连续体系)，它们共同工作如同一个天然组成的弹性体，或者层间仅竖向应力和位移连续而无摩阻力(称滑动体系)，该处剪应力为零。

5.不计自重。求解时采用弹性层状体系表面作用轴对称荷载，车轮荷载简化为圆形均布荷载(垂直荷载与水平荷载)，设计中常用半空间体上有一层或二层弹性层，即弹性双层和弹性三层体系，对于弹性多层体系换算成当量的三层体系。

三、行车荷载对路面的作用

1.行车荷载

道路路面主要是提供汽车以一定的速度在道路上安全而舒适地行驶，因此在路面设计和施工中，应研究汽车的特性及其对路面的作用。汽车的重量是通过车轮传给地面，为了保证路面结构不因超载而破坏，当汽车总重增加时，轴数与轮组数也相应增加。

对路面某一点来说，对其产生的应力、应变大小，主要和汽车的轴荷载、轴数、轴距、轮数和轮距，荷载接地面积及当量圆半径、行驶速度有关；同时荷载作用的频率，即车辆沿路面宽度的横向分布，起着决定作用。

载重汽车的前轴负担车辆总重量的1/4~1/3，后轴负担2/3~3/4，称为轴荷载。道路上行驶的汽车有单后轴、双后轴和三后轴等形式，而每一轴上一侧的车轮有采用单轮、双轮或四轮构成的轮组，如图5-5轴数和轴距，轮数和轮距都对路面产生应力影响，因为各轴荷载的大小及特性引起的应力相叠加决定了路面危险点应力的大小。汽车的速度愈快，路面在瞬时荷载作用下，产生的应力和竖向位移愈小，对路面产生的冲击力愈大。这又会增加路面的应力。在静压力作用下，路面内的应力和变形最大。综合考虑以上各种情况，采用静荷载作为路面结构设计中行车荷载的基础。

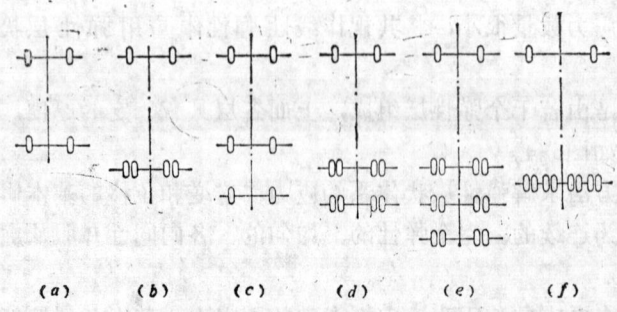

图 5-5　汽车后轴与轮组

(a)单后轴单轮组；(b)单后轴双轮组；(c)双后轴单轮组；(d)双后轴双轮组；(e)三后车轴双轮组；
(f)拖车后轴四轮组

道路上行驶车辆型号繁多，一般以路上行驶的车辆中对路面起主导破坏作用的一种车辆的轴载作为标准轴载。我国《公路柔性路面设计规范JTJ014—86》中规定以双轮组单轴轴载100kN和60kN为标准轴载，分别以BZZ—100及BZZ—60表示。不同轴载通行次数按等效原理推算，是以某一种路面结构在不同轴载作用下达到相同的损坏程度为依据，换算成相当的标准轴载数量及作用次数（当量轴次）。路面中的应力和变形大小取决于标准轴载、轮胎与路面接地压强的大小、以及当量轴次。

单位时间内通过道路上某一断面的车辆数称为交通量。由于车辆在路面上行驶的随意性，因此，各车道上通过的车辆数不平衡。如：单车道单向行驶的车道上轮迹横向分布率高，容易出现车辙。因此，必须将交通量乘上车道系数η，才能反映汽车行驶在路面上的真实情况。车道系数η值可以通过实际行车状况调查确定。在缺乏调查资料时，可参照表5-6选用η值。

车 道 系 数 η 值　　　　　　　　　　　　　表 5-6

车　　道　　数		η
单　　车　　道		1.0
双 车 道	分 道 行 驶	0.5
	混 和 交 通	0.7
四　　车　　道		0.4～0.5①
六　　车　　道		0.3～0.4②

注：①快车数量少时用0.4，一般用0.5；
　　②两个快车道四个重车道者用0.3，四个快车道者用0.4。

2.行车荷载对路面的作用力

随着汽车在路面上运动状态的变化，行车荷载对路面施加的作用力和性质亦变化，当汽车停在路面上时，车轮对路面只产生垂直力作用；行驶时除垂直力外还有车轮转动对路面产生的纵向水平力；转向时又增加了横向水平力（如图5-6）；如路面不平、汽车颠簸，又产生震动力和冲击力；车辆高速行驶，使车身与路面间形成暂时真空，从而产生真空吸力。在任何一种运动状态下，垂直力是最基本的作用力。

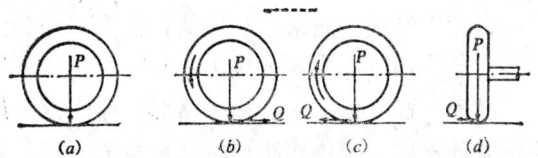

图 5-6　车轮作用于路面的垂直力
(a)静力；(b)一般行驶、加速、起动；(c)减速、前进；(d)转向；P—垂直力；Q—水平力

在路面设计中主要考虑的行车荷载作用力有以下几种。

（1）垂直力。对路面作用的垂直力大小，与车轮荷载、轮胎内压力、轮胎的性质有关。轮胎与路面接触面的形状，汽车载重较轻时近似于圆形，满载时近似于椭圆形。在路面设计中，用圆形面积代替轮胎接地面积时的轮印称为当量圆。当量圆的面积大小与轮胎荷载、尺寸、压强有关。由于汽车对路面产生的路表弯沉及结构层的弯拉应力主要是垂直力引起的，且汽车后轮多为双轮（即双轮组），故理论计算采用的计算荷载是与双轮组荷载相当直径为2δ，圆心间距为3δ的双圆均布垂直荷载图式（简称双圆荷载图式），如图5-7。当车型一定时，轮荷载为P、接地压强为p，其双圆荷载图中当量圆直径为：

$$d = \sqrt{\frac{4P}{\pi p}} \qquad\qquad (5\text{-}3)$$

注：一般取轮胎的内压力等于均布荷载p（即接地压强），一般为$0.4\sim0.7$MPa。

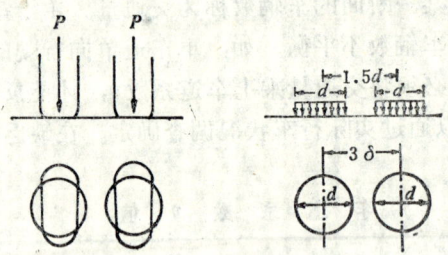

图 5-7　车轮荷载双圆计算图式

P—均布荷载；d—双圆荷载图式直径；$\delta = \frac{1}{2}d$

（2）水平力。汽车在路面上行驶、制动、减速、转弯，均对路面产生不同方向的水平作用力。水平力沿深度消失很快，一般作用深度只有$10\sim20$cm。水平荷载易使路面产生波浪、拥包、推挤、磨损，影响汽车正常行驶，因此要求路面材料具有抗剪强度。

（3）动荷载。由于路面不平整，车身自身振动，对路面产生动荷载时大时小。动荷载对路面任意一点作用时间的瞬时性，通常为$0.01\sim0.1$s左右。应力传递通过相邻颗粒完成的，应力时间短，则来不及传递分布，竖向弯沉不象垂直荷载明显。目前汽车对路面的冲击力和振动力只是在刚性路面设计中才考虑，即将车轮荷载乘上动荷系数作为设计荷载，动荷系数一般取值为：$1.15\sim1.20$，它随轮重增加而减小。

路面强度不定时，由于行车荷载的作用，将会出现各种变形，造成路面破坏，因此对路面的及时养护和维修是十分必要的。

四、柔性路面设计指标

柔性路面如设计强度不足，施工条件差，养护不及时，在长期自然因素作用下和长期行车荷载的反复作用下，会产生破坏。应采用相应的控制指标作为路面强度的设计指标。

路面结构层内在行车荷载作用下产生荷载应力，引起一定的变形。在车轮垂直压力作用下，路面表面出现一定竖向位移（弯沉），如果路面整体强度不足，竖向变形过大，就会出现沉陷、车辙和弹簧破坏现象。整体式路面材料抗拉力不足，就会产生拉裂、纵裂、龟裂和放射裂缝。车轮荷载的水平力是路面面层剪切破坏的主要原因，表现为推挤、搓板、滑移、隆起和波浪等。粒料基层和土基的抗剪力不足也会产生过大的沉陷、车辙等，在寒冷地区，路面低温收缩也会引起收缩裂缝。

综上所述，从路面力学角度考虑，目前柔性路面设计的控制指标为：路面表面的容许弯沉值l_R（简称容许弯沉）；路面结构层容许弯拉应力σ_R（简称容许弯拉应力）。对容许剪应力τ_R和面层容许温度应力σ_{TR}尚在研究中。

1.容许弯沉

（1）总弯沉。路面表面在车辆荷载作用下的垂直变形，称为路表总弯沉值。车轮荷载离开后能逐渐恢复的变形部分称回弹弯沉值。上面二值之差，也就是不能恢复的变形部分，称为残余弯沉值（见图5-8）。弯沉值随荷载作用点的距离增加而减小，到达某一点距离时，弯沉值为零，这个距离称为弯沉半径，影响范围呈盆状。

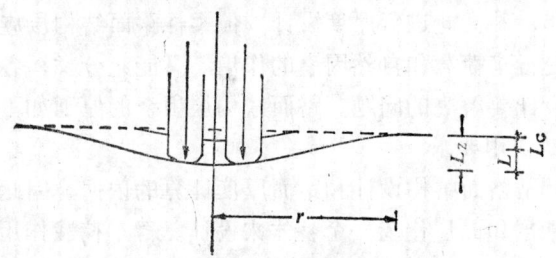

图 5-8　柔性路面弯沉示意图
L_z—总弯沉；L—弹性弯沉；L_c—残余弯沉

车轮荷载下的轮隙弯沉值一般都是用弯沉仪直接测出。杠杆式弯沉仪构造如图5-22所示。

处于或接近弹性状态的路面，在荷载作用下，在一定界限范围内，其回弹弯沉值和总弯沉值很接近。对于强度较高或使用多年而处于稳定状态的老路面，由于残余弯沉很小，可认为处于或接近弹性工作状态，因此土基和路面结构层材料的强度，可用抗压回弹模量（或称弹性模量）E_0、E_1……E_n表示。

（2）路面容许弯沉值。弯沉值是反映路面整体结构（包括土基）的垂直变形，故它不仅能反映路面各结构层及土基的整体强度和刚度，且同路面使用状态有内在的联系。路面在使用期末的不利季节，在设计标准轴载作用下，容许出现的最大回弹弯沉值，称为路面容许弯沉值（即L_R）。路面设计时要求，双轮胎轮隙中心处路表面产生的最大回弹弯沉L_S应不大于容许弯沉L_R，即

$$L_S \leqslant L_R \tag{5-4}$$

容许弯沉值的计算见本章第六节。

2.容许弯拉应力

大量的野外调查及室内试验发现，当路面垂直变形尚在容许范围之内，路面出现一些破坏现象，如纵向开裂、龟裂、滑移和拥包。因此只用一个容许弯沉值作为柔性路面设计的控制指标是不完全的，它不能表征路面材料的抗拉、抗剪等力学性质，必须补充一些其它指标。对于沥青混凝土及整体性基层材料（半刚性材料）如石灰和水泥稳定土、稳定料等基层的破坏，多属于弯拉疲劳破坏，故应验算这类路面结构层的抗弯拉强度σ_m。验算时可按双圆均布垂直荷载下三层弹性体系及规定进行计算。规范要求结构层底面的最大弯拉应力不大于结构层材料的容许弯拉应力，即：

$$\sigma_m \leqslant \sigma_R \tag{5-5}$$

式中结构层最大弯拉应力σ_m由弹性层状理论计算求得，容许弯拉应力根据弯拉试验并考虑行车荷载的疲劳作用确定。

《公路柔性路面设计规范JTJ014—86》规定：对高速公路、一级公路的沥青混凝土面层和整体性材料基层，应进行弯拉应力验算；对二级公路的路面，必要时也需进行整体

性材料结构层的弯拉应力验算。

五、路面结构组合设计

路面结构组合设计，就是在路面等级确定及面层类型选择后，根据任务要求，全面考虑当地的各种条件，选择路面结构，拟定几种可能的路面结构组合，根据技术经济原则，选择合理的结构设计方案，并据此进行厚度设计。但柔性路面结构层应如何选择和安排，使整个路面结构既能承受行车荷载和自然因素的作用，又能充分发挥各结构层最大的效能，这是路面结构组合设计要解决的问题。路面结构层组合的原则如下。

（一）适合行车荷载作用要求

路基的强度和稳定性是路面结构设计和路面厚度计算的依据，因此路基和路面综合设计中，把土基、垫层、基层和面层作为一个整体来设计。行车荷载作用于路面结构层上，垂直力在其内部产生的应力和应变随深度向下而递减，水平力在其内部产生的应力应变随深度向下递减得更快（图5-9），路面表面还受车轮的磨耗。因此要求路面面层具有足够的强度和抵抗变形的能力，故面层弹性模量取高值，其下各结构层应按材料回弹模量自上而下递减地组合。一般不宜设置倒装结构。相邻层材料的模量比，是合理确定结构层数，选择适宜结构层材料的依据。规范规定，基层与面层的模量比不小于0.3，土基与基层或底基层的模量比宜为0.08～0.40。

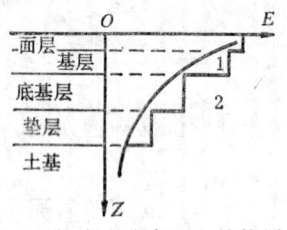

图 5-9 按应力分布组合结构层次
1—荷载应力分布曲线；2—材料强度 E 布置曲线

路面结构层次不宜过多，各层的厚度应考虑材料扩散应力的效果、材料规格和压实机具的能力，但不得小于表5-7的规定。中级、低级路面，由于设计标准低，可采用双层或三层路面结构。高级路面由于交通量大，使用年限长，面层或基层可由两层或三层组成，形成多层体系。为保证路面的使用质量，规范规定了各级公路路面沥青层的最小总厚度，其中，高速公路为15cm，一级公路为10cm，二级公路为5cm。沥青路面下常采用半刚性基层，以提高整体强度，减少弯沉变形。

结 构 层 最 小 厚 度 表 5-7

结　构　层		最小厚度(cm)	结　构　层	最小厚度(cm)
沥青混凝土	粗 粒 式	5.0	沥青上拌下贯	5.0
热拌沥青碎石	中 粒 式	4.0	水 泥 稳 定 类	15.0*
	细 粒 式	2.5	石 灰 稳 定 类	15.0*
冷拌沥青碎石		4.0	石灰工业废渣类	15.0*
沥 青 石 屑		1.5	级配碎(砾)石	8.0
沥 青 砂		1.0	填 隙 碎 石	8.0
沥 青 贯 入 式		4.0	泥 结 碎 石	8.0
沥 青 表 面 处 治		1.5		

注：表中带有＊号时，在旧路补强时，其最小厚度可为8cm。

（二）层间结构稳定性好

在潮湿或某些中湿路段上修筑沥青类路面时，主要考虑水稳定性，应采用粗糙、密实的面层，以防滑和防渗水。更重要的是设置良好水稳定性的基层，如水泥或石灰稳定类基层，以防蒸发水分向基层积聚。在排水不良，地下水位高的水文条件不良的岩石挖方路段，要设垫层。垫层材料可用粗砂、砂砾、煤渣及水泥、石灰、工业废渣等或稳定粗粒土，垫层厚度不小于15cm。土质不良地段，必要时换土。

在干旱地区主要考虑干稳定性，砂石路面可适当增加路面细料含量和提高塑性指数或铺筑松散保护层等措施，也可采用加铺沥青表面处治，以防止面层松散或搓板。

在季节性冰冻地区，当冻深较大，路基土为易冻胀土时，常常产生冻胀和翻浆。路面防冻要求路面总厚度不小于表5-8，如按强度计算路面总厚度小于表列厚度，应增加或加厚垫层补足路面总厚度。我国各级公路推荐的沥青路面结构图式见图5-10。

路 面 防 冻 最 小 厚 度 (cm) 表 5-8

冰 冻 深 度 (cm)	土基干湿类型		粉 性 土	砂性土、粘性土
50～100	中	湿	30～50	30～40
	潮	湿	40～60	35～50
100～150	中	湿	50～60	40～50
	潮	湿	60～70	50～60
150～200	中	湿	60～70	50～60
	潮	湿	70～80	60～70
200以上	中	湿	70～80	60～70
	潮	湿	80～110	70～90

注：1.表中数值以砂石材料为准。若采用其他防冻性能好的材料，如煤渣、矿渣、二灰类，其值可酌情减少。
2.中级路面和低级路面可不考虑防冻最小厚度。

在冰冻和气候干燥地区，无机结合料稳定土基层常常产生收缩裂缝。如果沥青面层直接铺于其上，会导致面层出现反射裂缝，可视面层种类不同在其间加设不同种类的一层粒料，或适当加厚面层。

（三）考虑层间结合及结构层的特点

路面设计时应使路面层间尽量紧密结合，以保证结构的整体性，避免产生层间滑移。因为层间结合是否紧密，对面层底面的拉应力有很大影响，常用结构中，滑动状态比连续状态的应力一般可大2～3倍。设计时应根据施工规范的有关规定，采用技术措施，加强层间结合。如：在高速公路，一级公路的沥青面层与半刚性基层之间设置联结层，以减轻或消除石灰类半刚性基层开裂而反射到面层。沥青面层由二层或三层组成时，若各层施工时间不连续，或在旧沥青面层上加铺新沥青路面时，应洒粘层沥青等。

柔性路面结构层通常是用密实级配、嵌挤以及形成板体等方式构成的。影响结构层构成的因素，除材料选择和施工工艺外，路面结构组合也是十分重要的。例如，沥青混凝土或热拌沥青碎石之类的高级面层与粒料基层或稳定土基层之间应设沥青碎石或沥青贯入式联结层；如嵌锁类或手摆石料，不能直接放在软弱土基上，其下应设底基层或垫层，才能保证这类路面的结构稳定性。

在进行路基路面综合设计时，要按照面层耐久、基层坚实、土基稳定的要求，贯彻因地制宜、合理选材、方便施工和利于养护的原则，以上所述结构组合原则，设计时必须进

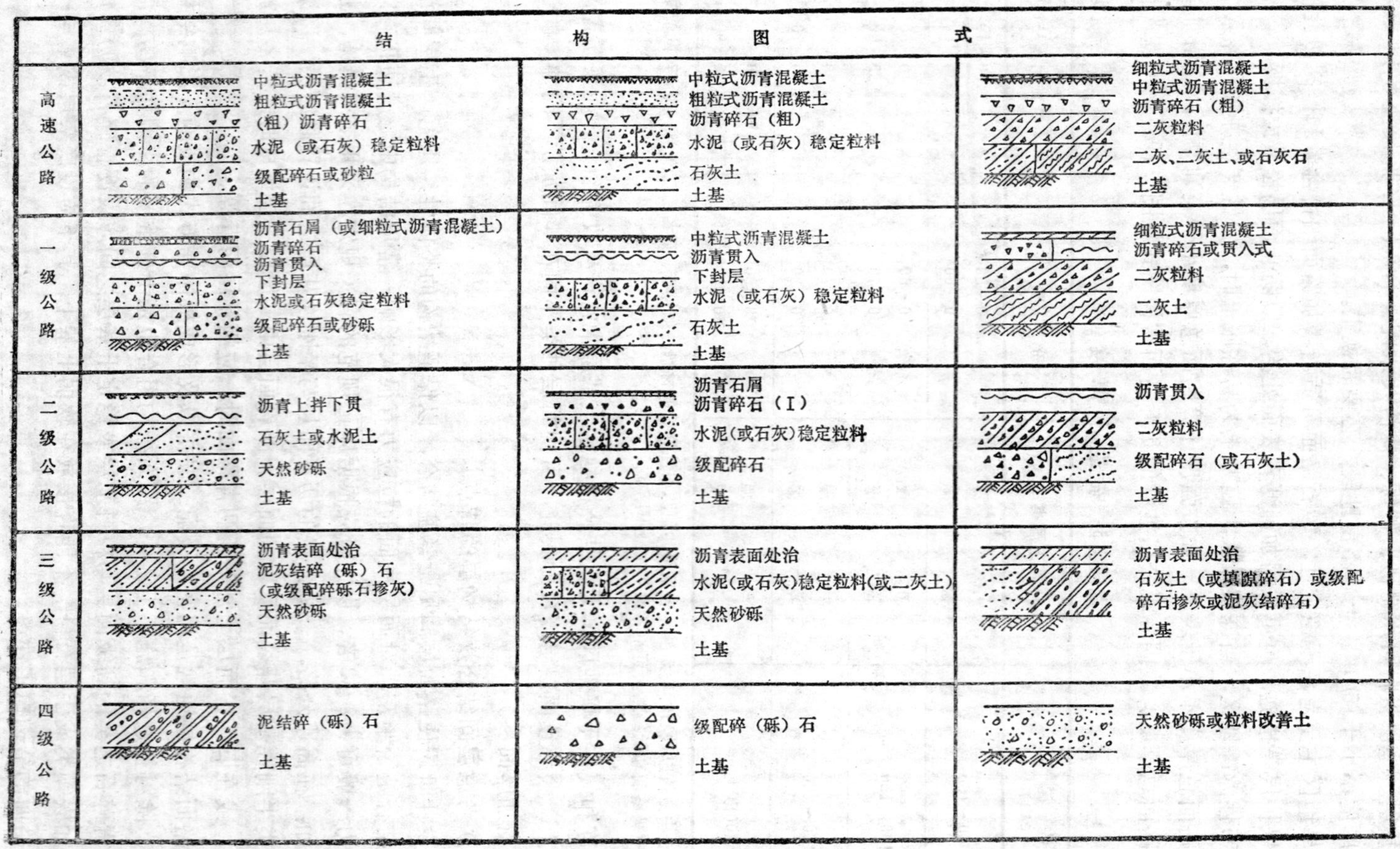

表头：结　构　图　式

公路等级	结构图式（一）	结构图式（二）	结构图式（三）
高速公路	中粒式沥青混凝土 粗粒式沥青混凝土（粗） 水泥（或石灰）稳定粒料 级配碎石或砂粒 土基	中粒式沥青混凝土 粗粒式沥青混凝土（粗） 沥青碎石（或石灰）稳定粒料 石灰土 土基	细粒式沥青混凝土 中粒式沥青混凝土 沥青碎石（粗） 二灰粒料 二灰土，或石灰土 土基
一级公路	中粒式沥青混凝土（或细粒式沥青混凝土） 沥青石屑 沥青贯入 下封层 水泥或石灰稳定粒料 级配碎石或砾 土基	中粒式沥青混凝土 沥青贯入 下封层 水泥（或石灰）稳定粒料 石灰土 土基	细粒式沥青混凝土 沥青碎石或砂贯入式 二灰粒料 二灰土 土基
二级公路	沥青表面处治 石灰土或水泥土 天然砂砾 土基	沥青石屑 沥青碎石（Ⅰ） 水泥（或石灰）稳定粒料 级配碎石 土基	沥青贯入 二灰粒料 级配碎石（或灰土） 土基
三级公路	沥青表面处治 泥灰结碎（砾）石（或级配碎石掺灰） 天然砂砾 土基	沥青表面处治 水泥（或石灰）稳定粒料（或二灰土） 天然砂砾 土基	沥青表面处治 石灰土（或填隙碎石） 碎石掺次泥灰结碎石 土基
四级公路	泥结碎（砾）石 土基	级配碎（砾）石 土基	天然砂砾或粒料改善土 土基

图 5-10　我国各级公路推荐的沥青路面结构图式

行多方案的技术经济论证，选出最佳路面结构方案。路面需要分期修建时，应选择适当的路面结构和各层厚度，使第一期工程能为第二期利用。

六、我国现行柔性路面的设计方法

（一）路面容许弯沉值和容许弯拉应力

1.标准轴载及当量轴次

前面提到的累计当量轴次是指同一轴载而言。但路上行驶车辆类型繁多，所以必须选定一种标准轴载，把不同类型轴型的作用次数换算为标准轴载作为次数。标准轴载计算参数见表5-9。

标准轴的计算参数   表 5-9

标　　准　　轴	BZZ—100	BZZ—60
标准轴载 P_H(kN)	100	60
单轮荷载 P(kN)	25	15
轮胎接地压强 p(MPa)	0.70	0.50
单轮传压面当量圆直径 d(cm)	21.30	19.50
当量圆半径 δ(cm)	10.65	9.75
两轮中心距 R_L(cm)	3δ	3δ

《公路柔性路面设计规范JTJ014—86》规定路面设计以双轮组单轴载 100kN和60kN为标准轴载,分别以BZZ—100、BZZ—60表示。高速公路、一级和二级公路采用BZZ—100重型标准,三级和四级公路可采用BZZ—60轻型标准。

凡轴载大于20kN的各级轴载（包括前、后轴）均可按下式换算为标准轴载。其换算公式如下：

$$N = \sum_{i=1}^{k} c_i n_i \left(\frac{p_i \cdot d_i^{1.5}}{p \cdot d^{1.5}} \right)^5 \tag{5-6}$$

或

$$N = \sum_{i=1}^{k} \frac{1}{c_i} n_i \left(\frac{P_i}{P} \right)^4 \tag{5-7}$$

式中　N——标准轴载的当量轴次（次/日）；

n_i——被换算的各级轴载作用次数（次/日）；

p——标准轴载轮胎的接地压强（MPa）；

p_i——被换算的各级轴载的接地压强（MPa）；

P——标准轴载（kN）；

P_i——被换算的各级轴载（kN）；

d——标准轴载单轮传压面当量圆直径（cm）；

d_i——被换算各级轴载单轮传压面当量圆直径（cm）；

c_i——被换算的各级轴载的轮组系数，双轮组为1，单轮组为0.25，四轮组（平板车）为4。

不同汽车的计算参数可查表5-10。

在柔性路面整个设计年限内，一个车道上累计当量轴次 N_e 可按下式计算：

$$N_e = \frac{[(1+r)^T - 1] \times 365}{r} \cdot N_1 \cdot \eta \tag{5-8}$$

或

$$N_e = \frac{[(1+r)^T - 1] \times 365}{r(1+r)^{T-1}} \cdot N_T \cdot \eta \tag{5-9}$$

序号	汽 车 名 称	出产国家	轮胎规格	总载重（kN）	后轴载重（kN）	后轴单轮荷载（kN）	后轴数	轮组系数	轮胎压强（MPa）	单个轮迹当量圆直径（cm）
1	解放牌CA10B	中国	9.00~20	80.25	60.0	15.00	1	1	0.5	19.5
2	解放牌CA30A	中国	12.00~18	103.0	73.5	18.38	2	0.25	0.35	25.9
3	解放牌CA340	中国	9.00~20	78.7	56.6	14.15	1	1	0.42	20.7
4	解放牌CA50	中国	9.00~20	92.9	69.2	17.30	1	1	0.7	17.7
5	北京牌BJ130	中国	6.50~16	40.75	27.2	6.80	1	1	0.42	14.4
6	东风牌EQ140	中国	9.00~20	92.0	69.3	17.325	1	1	0.5	21.0
7	黄河牌QD351	中国	11.00~20	145.65	97.2	24.30	1	1	0.7	21.0
8	黄河牌JN150	中国	11.00~20	150.6	101.6	25.40	1	1	0.7	21.5
9	黄河牌JN253	中国	11.00~20	187.0	132.0	16.50	2	1	0.7	17.3
10	上海牌SH130	中国	7.50~16	39.5	23.0	11.50	1	0.25	0.5	17.1
11	跃进牌NJ230	中国	9.75~18	48.5	30.3	15.20	1	0.25	0.4	22.0
12	跃进牌NJ130	中国	7.50~16	53.5	38.3	9.60	1	1	0.4	17.5
13	长征牌XD980	中国	11.0~20	182.4	72.65	18.16	2	1	0.6	19.6
14	交通牌SH141	中国	8.25~20	80.65	55.1	13.80	1	1	0.45	19.8
15	太脱拉138	捷克	10.00~20	211.4	160.0	20.00	2	1	0.6	20.6
16	太脱拉138S3	捷克	10.00~20	225.4	180.0	22.50	2	1	0.6	21.9
17	吉尔130	苏联	9.0~20	85.25	59.5	14.90	1	1	0.6	17.8
18	格斯51	苏联	7.50~20	53.5	37.5	9.40	1	1	0.35	18.5
19	菲亚特650E	意大利	8.25~20	105.0	71.0	17.80	1	1	0.60	19.4
20	斯可达706R	捷克	12.00~20	140.0	90.0	22.50	1	1	0.6	21.9
21	星牌20	波兰	8.25~20	72.5	48.8	12.20	1	1	0.45	18.6
22	日野KB211	日本	10.00~20	147.55	100.0	25.00	1	1	0.6	23.0
23	日野KF300D	日本	11.00~20	198.75	79.0	19.75	1	1	0.55	21.4

注：1.国产新车型或进口的其它车型的单轮传压面当量圆直径 d 值可用下式计算

$$d = \sqrt{\frac{40 \times p_{0i}}{\pi \times p_i}}$$

其中 p_{0i} 为后轴单轮荷载(kN)，p_i 为轮胎压强(MPa)。

2.轮胎规格栏中的单位为英寸。

式中　N_e——设计年限内一个车道上的累计当量轴次（次）；

　　　T——设计年限（年）；（取值见表5-11）；

　　　N_1——路面竣工后第一年的日平均当量轴次（次/日）；

　　　N_T——设计年限末年的平均当量轴次（次/日）；

　　　r——设计年限内交通量的平均年增长率（%）；应根据调查预测分析确定；

　　　η——车道系数，应根据调查分析结果论证确定，无资料或交通流量分布均匀时，

　　　　　可参照表5-6确定。

逐年增长的交通量大致符合几何级数的规律。交通量年平均增长率一般在8%～12%之间，通常在发达国家，大城市附近（或公路等级高），由于经济基础已具相当规模，交通量的基数较大，所以增长率 r 较小。对于发展中国家，新开发的经济区，一般 r 值较大，若干年后，r 值逐步下降，趋向稳定。

路面设计的类型与公路等级及路面等级相适应，还要考虑使用要求，同时要考虑设计年限内标准轴载在一个车道上的累计当量轴次，见表5-11。

公 路 等 级	路 面 等 级	面 层 类 型	设计年限 (年)	设计年限内一个车道上的累计当量轴次 (次)
高速公路 一、二级公路	高 级 路 面	沥青混凝土 热拌沥青碎石	15	$\geqslant 200 \times 10^4$
二 级 公 路	次高级路面	沥青上拌下贯式 沥青贯入式 热拌(冷拌)沥青碎、砾石	12	$50 \times 10^4 \sim 200 \times 10^4$
三 级 公 路	—	沥青表面处治	8	$10 \times 10^4 \sim 50 \times 10^4$
三、四级公路	中 级 路 面	泥结碎石 级配碎、砾石及其它粒料等	5	$3 \times 10^4 \sim 10 \times 10^4$
四 级 公 路	低 级 路 面	当地材料加固或改善土	5	$\leqslant 3 \times 10^4$

注：1. 设计年限内一个车道上累计当量轴次是以BZZ—100的标准轴载计。若按BZZ—60计时，则表中数字应乘以10。

2. 对有特殊使用要求的公路(国防或名胜游览区公路等)，其路面等级与面层类型的选择可不受本表限制。

2. 路面容许弯沉值计算

路面容许弯沉值L_R是在路面规定的设计年限末，最不利季节，在标准轴载累计轴次重复作用下，出现路面临界破坏状态时来确定。容许弯沉值L_R，是为防止沉陷、车辙、弹簧、网裂等因整体性强度不足所采用的指标。我国对公路沥青路面按外观特征分为五个类别，见表5-12。并把第四外观等级作为路面临界破坏状态，以第四等级路面的弯沉值的低限作为临界状态划分标准。大量调查表明，外观类别愈大，弯沉值愈大，路面的强度愈低。当路面外观状态达到第四等级时，若不及时补强而继续使用，将导致路面裂纹迅速发展，并产生严重的变形而趋于破坏阶段（第五等级）。弯沉值的大小同路面外观类别有着明显的联系，这样，便可确定路面处于不同极限状态的容许弯沉值，并将L_R同该路面使用期间内的累计当量轴次建立关系。国内外大量调查资料表明，容许弯沉值的大小与轴载大小及累计当量轴次有良好的双对数关系。即在一定轴载作用下，容许弯沉值越小，能承受累计轴载作用次数越多；反之，容许弯沉值就越大，承受的累计轴载作用次数就少。容许弯沉值可按下式计算：

$$L_R = \frac{11.0}{N_e^{0.2}} \cdot A_c \cdot A_s \qquad (5\text{-}10)$$

式中　L_R——路面容许弯沉值（mm），对沥青路面系指路面湿度为20℃时的值；

　　　A_s——公路等级系数，高速公路和城市快速路为0.85；一级公路和大城市主干路

路 面 外 观 状 态 的 类 型　　　　　　　表 5-12

类　　　别	路 面 状 态	路 面 外 观 特 征
一	好	坚实平整，无变形，无裂纹
二	较 好	平整无变形，少量发裂
三	中 等	平整无变形，少量纵向或不规则裂纹
四	较 坏	无明显变形，较多纵横向裂纹或局部网裂
五	坏	连片严重龟裂或伴有车辙、沉陷

为1.0；二级公路和大城市次干路及中小城市主干路为1.1，三级公路和大城市支路及中小城市次干路、支路为1.2。

A_2——面层类型系数，沥青混凝土和热拌沥青碎石为1.0；沥青贯入式为1.1；冷拌沥青碎石和沥青上拌下贯式为1.1；沥青表面处治为1.2；粒料类面层为1.3。

3.路面容许弯拉应力计算

路面结构层的容许弯拉应力，系指路面结构在行车荷载重复作用下达到疲劳临界状态时容许的最大弯拉应力。沥青混凝土、热拌沥青碎石路面及其它整体性基层的主要破坏是疲劳开裂，故在路面厚度设计时，要进行弯拉应力验算，路面结构层计算的弯拉应力σ_m应小于路面材料的容许弯拉应力σ_R，以防止在重复荷载作用下，过早的出现弯拉疲劳破坏。

容许弯拉应力σ_R按下列公式计算：

$$\sigma_R = \frac{S}{K_s} \qquad (5-11)$$

式中　σ_R——路面结构层材料的容许弯拉应力（MPa）；

S——材料的极限抗弯拉强度（MPa），对沥青混凝土系指15℃时的抗弯拉强度；对石灰土、二灰土等初期强度低的材料系指6个月龄期的抗弯拉强度；其它稳定性材料，均指3个月龄期的抗弯拉强度；

K_s——抗弯拉强度结构系数按下式计算：

对沥青混凝土面层为：

$$K_s = \frac{0.12}{A_c} \cdot N_e^{0.2} \qquad (5-12)$$

对整体性基层为：

$$K_s = \frac{0.40}{A_c} \cdot N_e^{0.1} \qquad (5-13)$$

抗弯拉强度结构系数K_s是根据室内疲劳试验和实际行车作用次数的关系，考虑一次静荷载与有效反复荷载关系等因素综合考虑而提出的。

（二）新建路面厚度计算

在两项指标的设计方法中将路面作为三层体系，既接近实际，且设计诺谟图使用便利。对于复层路面结构应采用当量换算公式，换算为三层体系。

这种设计方法的荷载图式乃是采用双圆垂直均布荷载图式，见图5-11。

1.以弯沉L_R为设计指标的路面厚度计算

（1）用弹性层状体系理论计算路面厚度。在柔性路面设计中，要求$L_R \geqslant L_s$（L_s最大实际弯沉值）。L_s最大实际弯沉值用弹性层状体系理论计算。

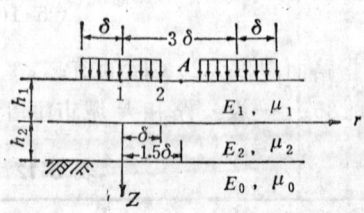

图 5-11　弹性三层体系计算图式

随着道路等级和基层强度的提高，"A"点和"1"点的最大弯沉值将越接近，目前取"A"点作为路表弯沉设计的计算点。

当计算体系为三层体系时，路表理论弯沉值L的表达式为：

150

$$L = \frac{2p\delta}{E_1}\alpha_L \qquad (5-14)$$

式中　　L——路表理论弯沉值（mm）；

　　　　p——标准轴载轮胎的接地压强（MPa）；

　　　　δ——标准轴载单轮传压而当量圆的半径（cm）；

　　　　α_L——理论弯沉系数；

　　　　E_1——路面面层材料的回弹模量值。

　　由于路面的力学性质和理论假定有偏差，且荷载图式与实际荷载作用不同。因而理论弯沉L与实测弯沉值L_s存在一定的差异。为了应用弹性层状体系理论进行计算，通过对比和分析，实测弯沉值L_s与计算的理论弯沉L分别表示为：

$$L_s = \frac{2p\delta}{E_1}\alpha_s \quad 与 \quad L = \frac{2p\delta}{E_1}\alpha_L$$

则综合修正系数为 $F = \dfrac{L_s}{L} = \dfrac{\alpha_s}{\alpha_L}$

　　综合修正系数F，可按下式计算

$$F = A_F\left(\frac{L_s \cdot E_0}{2p\delta}\right)^{0.33} \qquad (5-15)$$

式中　　A_F为随标准轴载变化系数。

　　　　对于BZZ—100　　$A_F = 1.47$

　　　　对于BZZ—60　　$A_F = 1.50$

　　在进行路面厚度计算时，取实际弯沉等于容许弯沉，即$L_s = L_R$。从而将5-15式中的L_s由L_R代替，求得F。（公式5-15系自双层体系路面试验得出，后来证实它同样适于三层体系路面）。故以弹性三层体系为计算体系的路面实际弯沉：

$$L_s = \frac{2p\delta}{E_1}\alpha_L F \qquad (5-16)$$

式中　　α_L——理论弯沉系数。$\alpha_L = f(h/\delta, \ H/\delta, \ E_0/E_2)$，从三层体系表面弯沉系数诺谟图5-12可知$\alpha_L = \alpha K_1 K_2$，其中$\alpha$、$K_1$、$K_2$均可由图5-12查得。

　　将$\alpha_L = \alpha K_1 K_2$代入（5-16）式，得：

$$L_s = \frac{2p\delta}{E_1} \cdot \alpha \cdot K_1 \cdot K_2 \cdot F \qquad (5-17)$$

　　路面设计中，如路面上层厚度h和中层厚度H都事先确定，则L_s可依式（5-17）计算确定。若确定上层厚度h后，根据h/δ、E_2/E_1、E_0/E_2及α_L值，即可从诺谟图5-12中求得H/δ值，从而求得H值，同理也可求得h值。

　　（2）当量厚度的换算。当设计的路面结构层为四层或四层以上时，可采用当量换算新法把多层路面结构换算为三层体系。在表面弯沉的当量厚度换算中，首先保持h_1、E_1、E_2、E_n不变，把第二层以下各层换算为相当于第二层E_2的当量层厚H，组成新的三层体系，见图5-13。

　　计算公式如下式：

$h = h_1$

$$H = \sum_{i=2}^{n-1} \sqrt[2.4]{\frac{E_i}{E_2}} = h_2 + h\sqrt[2.4]{\frac{E_3}{E_2}} + h_4\sqrt[2.4]{\frac{E_4}{E_2}} + \cdots\cdots h_{n-1}\sqrt[2.4]{\frac{E_{n-1}}{E_2}} \qquad (5-18)$$

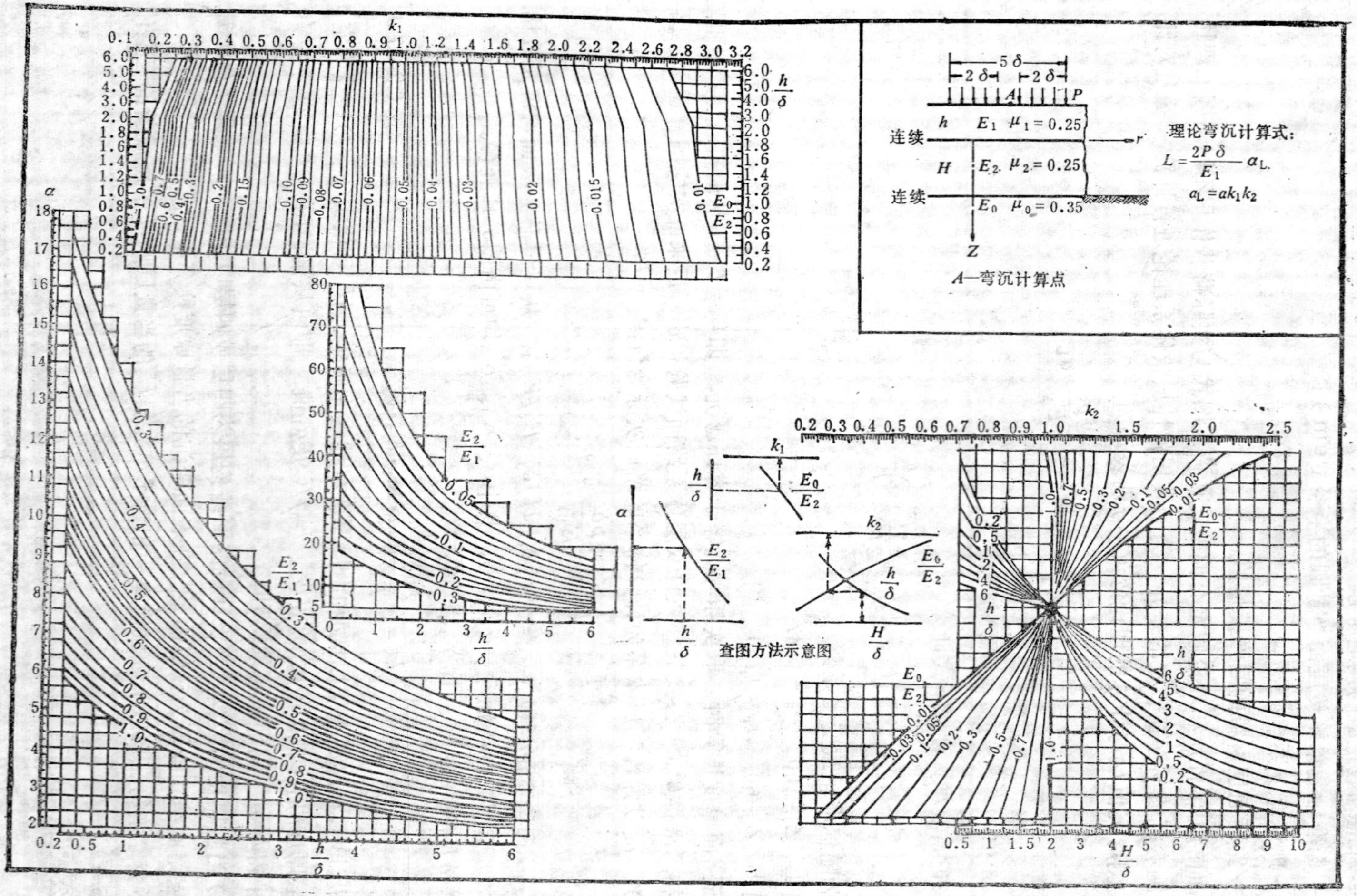

图 5-12 三层体系表面弯沉系数谱误图

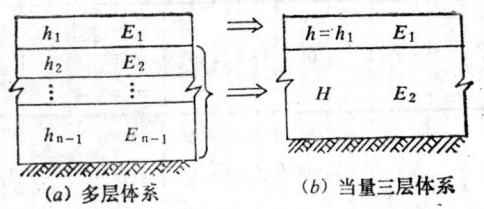

h_1	E_1		$h=h_1$	E_1
h_2	E_2			
⋮	⋮		H	E_2
h_{n-1}	E_{n-1}			

(a) 多层体系　　　　　(b) 当量三层体系

图 5-13　计算路表弯沉的换算图式

（3）土基和路面材料回弹模量的确定

①土基回弹模量值（E_0）的确定。路基土的回弹模量一般在现场用承压板法测定。换算法是指在一定条件下用不同方法对比测试土基强度特征值，并建立起较好的相关关系，设计时仅需实测其中某些参数，即可求出土基的某一特征值（略）。

设计新建路面时，路基尚未修建，无法实测。先根据当地土质和气候因素确定临界高度，缺乏资料时，可根据表5-5选用。再根据临界高度和土基设计时填挖高度的关系，判断土基干湿类型，然后按表5-5和表5-3论证求得平均相对含水量 $\dfrac{\overline{w}}{w_{y1}}$ 最后根据表5-13确定不同土组的土基回弹模量值。

②路面材料回弹模量值（E）的确定。以弯沉为设计指标的路面设计方法，对路面材料回弹模量可采用现场分层测定或整层测定方法确定。

分层测定法是先用弯沉仪测定路面表面回弹弯沉值，挖去路面材料，用承载板实测土基回弹模量值，最后根据计算确定路面材料回弹模量。计算时是根据已测定出的E_0，再用双层体系路表弯沉公式计算弯沉系数α_L，最后由已知的h/δ查双层体系弯沉系数诺谟图得E_0/E_1值，算得E_1值。

整层测定法是把欲测路面材料铺成全厚式结构，铺筑长度×宽度×厚度为$3×2×1$m的路面，路面材料按设计要求，正常施工方法铺筑，荷载根据路上通行车辆情况而定。用弯沉仪测定按要求布置23个测点的回弹弯沉值$L_{计}$，并按下式计算材料的回弹模量：

$$E_1 = \frac{2p\delta}{L_{计}}(1-\mu_1^2)\cdot\alpha \qquad (5-19)$$

式中弯沉系数α取0.712，μ_1取0.25。

实测法的详细测定方法可参阅《公路柔性路面设计规范JTJ014—86附录》。

在无法实测时，可参照表5-14的建议值选用(表中值以不利季节的实测资料为依据)。

2.路面层底的弯拉应力验算

（1）最大弯拉应力的计算。车轮荷载在整体性路面面层和基层底面产生的弯拉应力，用弹性层状体理论方法计算，当三层体系表面作用圆形垂直均布荷载时，如图5-14，最大弯拉应力σ_m的理论计算公式为：

$$\sigma_m = p\cdot\overline{\sigma}_m \qquad (5-20)$$

式中　$\overline{\sigma}_m$——理论最大弯拉系数，它是h/δ、H/δ、E_2/E_1，E_0/E_2的函数可由图5-15
　　　　(a)、(b)、5-16(a)、(b)）查得；

自然区划	E_0 土 组 / $\overline{w}/w_y$	0.45	0.50	0.55	0.60	0.65	0.70	0.75	0.80
II₁	粘 性 土		32.0	28.5	25.0	22.0	20.0	18.0	16.0
	粉 性 土		34.0	29.0	24.5	21.0	18.0	16.0	14.0
II₂	粘 性 土		35.0	30.0	26.0	23.0	21.0	19.0	
	粉 性 土		36.0	31.0	27.0	23.0	21.0	18.0	
II₂ₐ	粉 性 土		30.0	27.0	25.0	22.0	19.0	17.0	
II₃	砂 性 土		49.0	42.5	37.5	33.5	30.0	27.0	25.0
	粘 性 土		43.0	37.0	32.0	28.5	25.0	23.0	
	粉 性 土		39.5	34.0	29.0	25.5	23.0	20.0	
II₄	粘 性 土	57.0	48.0	40.0	35.0	30.0	27.0	24.0	
	粉 性 土	58.0	47.0	39.0	33.0	28.0	24.0	21.0	18.0
II₅	砂 性 土	69.0	61.0	54.5	48.5	44.5	40.5	37.5	34.5
	粘 性 土		53.5	45.0	39.0	34.0	30.0		
	粉 性 土		55.5	45.5	38.0	32.0	27.0	23.5	
II₅ₐ	粉 性 土		50.0	44.0	39.0	35.5	32.5	30.0	28.0
III₁	粉 性 土	83.5	64.0	50.5	40.5	33.0	27.5	23.0	
III₂	粉 性 土	54.0	47.5	41.0	35.0	30.0	26.0	23.0	21.0
	粘 性 土	53.5	47.0	42.0	36.0	33.0	28.5	25.0	23.0
	砂 性 土	69.0	63.0	57.0	52.0	48.0	45.0	42.0	39.0
III₃	粉 性 土	51.0	44.5	39.0	33.0	28.5	25.0	22.0	20.0
	粘 性 土	49.0	44.0	39.0	34.0	29.0	26.0	24.0	22.0
	砂 性 土	70.0	64.0	58.0	54.0	49.0	46.0	43.0	40.0
III₄	粉 性 土	79.0	61.0	48	38.5	31.5	26.0	22.0	
III₂ₐ	砂 性 土	71.8	65.0	59.0	54.0	50.0	46.0	43.0	41.0
IV₁，IV₁ₐ	砂 性 土		43.0	35.0	30.0	27.0	23.0	20.0	17.0
	粉 性 土		40.0	33.0	29.0	26.0	23.0	20.0	18.0
IV₂	粘 性 土		37.0	31.0	27.0	23.0	21.0	19.0	
	粉 性 土		53.0	45.0	38.0	34.0	30.0	27.0	24.0
V₄ （四川）	红壤粘性土		53.0	45.0	38.0	33.0	29.0	25.0	22.0
	红壤粉性土		42.0	35.0	29.0	25.0	21.0	18.5	16.0
VI₁	砂 性 土	79.0	74.0	69.5	66.0	62.0	59.5	57.5	55.0
	粘 性 土	51.0	46.5	44.5	41.0	38.0	35.5	32.5	29.5
	粉 性 土	51.0	48.0	42.5	39.0	36.0	34.0	32.5	
VI₁ₐ	砂 性 土	78.0	73.0	68.5	65	62.5	61.0	59.5	56.0
	粘 性 土	48.0	42.0	37.5	34.0	31.0	28.0	25.5	24.5
	粉 性 土	55.5	48.0	42.5	30.0	33.5	32.0	28.0	26.0
VI₂	粉 性 土	48.0	42.0	36.5	32.0	27.5	24.0	21.0	19.0

自然区划	E_0　$\overline{w}/w_y$ 土　　组	0.45	0.50	0.55	0.60	0.65	0.70	0.75	0.80
VI₂	粘 性 土	45.0	40.0	35.5	32.0	29.0	27.0	25.5	24.0
	砂 性 土	74.0	71.0	67.5	63.0	59.0	53.5	49.0	47.0
VI₃	砂 性 土	80.5	76.5	71.0	66.0	63.0	57.0	52.0	50.5
	粘 性 土	53.0	47.0	42.5	37.0	32.5	29.5	28.0	27.0
	粉 性 土	56.5	49.0	43.5	37.0	31.5	28.0	25.0	22.0
VI₄	砂 性 土	76.5	71.5	67.0	64.0	62.0	60.0	56.5	54.5
	粘 性 土	48.0	44.5	39.5	36.5	32.0	29.0	26.5	25.5
	粉 性 土	52.5	43.0	39.5	36.0	31.5	30.0	28.0	25.0
VI₄ᵃ	砂 性 土	79.0	74.0	69.5	65.0	63.0	57.0	51.5	49.5
	粘 性 土	52.0	46.0	41.0	37.5	34.5	32.0	29.5	28.0
	粉 性 土	58.5	51.0	45.5	41.0	35.5	32.0	29.5	26.0
VI₄ᵇ	砂 性 土	77.5	72.5	68.5	64.0	61.0	59.0	55.5	53.5
	粘 性 土	48.5	42.5	38.5	35.5	33.5	31.0	28.5	27.5
	粉 性 土	54.5	47.0	41.5	37.0	33.0	30.0	28.0	25.0
VII₁	砂 性 土	81.0	76.0	71.5	67.5	64.5	61.5	59.0	55.5
	粘 性 土	56.0	48.0	41.5	36.0	32.5	29.0	26.0	
	粉 性 土	63.5	53.0	45.0	39.0	34.0	30.0	26.0	
IV₂	粘 性 土		44.0	38.0	30.0	29.0	25.0	22.5	20.0
	粉 性 土		47.0	39.0	32.0	27.0	23.0	20.0	18.0
IV₄	砂 性 土	65	55.0	48.5	43.5	39.5	36.0	33.5	31.5
	粘 性 土		47.0	39.0	33.5	29.5	26.5	24.0	21.5
	粉 性 土		44.0	36.0	29.0	25.5	22.5	20.0	17.5
IV₅	砂 性 土	46.5	41.0	38.0	34.0	32.0	30.0	28.0	26.0
	粘性土（皖浙）		54.0	36.0	31.0	27.0	24.0	21.0	18.0
	粉性土（赣）		54.0	46.0	40.0	35.0	30.0	28.0	24.0
	粉 性 土		48.0	38.0	31.0	29.0	25.5	22.5	20.0
IV₆	砂 性 土	80.0	69.0	61.0	55.0	49.0	45.0	41.0	38.0
	粘 性 土		53.0	44.0	38.0	33.5	30.0	26.0	23.0
	粉 性 土		45.0	38.5	33.5	29.5	26.0	23.0	20.0
IV₆ᵃ	砂 性 土	75.50	65.5	57.0	51.0	46.0	41.5	38.5	35.5
	粘 性 土		49.5	41.0	35.5	31.0	27.5	25.0	22.0
	粉 性 土		54.0	44.5	36.5	31.0	27.5	24.0	21.0
IV₇	砂 性 土	85.0	73.0	65.0	58.0	53.0	47.0	43.0	40.0
	粘 性 土		47.5	40.0	35.0	30.0	26.5	23.0	22.0
	粉 性 土		52.0	43.0	36.0	31.0	26.5	23.0	20.0
V₁	粉 性 土	(53.0)	(48.0)	(43.0)	(37.0)	(32.0)	(27.0)	(23.0)	(20.0)
	粘 性 土	(54.0)	(49.0)	(44.0)	(38.0)	(33.0)	(28.0)	(24.0)	(21.0)
	砂 性 土	(69.0)	(64.0)	(58.0)	(54.0)	(50.0)	(47.0)	(44.0)	(41.0)

自然区划	E_0 $\overline{w}/w_y$ 土组	0.45	0.50	0.55	0.60	0.65	0.70	0.75	0.80
V_1、V_2、	紫色粘性土		40.0	34.0	30.0	26.0	24.0	21.0	19.0
	紫色粉性土		43.0	36.0	31.0	25.0	22.0	19.0	16.0
V_{2a}	黄壤类粘性土		44.0	38.0	33.0	30.0	26.0	24.0	21.0
	黄壤类粉性土		50.0	41.0	33.0	28.0	24.0	20.0	18.0
V_3	粘性土		44.0	38.0	33.0	30.0	26.0	24.0	21.0
	粉性土		50.0	41.0	33.0	28.0	24.0	20.0	18.0
	砂性土	77.5	72.5	67.0	63.0	60.0	57.0	55.0	53.0
VII_2	粘性土	48.5	41.0	35.5	32.5	30.0	27.5	25.5	
	粉性土	55.0	46.0	39.0	36.0	31.0	28.0	25.0	
	砂性土	74.0	70.0	66.0	62.0	58.0	55.0	52.0	50.0
VII_3	粘性土	42.0	37.0	33.0	30.0	27.0	25.0	23.0	22.0
	粉性土	46.0	40.0	35.0	32.0	28.5	26.0	24.0	23.0
VII_4	砂性土	77.0	71.0	67.0	63.0	60.0	57.0	54.0	52.0
	粘性土	41.0	36.0	32.0	29.0	26.0	24.0	21.0	
VII_{5a}	粉性土	52.0	44.0	38.0	34.0	30.5	27.5	25.0	
	砂性土	76	71.5	66.0	62.0	59.0	56.0	53.0	50.5
VII_5	粘性土	50.5	45.5	40.5	37.0	34.0	32.0	29.5	
	粉性土	57.0	50.0	44.0	40.0	36.0	33.0	30.0	

注：1.表中缺重粘土E_0资料,对于中湿路段可参照同区划粘性土的数值,对于干燥和潮湿路段可根据同区划粘性土E_0值,分别增减10%予以确定;($w_y = 6.5 + 0.66w_1$)

2.当采用重型压实标准时,根据不同情况表值可增加10~15%。

路面材料抗压回弹模量E_p（MPa）建议值   表 5-14

编号	材料名称	适用层位	$II_{1,2,3}$ (东北)	$II_{4,5}$ (华北)	III (黄土)	IV (华北、中南)	V (西南、中南)	VI、VII (西北)
1	沥青混凝土	面层	1000~1200	1000~1200	1000~1200	1000~1200	1000~1200	1000~1200
2	沥青碎石(热拌)	面层	700~900	700~900	700~900	700~900	700~900	700~900
3	沥青贯入式	面层	500~700	500~700	500~700	500~700	500~700	500~700
4	水泥稳定砂、砾	基层	400~500		300~400			
5	石灰土	基层	250~320	300~400	270~370	400~500		260~340
6	石灰粉煤灰砂砾或碎石	面层、基层	400~600	400~600	400~600	500~700	500~700	400~600
7	石灰碎(砾)石土	基层	300~400		280~380	350~450		260~360
8	石灰煤渣	基层	350~450			420~520		260~360
9	填隙碎石	基层	200~300					200~280 (西藏150~250)
10	泥结碎(砾)石	基层、面层	250 (干燥路段)	200~280	220~280	华北200~270 中南220~310	200~280	

编号	材料名称	适用层位	II 1,2,3 (东北)	II 4,5 (华北)	III (黄土)	IV (华北、中南)	V (西南、中南)	VI、VII (西北)
11	级配碎(砾)石	基层、面层	150					110~170
12	水泥、石灰稳定矿渣	基层、面层	400~500			230~300		
13	级配砾(碎)石灰土	基层	280~380		260~380	300~400		280~380
14	泥结(灰结)砾石	基层		220~300	240~300	300~400		200~300
15	级配砂砾	垫层	160~180			170~250	170~250	160~260 (西藏140~240)
16	天然砂、砾	垫层	110~140	110~170	100~150			150~250 (西藏110~180)

注：1.沥青混凝土中，细粒式取低值，中粒式取中值，粗粒式取高值。

2.非沥青类材料可视路段干湿状况(干燥、中湿、潮湿)，石灰或石料质量(I、II、III级)不同，分别取高值、中值、低值。

E_{s1}——上层材料的抗弯拉回弹模量（MPa）；

E_{s2}——中层材料的抗弯拉回弹模量（MPa）。

对四层及四层以上的路面结构计算最大弯拉应力时，计算层及计算层以上的结构层采用抗弯拉回弹模量 E_s，若计算层以上的各层结构中含有非整体性材料，其弯拉回弹模量值取抗压回弹模量 E，计算层以下各结构层，则均采用抗压回弹模量。规范规定：仅对沥青混凝土面层结构和整体性材料基层进行抗弯拉应力的验算，对沥青碎石、沥青贯入式、沥青表面处治均不进行验算。上拌下贯的路面结构，因上拌层较薄（一般小于4cm），可不验算弯拉应力。

我国路面一般厚度不大，面层底面最大弯拉应力产生在 Z 轴上如 图5-14（a），故验算上层底面的弯拉应力时，计算点为 B 点。中层底面最大弯拉应力通常产生在 $r=1.5\delta$ 处，故验算中层底面的弯拉应力时，计算点为 C 点，如图5-14(b)。

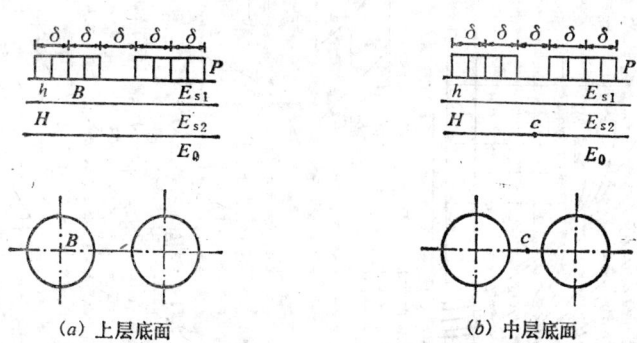

图 5-14　层底拉应力计算图式

判断各层间接触条件时，结合实际情况，可根据下述条件确定：

①沥青混凝土面层与其下面的沥青层，若连续施工，可作为连续接触，反之为滑动接触；

②沥青混凝土面层与非沥青类结构层之间均为滑动接触；

③稳定类材料结构层与粒料类材料结构层或土基之间均为连续接触。

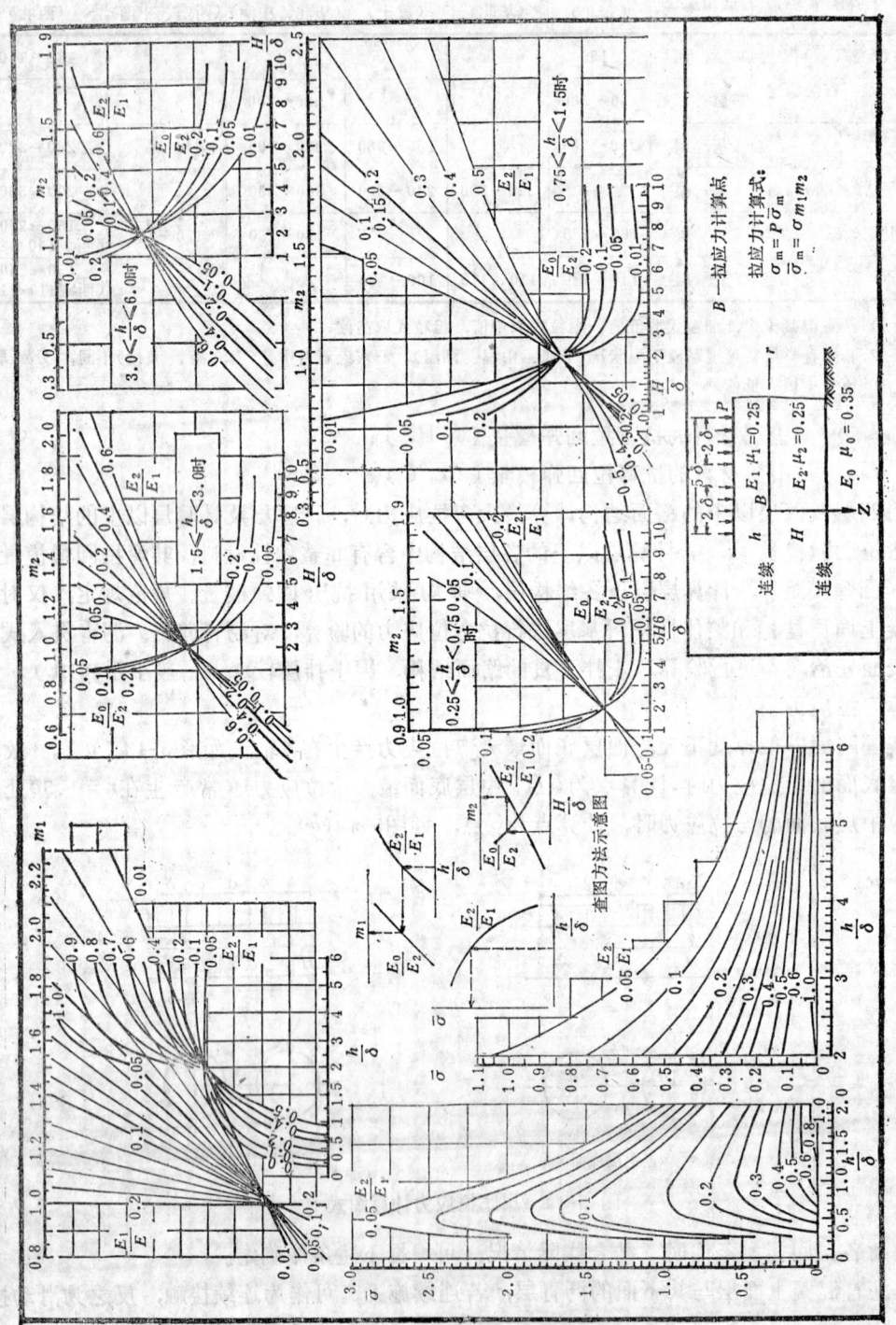

图 5-15(a) 三层体系上层底面应力系数诺谟图

158

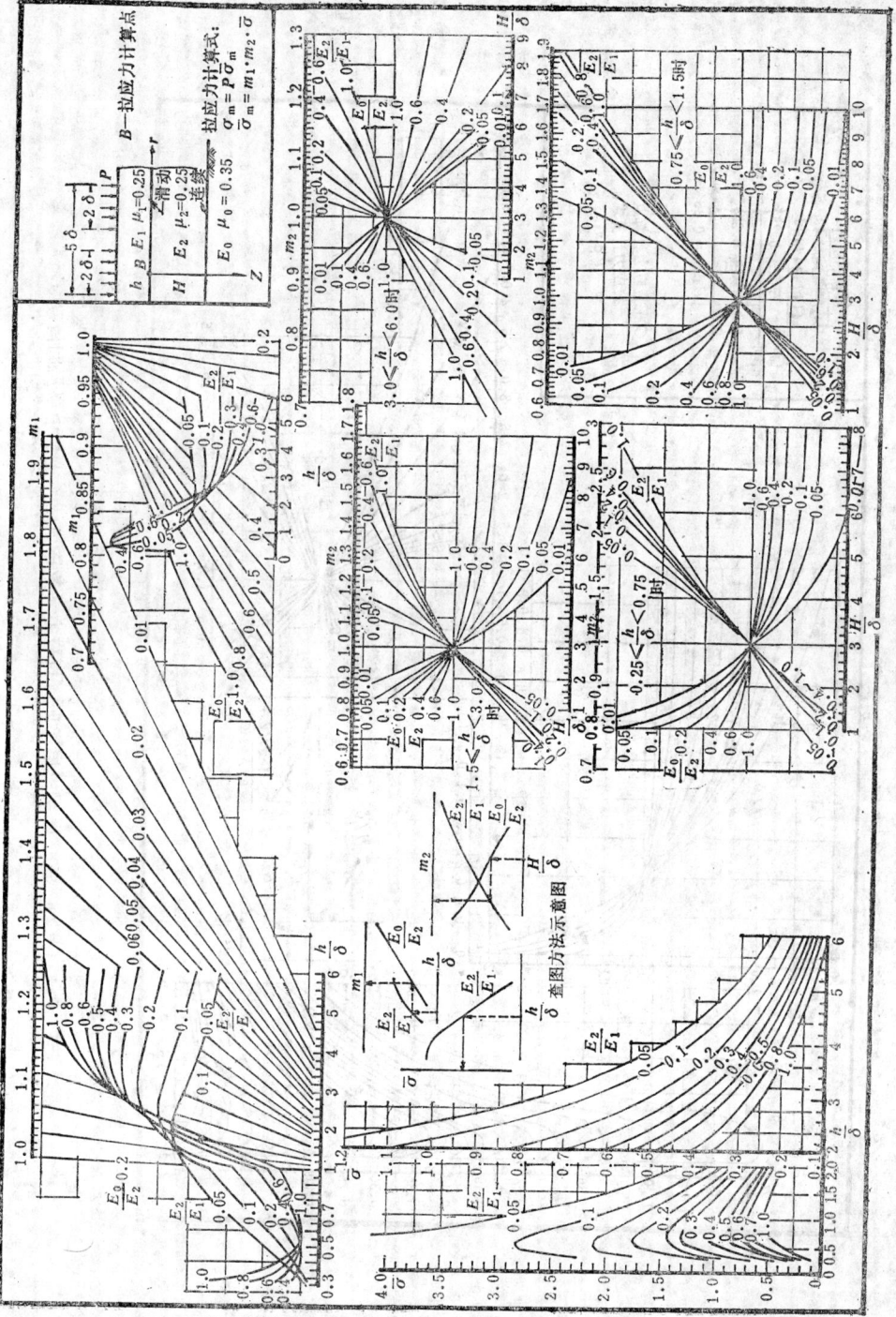

图 5-15(b) 三层体系上层底面拉应力系数诺谟图

759

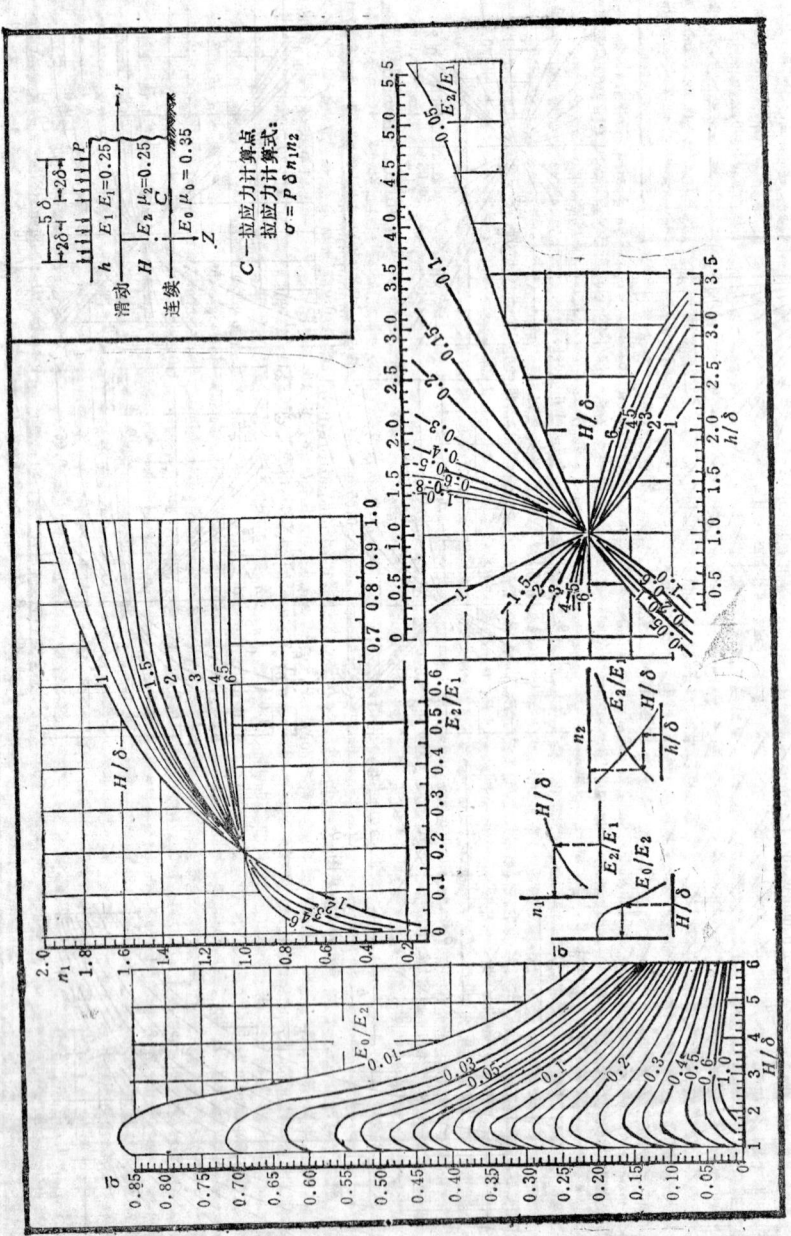

图 5-16(a)　三层体系中层底面弯拉应力系数诺谟图（上层中层层间滑动）

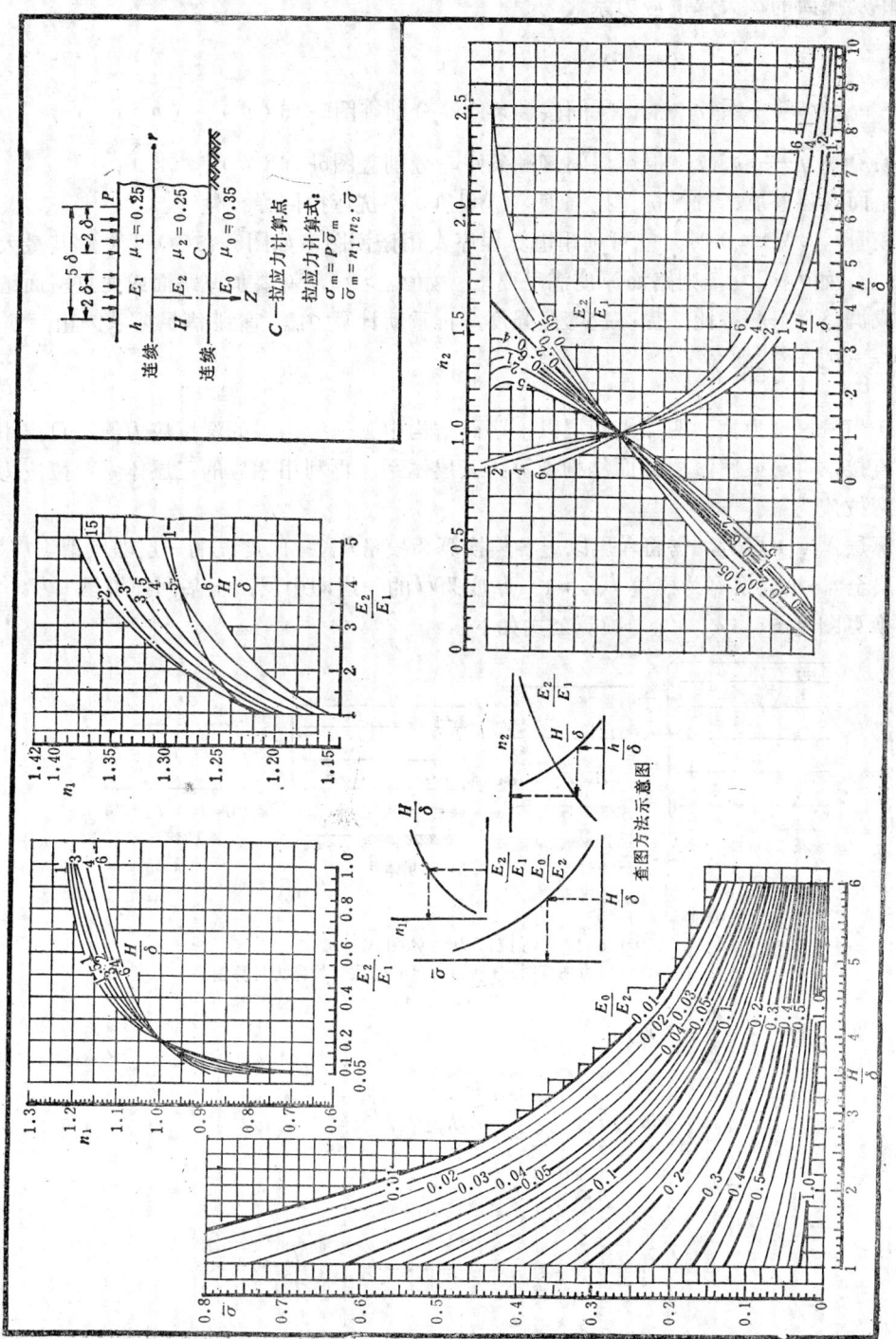

图 5-16(b)　三层体系中层底面拉应力系数诺谟图

对于上层底面的最大弯拉应力系数为：

$$\overline{\sigma_m} = m_1 \cdot m_2 \cdot \overline{\sigma}$$

（5-21）

对于中层底面的最大弯拉应力系数为：

$$\overline{\sigma_n} = n_1 \cdot n_2 \cdot \overline{\sigma}$$

（5-22）

式中 $m_1 \cdot m_2 \cdot \overline{\sigma}$ ——系数，根据层间接触条件，分别查图5-15（ a ）、（ b ）；

$n_1 \cdot n_2 \cdot \overline{\sigma}$ ——系数，根据层间接触条件，分别查图5-16（ a ）、（ b ）；

已知路面各层厚度、材料抗弯拉强度 S （MPa）、抗弯拉回弹模量 E_s （MPa）、及抗压回弹模量 E （MPa）时，就可利用电算程序或用诺谟图（如图5-15(a)）求 解其最大弯拉应力 σ_m ，如 $\sigma_m \leqslant \sigma_R$ ，则路面厚度满足要求。如 $\sigma_m > \sigma_R$ ，就要加厚路面或变更路面结构组合，或调整材料配合比，提高抗弯拉强度，再重新计算 σ_m ，直到满足要求为止，并应控制 $\left| \dfrac{\sigma_R - \sigma_m}{\sigma_R} \right| \leqslant 5\%$ 。

（2）当量厚度换算。四层或四层以上路面结构中某一结构层的弯拉应力值，可应用电算方法直接求得，或将多层路面结构换算为三层体系，再利用相应的三层体系弯拉应力诺谟图求弯拉应力。

当计算层 $X \neq 1$ 层时，需将 X 层以上各层换算为模量 E_{sx} 、厚度 h 的一层即所谓上层，将 $X+1$ 层至 $n-1$ 层换算为模量 E_{sx+1} 、厚度为 H 的一层即中层；土基回弹模量（ E_0 ）不变，其换算图见图5-17（ a ），换算公式如下：

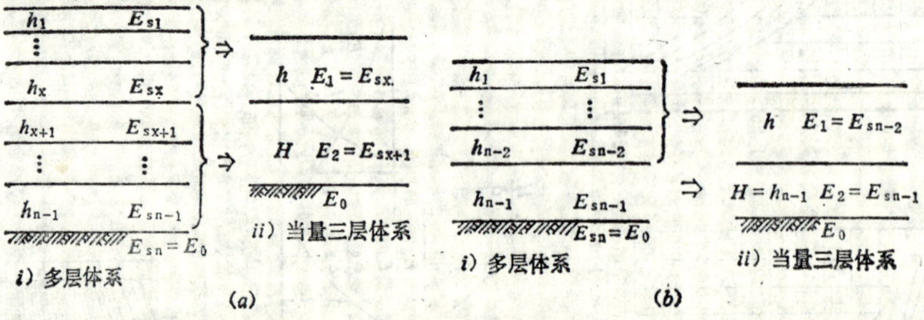

图 5-17 弯拉应力换算图式

（ a ） $x \neq n-1$ 时底面弯拉应力换算图式；（ b ）计算 $n-1$ 层弯拉应力计算图式

$$h = \sum_{i=1}^{x} h_i \sqrt[4]{\frac{E_{si}}{E_{sx}}}$$

$$= h_1 \sqrt[4]{\frac{E_{s1}}{E_{sx}}} + h_2 \sqrt[4]{\frac{E_{s2}}{E_{sx}}} + \cdots h_{x-1} \sqrt[4]{\frac{E_{sx-1}}{E_{sx}}} + h_x$$

（5-23）

$$H = \sum_{i=x+1}^{n-1} h_i \sqrt[0.9]{\frac{E_{si}}{E_{sx+1}}}$$

$$= h_{x+1} + h_{x+2} \sqrt[0.9]{\frac{E_{sx+2}}{E_{sx+1}}} + \cdots + h_{n-2} \sqrt[0.9]{\frac{E_{sn-2}}{E_{sx+1}}}$$

$$+ h_{n-1} \sqrt[0.9]{\frac{E_{sn-1}}{E_{sx+1}}}$$

（5-24）

当计算层 $x = n-1$ 时（即中层）， x 层以上各层换算为一层（即上层），其换算图式见图5-17（b）。其换算公式为：

$$h = \sum_{i=1}^{n-2} h_i \sqrt[4]{\frac{E_{si}}{E_{sn-2}}}$$

$$= h_1 \sqrt[4]{\frac{E_{s1}}{E_{sn-2}}} + h_2 \sqrt[4]{\frac{E_{s2}}{E_{sn-2}}} + \cdots + h_{n-3} \sqrt[4]{\frac{E_{sn-3}}{E_{sn-2}}} + h_{n-2} \qquad (5-25)$$

（3）路面材料弯拉强度和其抗弯拉回弹模量的确定。沥青混合料和路面整体性材料的抗弯强度和弯拉模量通常用梁式试件（尺寸见表5-15）；以三分点加载法（图5-18）试验确定。试验时的龄期和温度与抗压试验方法相同，其中对于沥青类材料，以15℃为准，相当于北方春融期和南方春雨期，此时中、下层强度低而沥青类模量尚大，形成对弯拉受力的不利季节。

标 准 梁 的 尺 寸　　　　　　　表 5-15

名　称	砂料最大粒径 (cm)	试件尺寸 (cm)	梁跨距 L (cm)	承压板支距 (cm)	标　距 (cm)
大　梁	2.5～3.5	15×15×55	45	15	12
中　梁	1.5～2.5	10×10×40	30	10	8
小　梁	小于1.5	5×5×24	15	5	4

材料极限抗弯拉强度（S）可用下式计算：

$$S = \frac{P_{max} \cdot L}{bh^2} \qquad (5-26)$$

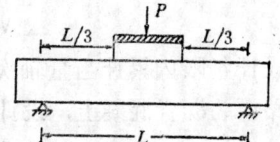

式中　P_{max}——破坏荷载（N）；

　　　b、h——梁试件的宽度和高度（cm）。

图 5-18　梁式试件三分点加载

抗弯拉强度和抗弯拉回弹模量的参考值见表5-16。对于沥青混合料，我国研究人员强调直接采用测定法，分别测得抗弯拉强度S、弯拉模量E_s、抗压模量等，再考虑温度和速度的影响。

材料抗弯拉强度和回弹模量建议值　　　　　表 5-16

材 料 名 称	抗弯拉强度 S (MPa)	弯拉回弹模量 E_s (MPa)
沥青混凝土	1.5	1500
沥青石屑	1.0	1800
沥青碎石	0.9	1500
水泥土	0.6	2800
水泥稳定砂砾	0.5	2800
石灰土	0.3	1200
石灰粉煤灰	0.5	1800
炉渣灰土	0.6	1300

3.结构设计示例

【例】 已知某城郊一级公路，四车道分道行驶，其中某路段经IV₂区，调查路基土为粉质土，地下水位为1m，路基填土高度为0.5m，近期交通量解放CA10B车1500辆/日，黄河JN150车120辆/日，日野KF300D车80辆/日，北京BK661铰接车式公共客车220辆/日，小汽车1200辆/日，年平均增长率8%，试进行路面设计计算。

【解】 （1）换算标准轴载的累计当量轴次

一级公路应采用BZZ—100标准轴载，将各种轴载作用次数换算成 标准 轴载 BZZ—100的当量轴次如下表5-17。

表 5-17

车 型		p_i (MPa)	d_i (cm)	C_i	$\left(\dfrac{p_i d_i^{1.5}}{p d^{1.5}}\right)^5$	n_i (辆/日)	换算为标准轴次 n_{bi} (次/日)
解 放 CA₁₀B	后 轴	0.50	19.5	1	0.0959	1500	143.9
	前 轴	0.50	16.1	0.25	0.0228	1500	8.6
黄 河 JN₁₅₀	后 轴	0.70	21.5	1	1.0726	120	128.7
	前 轴	0.70	21.1	0.25	0.9317	120	28.0
日 野 KF300D	后 轴	0.55	21.4	1	0.3102	80×2	49.6
	前 轴	0.55	21.7	0.25	0.3443	80	6.9
北 京 BK₆₆₁	后 轴	0.42	27.2	1	0.4866	220	107.1
铰 接 式	中 轴	0.42	25.0	1	0.2585	220	56.9
公 共 客 车	前 轴	0.35	35.7	0.25	1.5032	220	82.1

$$\sum n_{bi} = 612.4（次/日）$$

通车第一年的日平均当量轴次 N_1 为：

$$N_1 = \sum n_{bi} = 612.4（次/日）$$

求设计年限内累计当量轴次 N_e：

该路面为沥青混凝土，设计年限为15年，车道系数 $\eta = 0.5$

$$N_e = \frac{[(1+r)^T - 1] \times 365}{r} \cdot N_1 \eta$$

$$= \frac{[(1+0.08)^{15} - 1] \times 365}{0.08} \times 612.4 \times 0.5$$

$$= 303.46 \times 10^4（次）$$

因此铺沥青混凝土路面能满足要求。

（2）计算容许弯沉值

公路等级为一级公路，$A_c = 1.0$，面层类型选用沥青混凝土，$A_s = 1.0$。

$$L_R = \frac{11.0}{N_e^{0.2}} \cdot A_c \cdot A_s = \frac{11.0}{(303.46 \times 10^4)^{0.2}} \times 1.0 \times 1.0$$

$$= 0.56（mm) = 0.056（cm）$$

（3）确定土基回弹模量

由表5-5可知，粉质土，$H_1 = 1.7 \sim 1.9m$，$H_z = 1.2 \sim 1.3m$，而该路段 路槽 底距地下水位的距离为 $1.0 + 0.5 = 1.5m$，故土基处于中湿状态，取 $w_x = 0.70$，查表5-13得 $E_0 = 34MPa$。

（4）选择结构层并进行结构组合，确定路面材料的回弹模量

$h_1 = 6cm$	沥青混凝土（中粒式）
$h_2 = 12cm$	沥青碎石
$h_3 = ?$	石灰土
$h_4 = 20cm$	级配砂砾
	土基 $E_0 = 34MPa$

利用试验并结合查表论证地确定材料设计参数列入下表5-18

表 5-18

层次	材料名称	各层厚度(cm)	抗压回弹模量E(MPa)	抗弯拉回弹模量E_s(MPa)	极限抗弯拉强度S_l(MPa)
1	沥青混凝土	6	1200	1500	1.5
2	沥青碎石	12	800		
3	石灰土	?	500	1200	0.3
4	级配砂砾	20	250		
5	土基		34		

（5）按容许弯沉值计算路面厚度

①将所拟定的路面结构换算成当量的三层体系

$h_1 = 6\text{cm}$	$E_1 = 1200$
$h_2 = 12\text{cm}$	$E_2 = 800$
$h_3 = ?$	$E_3 = 500$
$h_4 = 20\text{cm}$	$E_4 = 250$
土基	$E_0 = 34$

$h = 6\text{cm}$	$E_1 = 1200$
$H = ?$	$E_2 = 800$
土基	$E_0 = 34$

②计算综合修正系数

$$F = A_F \left(\frac{L_s E_0}{2p\delta} \right)^{0.88} \quad \text{设计时取} L_s = L_R$$

$$= 1.47 \left(\frac{0.056 \times 34}{2 \times 0.7 \times 10.65} \right)^{0.88} = 0.67$$

③计算α_L

$$\alpha_L = \alpha K_1 K_2 = \frac{L_R E_1}{2p\delta F} = \frac{0.056 \times 1200}{2 \times 0.7 \times 10.65 \times 0.67} = 6.73$$

④计算h_3的厚度

查图5-3-9，

由$h/\delta = 6/10.65 = 0.563$ $E_2/E_1 = \dfrac{800}{1200} = 0.66$，查得 $\alpha = 7.1$

由$h/\delta = 0.563$，$E_0/E_1 = 34/800 = 0.043$查得$\alpha = 1.1$

∵ $\alpha_L = \alpha K_1 K_2$

∴ $K_2 = \dfrac{\alpha_L}{\alpha K_1} = \dfrac{6.73}{7.1 \times 1.1} = 0.862$

由$K_2 = 0.862$，$h/\delta = 0.563$，$E_0/E_2 = 0.043$，查得$H/\delta = 2.7$

∴ $H = 2.7 \times 10.65 = 28.76$（cm）

又∵ $H = h_2 + h_3 \sqrt[24]{\dfrac{E_3}{E_2}} + h_4 \sqrt[24]{\dfrac{E_4}{E_2}}$

$$28.76 = 12 + h_3 \sqrt[24]{\frac{500}{800}} + 20 \sqrt[24]{\frac{250}{800}}$$

$$= 12 + 0.822 h_3 + 12.32$$

$$\therefore \quad h_3 = 5.4 \text{（cm）}$$

石灰土结构层最小厚度为15cm，故取$h_3 = 15$cm。

（6）验算弯拉应力

① 求抗弯拉强度结构系数

沥青混凝土：$K_s = \dfrac{0.12}{A_c} \times N_e^{0.2}$

$$K_s = \frac{0.12}{1.0}(303.46 \times 10^4)^{0.2} = 2.38$$

石灰土：$\quad K_s = \dfrac{0.4}{A_c} \times N_e^{0.1} = \dfrac{0.4}{1.0} \times (303.46 \times 10^4)^{0.2}$

$$= 1.78$$

② 计算容许弯拉应力

沥青混凝土：

$$\sigma_R = \frac{s}{K_s} = \frac{1.5}{2.38} = 0.63 \text{（MPa）}$$

石灰土：

$$\sigma_R = \frac{s}{K_s} = \frac{0.3}{1.78} = 0.17 \text{（MPa）}$$

③ 验算沥青混凝土面层底面的弯拉应力。

沥青混凝土面层与沥青碎石采用连续施工，先将五层体系按公式换算成三层体层

$h_1 = 6$cm	$E_{s1} = 1500$	
$h_2 = 12$cm	$E_{s2} = 800$	连续 $\quad h = 6$cm $\quad E_1 = 1500$
$h_3 = 15$cm	$E_{s3} = 500$	$\qquad H = ? \qquad E_2 = 800$
$h_4 = 20$cm	$E_{s4} = 250$	连续 $\quad$ 土基 $\quad E_0 = 34$
土基	$E_0 = 34$	

$$H = 12 + 15\sqrt[0.9]{\frac{500}{800}} + 20\sqrt[0.9]{\frac{250}{800}} = 34.5 \text{(cm)}$$

查图5-15（a）

由$h/\delta = 6/10.65 = 0.563$ $\quad E_2/E_1 = \dfrac{800}{1500} = 0.53$，查得 $\overline{\sigma} < 0$

$$\therefore \quad \sigma_m = pm_1m_1\overline{\sigma} < 0 \text{ 是压应力。}$$

故沥青混凝土底面不会产生拉应力，不必验算。

沥青碎石不作弯拉应力验算

④ 验算石灰土底面的弯拉应力

Ⅰ）先将五层体系换算成三层体系如下图：

$h_1 = 6$cm	$E_{s1} = 1500$	
$h_2 = 12$cm	$E_{s2} = 800$	$\Rightarrow$
$h_3 = 15$cm	$E_{s3} = 1200$	连续 $\quad h = ? \quad E_1 = 1200$
$h_4 = 20$cm	$E_{s4} = 250$	$\qquad H = 20 \quad E_2 = 250$
土基	$E_0 = 34$	连续 $\quad$ 土基 $\quad E_0 = 34$

Ⅱ）计算换算后的三层体系：

$$h = 6 \times \sqrt[4]{\frac{1500}{1200}} + 12\sqrt[4]{\frac{800}{1200}} + 15 = 32.2 \text{（cm）}$$

Ⅲ）计算层底弯拉应力：

查图5-15（a）

由 $h/\delta = \dfrac{32.2}{10.65} = 3.02$，$\dfrac{E_2}{E_1} = \dfrac{250}{1200} = 0.21$查得$\overline{\sigma} = 0.28$

由$h/\delta = 3.02$，$E_2/E_1 = 0.21$，$E_0/E_2 = \dfrac{34}{250} = 0.136$，查得 $m_1 = 1.04$，

由 $H/\delta = \dfrac{20}{10.65} = 1.878$，$E_0/E_2 = 0.136$，$E_2/E_1 = 0.21$，查得 $m_2 = 1.05$

则　$\sigma_m = p\overline{\sigma}m_1 m_2$

　　　$= 0.7 \times 0.28 \times 1.04 \times 1.05 = 0.2（\text{MPa}）> \sigma_R = 0.17（\text{MPa}）$不满足要求，

Ⅳ）改变计算层厚度重新设计

由于$H/\delta = 1.88$，$E_2/E_1 = 0.21$，$E_0/E_2 = 0.136$故$m_2 = 1.05$，

按$\sigma_R = 0.17$控制，则

$$\overline{\sigma}m_1 = \frac{\sigma_R}{pm_2} = \frac{0.17}{0.7 \times 1.05} = 0.23$$

因$\overline{\sigma}$图和m_1图中都有未知数h，故需经过试算选定一个h值，使$\overline{\sigma} \cdot m_1 = 0.23$，此时的$h_3$即为所需的计算层厚度。

由于$E_2/E_1 = 0.21$，$h/\delta = 3.5 \sim 6.0$区间基本上是水平的，$m_1 = 1.04$，故$\overline{\sigma} = \dfrac{0.23}{1.04} = 0.22$

由$\overline{\sigma} = 0.22$，$E_2/E_1 = 0.21$，反查$h/\delta = 3.8$

$\therefore \quad h = 3.8 \times 10.65 = 40.47（\text{cm}）$

又　　　　$h = h_1\sqrt[4]{\dfrac{E_{s1}}{E_{s3}}} + h_3\sqrt[4]{\dfrac{E_{s2}}{E_{s3}}} + h_3$

　　　　　$= 6 \times \sqrt[4]{\dfrac{1500}{1200}} + 12 \times \sqrt[4]{\dfrac{800}{1200}} + h_3$

$\therefore \quad h_3 = 23.3（\text{cm}）$　取23cm

施工可分两层铺设，上层10cm厚，下层13cm厚。

7.决定采用的路面结构如下图

沥青混凝土	$h_1 = 6\text{cm}$
沥青碎石	$h_2 = 12\text{cm}$
石灰土	$h_3 = 23\text{cm}$
级配砂砾	$h_4 = 20\text{cm}$
土基	

（三）路面设计程序

（1）根据设计任务书的要求，计算设计年限内一个车道上标准轴载的累计当量轴次，确定路面等级和选择面层类型，并计算容许弯沉值，

（2）根据路基土组和干湿类型将设计路段划分为若干段进行设计，确定路段的土基回弹模量。

（3）根据路面强度要求，当地材料供应情况和施工条件等因素进行结构组合设计，并确定路面材料的抗压回弹模量E、抗弯拉强度S、抗弯拉回弹模量E_s值。

（4）根据容许弯沉值L_R计算路面厚度，并验算其弯拉应力能否满足容许弯拉应力（对于需要验算弯拉应力的路面结构），直到满足要求为止。

（5）在季节性冰冻地区的沥青路面应进行防冻层厚度验算。

（6）最后对拟定的几种路面结构组合方案进行技术经济比较。

上述程序可用框图表示（见图5-19）。

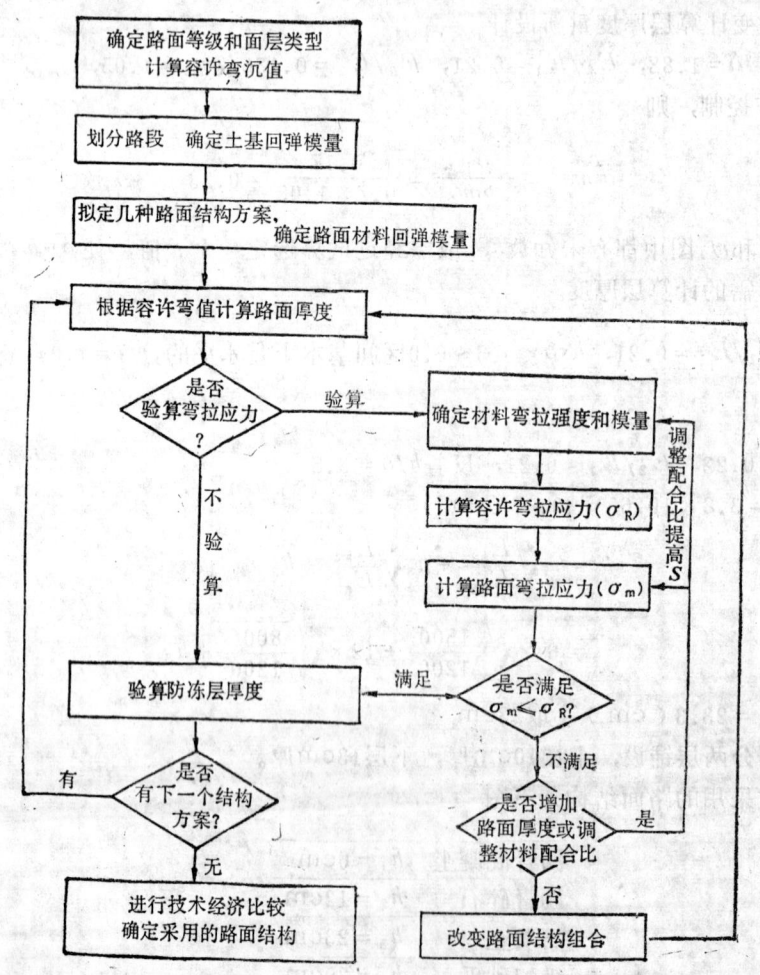

图 5-19　路面设计程序框图

第四节　柔性路面补强设计

柔性路面随着使用时间的延续，其使用性能、承载能力不断下降，超过设计年限后，随着交通量的增大，原有路面必需补强或改建，以提高其强度，改善其稳定性。路面补强工作包括现在路面结构状况调查、弯沉评定以及补强厚度计算。

一、原有路面补强厚度计算

我国公路工作者通过大量的研究和工程实践，总结出一套比较完善的以路面弯沉值为整体强度指标的原有路面补强设计方法——三参数经验公式（经验法）。该方法主要是通过铺筑各种类型的补强试验路段，并测定补强前后的路面弯沉值，用数字统计方法建立补强前后的弯沉值 L_0、L_R 与补强厚度 h 的关系，其关系式为：

$$\psi \frac{h}{\beta} = L_R^m \left(\frac{L_0}{L_R} - 1 \right)^n \qquad (5-27)$$

式中　h ——补强层厚度（cm）；

β ——补强层材料参数（见表5-19）；

补强层材料参数 β 建议值　　　　表 5-19

序号	材料名称	$II_{1,2,3}$ （东北）	$II_{2,4}$ （华北）	III （黄土）	IV （华东、中南）	V （中南、西南）	$VI \; VII$ （西北）
1	沥青混凝土	8~9	8~9	8~9	8~9	8~9	8~9
2	沥青碎石(热拌)	9~11	9~11	9~11	9~11	9~11	9~11
3	沥青贯入式	12~14	12~14	12~14	12~14	12~14	12~14
4	水泥稳定砂砾	16~18	—	16~18	—	—	—
5	石 灰 土	18~21	17~19	17~19	15~17	16~19	16~19
6	石灰煤渣	16~18	—	17~19	15~17	—	15~18
7	石灰碎砾石土	17~19	—	17~19	16~18	17~19	15~18
8	级配碎砾石土	17~20	—	17~19	17~19	—	15~18
9	泥灰结碎砾石	—	19~22	20~22	17~19	18~21	19~23
10	填隙碎石	19~23	—	19~23	—	—	20~22
11	泥结碎石	21	20~23	19~21	19~22	20~23	—
12	级配砂砾	25~27	—	24~28	22~26	22~26	22~34
13	天然砂砾	28~33	26~32	28~34	26~32	26~32	22~34
14	二灰碎砾石	—	—	—	12~14	12~14	—
15	水泥石灰稳定矿渣	12~19	—	—	—	—	—

注：①应根据材料质量、施工工艺和路基干湿状况合理选用，一般干燥路段取低值，潮湿路段取高值。

②表列空白处，可参考邻区建议值，或根据 $h = \beta L_R^{-0.25} \left(\frac{L_0}{L_R} - 1 \right)^{0.35}$ 关系式，铺试验路确定。

③ 本表录自《公路柔性路面设计规范》（JTJ 014—86）附录。

L_R ——路面加铺补强后的容许弯沉值（mm）；

L_0 ——原有路面的计算弯沉值（mm）；

m、n ——参数，一般依次采用 -0.25 和 0.35；

ψ ——荷载系数，BZZ—60级为1.0；

　　　　BZZ—100级为0.8。

将以上参数代入式（5-27）中，故可写为：

$$\psi\frac{h}{\beta} = L_{\overline{R}}^{0.25}\left(\frac{L_0}{L_R} - 1\right)^{0.35} \tag{5-28}$$

实际路面补强时，通常不超过两层，在需要设置两层补强层时，其计算公式如下：

$$\psi\left(\frac{h_1}{\beta_1} + \frac{h_2}{\beta_2}\right) = L_{\overline{R}}^{0.25}\left(\frac{L_0}{L_R} - 1\right)^{0.35} \tag{5-29}$$

式中　　h_1、h_2——分别为第一层、第二层补强层的厚度（cm）；

β_1、β_2——分别为第一层、第二层补强层的材料参数。

其余符号意义同前。

图5-20为补强层设计图。

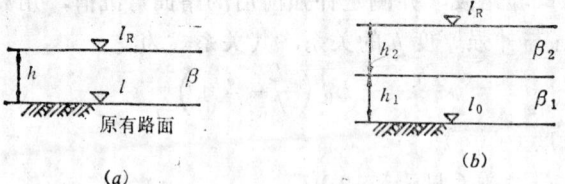

图 5-20　补强层计算图式
(a)单层补强；(b)双层补强

原有路面单层补强，可利用公式5-28算得补强厚度 h。也可查图（如图5-21）计算。二层补强厚度计算，可先拟定一个厚度h_1或（h_2），即可利用上式计算 出 另一层 厚度 h_2（或h_1）。

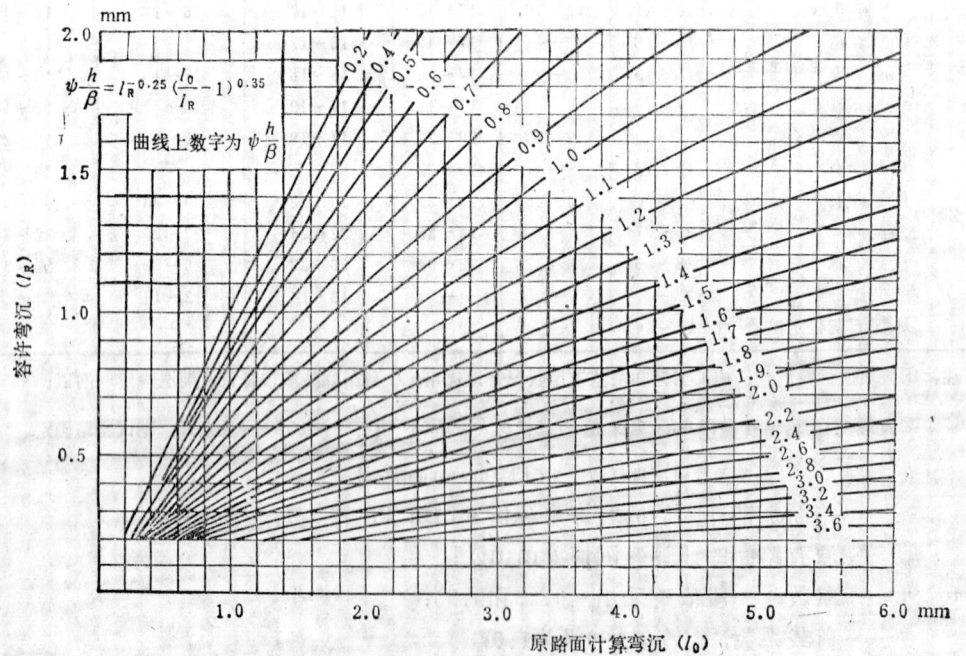

图 5-21　旧路补强计算诺模图

容许弯沉值确定同第三节所述，下面讨论原有路面的计算弯沉值L_0及材料参数β。

二、原有路面弯沉评定

路面结构强度的评定，我国目前采用测量路表轮隙回弹弯沉的方法。即用标准轴载汽车按规定方法采用杠杆式弯沉仪（图5-22）在现场测量路面回弹弯沉值，再用数学方法加工确定原有路面计算弯沉值L_0。

1.回弹弯沉值的测定

用弯沉仪，采用前进卸荷测量回弹弯沉值（以下简称弯沉值）。采用黄河JN150汽车代替BZZ—100解放CA10B汽车代替BZZ—60。测量时将试验车驶到测点位置，然后在汽车一侧后轮的两轮胎间隙中间点稍前的部位安置弯沉仪测头，并调整百分表使小针读数5mm左右，记下初始读数d_1，然后将汽车驶至下一测点（距上一测点≥5m），再读记百分表读数d_2，得测点的实测弯沉值为：

$$L_i = 2(d_1 - d_2) \times \frac{1}{100} \text{mm} \tag{5-30}$$

对测定弯沉值统计时，测定结果一般符合正态分布规律，因此，可采用数理统计法计算路段平均实测弯沉值l_0和均方差σ，计算公式为：

$$\overline{L}_0 = \frac{1}{n} \sum_{i=1}^{n} L_i \tag{5-31}$$

式中 n ——测点数。

$$\sigma = \sqrt{\frac{\Sigma(L_i - \overline{L}_0)}{n-1}} \tag{5-32}$$

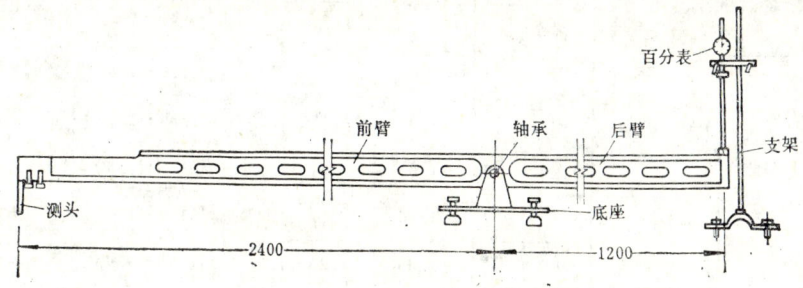

图 5-22 杠杆式弯沉仪构造示意图

2.计算所测路段的计算弯沉值$\overline{L}_0$

原有路面受到各种因素的影响，全线路面强度不一，实测时将全线分为若干段，一般路段长度不小于500m，机械化施工时不小于1km，测点不少于20点。为了利用测得的众多的弯沉值评定一段路的路面强度，更符合原路实际情况，需将有代表的弯沉值进一步修正。应考虑不利季节对路基的影响，砂石路面加铺沥青层后，路基、基层湿度增加，以及原路面为沥青路时实测弯沉因温度变化而不同。按统计学原理，并考虑一定保证率，得各路段的计算弯沉值l_0的计算公式：

$$\overline{L}_0 = (\overline{L}_0 + \lambda\sigma)K_1 \cdot K_2 \cdot K_3 \tag{5-33}$$

式中 $\overline{L}_0$ ——各路段实测弯沉值的算术平均值（mm）；

$\overline{L}_0$ ——所测路段原有路面的计算弯沉值（mm）；

λ ——保证率系数，二级公路为2.0；三级公路为1.5；四级公路为1.3；

表 5-20

自然区划	省市名称	路面类型	路基干湿类型	K_1 建 议 值			附 注
				不 利	过 渡	干 燥	
VI₃	湖 南	砂 石	中	1.0	1.6	1.8	用于粉性土土基
			湿	1.0	1.4	1.5	
		沥 青	干	1.0	1.1	1.2	用于粘性土土基
			中	1.0	1.2	1.3	
			湿	1.0	1.15	1.25	
			干	1.0	1.2	1.3	用于粉性土土基
			中	1.0	1.3	1.4	
VI₅			湿	1.0	1.25	1.35	
IV₇	浙 江	砂 石	干		1.0~1.15	1.2~1.4	
			中	1.0	1.0~1.1	1.15~1.35	
			湿	1.0			
		沥 青	干	1.0	1.1~1.35	1.15~1.6	
			中	1.0	1.0~1.1	1.1~1.2	
			湿	1.0			
IV₂	安 徽	砂 石	干	1.0~1.05	1.1~1.2	1.2~1.3	
			中	1.0~1.05	1.15~1.25	1.25~1.35	
			湿	1.0~1.05	1.1~1.2	1.2~1.3	
		沥 青	干	1.0~1.05	1.1~1.2	1.2~1.3	
			中	1.0~1.05	1.25~1.35	1.35~1.45	
			湿	1.0~1.05	1.15~1.25	1.25~1.35	
IV₇	广 东	砂 石	干	1.0	1.1~1.3	1.25~1.45	用于粉性土
			中	1.0	1.2~1.4	1.4~1.6	
			湿	1.0	1.2~1.4	1.3~1.5	
		沥 青	干	1.0	1.1*	1.2	用于砂性土
			中	1.0	1.1*	1.2*	
			湿	1.0	1.1*	1.2*	
IV₆			干	1.0	1.1~1.2	1.1~1.3	用于粉性土
			中	1.0	1.1~1.2	1.1~1.3	
			湿	1.0	1.1~1.2	1.1~1.3	

σ——弯沉值的均方差;

K_1——季节影响系数,当弯沉不能在最不利季节测量时, 应换算为不利 季节弯沉值,乘以K_1值。K_1值查表5-20取用,也可根据本地经验选用;

K_2——西北及黄土地区考虑自然条件特殊性的湿度影响系数,K_1值可查 表5-21取用,也可根据本地经验选用;其它地区不予考虑;

K_3——温度修正系数,若原有路面为沥青层,厚度大于3cm时,所测的弯沉值应进行修正。当无资料时,可按以下方法进行。

湿 度 影 响 系 数 K_2 建 议 值　　　　　表 5-21

自 然 区 划	路基干湿类型	路 面 材 料 水 稳 性		附　　　　注
		好	差	
III₁	干	1.0	1.0~1.1	
	中	1.1~1.2	1.1~1.3	
	湿	1.2~1.4	1.35~1.5	
III₂	干	(1.0~1.1)	1.1~1.15	
	中	1.1~1.3	1.15~1.35	
	湿	1.3~1.5	1.35~1.55	
III₃	干	(1.0~1.15)	1.1~1.2	
	中	(1.15~1.35)	1.2~1.4	
	湿	1.35~1.55	1.4~1.6	
VI₁ VI₁₂	干	1.0~1.1	1.1~1.2	在内蒙建议值和宁夏实测值基础上调整
	中	1.1~1.2	1.2~1.3	
	湿	1.2~1.4	1.3~1.5	
VI₂	干	(1.0~1.2)	1.1~1.25	
	中	1.2~1.4	1.25~1.5	
	湿	1.4~1.6	1.5~1.7	
VII₂	干	1.0~1.1	1.1~1.2	根据西藏实测值及青藏公路科研组建议值
	中	1.1~1.2	1.2~1.3	
	湿	1.2~1.3	1.3~1.4	

注:括号内数值为推算值。

3.温度修正系数K_3的计算

为了使不同温度时测定的弯沉结果可比较,以及便于进行补强设计,需把不同温度测定的结果换算为标准温度20℃的弯沉值L_{20}。其温度修正系数为:

$$K_3 = \frac{L_{20}}{L_{TL}} \qquad (5-34)$$

式中　L_{TL}——为测定时沥青面层内平均温度T_L℃的弯沉值(mm)。

沥青层平均温度T_1可按下列经验公式确定:

$$T_L = a + bT_0 \qquad (5-35)$$

式中　$a = -2.14 - 0.503h$;

$b = 0.62 - 0.008h$;

h——沥青面层厚度(cm);

T_0——测定时路表温度与前 5 小时平均气温之和。

经过标准温度20℃与测定温度T_L两种弯沉值之比的统计加工得到如下弯沉温度修正系数经验公式：

当$T_L \geqslant 20℃$时

$$K_3 = e^{h\left(\frac{1}{T_1} - \frac{1}{20}\right)} \tag{5-36}$$

当$T_L < 20℃$时

$$K_3 = e^{0.002h(20-T_L)} \tag{5-37}$$

e——自然对数的底。

对于原有公路在野外调查所得主要技术资料，应绘成原有路面补强的修建和养护调查图式，如图5-23。

补强层设计时，如在原有沥青路面上加补强层，除考虑沥青路面的再生利用时，可不考虑铲除。砂石路面改建为沥青路面时，在中温或潮湿路段，当补强厚度小于20cm时，要铲除磨耗层。基层如为泥结碎石等水稳性不良材料时，应考虑采用翻松掺灰或增加骨料以提高水稳定性措施。加宽路面的路段，要采取措施，使加宽部分的强度与原有路面结构强度相同，再在其上作全宽补强设计。

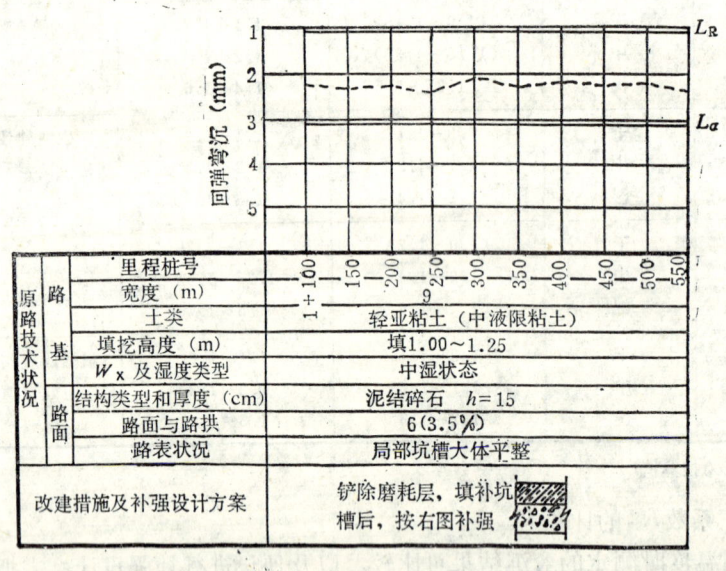

图 5-23　旧路补强设计图例

4.设计示例

【例】　VI$_2$区某二级公路（双车道），拟在原泥结碎石路面上加铺5cm沥青贯入式面层。在不利季节用黄河JN150测得某一路段20个测点的弯沉值为2.20,2.24，2.41,2.23，2.10，2.30，2.16，2.21，2.22，2.33，2.14，2.34，2.45，2.38，2.05，2.26，2.25，2.12，2.26，2.25（mm）。经交通量调查计算得该路容许弯沉值$L_R = 1.10$mm，该路段土基属中湿状态，根据材料来源，可用碎石灰土补强，试计算补强厚度。

【解】　（1）确定原有路面计算弯沉值L_0。

174

$$\overline{L} = \Sigma L_i / n = 2.25 \text{ (mm)}$$

$$\sigma = \sqrt{\frac{\Sigma(\overline{L}_0 - L_i)^2}{n_i}} = 0.106$$

∵ 在不利季节测定弯沉，故 $K_1 = 1$

Ⅵ₂区，路基属中湿，材料水稳性不好，查表5-21得 $K_2 = 1.3$

原有路面是泥结碎石　　　　　　　$K_3 = 1.0$

∴ 计算弯沉值 L_0 为　　　　　　$\lambda = 2.0$

$L_0 = (\overline{L}_0 + \lambda\sigma) K_1 \cdot K_2 \cdot K_3 = (2.25 + 2.0 \times 0.106) \times 1 \times 1.3 \times 1 = 3.20 \text{ (mm)}$

（2）确定材料参数 β 值

查表5-19，Ⅵ₂区碎石灰土　　　　$\beta_1 = 18$

沥青贯入式　　　　　　　　　　　$\beta_2 = 13$

（3）计算碎石灰土的厚度

根据 $L_R = 1.10\text{mm}$，$L_0 = 3.20$，$\varphi = 0.8$，$h_2 = 5\text{cm}$；

则有

$$\psi\left(\frac{h_1}{\beta_1} + \frac{h_2}{\beta_2}\right) = L_R^{-0.25}\left(\frac{L_0}{L_R} - 1\right)^{0.35}$$

$$0.8\left(\frac{h_1}{18} + \frac{5}{13}\right) = 1.10^{-0.25}\left(\frac{3.20}{1.10} - 1\right)^{0.35}$$

∴ $h_1 = 21\text{cm}$ 为碎石补强厚度。

（4）原有路面补强结构图，见图5-24。

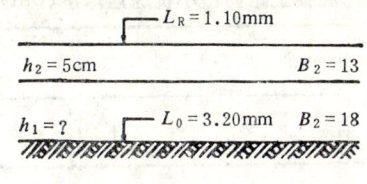

图 5-24　原有路面结构补强图

第五节　水泥混凝土路面

一、概述

　　水泥混凝土路面是一种刚性路面，它是用水泥混凝土板作为面层修筑的路面。刚性路面在车轮荷载作用下，产生的变形很小，力学强度高，在弹性范围内工作时视为弹性板体。水泥混凝土路面包括素混凝土、钢筋混凝土、连续配筋混凝土、预应力混凝土、装配式混凝土、钢纤维混凝土路面等。目前国内外采用广泛的是就地浇筑的素混凝土路面，简称混凝土路面。所谓素混凝土路面，是指除接缝及板角处设置少量钢筋外，其余部位均不设钢筋。本节主要介绍素混凝土路面。

　　混凝土路面的优点是：和其它路面相比，具有较高的抗压强度和抗弯拉强度以及抗磨耗能力；水稳性和热稳性较好，不存在沥青路面的"老化"现象；其强度能随着时间延续而逐渐提高，耐久性好，一般能使用20～40年；路面的能见度好，适于夜间行车，并适宜做隧道路路面。混凝土路面也存在一些缺点：造价高，每m³混凝土中水泥用量在300kg

以上，和其它路面相比一次投资大；接缝多，增加了施工和养护工作难度，容易引起板边、板角损坏，影响行车的舒适性；开放交通迟，一般需养护15～20天；修复困难，影响交通；准备工作多；噪声大。

由于混凝土路面具有上述特点，且一次建设投资较大，因而国内外一些高速公路，城市道路和厂矿道路上采用较多。

二、水泥混凝土路面的构造

（一）路基、垫层与基层

1.路基

刚性路面通过路面板和基层传至土基上的压力很小，一般不超过0.5MPa，但路基若不坚固、稳定，在水温变化影响下出现较大变形，特别是不均匀变形，将使板受力不均匀而损坏。因此修筑在混凝土路面下的路基必须密实、均匀、稳定、排水良好，并保证路基最小填土高度，使路基处于干燥或中湿状态，达到规定压实标准。路基的干湿类型确定及回弹模量 E_0 确定同柔性路面。

2.垫层

在水温状态不良的路段上应在基层之下加设垫层，改善土基湿度和温度状况，还应阻止路基土挤入基层，扩散由基层传下来的荷载应力。

常用垫层材料一类是颗粒材料，一类是整体材料。垫层最小厚度为15cm，其宽度应比基层每侧至少宽出25cm或与路基同宽。在冰冻深度大于50cm地区，应设置防冻层，铺设防冻层后，水泥混凝土路面结构总厚度应大于表5-22所列路面最小抗冻厚度。

水泥混凝土路面最小抗冻层厚度(cm)　　　　　　　　表 5-22

冰冻深度（cm）	干湿条件 土质	中 湿 路 段		潮 湿 路 段	
		粘性土细亚砂土	粉 性 土	粘性土细亚砂土	粉 性 土
50～100		30～40	40～50	40～50	50～65
100～150		40～60	50～70	50～70	65～80
150～200		60～70	70～80	70～90	80～100
＞200		70～95	80～110	90～120	100～130

注：①抗冻层厚度为水泥混凝土板加基层、垫层的总厚度。

②在冻深大或挖方及地下水位高的路段，应采用高限；冻深小或填方路段，可采用低限。

③对于冻深小于50cm的地区，一般可不设防冻胀垫层，但对水文、地质条件恶劣的路段，路面抗冻层厚度可等于当地最大冻深。

④表中垫层部分所用材料以砂石料为准。如果采用隔温性能良好的材料(炉渣等)；其垫层厚度可约减小30%。

3.基层

混凝土板的支承能力比柔性路面大。但由于混凝土是脆性材料，其承受变形的能力较小，混凝土板对于路基各种沉陷和隆起比较敏感，即使路基变形不大，也可能造成板的断裂破坏。因此，要求路面板下基层具有足够的强度、稳定性、整体性好，透水性小，特别要均匀而平整、厚度一致。基础顶面的当量回弹模量 E_t 应与交通量相适应，不低于表5-23

规定。当土基本身强度不低于表5-23值且均匀性和稳定性好，并有良好的水文条件，可将混凝土板直接铺筑在土基上。若在原有道路上铺筑混凝土面层时，原有路面的当量回弹模量小于表5-23的规定，则应设置补强层，补强层厚度应计算确定。

交通量分级	特 重	重	中 等	轻
当量回弹模量E_t(MPa)	120	100	80	80

  刚性路面下基层的层次，应尽量减少，一般宜采用1～2层（即基层和底层），最多不超过三层，以便简化施工过程。

  刚性路面下基层结构类型一般可分为三类：

  （1）整体型结构。这种结构属于半刚性基层，具有一定的整体性（板体性）和较高的强度，良好的荷载分布能力，且强度随着时间而增长。例如石灰土、炉渣石灰土、二渣、三渣、二渣土、三渣土及水泥土等。

  （2）级配型结构。这种结构是以大小颗粒集料，按最大密实度及最小孔隙率原则进行级配成型的。有时加入一定量的石灰作为结合料以防止结构层松散，从而提高其稳定性，增加结构层的抗剪强度。例如级配石掺灰、级配砂石、天然砂石（包括掺灰与不掺灰的）。天然砂石如不符合级配要求，只宜用作底基层。

  （3）嵌锁型结构。利用粒料的嵌锁作用而成型的结构层为嵌锁型结构。这种结构是依靠施工过程中的碾压，使石料之间完全挤紧，互相嵌制，单独颗粒不能移动，并有足够的嵌缝料填充空隙，使其平整，以保持紧密稳定。

  刚性路面下基层由上述三种结构类型中选其中一种或互相组合而成。其中以整体型结构最好，作为刚性路面的基层最为有利，嵌锁型结构次之，级配型结构只适合于水文地质较好的路段，在水文土质情况不良路段，应与整体型结构或嵌锁型结构组合设置。

  混凝土板下路面基层厚度不宜小于15cm，其宽度应比面板每侧宽出25～35cm，以供施工时安模板，并防止路面水渗入土基。但透水性基层或膨胀性路基土上的基层宽度应横贯整个路基。

  （二）混凝土板及横断面布置

  混凝土板应具有较高的强度，表面平整、耐磨、具有一定粗糙度。板的横断面一般都采用等厚式，一种是以板边厚度为准，称之等边厚；一种是采用板中厚度，称之等中厚。若采用等中厚，可在沿纵向自由板边配置钢筋，以适应板内应力变化。混凝土路面常采用等边厚，其板厚应按规范规定，先初估板厚，再通过验算确定。

  一般混凝土路面路拱坡度为1～2%，路肩横坡可比路拱横坡大1～2%。

  混凝土路面宜设置路缘石和加固路肩。路缘石宽度一般为15～20cm，埋深不小于面板厚。路肩加固视具体情况采用粒料、沥青混合料等加固。高速公路和一级公路一般采用沥青路面加固路肩，以使其与行车道部分有明显区别，并能保护路面，增加侧向余宽的作用，还供故障车临时停用。混凝土路面横断示意见图5-25。

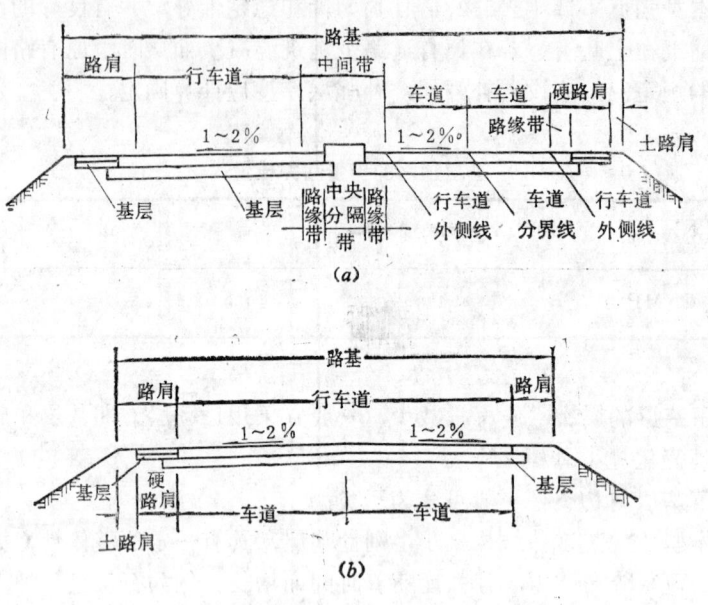

图 5-25　混凝土路面横断面示意图

(a)高速公路和一级公路；(b)其它各级公路

三、接缝的构造与布置

混凝土面层是由一定厚度的混凝土板组成，它具有热胀冷缩的性质。由于一年四季气温的变化，混凝土板会产生不同程度的膨胀和收缩。当混凝土路面板整体温度均匀升降时，由于胀缩受到限制而产生胀缩应力；当混凝土板的顶面和底面有温度坡差，使路面板难以自由翘曲则产生翘曲应力。混凝土板由于荷载应力和温度应力的综合作用，便将造成板的断裂或拱胀等破坏。为了减小板内应力，就把混凝土路面在纵向用胀缝和缩缝分开，横向用纵缝分开，把整个路面分割成许多板块，如图5-26。板块一般采用矩形，纵向和横向接缝一般垂直相交，其纵缝两侧横缝不得互相错位，以防从横缝延伸出来的裂缝产生。

（一）横缝的构造与布置

横向接缝是垂直于行车方向的接缝，共有三种：缩缝、胀缝和施工缝。横向缩缝间距（即板长）应根据当地气候条件、板厚和经验确定。一般采用4~5m，最大不得超过6m，且板宽与板长之比以1:1.3为宜。在任何形式的接缝处板体传递荷载的能力总不如非接缝处，且不免要漏水。因此，在接缝处都必须为其提供相应的传荷与防水设施。

1.缩缝

缩缝是保证板块因温度和湿度的降低产生收缩时，沿板的薄弱断面产生不规则的裂缝。

缩缝一般采用假缝形式。其构造如图5-27，即只在板上部设缝，当板收缩时将沿此缝有规则地断裂。由于缩缝缝隙下部板断裂凹凸不平，能起一部分传递荷载作用，一般不设传力杆，但在特重交通的公路上，横向缩缝宜在板厚中央加设传力杆。这种传力杆长度为0.3~0.4m，直径14~16mm，每0.3~0.75m设置一根。在邻近胀缝或路面自由端的三条缩缝内，均宜在板厚中央加设传力杆。

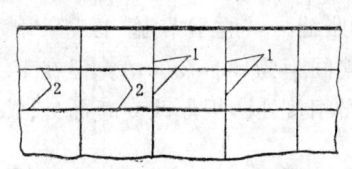
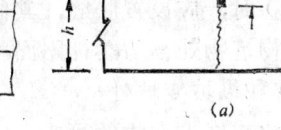
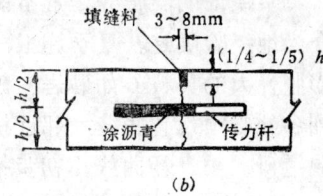

图 5-26　板块划分与接缝　　　　　　　　　图 5-27　横向缩缝构造
1—横缝；2—纵缝　　　　　　　　　　　　(a)假缝型；(b)假缝加传力杆型

2.胀缝

胀缝是保证板在温度升高时能部分伸张，避免路面板热天产生的拱胀和折断破坏。

胀缝是混凝土路面的薄弱环节，因它宽且深，施工应特别注意，尽量减少不利因素。胀缝间隙宽度一般为20～25cm，施工时气温较高或胀缝间距短，应采用低限，反之取高限。在胀缝上部3～4cm深度浇灌填缝料，下部深度设置填缝板。填缝板可用油浸或沥青浸制的软木板或各种纤维板制成，用以防水。填缝料应有适当的硬度和弹性，使之能适应混凝土的膨胀收缩，施工振捣时不产生变形。

为保证混凝土板块之间能有效地传递荷载防止出现错台，应在胀缝处板厚的中央设置滑动传力杆。传力杆长为0.4～0.6m，直径20～25mm的光圆钢筋，每隔0.3～0.5m设置一根，杆的一端固定于混凝土内，另半段涂以沥青，套上约8～10cm的铁皮或塑料套筒，筒底至杆端留有3cm的空隙，用木屑或弹性材料填充。在同一条胀缝上的传力杆设有套筒的活动端最好在缝两端交错布置。如图5-28（a）。与构筑物衔接处或与其它公路交叉处的胀缝无法设置传力杆时，可采用边缘钢筋型或厚边型。构造见图5-28（b）、（c）。

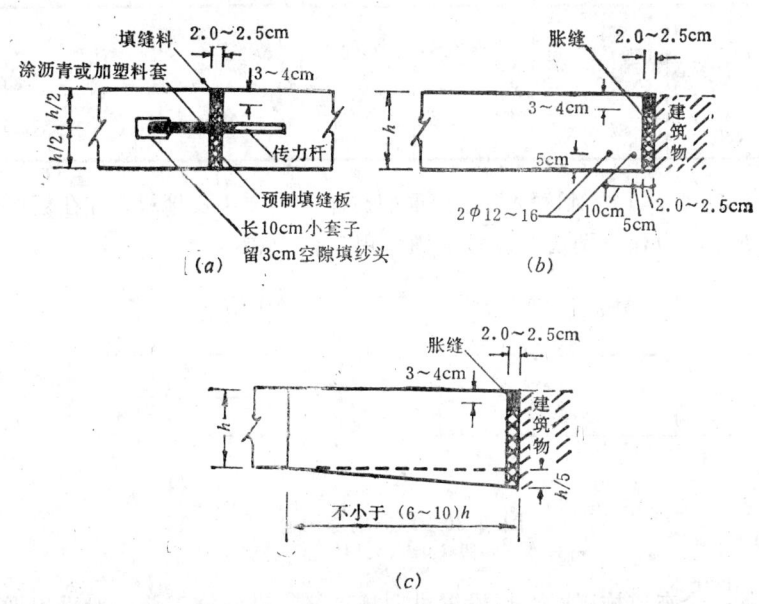

图 5-28　胀缝构造
(a)传力杆(滑动)型；(b)边缘钢筋型；(c)厚边型

实践证明，胀缝尽量不设或少设。一般根据板厚、施工温度、混凝土集料的膨胀性结合当地经验确定。夏季施工，板厚等于或大于20cm，可不设胀缝；其它季节施工或采用膨胀性大的集料（如砂岩、硅酸质集料）时，应设置胀缝，其间距为100～200m。但在下列各处必须设置胀缝：邻近桥梁或其它构筑物处、与柔性路面相接处、板厚改变断面处、隧道口、小半径曲线（初步推荐600m）和纵坡变坡处。

胀缝宽，若填缝料不理想，有被浸水或嵌入杂物的可能，容易造成土基软化和应力集中，使板不能自由伸缩，因此施工中尽量减少各种不利因素。

3.施工缝（工作缝）

每日施工终了，或浇筑混凝土过程中因故中断浇筑时，必须设置横向施工缝。其位置尽量做到胀缝处，如不可能，也应做至缩缝处。横向施工缝采用平缝加传力杆型，其构造如图5-29所示。

设于横缝处的传力杆，一般采用光圆钢筋。传力杆的尺寸及间距可按表5-24选用。

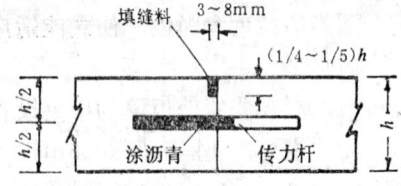

图 5-29 横向施工缝构造

（二）纵缝的构造与布置

纵缝应沿路线方向布置，纵缝可分为纵向缩缝和纵向施工缝。纵向缩缝间距（即板宽）可按路面宽度和每个车道宽而定，一般按3～4m设置，最大间距不得超过4.5m。

当双车道路面按全幅宽度施工时，纵缝可做成

传 力 杆 尺 寸 及 间 距　　　　　　　　　　表 5-24

板　　厚 h (cm)	直　　径 (mm)	最　小　长　度 (cm)	最　大　间　距 (cm)
≤20	19	40	30
21～25	25	45	30
26～30	32	50	30

假缝形式如图5-30（ a ）。对这种假缝在重型交通或水文不良地段，宜在板厚中央设置拉杆如图5-30（ b ），以保证两块板颗粒嵌锁作用。

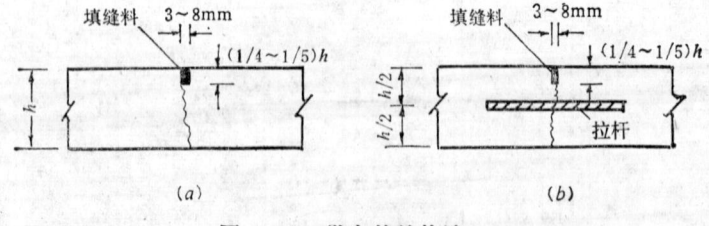

（a）　　　　　　　　　　　（b）

图 5-30 纵向缩缝构造
（a）假缝型；（b）假缝加拉杆型

当双车道按一个车道施工时，应设置纵向施工缝。纵向施工缝一般采用平缝，当板厚大于20cm时，可采用企口缝，但均应在板厚中央设置拉杆，如图5-31，以保证混凝土板的整体性。

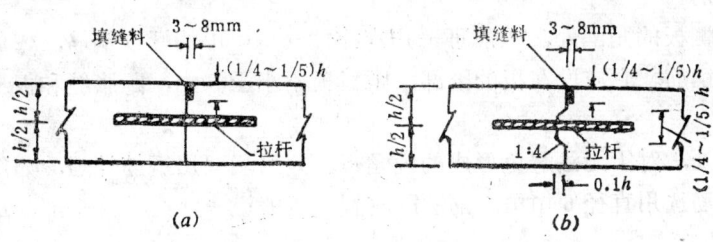

图 5-31　纵向施工缝构造
(a)平缝加拉杆型；(b)企口缝加拉杆型

混凝土的横向翘曲应力对路面板横向（宽度方向）的影响很大，故纵缝以较窄为宜。从图5-30和图5-31可见两板之间不必留空隙，只是在两板间涂刷沥青隔离料，板内锚固螺纹钢筋拉杆即可。拉杆直径14～19mm，长度70～90mm，每隔80～100cm设置一根。板越厚，拉杆直径和长度都应采用较大值，而拉杆的间距随板宽度增加而减小。

在城市道路的交叉口处，路板的平面布置难以避免出现梯形或多边形分块，但要防止板块出现锐角，并使板的长边与行车方向一致，大多数采用辐射式的接缝布置形式，见图5-32。

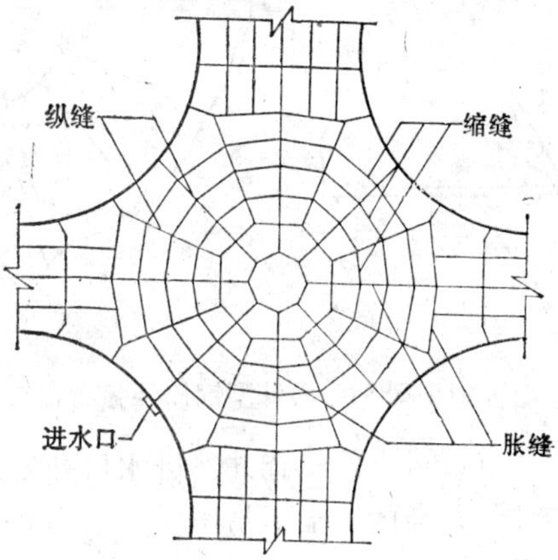

四、钢筋的布置

在采用板中计算混凝土板厚时的等厚板，或混凝土板边角下基础有可能产生较大变形时，应在其纵向边缘和角隅处设置补强钢筋，以防板的损坏。

图 5-32　交叉路口处采用辐射式接缝布置

1.边缘钢筋

当混凝土板厚采用等中厚时，一般选用2根直径12～16mm的螺纹钢筋，沿板的纵向自由边缘布置，以加强路面板的外侧边缘。纵向边缘钢筋应设在板的底部，两根钢筋间距应不大于10cm，离板的底面为板厚的1/4，并与板边和板底的距离均不得小于5cm，以保护钢筋。在纵向钢筋延伸至混凝土板的端部时，此处荷载引起的拉应力产生在板的顶部，故纵向钢筋的两端应向上弯起，如图5-33所示。纵向边缘钢筋一般只做在一块板内，不穿过缩缝；在不妨碍板的翘曲时允许穿过缩缝，但不得穿过胀缝。在胀缝的两侧边缘，以及混凝土路面的起终端处，为加强板的横向边缘，可设置横向边缘钢筋。

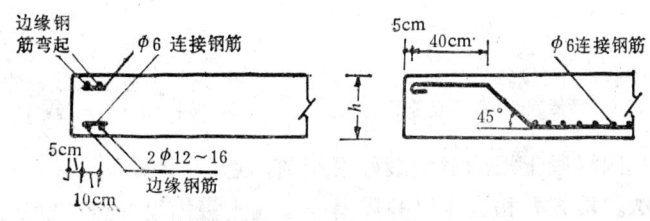

图 5-33　边缘钢筋布置

2.角隅钢筋

在胀缝两侧板的角隅处，一般可选用直径12～14mm的螺纹钢筋，弯成如图5-34的形状，称之角隅钢筋。它应设在板的上部，距板顶不小于5cm，距胀缝和板边缘之距各为10cm。

在交叉口处，对于无法避免形成的锐角板，应采用双层钢筋补强，如图5-35，以避免板角断裂。钢筋选用直径6mm，钢筋网布置于板的锐角处的上、下部，距板顶和板底之距为5～7cm为宜。

3.检查井和进水口的口沿加固钢筋

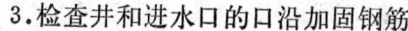

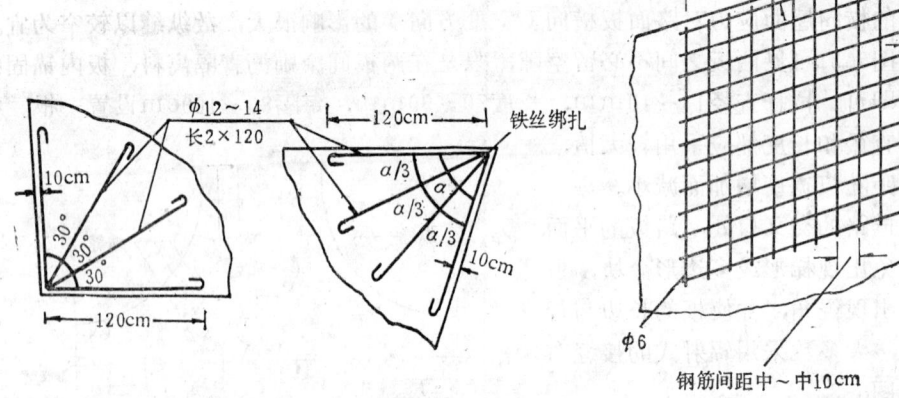

图 5-34　发针型钢筋补强布置　　　　图 5-35　钢筋网补强布置

在城市道路上的检查井、进水口井处周围的混凝土路板，由于断面减小，减弱了板块的整体性，井周的填土不易压实，很容易发生断裂损坏，因此混凝土路面内构造物周围的混凝土板应加固。

（1）布置位置选择。雨水口在混凝土板上的位置，一般应按图5-36所示布置。各类检查井、闸门井、入孔井在混凝土上的位置一般应按图5-37所示位置布置。

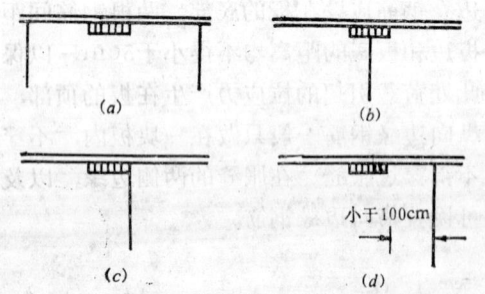

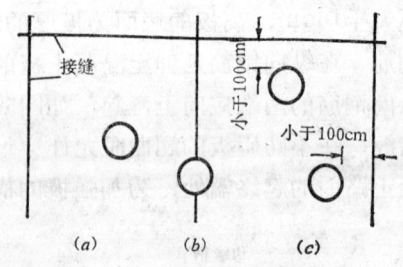

图 5-36　雨水口的布置形式　　　　　　图 5-37　各类管线井的布置形式
(a)板中式；(b)骑缝式；(c)傍缝式；(d)不宜采用　　(a)板中式；(b)骑缝式；(c)不宜采用

检查井的井口周围混凝土板的形状最好采用圆形的。

（2）加固方法。检查井和进水口井周围的混凝土板内设置钢筋加固，并在井圈与混凝土板之间设置胀缝，填入填缝料。

4.混凝土路面与桥涵的连接

混凝土路面与桥梁相接处，在桥头宜设混凝土搭板，搭板一端放在桥台上，另一侧设在胀缝与路面相接处，并加设防滑锚固钢筋。如与斜桥相交时，考虑路面与桥中板缝的变化过渡，应在搭板与路面间设置钢筋混凝土渐变板，如图5-38。渐变板的块数，当桥斜角α＞70°时设置一块；70～45°时设两块；小于45°时至少设置三块。渐变板的短边最小为5m，长边最大为10m。搭板和渐变板的角隅部分另加钢筋网补强。

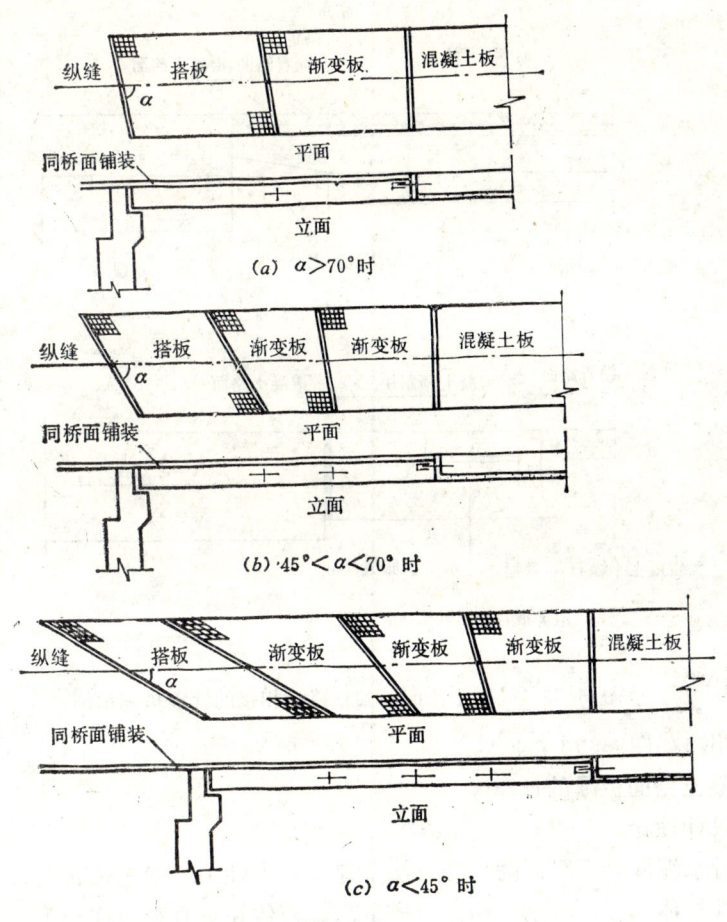

图 5-38　同桥梁相接构造示意

五、水泥混凝土路面与柔性路面相接处的加固措施

水泥混凝土路面与沥青路面接茬处，由于底层碾压不实而造成接头处路面沉陷和错台问题，宜按图5-39所示几种措施之一处理，能取得较好的效果。处理方法有三种。

（1）在接头处设置胀缝，加设传力杆，沥青路面与水泥混凝土路面接头处一定范围内的沥青面层下现浇水泥混凝土，如图5-39（a）。

（2）在沥青路面下，现浇混凝土，可补救沥青路面底层碾压不实的问题，如图5-39（b）。

（3）用混凝土预制方砖铺筑在柔性路面和刚性路面之间作为过渡段，可起到扩散车

183

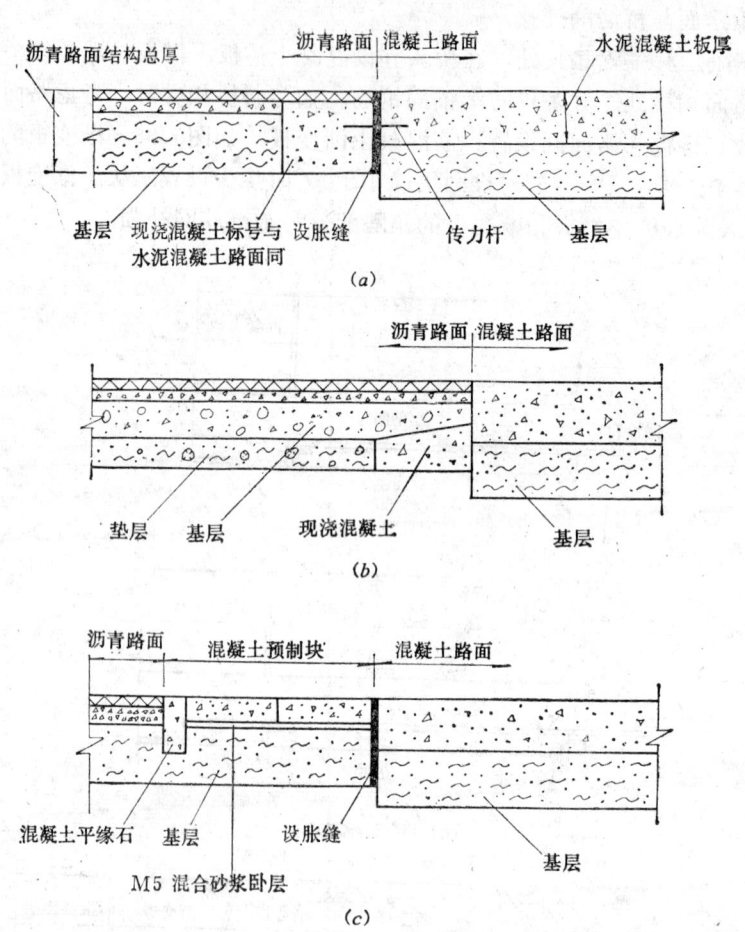

图 5-39 混凝土路面同柔性路面相接的处理措施示例

轮压力的作用，如图5-39（c）。

六、混凝土路面板厚的计算

（一）设计理论

我国现行水泥混凝土路面的设计方法是建立在弹性力学薄板理论基础上的。把混凝土板看成是弹性板体，板体的刚性和弹性模量高，板体在垂直荷载作用下，产生的挠度很小，因而支承它的基层和土基的变形也很小，可认为是弹性地基。整个水泥混凝土路面结构，可看成是弹性地基上的弹性板，故它的设计中要考虑的主要因素是混凝土本身的强度。由于混凝土的抗弯拉强度比抗压强度低得多（约为1/6～1/7），而当车轮荷载作用下产生的弯拉应力超过混凝土的极限抗弯拉强度时，或不均匀的基层变形使混凝土板与基层脱空时，在车轮荷载作用下板产生过大的弯拉力，均会使板体产生断裂破坏。因此，在设计混凝土板厚时，应以抗折强度为其设计标准。

基于上述，为使路面能经受车轮荷载的多次重复作用，抵抗温度翘曲应力，并对地基变形有较强的适应能力，混凝土板必须具有足够的抗折强度和厚度。并要求板与地基接触面始终吻合，防止脱空。

计算有限尺寸的矩形混凝土板厚，我国采用弹性半无限地基上的弹性薄板理论和有限元法计算荷载应力。混凝土的设计板厚，按混凝土的抗折疲劳强度确定。

（二）设计参数的确定与取值

1. 标准轴载和轴载换算

我国刚性路面设计规范规定：应以后轴为100kN的轴载作为标准轴载，并以后轴一侧双轮组轮载作用于横缝边缘中部作为设计用的临界荷载位置。

对于各级轴载的作用次数，可按等效破坏原则，用下式换算成标准轴载作用次数：

$$N_s = \sum_{i=1}^{n} \alpha_i N_i \left(\frac{P_i}{P_s}\right)^{16} \tag{5-38}$$

式中　N_s——标准轴载P_s的作用次数（次/日）；

　　　N_i——各级轴载P_i的作用次数（次/日）；

　　　α_i——后轴系数。单后轴时$\alpha_i \doteq 1$；双后轴时$\alpha_i = 3.8$；

　　　P_s——为标准轴载重（kN）。

对于多轮组多轴的平板车，其轴载大小按一个轴上的一对双轮组所承担的重量计，以轴数计作用次数。后轴载重小于40kN可略去不计。

对于轴距大于1.35m的双后轴车或多轴车，以轴数计作用次数。对于轴数小于1.35m的车，双轴可视作用一次。

为了计算方便，将$(P_i/P_s)^{16}$称为轴载换算系数，见表5-25。

轴 载 换 算 系 数 $(P_i/P_s)^{16}$　　　　　　　表 5-25

轴 载 重 (t)	单　　后　　轴	双后轴(轴距小于1.35m)	
		临界荷位在板中	临界荷位在板边
4	0.000000429	0.000000064	0.00000193
5	0.000015258	0.000002288	0.000068661
6	0.00028211	0.000042316	0.001269495
7	0.003323293	0.000498493	0.014954818
8	0.028147497	0.004222124	0.126663736
9	0.185302019	0.027795302	0.833859085
10	1.00000000	0.150000000	4.50000000
11	4.59497299	0.689245948	20.67737846
12	18.4884259	2.773263885	83.19791655
13	66.5416609	9.981249135	299.4374741

2. 水泥混凝土路面的交通分级

交通量不同的公路，对路面的使用寿命和质量要求也不同。为了便于正确选用各项设计参数和初估板厚等，按使用初期单车道或双车道的日标准荷载作用次数，将交通量划分为四级，见表5-26。并据此提出相应的技术要求，如使用年限、板厚、混凝土强度、动荷系数、超载系数、基层顶面最低回弹模量值等，这些技术指标是路面厚度设计的依据。

3. 设计年限和累计作用次数

水泥混凝土路面的设计年限大致20～40年，其使用年限一般以大修或加铺年限计。设计年限视交通量而定，此种路面初期一次性投资较大，采用较长的设计年限，在经济上是合算的。我国的规定见表5-26，也可按使用要求确定。

表5-26中同时列出各级交通量下的初估板厚，以便查用，并同时规定混凝土路面板的最小厚度为18cm。

交通量分级、设计使用年限与初估板厚　　　　　　　　表 5-26

交通量分级	标准轴载作用次数（次/日）		设计使用年限	初 估 板 厚
	单向一个车道	双向双车道	（年）	（cm）
特　　重	>1500		40	≥25
重	500~1500	500~1500	30	23~25
中　　等		200~500	30	21~23
轻		<200	20	≤21

设计使用年限内标准轴载的累计作用次数N_e，可按下式确定：

$$N_e = \frac{N_s[(1+\gamma)^T - 1] \times 365}{\gamma} \cdot \eta \qquad (5-39)$$

式中　γ——交通量平均年增长率，由调查确定；

$\quad\quad T$——设计使用年限，按表5-26取用；

$\quad\quad \eta$——车轮轮迹横向分布系数。对双向双车道、混合行驶者，取0.30~0.40；对双向双车道、设有路面标线或隔离墩将慢行车和非机动车分出者，取0.40~0.50；对单向一个车道，取0.50~0.65。其余符号同前。

4.动荷系数、综合系数及计算荷载应力

由于水泥混凝土路面刚性大，不易吸收行车的振动和冲击，因此，在设计中一般要考虑动荷载作用产生的应力部分，即动荷系数K_d。一般按表5-27取用。它主要同路面平整度、车速和车辆的振动性有关。

刚性路面板对重荷载的疲劳影响敏感，且刚性路面的承载能力主要由板来承担。在实际中汽车往往会出现超载、偏载，以及因路面结构工作条件不均匀等因素引起荷载增长，因此用综合修正系数K_c来反映，其值见表5-27。

动 荷 系 数 、综 合 系 数　　　　　　　　表 5-27

交通量分级	特　　重	重	中　　等	轻
动荷系数 K_d	1.15	1.15	1.20	1.20
综合系数 K_c	1.35	1.25	1.15	1.05

按标准轴载计算得到的最大应力σ乘以动荷系数K_d和综合系数K_c后作为计算荷载应力σ_p，即：

$$\sigma_p = K_d \cdot K_c \cdot \sigma \qquad (5-40)$$

5.基层顶面的当量回弹模量和计算回弹模量

由于水泥混凝土路面与柔性路面都是采用弹性层状理论，即同样采用抗压回弹模量和泊松比作为土基和基层材料的刚度指标。但是，由于柔性路面的回弹弯沉和土基回弹模量是用刚性承载板或汽车测定的，荷载作用范围较小，压力分布曲线呈鞍形。而在混凝土板下的基础所受的荷载压力分布范围则要大得多，单位面积压力小，压力曲线呈盆形分布。

因此，对柔性路面的回弹模量值加以修正后即可应用于刚性路面。

为此，采用了修筑试验路实测混凝土板在各级荷载下的挠度，通过理论公式仅算混凝土板下基层顶面弹性模量方法，也就是在设计水泥混凝土路面时，采用柔性路面中的当量回弹模量乘上一个模量增长系数n，便可得到混凝土板下基层顶面的回弹 模量值（计算回弹模量）E_s，即：

$$E_s = nE_t \qquad\qquad\qquad (5\text{-}41)$$

模量增长系数 n 是根据试验路的实测结果，通过回归分析得经验公式：

$$n = 6.3\frac{h}{E_t} + 0.44 \qquad\qquad (5\text{-}42)$$

式中 h ——混凝土板厚（cm）；

E_t ——基层顶面的当量回弹模量（MPa）。

对于新建公路，当基层为双层体系时，可根据土基状态所拟定的基层结构和厚度，按柔性路面建议的土基和材料回弹模量值，查图5-40确定基层顶面的当量回弹模量E_t。

在原有路面上加铺水泥混凝土路面时，应通过承压板试验确定原有路面顶面的当量回弹模量E_t；也可用汽车实测回弹弯沉值，然后确定计算弯沉值L_0，再按式5-43确定E_t值。

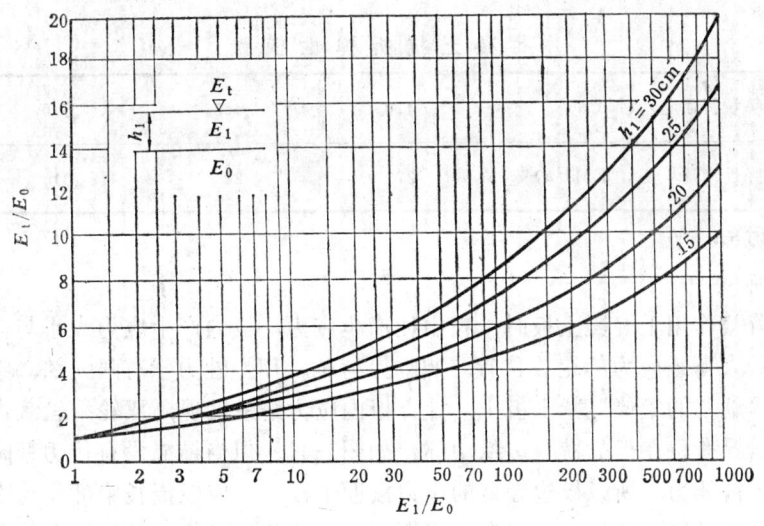

图 5-40　当量回弹模量计算图

$$E_t = \frac{13739}{L_0^{1.04}} \qquad\qquad\qquad (5\text{-}43)$$

式中 L_0 ——以黄河JN150车测得的计算回弹模量 值，以$\frac{1}{100}$ mm计。

研究表明，在荷载、板厚和使用年限相同时，刚度愈小的基层，其塑性累积变形愈严重。因此，基础的强弱实际上会影响路面使用寿命。我国刚性路面设计规范规定，混凝土面板下必须设置厚约0.15~0.20m的基层，或者是具有足够刚度的老路面。其顶面的当量回弹模量E_t值不应低于表5-23的规定。

6.混凝土的设计强度和抗折弹性模量

混凝土板的抗压强度是足够的，而板所受到的弯拉应力接近于抗折强度时，导致混凝土板的开裂破坏。因此，在进行水泥混凝土路面设计时，应以抗折强度作为设计强度，一般采用28天龄期的计算抗折强度。各级交通量要求的混凝土计算抗折强度，不得低于表5-28的规定。

混凝土的计算抗折强度　　　　　　　　　　表 5-28

交通量分级	特重	重	中等	轻
混凝土计算抗折强度σ_s(MPa)	5.0	4.5	4.5	4.0

　　混凝土在承受重复力作用时，会在低于静载一次作用下的极限应力值时出现破坏，这种现象称之疲劳。出现疲劳损坏的反复应力大小称之疲劳强度，它随着应力重复作用次数的增加而降低。混凝土抗折疲劳强度σ_f，应根据使用年限内标准轴载的累计作用次数N_e，按下式确定：

$$\sigma_f = \sigma_s(0.944 - 0.077 \lg N_e) \tag{5-44}$$

式中　σ_s——计算抗折强度（MPa）。

　　混凝土抗折弹性模量以试验实测为宜。如无测试数据，可按混凝土计算抗折强度参照表5-29选用。

混凝土抗折弹性模量　　　　　　　　　　表 5-29

混凝土计算抗折强度σ_s(MPa)	4.0	4.5	5.0	5.5
混凝土抗折弹性模量E_c(×10³MPa)	27	28	31	33

（三）板厚计算

1.计算荷位

　　当车轮荷载作用于混凝土板时，板中便产生应力，板内产生应力大小与荷载作用位置有关，产生最大荷载应力的轮载位置，叫临界荷位。用弹性力学有限元法，将荷载作用于弹性半空间体地基的矩形混凝土板上，计算板内应力结果发现，双轮组轮载作用于边缘自由的板，其临界荷位在板的横缝边缘中部。如图5-41。但当横缝设有传力杆时，由于接缝具有较高的传荷能力，所以板边缘处的应力接近于板中，应以板长中部作为临界荷位。但是，目前我国对接缝传荷能力的研究还很不充分，因此，对横向缩缝设有传力杆者，临界荷位仍采用横缝边缘中部。

　　为保证混凝土板的正常使用，采用临界荷位为板厚的计算荷位，即将荷载作用于临界荷位所需要的板厚作为设计板厚。如图5-41(b)所示。

2.荷载应力及板厚计算

　　混凝土板的荷载应力已应用有限元法的计算结果制成了实用图表，这就使板厚计算大为简化。在计算板厚之前，应先根据初拟板厚h_0及混凝土抗折弹性模量与基础顶面计算回弹模量的比值E_c/E_s，由图5-42确定标准轴载P_s在板的横缝边缘中部临界荷位所产生的最大应力σ，然后将该最大应力σ乘以动荷载系数K_d及综合修正系数K，便得计算荷载应力σ_{p0}。如σ_p不超出混凝土抗弯拉疲劳强度σ_f的±5%时，则初估板厚可作为设计板厚。否则，应再估板厚重新计算。

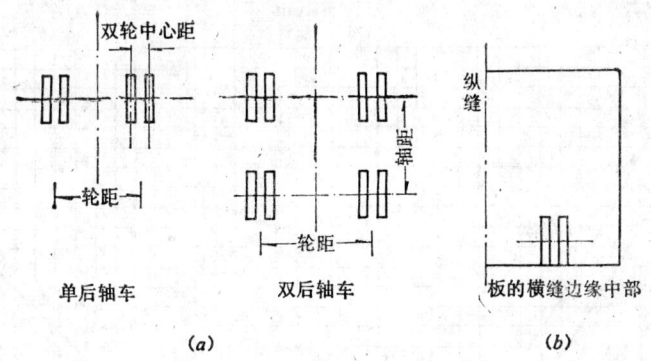

图 5-41 荷载图式
(a)轴载图式；(b)临界荷位

必须指出，混凝土板的疲劳应力应包括：不同轴载的反复作用引起的应力和温度翘曲应力的反复作用产生的应力。以上板厚的计算仅仅是考虑了前者的作用，对于后者则通过划分混凝土板块合理的平面尺寸来解决。

3.计算步骤

板厚计算采用试算法，一般的计算步骤如下：

（1）换算标准轴载并确定交通量级别；

（2）确定各项设计参数；

（3）计算设计年限内的累计作用次数；

（4）计算混凝土的抗折疲劳强度；

（5）初估板厚；

（6）计算基层顶面的计算回弹模量；

（7）计算荷载应力；

（8）确定板厚；

（9）确定板的平面尺寸和接缝设计。

（四）钢筋混凝土板设计

当混凝土板的平面尺寸较大或形状不规则、板下埋有地下设施或路基可能产生不均匀沉陷时，均可能产生裂缝，为防止裂缝缝隙张开，应采用钢筋混凝土板。板内设置钢筋的主要目的并不是增加板的抗折强度，而是把开裂的板拉在一起，因此钢筋混凝土板的厚度计算与素混凝土板相同。

假定混凝土板是均质的，板与基础之间的摩阻力沿平面均匀分布，则最大拉应力将产生在混凝土板的中央，该处可能产生裂缝。钢筋混凝土板的钢筋量，是按承受上述摩阻力引起的最大拉应力确定的，所需配筋量由下式确定：

$$F_a = \frac{1.8Lh}{\sigma_a} \tag{5-45}$$

式中　F_a——每延米板所需钢筋面积（cm²）；

　　　L——计算纵向钢筋时，为横缝间距（m）；计算横向钢筋时，为不设拉杆的纵缝或自由边缘间的距离；

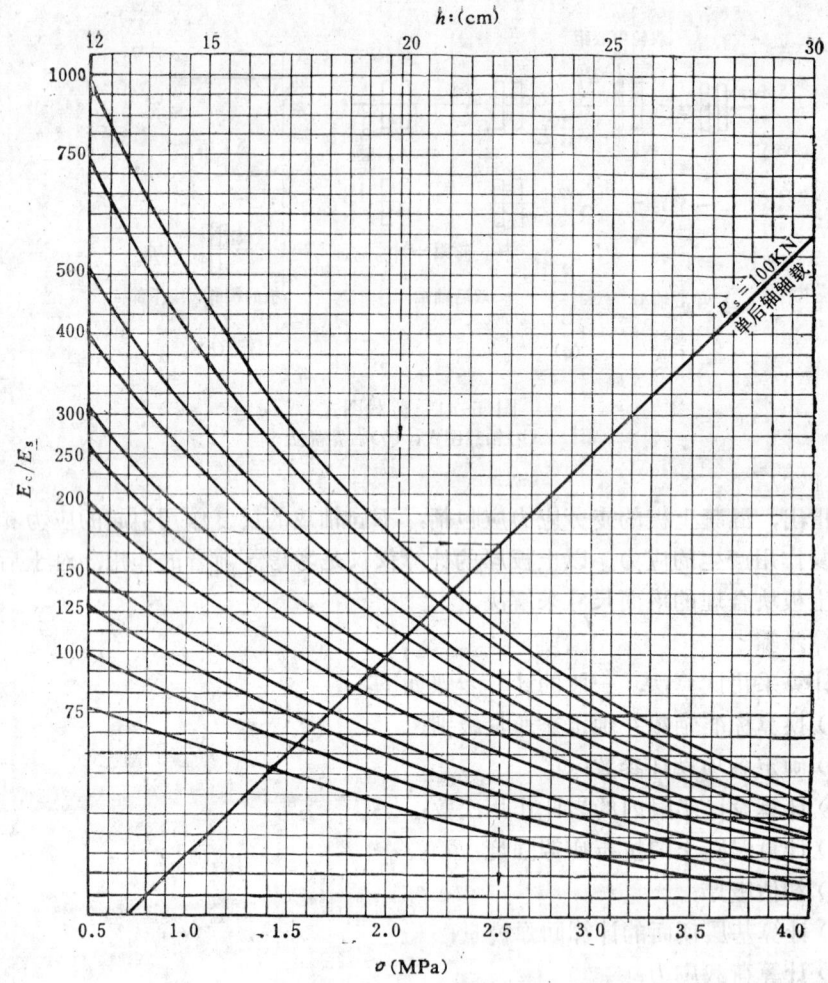

图 5-42　单后轴轴载作用于横缝边缘中部时的应力计算图

h——板厚（cm）；

σ_a——钢筋的容许应力（MPa）。

为了避免板中应力集中，纵、横向钢筋宜采用相同直径，采用小直径的钢筋比大直径钢筋效果好。钢筋网的最小间距应为集料最大粒径的2倍，钢筋的最大间距和最小直径，一般规定见表5-30。钢筋应设在板中距下缘1/3~1/2板厚范围内。外侧钢筋中心距接缝或自由边的距离为10cm，钢筋保护层的最小厚度不应小于5cm。

钢筋最小直径和最大间距　　　　　　　　　　　　　　表 5-30

规 格 与 尺 寸	钢　筋　类　型	
	普 通 钢 筋	螺 纹 钢 筋
最小直径(mm)	8	12
纵向最大间距(cm)	15	35
横向最大间距(cm)	30	75

钢筋混凝土板的横缝间距（即板长），可按使用需要和当地经验确定，一般为10~20m，最大不得超过30m。为提高板的传荷能力，所有横向缩缝必须设置传力杆。

七、设计示例

IV_4区某地拟新建一条二级公路，双车道，路面宽9m，车辆混合行驶。设计任务书规定采用水泥混凝土板。路线设计标高要求路基填土高度为0.3m，采用砂性土填筑，平均地下水位0.6m。据调查分析，目前交通量为2100辆/日，年增长率6%，车辆组合见表5-31，该地有石灰、粉煤灰、碎石、级配砂砾供给，试设计混凝土路面。

表 5-31

车　　型	小 汽 车	交通SH141	解放CA10B	黄河JN150	日野KF-300D
辆/日	300	150	1210	400	40

【解】 1.换算标准轴载并确定交通量级别

（1）将各级轴载P_i的作用次数N_i换算为标准轴载P_s的作用次数N_s见表5-32。

表 5-32

车　　　型		各 级 轴 载 P_i (kN)	轴载作用次数 N_i （次/日）	轴载换算系数 $(P_i/P_s)^{16}$	α_i	标准轴载作用次数 N_s （次/日）
（1）		（2）	（3）	（4）	（5）	（6）=（3）×（4）×（5）
小 汽 车		<40	300	—	—	—
交通SH141		55.20	150	0.000074	1	0.01115
解放CA10B		60.00	1210	0.000282	1	0.34135
黄河JN150	后　轴	101.60	400	1.289138	1	515.65510
	前　轴	49.00	400	0.000011	1	0.02200
日　野	后　轴	79.00 轴距小于1.35m	40	0.023016	3.8	3.49850
KF-300D	前　轴	40.75	40	0.000001	1	0.00002

$\Sigma N_s = 520$次/日

（2）车轮轮迹横向分布系数η

双车道双向行驶，取$\eta = 0.40$。

（3）动荷载系数K_d和综合修正系数K_c。

查表5-27，取$K_d = 1.15$，$K_c = 1.25$。

（4）混凝土的计算抗折强度σ_s

查表5-28，取$\sigma_s = 4.5$MPa。

（5）混凝土的抗折弹性模量E_c。

查表5-29，当$\sigma_s = 4.5$MPa时，$E_c = 28 \times 10^3$MPa。

（6）基层顶面的当量回弹模量E_t

①确定E_0、E_1值。路肩边缘距地下水位高度$H = 0.3 + 0.6 = 0.9$m由表5-5可知，IV_4区

191

砂性土，$H_1 = 1.1 \sim 1.0$m，$H_2 = 0.7 \sim 0.8$m，即$H_2 < H < H_1$，得该路段属中湿路段，取$W_x = 0.75$，查表5-13得$E_0 = 33.5$MPa。

采用石灰粉煤灰碎石（二灰碎石）基层，查表5-14得$E_1 = 600$MPa。

②拟定结构层及厚度并计算E_t。根据材料来源和基层状况拟定下列结构层及厚度。

$h = ?$	混凝木板$E_c = 28 \times 10^3$MPa
$h_1 = 20$cm	二灰碎石$E_1 = 600$MPa
	土　基$E_0 = 33.5$MPa

根据$E_1/E_0 = 600/33.5 = 17.9$，$h_1 = 20$cm，查图5-40得$E_t/E_0 = 3.2$，$E_t = 3.2 \times 33.5 = 107.2MPa> 100$MPa。满足重交通要求。

2．计算设计使用年限内标准轴载的累计作用次数N_e。

$$N_e = \frac{N_s[(1+\gamma)^t - 1] \times 365}{\gamma} \cdot \eta = \frac{520[(1+0.06)^{30} - 1] \times 365}{0.06} \times 0.40$$

$$= 6002098（次）$$

3．计算混凝土抗折疲劳强度σ_f

$$\sigma_f = \sigma_s(0.944 - 0.077\lg N_e) = 4.5(0.944 - 0.077\lg 6002098) = 1.90（\text{MPa}）$$

4．初估板厚

参照表5-26，初估板厚$h_0 = 23$cm。

5．求基层顶面的计算回弹模量E_s

$$\because \quad n = 6.3\frac{h}{E_t} + 0.44 = 6.3\frac{23}{107.2} + 0.44 = 1.79$$

$$\therefore \quad E_s = nE_t = 1.79 \times 107.2 = 191.9（\text{MPa}）$$

6．计算荷载应力

由$E_c/E_s = 28 \times 10^3/191.9 = 145.9$，$h_0 = 23$cm，查图5-42得：$\sigma = 1.28$MPa

$$\therefore \quad \sigma_p = K_d \cdot K_c \cdot \sigma = 1.15 \times 1.25 \times 1.28 = 1.84\text{MPa}$$

7．确定板厚

按计算荷载应力不超过混凝土抗折疲劳强度σ_f的±5%来确定。

即：
$$(1 - 5\%)\sigma_f \leqslant \sigma_p \leqslant (1 + 5\%)\sigma_f$$
$$0.95\sigma_f \leqslant \sigma_p \leqslant 1.05\sigma_f$$
$$1.805 < 1.84 < 1.995$$

由上可知，计算荷载满足设计要求，因此初拟板厚23cm可作为设计板厚。该地区不需进行抗冻验算，故路面总厚度为$20 + 23 = 43$（cm）。

8．板平面尺寸和接缝设计

（1）平面尺寸确定

根据规范规定，并结合路面宽度，板的平面尺寸为4.5×5.0m。

（2）接缝设计

板缝设计详见本节接缝构造设计部分。

八、路面设计与成果

（一）路面设计

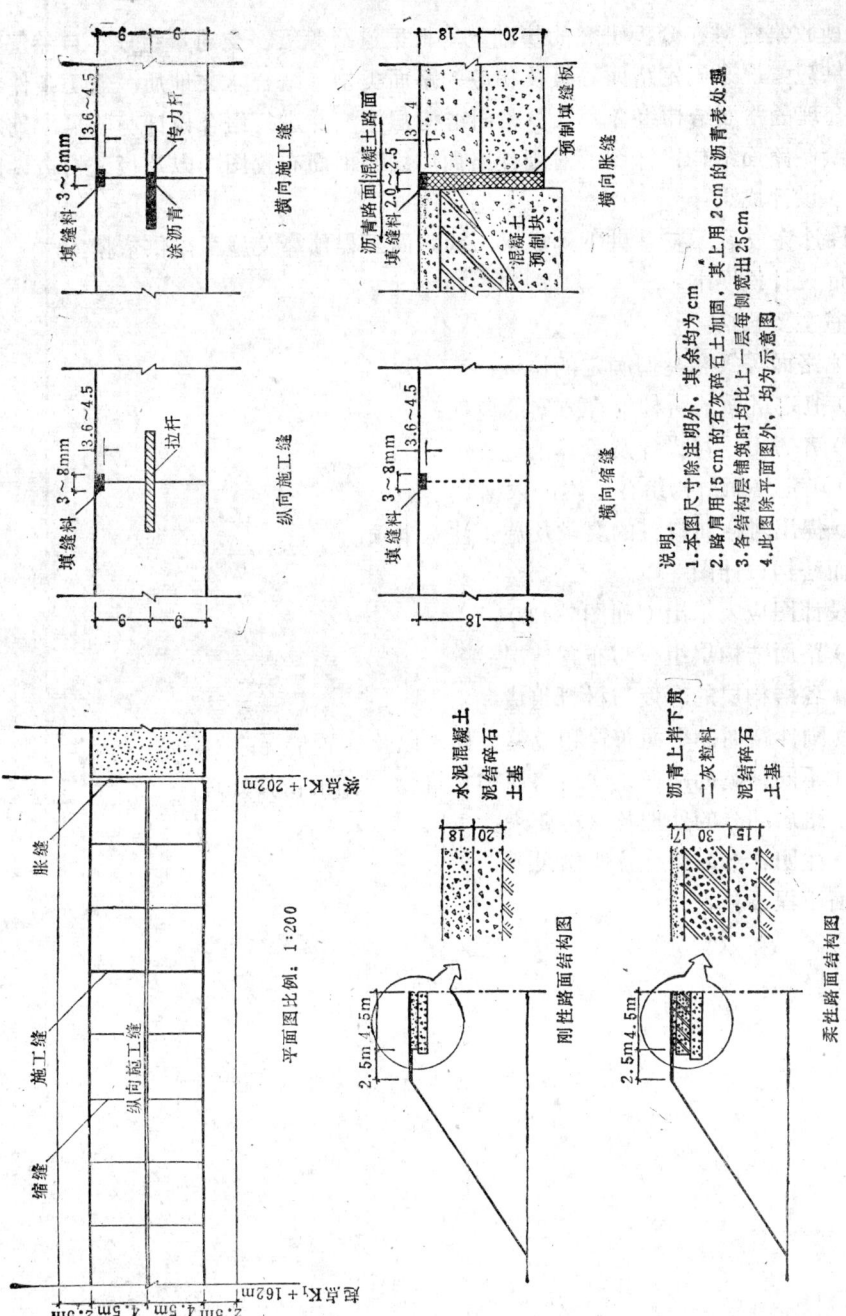

图 5-43 路面结构设计图示

193

1.路面调查

对道路设计路段沿线调查收集交通量、土基状况、水文地质、气候条件、路面材料的产量和质量及供给情况等资料。

2.路面设计

在对所收集资料在分析研究的基础上，根据道路等级、交通量组成、自然气候条件及当地材料供应情况来确定路面等级及相应的路面类型，结合水文地质、施工条件综合比较选择拟定合理的路面结构组合，计算路面结构层厚度并进行组合设计与验算，确定路面结构层，并绘制路面结构设计图。对刚性路面应绘制平面布置图，以及板缝构造设计图。

（二）设计成果

路面设计完成后，应提供下列成果，为路面工程预算及施工提供依据：

1.路面设计说明书

说明书主要包括：

（1）路面等级和类型确定的论证；

（2）拟定路面的结构组合方案的说明；

（3）各方案进行设计及验算的过程；

（4）确定路面结构组合方案的依据；

（5）提出对路面材料的要求及施工注意事项；

2.路面结构设计图

结构设计图应表示出（如图5-43）：

（1）路面结构层组合与布置情况；

（2）各结构层的厚度与材料组成；

（3）刚性路面的平面布置和板缝设计、以及布置情况；

（4）不同种类的路面之间、路面与构筑物之间的衔接处理；

（5）路肩部分的处理及材料要求；

（6）注明各部分尺寸及比例尺。

3.路面工程数量表。

第六章 桥 涵

当道路通过河流、山谷或与其它路线（道路或铁路）交汇时，所修建的人工结构物，即道路为跨越障碍物所建造的结构物，称为桥梁或涵洞。桥涵是道路的重要组成部分，在造价上桥涵一般占道路总投资的10％～20％，而且大桥往往是城镇道路、公路建设控制工程和施工的关键。它也是确保道路运输畅通的重要环节，一旦遭到破坏，修复困难。在政治、经济、国防上具有重要意义，同时与建桥地区经济、工农业发展、人民生活等密切相关。

第一节 桥梁构成与设计

一、桥梁构成与分类

（一）基本要求

1.使用方面

桥梁必须保证车辆行驶和行人行走的安全，满足车辆行驶畅通、舒适的要求。既要满足近期交通量的需要，又要照顾将来城镇规划与发展的需要；在通航江河上应满足通航等级的要求；道路跨越道路或铁路的立交桥又要满足桥下通车净空的要求；对已建好的桥涵应便于维修和养护。

2.结构方面

桥涵结构部件，在制造、运输吊装和使用过程中，应具有足够的强度、刚度、稳定性和耐久性。

3.经济方面

在保证桥梁结构足够强度、刚度、稳定性与耐久性的前提下，使其造价达到最低、材料最省。应因地制宜、就地取材、方便施工、合理地进行桥梁造型，经技术与经济论证后，决定采用桥型、桥址、跨度和施工方案。

4.施工方面

在保证工程质量的前提下，力求施工工期最短，材料、劳动力最省，并尽可能地采用新的先进施工工艺。

5.桥梁美学方面

对人群稀少、地处偏僻的地区可不予考虑，对在人群密集的城镇及旅游区修建的桥梁，桥梁布局要合理，轮廓要美观，必要时对桥梁进行装饰，以美化环境。

（二）桥梁主要组成部分

1.桥梁结构组成

桥梁主要由上部结构、下部结构、基础和附属工程组成。图6-1所示的为常用梁桥和拱桥。

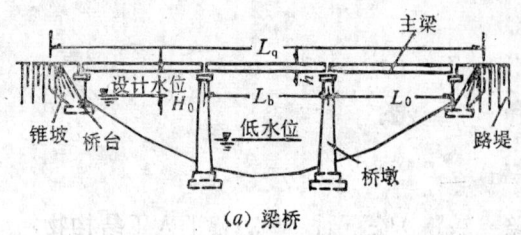
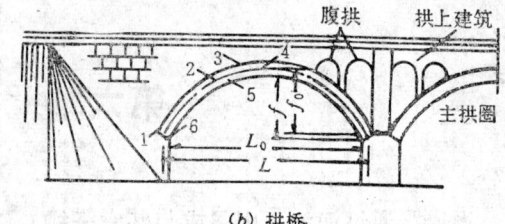

（a）梁桥　　　　　　　　　　　　　（b）拱桥

图 6-1　梁桥与拱桥
1—拱脚；2—拱轴线；3—拱背；4—拱顶；5—拱圈

（1）上部结构。上部结构又称为桥跨结构，它包括承重结构和桥面系，是道路跨越障碍物的建筑物，主要承受车辆和人群荷载等，并通过支座把荷载传递给桥墩、桥台。

（2）下部结构。它包括桥墩、桥台，是用于支撑上部结构物的建筑物，其作用是支承上部结构，并把上部结构传来的荷载，连同自身重量均匀地传递给基础，桥墩还起联系相邻桥跨的作用，桥台起着与道路衔接的作用。

（3）基础。基础是介于下部结构与地基之间的结构物，它主要起着承受由上部结构和墩台传来的荷载，并将荷载连同自身重量均匀地传递给地基。

（4）附属工程。附属工程包括桥台、路堤、锥形护坡、护岸与各种导流工程。其作用是防止路堤被河水冲刷，维护路堤边坡的稳定，引导水流顺畅通过桥孔。

2.桥梁结构组成名称和主要尺寸符号

（1）计算跨径 L，对于梁式桥为桥跨结构两支承点间的距离；拱式桥为两拱脚截面重心点间距离。

（2）净跨径 L_0，对于梁式桥为设计洪水位处相邻两桥墩（台）间的净距离；对于拱桥，为拱起拱线之间的距离。

（3）标准跨径 L_b，梁桥为桥墩中心线之间或桥墩中心线与桥台台背前缘的距离；拱桥标准跨径与净跨径相同。

（4）多孔跨径总长度 L_d，指多孔标准跨径总长度，它反映桥下泄洪能力。

（5）桥梁全长 L_q，两个桥台侧墙或八字墙尾端之间的距离；无桥台的桥梁为桥面系行车道全长。

（6）桥梁高度 H，为行车道顶面与低水位之间的距离或立交桥行车道顶面与桥下路线路面间的距离。

（7）桥梁建筑高度 h，为行车道顶面至上部结构最低缘间的距离。

（8）桥下净空 H_0，为上部结构最低缘至计算水位（计算水位＝设计水位＋壅水高度＋浪高）或通航水位间的距离；对立交桥为上部结构最低缘至所跨越路线路面间的净空距离。

（9）拱桥矢高和矢跨比，拱顶截面下缘至起拱线的水平线间垂直距离，称为净矢高 f_0；从拱顶截面重心至拱脚截面重心的水平线间的垂直距离，称为计算矢高 f；计算矢高与计算跨径之比（f/L）为拱圈矢跨比。

（三）桥梁主要类型

196

桥梁分类方法很多。按其用途可分为：公路桥、铁路桥、公路铁路两用桥、农桥、人行桥、运水桥（渡槽）及其它专用桥梁（如通过管道、电缆等）。

按建造所用的材料，桥梁可分为：木桥、圬工桥（即砖、石、混凝土桥）、钢筋混凝土桥、预应力混凝土桥、钢桥、玻璃钢桥等。

按使用性质，可分为：临时桥、半永久性桥、永久性桥、浮桥、开启桥和漫水桥。

桥梁按行车道位置不同可分为：上承式桥如图6-2（a）、下承式桥如图6-2（b）和中承式桥如图6-2（c）。

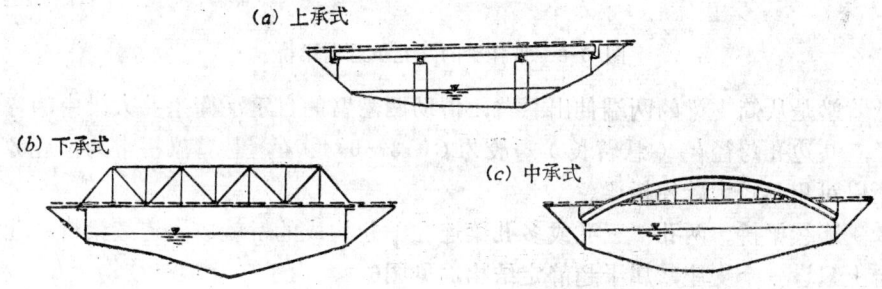

（a）上承式

（b）下承式

（c）中承式

图 6-2　上、中、下承式桥示意图

按桥梁所跨越的障碍物不同可分为：跨河桥、跨线桥、跨谷桥和高架桥等。跨线桥又称为立交桥，其中有道路与道路的立交桥、道路与铁路的立交桥。高架桥则是为城市中解决交通而少占地及高速公路修建的两层或多层道路桥。

按桥梁轴线与河流相交的交角角度分：正交桥和斜交桥。

按桥梁长度和跨径大小分：特大桥、大桥、中桥、小桥和涵洞。其划分标准见表6-1。

特大、大、中、小桥和涵洞划分标准　　　　　　　　　　　表 6-1

桥 涵 分 类	多跨跨径总长 L_d(m)	单孔跨径 L_b(m)
特 殊 大 桥	$L_d \geqslant 500$	$L_b \geqslant 100$
大 桥	$L_d \geqslant 100$	$L_b \geqslant 40$
中 桥	$30 < L_d < 100$	$20 \leqslant L_b < 40$
小 桥	$8 \leqslant L_d \leqslant 30$	$5 \leqslant L_b < 20$
涵 洞	$L_d < 8$	$L_b < 5$

注：圆管涵及箱涵不论管径或跨径大小、孔数多少，均称为涵洞。

桥梁分类很多，但最基本的是按受力体系进行分类：梁式桥、刚架桥、拱桥、吊桥、斜拉桥等。下面按桥梁结构受力体系进行分类介绍。

1.梁式桥

其主要承重构件为梁（或板），梁式桥属于受弯构件，在受拉区配主筋以承受拉力。梁式桥可分成以下三种形式：

（1）简支梁桥。图6-1（a）所示为一座三孔简支梁桥，梁的两端搁置在墩台上，一端设固定支座，另一端设活动支座。该种桥梁结构简单，易预制，便于吊装，但跨越能力较小。梁的跨度愈大就得加大建筑高度。所以一般钢筋混凝土简支梁桥跨径为20m以内；

预应力梁国内常用跨径20～40m（经济跨径），最大已达62m。

（2）悬臂梁桥。当建造较大跨径桥梁时，可把简支梁桥的一端伸出，中间加一挂梁，形成中孔具有较大跨径的悬臂梁桥，见图6-3。其边孔跨径L_2常取中孔跨径L的0.5～0.8倍，挂梁跨径L_1常取（0.3～0.5）L。

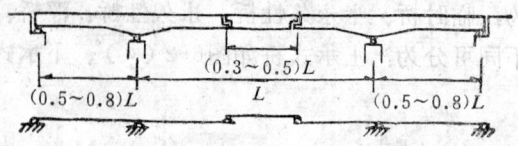

图 6-3　带挂梁的三孔单悬臂梁桥

双悬臂梁是从简支梁的两端伸出悬臂，借助两悬臂的自重平衡主孔大梁中的弯矩，以加大跨径，其边孔跨径L_2（悬臂长）一般为（0.3～0.4）L，悬臂梁桥常为预应力混凝土结构，所以可用于较大跨径桥梁。

（3）连续梁桥。两孔、三孔或多孔梁连在一起构成的桥就成了连续梁桥。连续梁在每个墩台上只设一个支座，属于超静定结构，见图6-4，由于各孔主跨结构"互相帮助"，跨径大，也可降低桥梁的建筑高度，连续梁桥的特点是伸缩缝少，行车平稳，无噪声，刚度大，易养护，预应力混凝土常用跨径为50～60m，国内最大已达120m。

2.刚架桥

刚架桥外形象框架，它的特点为上部结构与下部结构连成整体，在竖向荷载作用下，墩台承受竖向反力、弯矩和水平力，属于压弯构件。两腿倾斜的称为斜腿刚架桥，见图6-5。由于上下部结构连成整体共同受力，同等跨径的刚架桥比梁式桥的建筑高度小，常用于分离式立交桥或建筑高度受限制的桥梁或跨谷桥。

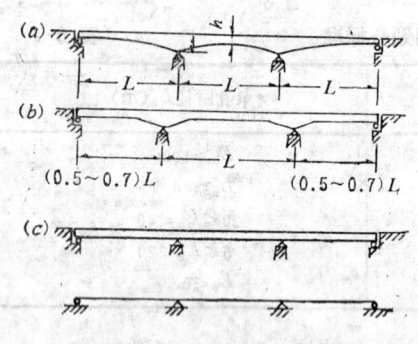

图 6-4　连续梁桥
(a)等跨；(b)不等跨；(c)等截面

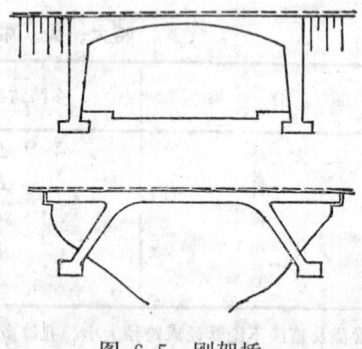

图 6-5　刚架桥

3.拱桥

拱桥上部结构由主拱圈、拱上建筑和桥面系组成。主拱圈为主要承重构件，且为曲线型，由拱上建筑构成平顺的桥面，并起着传递荷载的作用。拱桥的主拱圈在竖向荷载作用下，主要承受压力，所以修建拱桥时，多用砖、石、混凝土等圬工材料，以充分发挥抗压性好的特性，这种拱桥跨越能力较大。拱桥种类较多，图6-6为一空腹式拱桥构造图。

4.吊桥

吊桥又称悬索桥，是目前世界上跨越能力最大的桥型。它主要由主索、桥塔、吊杆、

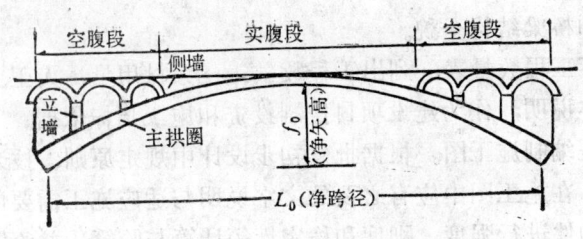

图 6-6 空腹式拱桥立面图

锚碇、加劲梁和桥面系组成，见图6-7。主要承重构件为主索，在竖向荷载作用下，主索只承受拉力，车辆、人群荷载及自重由加劲梁上的吊杆传给主索，通过主索再由桥塔和锚碇传给地基。

主索由高强钢丝制成，因此吊桥的悬索为柔性结构，在活载作用下产生较大的挠曲变形，所以吊桥刚度较小，对振动和风动稳定问题应特别引起重视。

5.斜拉桥

斜拉桥为组合体系结构。它由主梁、桥塔、斜缆索等组成。如图6-8所示，主梁不但在墩台上有支承，而且还有斜向吊在塔架上的钢缆索拉住，以使主梁形成若干小跨（可以小到6~8m）的连续结构，这样用梁上的吊点代替了若干个中间桥墩，减小了梁内弯矩，因此梁高可以作得较小。当索比较稀时，梁受压、受弯，以受弯为主，可看作由索弹性支承的连续梁，梁高为（1/30~1/70）L。当索比较密时，梁间距减少到6~12m，梁只承受该段的局部弯矩而以受压为主。这时梁高可作得较小，（1/100~1/180）L。

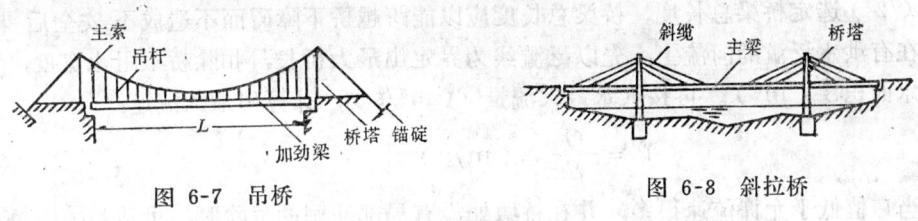

图 6-7 吊桥　　　　　　　　　　图 6-8 斜拉桥

斜拉桥结构轻巧，能适应各种不同的地形和地质条件，可充分发挥材料力学性能，在技术经济上具有较大的优越性。另一方面，斜拉桥作为高次超静定结构，计算复杂，对材料、结构构造和施工等要求较高。

二、桥梁总体设计

桥梁设计总则是适用、安全、经济、适当照顾美观，并与周围的景观相协调。

（一）设计程序

我国桥梁设计程序，大、中桥采用两阶段设计，小桥采用一阶段设计。

第一阶段设计（初步设计）用以编制设计文件。在该阶段设计中，主要选择桥址、桥长、桥型和初步尺寸，进行方案比较，编制最佳方案的材料用量和造价，然后报上级主管部门审批。

初步设计要完成下列几方面工作：

（1）按1:100~1:500的比例画出全桥立面图和平面图；按1:50~1:100的比例画出桥梁横剖面图。

（2）按1:100~1:2000的比例画出全桥及其两端线路衔接处的平面图和纵剖面图，

以反映桥位处地形和桥梁结构全貌。

（3）编制全桥工程数量表，列出工程数量、三大材用量，人工、机械台班及设计有关概算和必要的文字说明，作为建设项目控制投资和施工招标依据。

第二阶段设计是编制施工图。根据批复初步设计中规定原则、技术方案和总投资等进行具体的技术设计。在施工图中应有必要的文字说明与适应施工需要的图表，在施工图设计时必须对桥梁各构件进行强度、刚度和稳定性等计算与验算，并绘制结构详图。对技术要求较简单的中、小桥，也可采用一阶段设计，即为扩大初步设计并包含两阶段设计主要内容。

（二）设计内容与步骤

1.桥位设计

（1）桥位选择

①桥位应选择在河床稳定而无变迁的地方，并在河面较窄、墩台位置安全、施工方便处，以降低造价。桥位附近若已建桥梁时，则两桥间要考虑隔开必要的距离，以利通航。

②桥位与路线配合要合理。除线型要合理处，桥位附近和道路衔接处应尽量减少房屋拆迁，桥位还应考虑城市公共交通的规划与组织。

③要注意选择地质条件较好的桥位。通常桥梁作成垂直于河道主流方向为宜，但在必须服从线路走向时，可作为斜交。

桥位选择对于大桥应进行方案比较，综合考虑各方案优缺点，征求各方面的意见，选择最佳桥位。

（2）选定桥梁总长度。桥梁总长度应以能跨越桥下障碍而不造成不安全后果为准则。在有洪水泛滥的河流上，先以泛滥线为界定出最大桥长，扣除桥墩阻水宽度，计算桥下过水面积 S（m²）。再按洪水最大流量 Q（m³/s），计算出最大流速：

$$V = \frac{Q}{S} \quad (\text{m/s}) \tag{6-1}$$

当 V 值低于允许流速很多，并在桥墩处没有局部冲刷的危险时，可适当缩短桥长。

在单孔桥没有桥墩，计算所得的洪水在岸边的流速不大，且桥台没有被冲刷时，孔径可适当压缩。按计算确定桥长后，还要考虑桥头是否做引桥，有时为了满足桥下通航要求，需要提高桥面标高，同时受路线纵坡控制，两岸路基不能降低，在这种情况下可作引桥来降低坡度，一般当路堤高度大于 6 m 时，可以考虑引桥方案。

2.桥型选择

桥梁选型必须遵循适用、安全、经济、适当照顾美观的原则。选型与地质、水文、通航、地形等有关，所以必须综合考虑，得出最优方案。

（1）桥梁造价。所建造的桥梁应该是经济的，如过分追求大跨度或只考虑美观而不顾经济因素是不切合实际的。桥梁造价主要包括征地、拆迁费、材料费、运输费、施工费（包括人工、机具、水电和临时工程等）与管理费。就地取材可节省材料费，又能节省运输费用。

（2）桥梁跨径的选择。不同类型的桥梁，有不同的适用跨径范围。钢筋混凝土简支梁桥，一般选用小于20m的跨径；预应力混凝土简支梁桥跨径一般为20～40m，特殊也可达60m；预应力混凝土悬臂梁桥和连续梁桥，目前国内常用的跨径为50～80m。预应力混凝土T形刚构桥可在80～120m范围内考虑。在拱桥体系中，石拱桥、双曲拱桥和桁架拱桥，常用跨径为30～50m，需要时也可达60～80m；箱形拱桥跨径常用60～110m；刚架拱桥常用跨径30～80m。预应力斜拉桥跨径可达100～400m，超过400m跨径的桥型可选用吊桥。

（3）根据地基条件选桥型。各类桥梁对地基要求不同，软土地基要求选用自重较轻，并且在温度变化、基础沉降变位时不影响结构内力或影响较小的桥型，如简支梁桥和悬臂梁桥等静定结构桥型。对于连续梁桥、无铰拱桥和刚架桥等超静定结构桥型宜选在地基条件较好的地区建造。若在地质较差地区建造拱桥，宜选用自重较轻的桥型，如桁架拱桥、肋拱桥和刚架拱桥等。

（4）根据桥梁跨越障碍选型。桥梁跨越对象不同（即跨河、跨谷、跨线），所选用桥梁类型也应不同。在跨河桥中，如果是通航河流，就要有通航孔，首先要满足通航净空要求。当河宽为40～60m时，尽量作单跨桥，这样既不阻碍通航又可省去水中基础工程，或采用三跨悬臂体系，使中孔满足通航要求。在大江、河上建桥，宜选用连续梁桥、多跨拱桥、T型刚构桥和斜拉桥等桥型。北方河道多属季节性河流，雨季时水大，枯水季节水小甚至无水，这类河道通常是河床较浅的宽滩性河流，宜选用梁式体系桥。跨谷桥因需造高桥墩，因此单孔跨越宜选用斜腿刚架桥、拱桥、斜拉桥或吊桥。跨线桥大多在交通量较大的城镇区，桥梁建筑高度应尽量低，以降低纵坡，节省引桥及引道工程，为此常用连续梁桥和刚架桥等桥型。

3. 结构设计步骤

（1）拟定构件各部分尺寸，并配置钢筋（选定钢筋等级、直径与根数）；

（2）计算结构自重、自重引起的内力；

（3）计算活载引起的内力；

（4）荷载按最不利情况进行组合；

（5）进行结构强度、稳定性、挠度、裂缝验算，如不符合要求时，应调整配筋或修改截面尺寸并重新计算直到满足为止。

（6）绘制施工图纸；

（7）详细计算工程数量、用地数量等；

（8）编制设计说明书。

4. 施工设计

（1）施工场地布置，征用土地，拆迁；

（2）材料采购来源、运输方法确定；

（3）劳动力调配，施工组织机构设置；

（4）生活、生产用房设计与布设；

（5）机具采购与调配；

（6）月、年生产进度表，完成时间；

（7）施工方案确定、施工机具设计；

（8）编制施工组织设计与工程预算。

（三）桥梁平、纵、横布置设计

1. 桥梁平面布置

桥梁平面线型及桥头引道应与路线平顺相接，使车辆行驶平稳通过。道路上的桥梁线形及与路线衔接，必须符合路线设计技术标准的规定。对道路上的大、中桥线形考虑到大、中桥投资问题，一般应为直线形，如果必须设计成曲线桥时，各项技术指标应符合道路线形有关规定。

对桥梁本身的经济性和施工，应尽可能避免与河流或桥下道路斜交。但对一般小桥涵，在由路线方向控制或城镇桥梁受原有街道的制约时，可修建斜交桥涵，但斜度通常不宜大于45°，在通航河流下则不宜大于5°。

2. 桥梁纵断面设计

桥梁纵断面设计，主要是确定桥梁总跨径、分孔、桥梁高度、基础埋深、桥面设计标高、桥面及桥头引道纵坡等。

（1）桥梁总跨径。应能满足桥下泄洪要求，总跨径定得过小，加大了桥下水的流速，使河床和河岸处产生了冲刷，因此桥梁总跨径主要由水文计算来确定。

（2）桥梁分孔。分孔后的孔径必须保证设计洪水频率和水流中夹带的冰块、木材、泥石及其它漂流物能安全通过桥孔。分孔过多，虽然上部结构因跨径小而省造价，但桥墩增加，下部结构造价增大；分孔过少，墩数少，但桥跨结构跨度增大，造价也提高。最经济分孔是使上下部结构的总造价趋于最低。对跨越山谷、水流深（这时桥墩较高）或地质较差、基础工程施工复杂时，跨径选大些，或单孔跨越；当桥墩较矮或地质较好时，跨径小些；如跨越平原区宽阔性河流，可以对河床断面进行一定压缩，且除通航孔外可采用经济分孔。桥梁分孔以奇数孔为美观，且考虑施工等因素，尽可能采用等跨径分孔布置。

在通航河流上，分孔时应与航运部门协商，根据航道等级，分孔必须满足通航要求，所以通航孔径应由航道等级确定，其余可按经济跨径分孔，即采用不等跨分孔。

（3）桥面标高的确定。确定桥面标高即决定了桥梁的高度，对跨越河流的桥梁，桥面标高应保证桥下泄洪和通航要求；对跨线桥，应满足桥下安全行车净空规定。平原区建桥，桥面标高抬高则增大了桥头引道路堤填方量。在城镇建桥时，桥过高会使两头引道延伸而影响市容，或需要设立交桥，导致造价上升。因此，必须根据洪水位，桥下通航或通车净空需要，结合桥型、跨径、纵坡等综合确定桥面标高。一般不通航的中、小桥桥面标高（考虑泄洪净空后）由道路纵坡等控制确定，对大桥和通航河流桥梁由接线纵坡和通航净空等综合确定桥面标高。在确定桥面标高时还应考虑以下几个问题。

①为保证桥下流水净空，对梁式桥，梁底应高出计算水位0.5m；对有流冰的河流，应高出最高流冰水位0.75m，如图6-9。为防止水流对支座的侵蚀，支座底面应高出计算水位不小于0.25m，高出最高流冰水位不小于0.5m。

对于无铰拱桥，拱脚允许被计算水位淹没，但通常淹没深度不超过拱圈净矢高f_0的2/3，如图6-10所示。且在任何情况下拱顶底面应高出计算水位1.0m，即$\Delta f_0 \geqslant 1.0$m。对有流冰河流，拱脚起拱线应高出最高流冰面0.25m。

②在通航及有漂浮物的河流上，应设置安全通航孔。通航孔最小高度根据航道等级净空规定确定。如图6-9和图6-10虚线所示多边形图。

③在设计跨线立交桥时，桥跨底缘标高应高出规定车辆的净空高度。

④对大、中桥，为便于桥面排水和降低引道路堤高度，往往设置从桥中央向桥头两端倾斜的双向纵坡（1%～2%）；对于小桥，通常做成平坡；桥上纵坡不宜大于4%；桥头

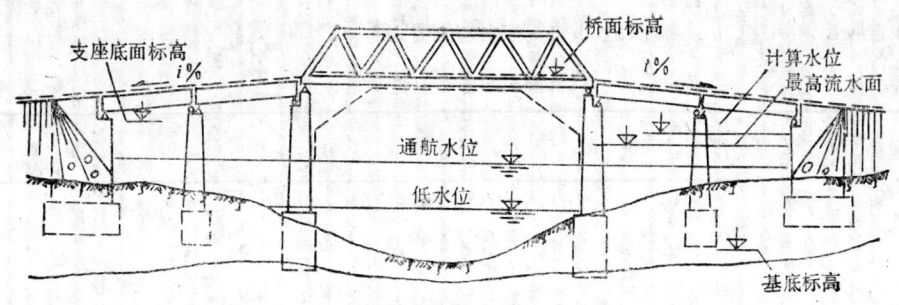

图 6-9 梁桥纵断面规划图

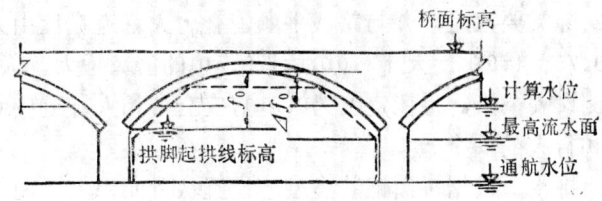

图 6-10 拱桥纵断面规划图

引道纵坡不宜大于 5%，对位于城镇混合交通繁忙处的桥梁，考虑非机动车爬坡能力和安全，桥上纵坡和桥头引道均不得大于 3%。桥上或引道纵坡变化处应按规定设置竖曲线，其竖曲线半径一般不小于1000m。

（4）基础埋置深度。桥墩和桥台基础埋置深度在有冲刷的河流，为防止墩、台基础四周和基底下土层被冲掏空，造成墩、台基础失去支持而倒塌，桥梁基础必须埋置在设计洪水最大冲刷线以下一定深度，以确保基础的稳定性。在一般情况下，小桥涵基础底面埋在设计洪水位冲刷线以下不小于 1m；对岸墩台或高架桥基础埋深应在天然地面线以下不小于 1m，且基础顶面不宜露出低水位或地面线（影响美观）；对寒冷地区，为保证结构物不受地基土冻胀影响，基础底面应埋置最大冰冻线以下不小于0.25m。对于大、中桥基础最小埋深可参照表6-2采用。

考虑冲刷时大、中桥基础基底最小埋置深度值（m）　　　　表 6-2

桥　梁　类　型	最　大　冲　刷　深　度　（m）					
	0	<3	≥3	≥8	≥15	≥20
	最　大　埋　深　（m）					
一　般　桥　梁	1.0	1.5	2.0	2.5	3.0	3.5
技术复杂修复困难特大桥	1.5	2.0	2.5	3.0	3.5	4.0

3.桥梁横断面设计

桥梁横断面设计，主要是确定桥面宽度和桥梁结构的横断面布置。

为了确保车辆和行人的通行需要，必须在桥面上垂直于行车方向留有一定的宽度，该宽度称为桥面净宽。其净宽包括行车道、人行道和自行车道的宽度。行车道宽度取决于桥梁所在的道路等级，各级道路桥面行车道净宽标准见表6-3。在选用净宽时应与道路路面宽度相适应，对于城市、城镇近郊桥梁宽度应与道路路基同宽。

各级道路桥面行车道净宽标准 表 6-3

道 路 等 级	桥 面 行 车 道 净 宽 (m)	车 道 数
高 速 公 路	2×净—7.5或2×净—7.0	4
一	2×净—7.5或2×净—7.0	4
二	净—9或净—7	2
三	净—7	2
四	净—7或净—4.5	2或1

桥上人行道根据实际需要决定，并与路线平顺配合。人行道宽度由人群密集度来选取，人行道宽度常用0.75、1.0m，大于1.0m后按0.5m的倍数增大。人群少的地方，可不设人行道，在桥宽两侧设安全带，每侧宽度为0.5m，安全带和人行道应高出行车道0.25~0.35m，以确保行车和行人的安全。

桥梁为了便于桥面排水，根据桥面铺装类型，设置从桥面中央倾向两边的1.5~3.0%双向横坡，人行道宜设置向行车道倾斜的1%单向横坡。

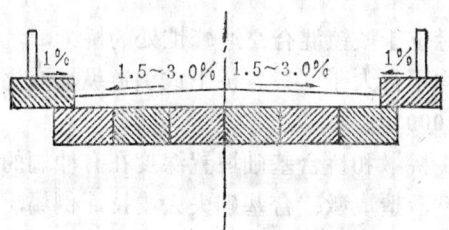

图 6-11 桥梁横断面布置图

三、桥梁设计资料

（一）荷载

桥梁结构除承受本身自重以外，主要承受汽车、平板挂车、履带车、电车及各种机动、非机动车辆和人群荷载，所以把作用在桥涵上的荷载和外力分为三大类：永久荷载、可变荷载、偶然荷载。

1. 永久荷载（也称为恒载）

永久荷载是指在使用期内，其作用位置、大小、方向不随时间变化的荷载。包括结构自重，预加应力，土的重力及土侧压力，混凝土收缩和徐变影响力，基础变位影响力和水的浮力。

结构重力为本身体积乘以材料容重；土侧压力可分为静止土压力、土抗力、主动土压力和被动土压力，其计算方法可参考有关土力学书籍；混凝土收缩、徐变和基础变位将在超静定结构内产生附加内力，对静定结构不予考虑，其计算按《桥涵通用规范》有关规定进行；当墩台建于透水性地基上时，验算墩台稳定性时应考虑水的浮力，验算基底应力时只考虑低水位浮力；预应力为预先施加在结构上的永存力。

2. 可变荷载

可变荷载是指在使用期内，其作用位置和大小随时间的变化而变化的荷载。可划分为基本可变荷载（活载）和其它可变荷载。

（1）基本可变荷载。基本可变荷载包括汽车、平板挂车和履带车等不同型号和载重等级的车辆，因此拟定一个既能概括目前车辆情况，又能照顾将来发展的全国统一的车辆荷载标准，作为桥梁设计的荷载依据。在设计各级道路桥涵时，所用的荷载等级，按道路使用任务和发展等情况，可参照表6-4选用。

车辆荷载等级选用表 表 6-4

道 路 等 级	高 速 公 路	一	二	三	四
计 算 荷 载	汽车—超20级	汽车—超20级 汽车—20级	汽车—20级	汽车—20级	汽车—10级
验 算 荷 载	挂车—120	挂车—120 挂车—100	挂车—100	挂车—100	履带车—50

①汽车荷载　汽车车队荷载分为汽车—10级、汽车—20级、汽车—超20级三个等级。各级车辆纵向排列、汽车平面尺寸及横向布置见图6-12和图6-13。其主要技术指标见表6-5。

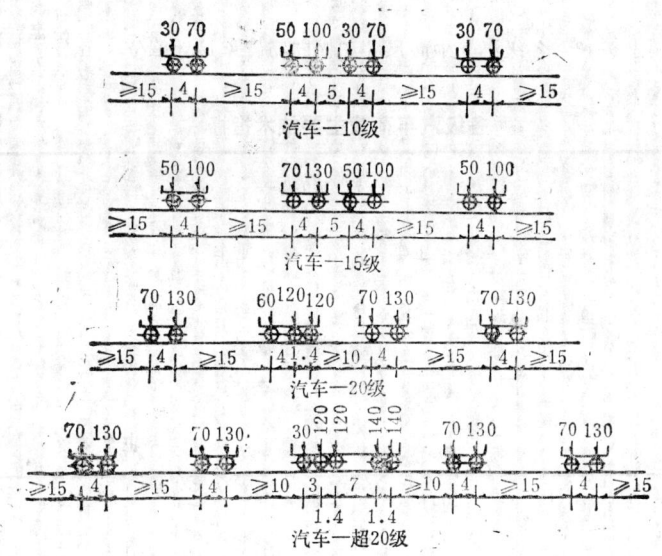

图 6-12　各级汽车车队纵向排列（轴重单位：kN　尺寸单位：m）

荷载等级中的数字表示一辆主车的重量，图中的荷载为轴重。主车按其间距排列，数量不限，每一车队中规定有一辆重车。

在设计四车道桥涵时，考虑实际四行车队并行通过几率较小，计算荷载可折减30％，但折减后不得小于两行车队计算的结果；对三行车队（三车道），计算荷载可折减20％，折减后不得小于两行车队计算的结果。

汽车外侧轮子中线，离人行道或安全带边缘的距离不得小于0.5m。

②平板挂车和履带车荷载　履带车—50、挂车—100、挂车—120三种统称为验算荷载。对于履带车顺桥向可按两车净距不得小于50m排列行驶；对于挂车，全桥只允许一辆

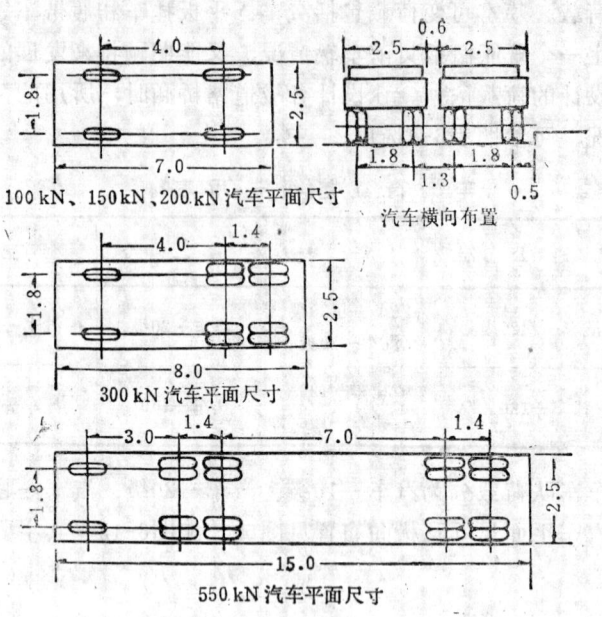

100 kN、150 kN、200 kN 汽车平面尺寸

汽车横向布置

300 kN 汽车平面尺寸

550 kN 汽车平面尺寸

图 6-13 各级汽车平面尺寸和横向布置（尺寸单位：m）

各级汽车荷载主要技术指标 表 6-5

| 主 要 指 标 | 单 位 | 汽车10级 | | 汽车—20级 | 汽车—超20级 |
		主车	重车	主车　　重车	主车　　重车
一辆汽车总重力	kN	100	150	200	300	550
一行汽车车队中重车辆数	辆	—	1	1	1	1
前 轴 重 力	kN	30	50	70	60	30
中 轴 重 力	kN	—	—	—	—	2×120
后 轴 重 力	kN	79	100	130	2×120	2×140
轴 距	m	4	4	4	4+1.4	3+1.4+7+1.4
轮 距	m	1.8	1.8	1.8	1.8	1.8
前轮着地宽度和长度	m	0.25×0.20	0.25×0.2	0.3×0.2	0.3×0.2	0.3×0.2
中后轮着地宽度和长度	m	0.5×0.20	0.5×0.2	0.6×0.2	0.6×0.2	0.6×0.2
车辆外形尺寸（长×宽）	m	7×2.5	7×2.5	7×2.5	8×2.5	15×2.5

注：一行汽车车队中主车辆数不限。

通过。履带车、挂车通过桥涵时，应靠中缓慢行驶；验算时，不计冲击力、人群和其它外力。履带车、挂车纵向排列和横向布置见图6-14所示。其主要轴重和尺寸见表6-6。

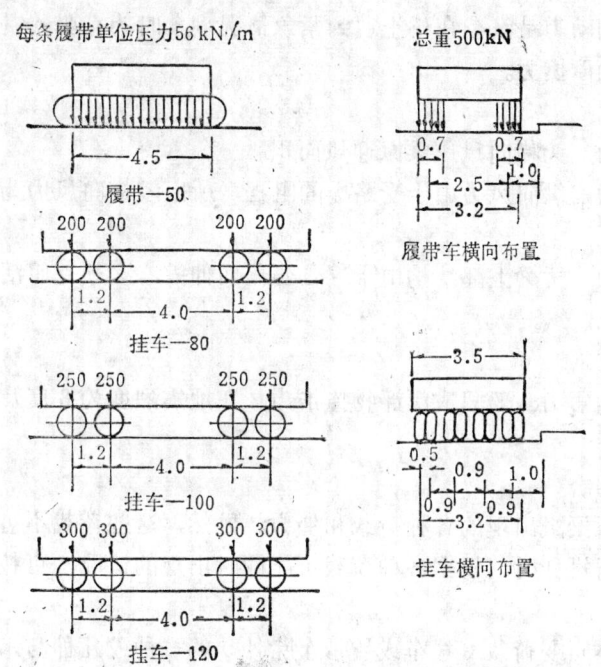

图 6-14 各级验算车辆纵向排列与横向布置（轴重单位：kN 尺寸单位：m）

各级验算荷载主要技术指标   表 6-6

主 要 技 术 指 标	单位	履带—50	挂车—80	挂车—100	挂车—120
车 辆 重 力	kN	500	800	1000	1200
履带数或车轴数	个	2	4	4	4
各条履带压力或每个车轴重力	kN	56kN/m	200	250	300
履带着地长度或纵向轴距	m	4.5	1.2+4.0+1.2	1.2+4.0+1.2	1.2+4.0+1.2
每个车轴的车轮组数目	组	—	4	4	4
履带横向中距或车轮横向中距	m	2.5	3×0.9	3×0.9	3×0.9
履带宽度或每对车轮着地宽度和长度	m	0.7	0.5×0.2	0.5×0.2	0.5×0.2

③人群荷载 设人行道的桥梁一般规定为3kN/m²；城镇人群密集区规定 为 3.5kN/m²。

④车辆影响力

Ⅰ）汽车冲击力 汽车通过桥涵时，对桥涵产生冲击振动作用，在汽车荷载计算时，先把汽车看成是静荷载，然后再计入动荷载的冲击力。冲击系数（1+μ），当 梁 桥 跨径小于或等于 5m 时（1+μ）=1.3；跨径大于或等于45m时（1+μ）=1.0，即这时μ=0；跨径在5～45m之间时，可用直线内插法求得。

Ⅱ）离心力 位于曲线上的桥梁，当其曲率半径小于或等于250m时，必须考虑车辆的离心力。

Ⅲ）车辆荷载引起的土侧压力 车辆荷载在桥台破坏棱体上时，会引起土侧压力，可换算成等代均布土层厚度计算。

（2）其它可变荷载

①制动力　制动力是汽车在桥上遇到紧急情况刹车时为克服其惯性力而在制动时轮胎与路面之间产生的摩擦力。

②风力

Ⅰ）横向风力　为横向风压乘以迎风面积。

Ⅱ）纵向风力　纵向风力由于受路堤的阻挡，所以较横向风力为小，可按横向风力的70%进行计算。

③支座摩阻力　桥梁上部结构由于气温变化而伸缩，必须克服活动支座摩阻力才能伸缩。

3.偶然荷载

偶然荷载有地震力、船只或漂浮物撞击力。在地震烈度为8度及以上的地震区，应采取抗震措施。

（二）荷载组合

由上得知在桥梁上出现的各种荷载和外力，显然，这些荷载不可能都同时作用在桥梁结构物上，在进行设计时，根据各种荷载可能同时出现的情况，可按下列方式组合，以供计算设计时选用。

组合Ⅰ：基本可变荷载（挂车或履带车除外）的一种或几种与永久荷载的一种或几种相组合；

组合Ⅱ：基本可变荷载（挂车或履带车除外）的一种或几种与永久荷载的一种或几种及其它可变荷载的一种或几种相组合；

组合Ⅲ：挂车或履带车与结构重力、预应力、土重及土侧压力中的一种或几种相组合；

组合Ⅳ：基本可变荷载（挂车或履带车除外）的一种或几种与永久荷载中的一种或几种及偶然荷载中的船只或漂流物撞击力相组合。

组合Ⅴ：桥涵在进行施工阶段验算时，根据可能出现的施工荷载进行组合。

组合Ⅵ：结构重力、预应力、土重及土侧压力中的一种或几种与地震力相组合。

在进行荷载组合时，还应注意到有一些荷载或外力不能同时参与组合。如汽车制动力不与流水压力组合，冰压力不与支座摩阻力组合，流水压力不与冰压力组合。

（三）其它设计资料

1.桥梁使用要求

桥梁的交通种类、交通量、车辆载重、行人情况，以及确定桥梁荷载等级、行车道数和人行道宽度等，并调查桥上有否需要通过管线（如电力、电话线、水管等），为此预留位置。

2.桥位地形图

测绘桥位地形图（比例1:500～1:1000），供桥梁平面布置设计和施工时场地布置。

3.地质资料

通过桥位地质钻探，了解地质情况，包括土壤分层标高，地下水位，并将钻探资料绘制成地质剖面图，作为基础类型选择和设计的重要依据。

4.水文

测量桥位河道纵断面图，桥位河床断面图。调查历年最高洪水位、低水位、流冰水位、流量、流速、河床冲刷、淤积和变迁情况等。与航运部门协商通航水位和通航净空。了解河流上水利设施，为确定桥梁跨径、基础埋深和桥面标高及桥梁纵向布置设计提供可靠依据，也为施工提供一定的水文资料。

另外，还应调查当地建筑材料来源，三大材供应情况，交通运输情况，水电供应；当地气象资料（气温、雨量、风速、洪水与枯水期、冰冻期和冰冻深度）；调查桥址上、下游老桥、老桥建设年代、净跨径、净空、基础形式、孔数、冲刷情况等。

四、桥梁标准图的使用

桥涵建筑种类繁多，为了减少计算和绘图的工作量，便于统一预制和工厂化生产，互换使用和战时抢修，加快设计速度，提高设计质量，降低工程造价，对桥涵建筑物，分别不同类型，不同跨径和不同条件，按设计规范有关规定进行设计，并将这些设计编制成图册，供桥涵设计时选用，这种图册叫做标准设计图。

标准设计图是交通部批准的法规性设计资料。它将统一性强、涉及面广、比较常用的桥型，影响重大、技术上成熟先进的、经济上合理的、质量优良的桥涵编制成标准图，供设计、规划人员在设计和规划时选用。

常用的标准设计图跨径有0.75、1.0、1.25、1.5、2.0、2.5、3.0、4.0、5.0、6.0、8.0、10、13、16、20、25、30、35、40、45、50、60m；对于跨径在60m以下的新建桥涵，设计时应尽量采用以上标准跨径，套用标准图进行设计。常用标准图中的桥型有简支梁桥、拱桥两大类型，有上下部结构同编在一设计图册中；也有上部结构和下部结构分开编制成册的，上下部结构应根据荷载等级配套使用。在桥涵标准设计图使用前，先要进行桥型选择，确定跨径、设计荷载、桥面净空，根据水文、地质等条件来选用标准图。对梁式桥的上、下部结构可以全部套用标准图；对于地质条件较好的地区设计的多跨、单跨拱桥和地质条件较差的地区设计的单跨拱桥，上下部结构可以全部套用标准图。但对于在软土地区建造多跨钢筋混凝土拱桥，且下部结构为轻型墩台时，由于多跨拱桥连拱作用，对下部结构受力有利，但对上部主要承重结构受力不利，所以对上部结构应进行计算增加配筋量。

例如有一座上部为3孔、标准跨径为13m的空心板梁桥，设计荷载为汽车—20级、挂车—100，桥面净宽为净—9+2×1.5m人行道，地质条件为软土地基，下部结构可选用与13m空心板相配套使用的钻孔灌注桩。在设计时上下部结构均可套用标准图，仅对钻孔灌注桩进行桩长入土深度计算；另外栏杆、扶手、灯柱、伸缩缝、支座均可套用桥涵公用部分标准图进行设计。

第二节 梁 桥

一、梁桥的分类

（一）按截面形式分类

1.板桥

主要承重结构是矩形的钢筋混凝土板，如图6-15（a）。特点是建筑高度小、构造简单、易施工、结构自重大。钢筋混凝土板桥跨径 $L_b = 5 \sim 13m$；预应力简支桥板 $L_b = 8 \sim$

16m；板做成空心以减小自重，或做成图6-15（b）所示型式。

2.肋梁桥

主要承重结构是肋梁，如图6-15（c）、（d）。承重结构与桥面板结合成一体，节省了受拉区混凝土材料，又减轻了自重，从而使结构构造与受力性能有机地配合起来。钢筋混凝土简支肋梁桥常用跨径$L_b=8\sim20m$；预应力混凝土简支肋梁桥常用跨径$L_b=25\sim30m$。

3.箱梁桥

主要承重结构是薄壁箱形梁，如图6-15（e）、（f）。它可在顶板和底板都布主筋，所以它能抵抗正负弯矩。箱梁的整体性好、壁薄、自重轻。大跨径的悬臂梁和连续梁就是采用箱形截面，为适应悬臂梁和连续梁受力特点，箱形截面采用变高度，支点处较高，如图6-15（e），跨中较低，如图6-15（f）。

（二）按施工方法分类

1.整体式梁桥

整体式梁桥是在桥址处直接搭支架立模板浇筑起来的桥梁。由于是在现场整体浇筑，所以整体性好，抗震效果好，但施工进度慢，机械化程度低，耗支架和模板。在吊装设备缺乏、运输条件差时选用。

2.装配式梁桥

梁或板在工厂或预制场分块预制好后，运到桥位吊装就位，把构件连成整体如图6-16所示为常用装配式板桥和T形梁桥横截面。装配式梁桥预制构件采用工厂化施工，季节性影响小，质量好，且上下部工程同时施工，工期短，省支架和模板材料。

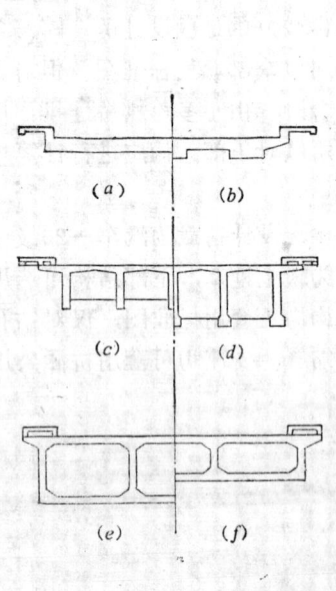

图 6-15 梁桥横截面型式

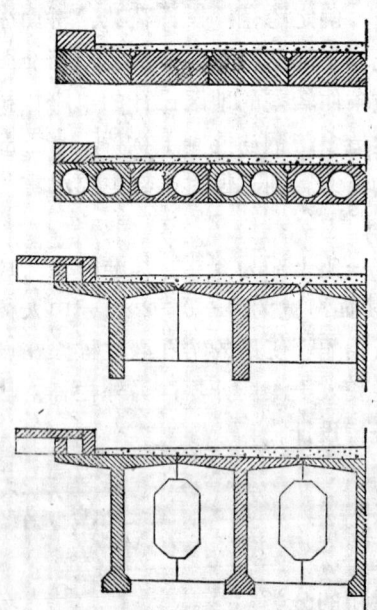

图 6-16 装配式梁桥横截面形式

3.组合式梁桥

主要承重构件是板或梁，一部分采用预制安装，另一部分就地现浇把预制部分联成整体形成的桥梁。与整体式梁桥相比，可节省模板和支架材料，施工进度较快；与装配式梁桥比吊装重量小，施工工序多，整体性好，如图6-17。

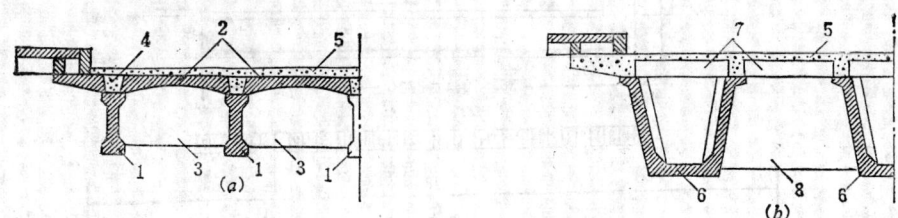

图 6-17　组合式梁桥横截面形式

1—预制工字梁；2—预制少筋微弯板；3—预制横隔梁；4—现浇接缝；5—现浇铺装层；6—预制预应力空心板；7—预制预应力槽型梁；8—现浇端横隔梁

（三）按主要承重结构的静力体系分类

1.简支梁桥

是应用最广泛、构造最简单的梁式桥[如图6-18（a）]，属于静定结构，相邻桥孔各自单独受力，施工进度快。

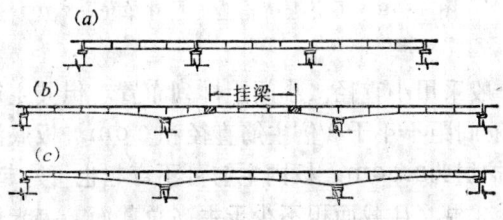

图 6-18　梁式桥静力体系

2.连续梁桥

主要承重结构不间断地连续跨越几个桥孔而形成一个超静定结构体系，如图6-18(b)。通常为三孔或五孔一联，其支点截面承受负弯矩，跨中截面承受正弯矩，减小跨中建筑高度，可以用于特大跨径，但其为超静定结构，基础产生不均匀沉降时，会产生附加内力，所以适用于桥基条件较好的场合。

3.悬臂梁桥

如图6-18（b）所示。桥梁主体长度超出跨径的悬臂结构。一端悬出的叫做单悬臂梁桥，两端悬出的称双悬臂梁桥。当桥梁长度较大时，可借助挂梁与悬臂梁组成多孔桥。在受力上支点承受负弯矩，减少了跨中正弯矩。因此，当跨径同简支梁相同时，截面高度比简支梁小。悬臂梁桥属于静定结构，当基础不均匀沉降时在梁内不会产生附加内力，可以施加预应力，所以在大跨径桥中应用较多。

二、简支板桥构造

（一）整体式简支板桥构造

整体浇筑的简支板桥为等厚度板，在小跨径桥梁中应用广泛。板内纵向布置主筋，在垂直主筋方向布置分布钢筋，分布钢筋布置在主筋上面，如图6-19。主筋与分布钢筋构成了钢筋网，可防止板产生裂缝。

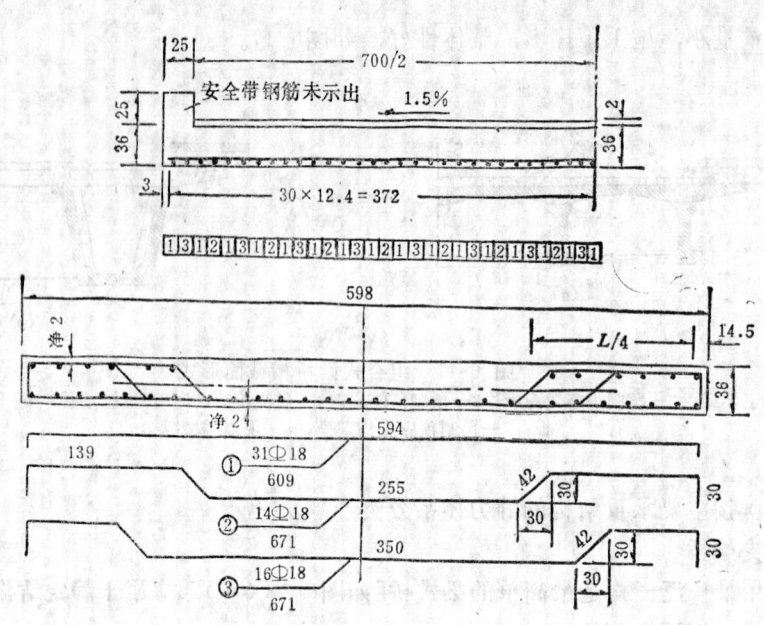

图 6-19　正交板桥构造（尺寸单位：cm）

混凝土板内钢筋一般采用小直径、小间距排列布置，但其主筋直径不小于10mm，间距不大于20cm，且主筋间距不小于3倍主筋直径和3cm，板底混凝土净保护层不小于2cm，板侧混凝土净保护层为2.5cm。板内主筋可不弯起也可弯起，弯起后，通过支点的钢筋，每米板宽不少于3根，且截面积不少于主筋总截面（每米板宽）25%。弯起角度一般为45°，弯起位置设在沿板高中心线顺跨端的1/4～1/6跨径处。对于分布钢筋，直径不小于6mm，间距不大于25mm，并在主筋每个弯曲处必须布置一根，其在单位板宽长度内截面积不少于主筋截面积的15%。

图6-19为一标准跨径6.0m、行车道宽度为7.0m、两边设0.25m的安全带，按汽车—10级、履带—50设计的整体式简支板桥构造。计算跨径为5.69m，净跨径为5.40m，板厚为0.36m，纵向主钢筋采用Ⅱ级钢筋，直径18mm，分布钢筋用直径10mm的Ⅰ级钢筋。从构造考虑将多余的一部分主钢筋按45°弯起。桥跨结构混凝土强度等级为C20，桥面2cm沥青表面处治。

（二）装配式简支板桥构造

常用的装配式板桥，按其截面形式有实心板和空心板两种。按桥宽方向划分成若干块，通常每块板宽1.0m，考虑现场安装的调整，实际预制宽度为0.99m。

1.装配式实心板桥

装配式实心板桥目前最常用，其跨径一般不超过8m。图6-20为一标准跨径6.0m、行车道宽度7.0m，两边设0.75m人行道，按汽车—20级、挂车—100、人群荷载3kN/m²设计的装配式简支板桥的构造。其计算跨径为5.68m，净跨径为5.40m，板厚为0.28m，桥面铺装层厚6cm。

图6-21为行车道块件构造。纵向主筋直径为18mm的Ⅱ级钢筋，箍筋采用Ⅰ级钢筋，直径6mm，架立钢筋用直径8mmⅠ级钢筋。预制板安装后，企口缝内填注比预制

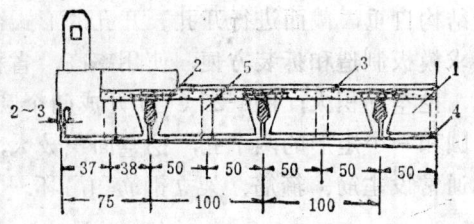

图 6-20　装配式实心板桥构造（尺寸单位：cm）
1—预制板；2—厚2cm沥青表面处治；3—厚6cm水泥混凝土铺装；4—横向排水坡度；5—锚固栓钉孔

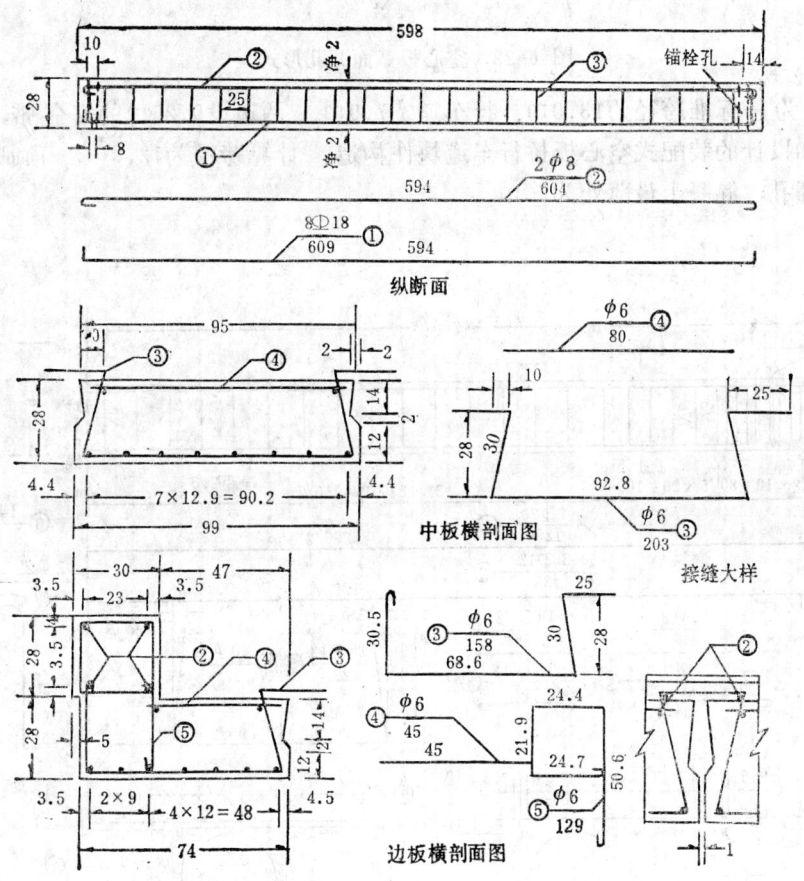

图 6-21　实心板行车道块件构造（尺寸单位：cm）
①号钢筋为主筋；②号钢筋为架立钢筋；③、⑤号钢筋为箍筋

板标号高的细粒混凝土，并浇筑厚6cm混凝土（其标高不低于预制板）铺装层，使之联成整体。为了使预制板和铺装层良好结合并与相邻板块的连接，可将板内箍筋伸出板顶面，并与相邻板块伸出的箍筋用铁丝绑扎搭接，而后浇筑在铺装层混凝土中。当下部采用轻型墩台时，预制块两端均应设置栓钉与墩台锚固。当下部为重力式墩台时，只需在一端设置栓钉，栓钉直径与主筋相同。

2.空心板桥构造

为减轻桥梁上部主跨结构自重，截面进行开孔。开孔的形式很多，图6-22为几种常见的开孔形式。开孔形式要求模板制造和拆装方便，使用率高，省材料，造价低，图6-22（a）和（b）型开成单孔，挖空面积大；图6-22（c）开成两个圆孔，其挖空面积小；图6-22（d）型开成两个半圆和一个矩形的两个孔，挖空面积较大，空心板横截面最薄处不得小于7cm。在空心板内通常设主筋、箍筋、架立钢筋和吊环。

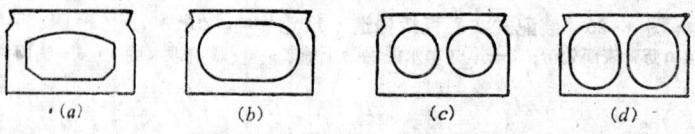

图 6-22　空心板截面开孔形式

图6-23为一标准跨径为13.0m、行车道宽7.0m、两边设0.25m的安全带，按汽—20、挂—100设计的装配式空心板桥行车道块件构造。计算跨径为12.6m，预制板厚为60cm，为双开孔，混凝土最薄处为7cm。

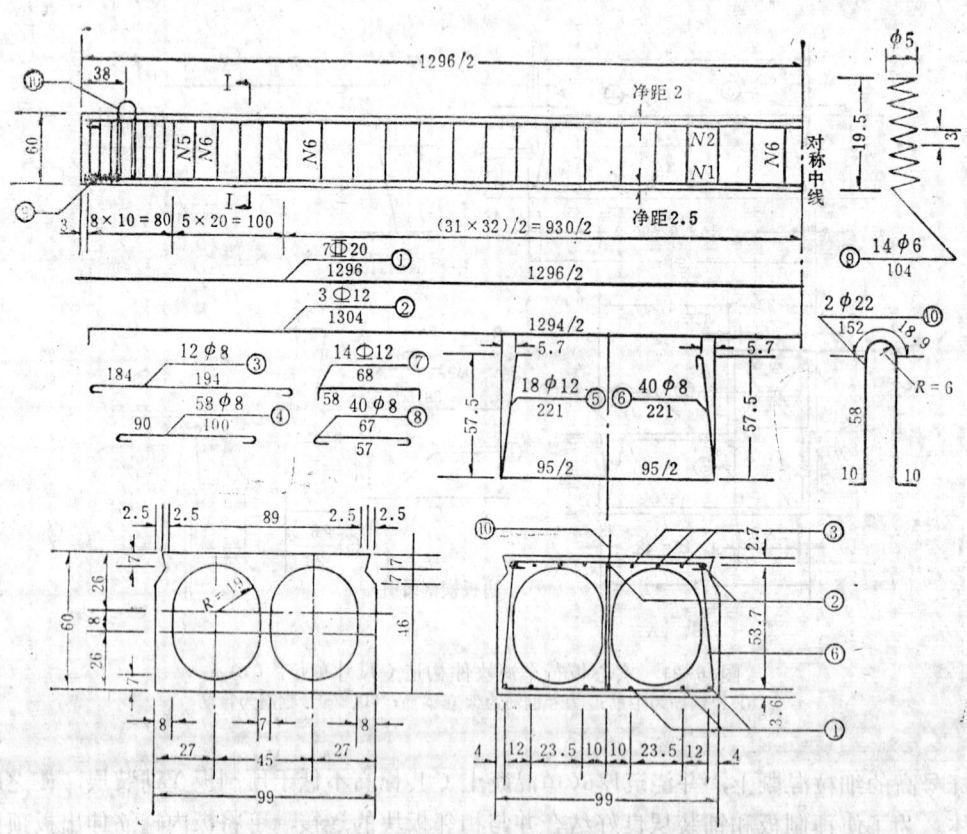

图 6-23　空心板行车道板中块件构造（尺寸单位：cm）
①号钢筋为主筋；②号钢筋为架立钢筋；③号钢筋为箍筋；④号钢筋为吊环

（三）板桥主要尺寸的拟定

拟定板桥的主要尺寸是板的厚度，板厚应满足强度、刚度和抗裂性要求。为保证板的刚度，行车道板的厚度应不小于不需作挠度验算的最小厚度，见表6-7。

不需作挠度验算的简支板最小厚度

表 6-7

截 面 型 式	实 心 板	空 心 板
板 的 最 小 厚 度	$L/35$	$L/20$

注：L——板的计算跨径。

为保证混凝土浇筑质量，实心行车道板厚度不小于10cm；空心板，中间挖空后截面内的最小厚度和最小宽度不小于7cm。

对已建成的桥梁进行统计分析，一般钢筋混凝土板桥总厚度与跨径比值见表6-8，供拟定板桥尺寸时参考。

板桥厚度与跨径之比值

表 6-8

截 面 型 式	整体式实心板	装配式实心板	装配式空心板
厚 跨 比	$1/12\sim1/16$	$1/16\sim1/22$	$1/14\sim1/20$

（四）整体式板桥计算要点

钢筋混凝土板桥跨度较小，长宽比小于2，在计算上采用"折算宽度"（即按荷载有效分布宽度）的简化计算方法，即在桥宽方向取单位宽度的板带进行内力配筋计算，全板按该板带进行配筋。

1.车轮荷载在板上的分布

确定车轮（或履带）荷载作用在板上的压力面。实际车轮与板面接触面积为一椭圆形，为计算方便，简化成行车方向长度为a_2，垂直行车方向宽度为b_2的矩形面积，如图6-24所示。车轮或履带压力通过厚度为H的铺装层按45°角向下扩散到板顶面上。所以，扩散到板顶面上的压力面为：

$$a_1 = a_2 + 2H \tag{6-2}$$
$$b_1 = b_2 + 2H \tag{6-3}$$

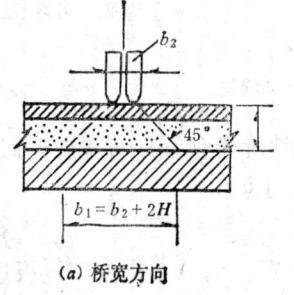

(a) 桥宽方向

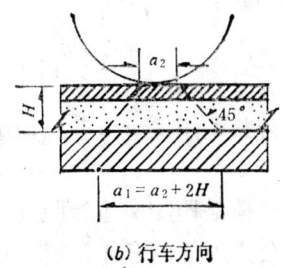

(b) 行车方向

图 6-24 车轮荷载分布面积

2.荷载有效分布宽度

当一个荷载作用在板上某一部分时，不但直接受载部分板受力，而且相邻部分板也参与共同受力，只是受力程度不同而已，在一定宽度范围内板参与工作，且该宽度范围内的跨中弯矩达到最大值，这个宽度就称为荷载有效分布宽度。

（1）荷载位于跨间，每边有$L/6$相邻板带参与受力。

①一个轮位于跨中如图6-25（a）

$$b = b_1 + \frac{L}{3} = b_2 + 2H + \frac{L}{3}$$

$$但不小于 \frac{2L}{3} \qquad\qquad (6-4)$$

式中　L——板的计算跨径（cm）；

　　　H——铺装层厚度（cm）；

　　　b——荷载有效分布宽度（cm）。

②两个或多个车轮位于跨中，如图6-25（b），且有效分布宽度出现了重叠，有效分布宽度按两边轮荷载分布以后外缘计算。则

$$4b = b_1 + \frac{L}{3} + d = b_2 + 2H + \frac{L}{3} + d$$

$$且不小于 \frac{2L}{3} + d \qquad\qquad (6-5)$$

式中　d——最外侧两车轮的中距。

（2）荷载位于支座附近，这时荷载直接传递给支座，所以参与受力板宽要小得多。其荷载有效分布宽度如图6-25（c）：

$$b_0 = b_1 + h = b_2 + 2H + h \qquad\qquad (6-6)$$

式中　h——板厚（cm）。

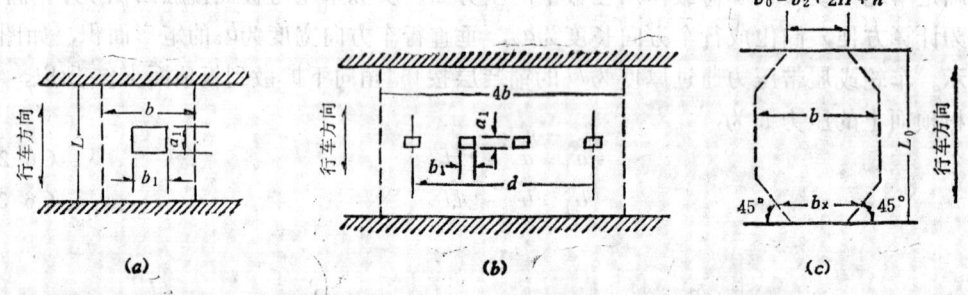

图 6-25　板的荷载有效分布宽度

（3）荷载位于支座附近，如图6-25（c），这时荷载有效分布宽度近似按45°扩散。

$$b_x = b_0 + 2x \quad 且不大于 b \qquad\qquad (6-7)$$

式中　x——荷载距支座边缘距离。

按以上公式所算的有效宽度，均不得大于板的全宽。当分布宽度超过板边时，以板宽为界限。

3.板的内力计算

当求得有效分布宽度后，将车轮轴重除以相应的有效分布宽度来作为单位板宽荷载以计算板的内力。一般板的内力只计算跨中弯矩和支点剪力。

（1）板自重引起的内力计算。板桥上的全部重力均摊给各单位宽板条承受，计算单位宽度上的每米重力，结构自重产生的内力为：

跨中弯矩

$$M_{0.5} = \frac{1}{8}qL^2 \qquad （6-8）$$

支点剪力

$$Q_0 = \frac{1}{2}qL_0 \qquad （6-9）$$

式中　q——单位板宽上沿跨径方向的板自重荷载强度；

　　　L——板的计算跨径；

$$L = L_0 + h \quad 但不大于L_0 + b'；$$

　　　L_0——板的净跨径；

　　　h——板的厚度；

　　　b'——板沿行车方向的支承宽度。

（2）活载内力计算。板的内力可利用截面内力影响线和在纵向最不利位置布载进行计算，也可利用等代荷载乘以截面内力影响线面积求得，对于汽车要计入冲击力；对多车道桥梁要计入荷载折减系数，对于汽车荷载作用时的跨中弯矩值为：

$$M_{0.5} = (1+\mu)\eta\sum\frac{P_i Y_i}{2b_i} \qquad （6-10）$$

式中　P_i——车轴重；

　　　b_i——相应于荷载作用处的有效分布宽度；

　　　Y_i——对应于荷载作用点的弯矩影响线竖标值（图6-26）；

　　　η——多车道汽车荷载折减系数；

　　　μ——汽车荷载冲击系数。

求支点剪力时，重车后轮布在支点上，布载见图6-27。单位板宽支点剪力为：

$$Q_0 = (1+\mu)\eta\sum\frac{P_i Y_i}{2b_i} \qquad （6-11）$$

式中　Y_i——对应于荷载作用点的剪力影响线竖标值（图6-27）。

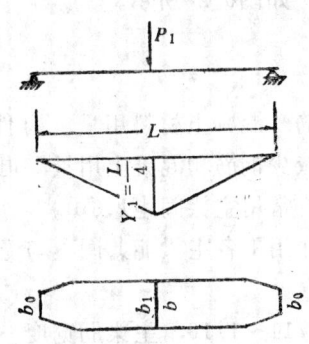

图 6-26　跨中弯矩计算图式

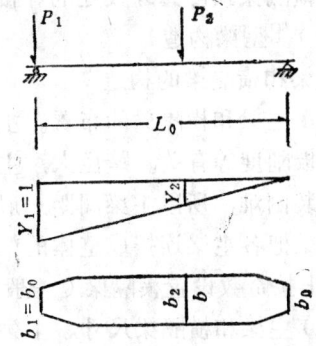

图 6-27　支点剪力计算图式

对于挂车荷载，不计冲击力和车道折减，则挂车作用下的内力为：

$$M_{0.5} = \sum\frac{P_i Y_i}{4b_i} \qquad （6-12）$$

$$Q_0 = \Sigma \frac{P_i Y_i}{4b_i} \qquad (6\text{-}13)$$

对于人群荷载，两侧人行道布满荷载为最不利，计算时，近似均摊给全桥宽。

对履带车荷载，计算内力时，将履带车的履带荷载强度乘以相应的影响线面积，再计入有效分布宽度的影响。

（3）内力组合。包括荷载安全系数和弯矩包络图。

①内力组合：

Ⅰ）结构重力＋汽车荷载（包括冲击力）＋人群荷载；

Ⅱ）结构重力＋挂车（或履带车）荷载。

②荷载安全系数：

当结构自重产生的效应与汽车（或挂车、履带车）荷载产生的效应同号时，安全系数为：

$$1.2S_G + 1.4S'_{Q_1} \ 或1.2S_G + 1.1S''_{Q_1}$$

式中 S_G——结构重力产生的效应；

S'_{Q_1}——汽车（包括冲击力）、人群产生的效应；

S''_{Q_1}——挂车或履带车产生的效应。

对效应同号时，S_G或S'_{Q_1}的系数可参照规范进行提高。

③弯矩包络图

任意截面上的弯矩值按二次抛物线分布。

$$M_x = \frac{4M_{\max}}{L^2} \cdot x \cdot (L - x) \qquad (6\text{-}14)$$

式中 M_x——距支点任意截面弯矩值；

$M_{\max}$——结构重力和活载产生的跨中弯矩值之和，即荷载组合的跨中控制设计弯矩值。

三、装配式T型简支梁桥构造

装配式T型梁桥由若干根中主梁和两根边主梁组成，一根T型梁中包括主梁肋（也称为腹板）、翼缘板（也称为行车道板）和与主梁肋垂直的横隔板（梁）组成。由设在横隔梁下面和横隔梁顶部翼缘板处的焊接钢板连接成整体。如图6-28所示。

（一）T型梁构造

1.主梁和横隔梁的构造

（1）主梁和横隔梁的布置。主梁间距大小与钢筋、混凝土材料用量、构件安装重量、翼缘板刚度等有关。跨径大，主梁间距可大，可减少钢筋和混凝土用量，但构件重量增大后吊装困难，所以主梁间距一般采用1.5～2.2m，常用主梁间距1.6m。

横隔梁把各主梁连接成整体的梁格体系，在荷载作用下各主梁能共同参与受力，所以T形梁格上按奇数设置横隔梁（一般为3、5道）。

（2）主梁和横隔梁尺寸。主梁高度约为跨径的1/11～1/16，主梁肋宽度一般为15～20cm。

横隔梁的高度可取主梁高度的3/4或与主梁同高。横隔梁梁肋宽度为13～20cm，做成上宽下窄的和内宽外窄的楔形，以便预制时脱模。

翼缘板宽度比主梁间距小2cm，其厚度，端部较薄，一般不小于6cm，在主梁肋与翼板相交处，厚度不小于梁高的1/12。

2.主梁和横隔梁的钢筋构造

（1）主梁钢筋构造。主梁钢筋包括主筋、弯起钢筋、箍筋、架立钢筋和防裂缝钢筋。纵向主筋数量多时采用多层叠置焊接骨架。

主筋从梁底开始向上叠置布设，随弯矩向支点逐渐减小，主筋在跨间可在适当位置弯起或切断，通过支点截面主筋根数不少于2根且不少于跨中部截面钢筋总截面积的20%。主梁中每片骨架的纵向钢筋根数为3～7根，竖直排焊总高度不大于梁高的0.15～0.20倍，通过支点截面的主筋应弯成直角顺梁端延伸至顶部与架立钢筋焊接。

剪力由弯起钢筋和加焊斜筋承受，弯起钢筋与梁轴线成45°。

箍筋也是为了抵抗剪力而设的，其间距不大于梁高的3/4和50cm，直径不少于6mm，且不少于主筋直径的1/4。

架立钢筋布在梁肋上缘，与斜钢筋和箍筋形成骨架。

防裂钢筋布在梁肋侧面以防止混凝土收缩而产生裂缝。其钢筋截面积为（0.15%～0.2%）bh，该钢筋直径为6～10mm，靠上部稀些，下部布密些。

为防止钢筋生锈，在钢筋表面，需设置保护层。主筋与梁底缘净距不少于3cm，主筋与梁侧面净距不小于2.5cm。箍筋与防裂缝钢筋和梁侧面净距不小于1.5cm。

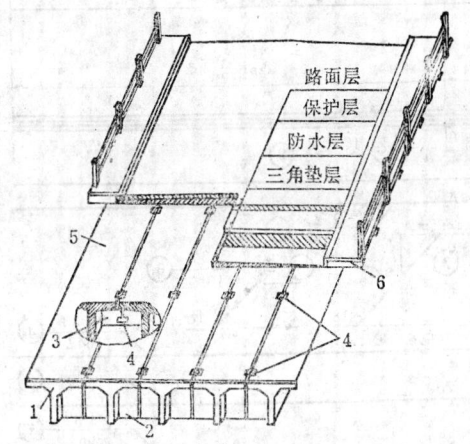

图 6-28　装配式T型梁桥
1—梁肋；2—端横隔梁；3—
中横隔梁；　4—焊接钢板；
5—翼缘板；6—人行道

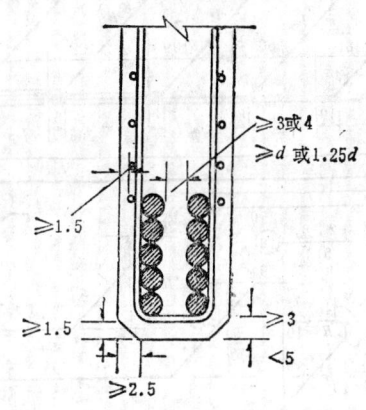

图 6-29　混凝土保护层和钢筋间距（尺寸单位：cm）

翼缘板内主钢筋根据受力情况沿垂直主梁的长度方向布在板的上缘。在顺桥向设分布钢筋如图6-30。板内主筋直径不小于10mm，间距不大于20cm。分布钢筋垂直于板内主筋布置，间距不大于25cm，其截面积不少于主筋截面积的15%。

图6-31为一标准跨径20m、计算跨径为19.5m、主梁高度为1.30m、用强度等级为C25的混凝土浇筑而成的T形梁钢筋构造图。

（2）横隔梁钢筋构造。图6-32为一根横隔梁钢筋构造图，在每根横隔梁上缘布2根主筋，下缘配4根主筋，用钢板连接成骨架。在上、下钢筋骨架中焊锚固钢板的短钢筋，垂直于主筋布箍筋。

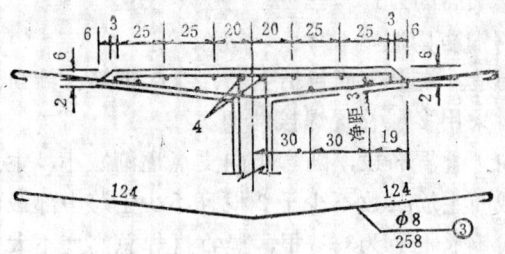

图 6-30　翼缘板钢筋布置（尺寸单位：cm）

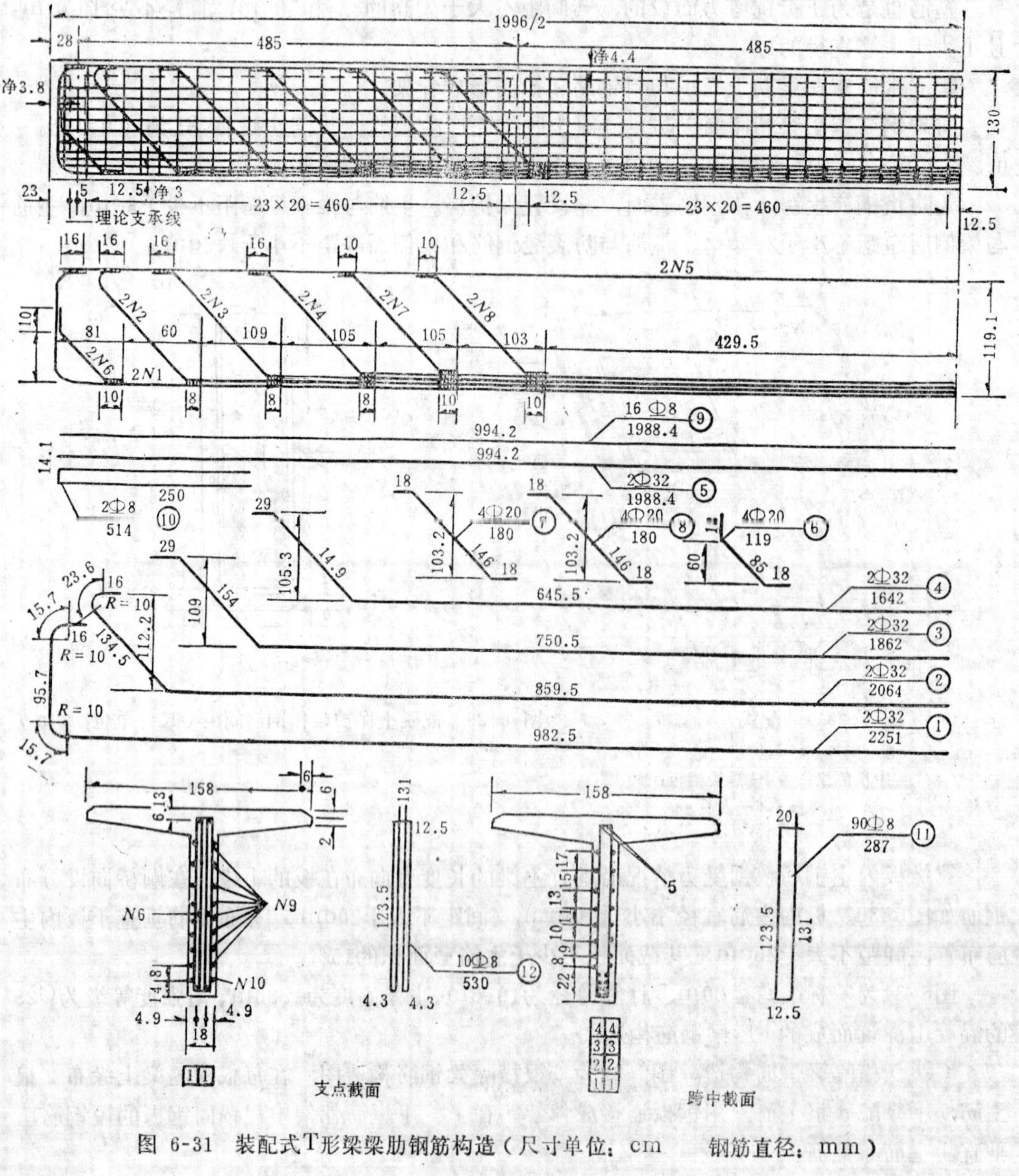

图 6-31　装配式T形梁梁肋钢筋构造（尺寸单位：cm　　钢筋直径：mm）

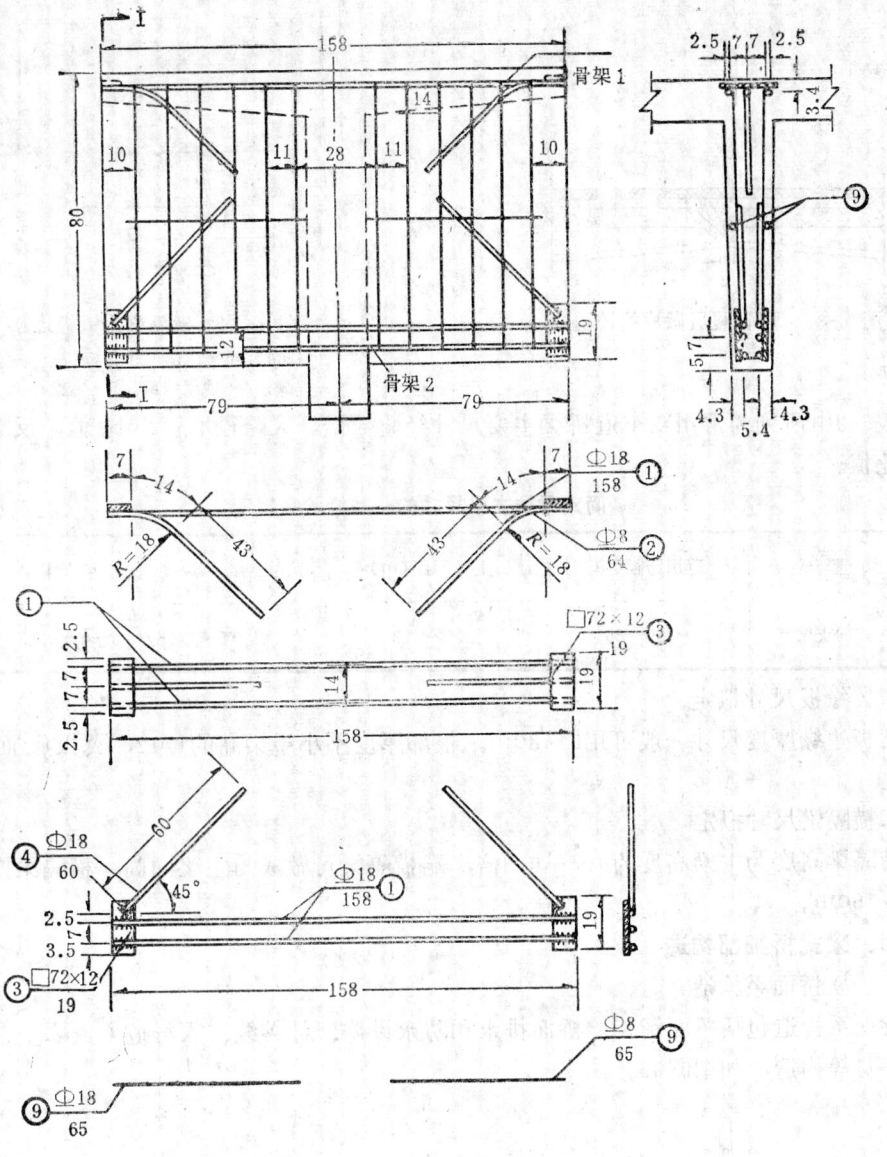

图 6-32　横隔梁钢筋构造（尺寸单位：cm　　钢筋直径：mm）

3.装配式T形梁的横向连接

装配式T梁的横向连接是为了保证桥梁整体性的关键，连接处必须有足够的强度和刚度，在荷载反复作用下不松动。常用的连接方法是桥面板之间用企口混凝土做成的铰连结，如图6-33，在翼缘板内伸出钢筋，在接缝处布钢筋网，将其浇筑在铺装层内；而横隔梁之间用钢板连接如图6-34，即在横隔梁上进行钢板焊接。

（二）T形梁主要尺寸的拟定

在设计桥梁时，先根据使用要求，跨径大小，桥面净宽，荷载等级，以及对已修建的桥梁进行统计分析得出的经验和规范的要求，拟定主要截面尺寸供设计参考。

1.主梁尺寸拟定

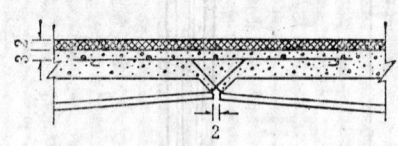

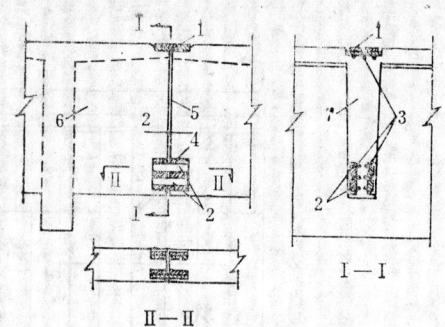

图 6-33 用铺装层做成的铰连接

图 6-34 横隔梁用钢板连接

1—2□160×60×12mm盖接钢板；2—预埋钢板；
3—焊缝；4—砂浆填缝；5—主梁；6—横隔梁

表6-9中所列为常用双车道桥梁主要尺寸经验数据，大跨径取较小比值，反之取较大相对比值。

简支梁桥主梁尺寸的一些经验数据   表 6-9

桥 梁 型 式	适用跨径(m)	主梁间距(m)	主 梁 高 度	主梁肋宽度
装配式简支梁	<20~25	1.5~2.2	$h=(1/11\sim1/16)L$	$b=0.15\sim0.20m$

2.翼缘板尺寸拟定

翼板边缘厚度尺寸一般可用6~8cm，根部厚度不小于梁高的1/12，翼板底面做成斜面。

3.横隔梁尺寸拟定

横隔梁高度为主梁高度的0.7~0.9倍，端横隔梁可做成与主梁同高，横隔梁厚度一般为12~16cm。

四、梁式桥细部构造

（一）桥面系构造

桥面系构造包括桥面铺装、桥面排水和防水设施、伸缩缝、人行道（或安全带）、栏杆和路灯等构造，如图6-35。

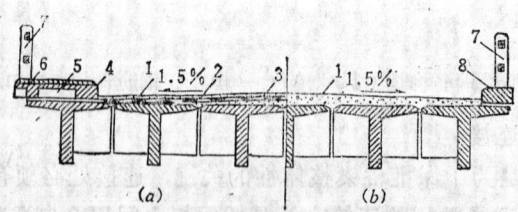

图 6-35 桥面系构造

1—桥面铺装层；2—防水层；3—三角垫层；4—路缘石；5—人行道；6—人行道铺装层；7—栏杆柱；
8—安全带

1.桥面铺装

其作用为防止轮胎直接磨耗行车道板，防雪水侵蚀主梁，扩散车轮荷载。因此要求铺装层有一定的强度，防止开裂及耐磨。

（1）水泥混凝土或沥青混凝土铺装。厚度6~8cm，混凝土标号不低于行车道板，装配式桥面铺装中,应设置钢筋网。

（2）防水混凝土铺装。在不设防水层时,可在桥面板上铺一层厚8～10cm并有横坡的防水混凝土作铺装层,其标号不低于行车道板,为延长使用寿命,可在上面铺一层2cm厚的沥青表面处治作为磨耗层。

（3）桥面横坡设置。为使桥面迅速排除雨水,把桥面铺装层做成表面以桥面中心向两侧1.5～2.0%的双向横坡,通常在桥面板顶面铺设混凝土三角垫层而构成,人行道设1%的向内横坡。

2.桥面排水与防水设施

（1）桥面排水。为防止雨水积滞于桥面并渗入梁体而影响桥梁的耐久性,应将桥面雨水迅速排除。桥面排水是借助于桥面纵横坡的作用,把雨水汇向集水碗,并从泄水管排出。

当桥面纵坡大于2%且桥长小于50m时,可在引道两侧设置流水槽,以免雨水冲刷路基;当桥面纵坡大于2%且桥长大于50m时,顺桥长每隔12～15m设置一个泄水管;当桥面纵坡小于2%时,顺桥长每隔6～8m设一个泄水管。

泄水管设置在行车道两侧,可对称、也可交错排列。泄水管过水面积按每平方米桥面至少设一平方厘米的泄水管面积。常用的泄水管有钢筋混凝土管和铸铁管两种。

（2）防水层。防水层设置在桥面铺装层下面,它将透过铺装层渗下来的雨水接住汇集到泄水管排出。

对于严寒地区,为防止渗水而产生冻害,防水层可由两层油毛毡和三层沥青间隔叠置而成,厚度为1～2cm。其防水性能好,但造价高,施工较麻烦。对南方地区,可在三角垫层上涂上一层沥青马蹄脂,或在铺装层上加铺一层沥青混凝土,也可用防水混凝土作铺装层以提高防水能力。

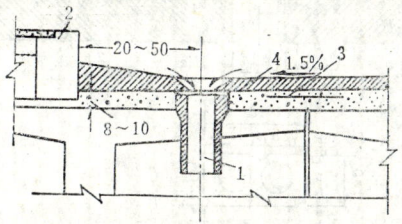

图 6-36 泄水管布置图（尺寸单位：cm）
1—泄水管；2—缘石；3—防水混凝土；4—沥青表面处治

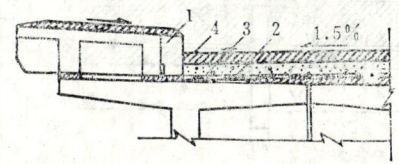

图 6-37 防水层设置
1—缘石；2—防水层；3—混凝土保护层；4—混凝土路面

3.桥面伸缩缝

当温度变化时,梁长也随之变化,因此必须在梁端与桥台之间、梁端与梁端之间应设置伸缩缝。在设伸缩缝处铺装层和栏杆均应断开。伸缩缝的构造既要保证梁在纵向能自由伸缩变形,又要在车辆通过时平顺,无噪音,不漏水,便于安装和养护。常用的伸缩缝有以下几种。

（1）锌铁皮伸缩缝。以锌铁皮为跨缝材料的伸缩缝,构造如图6-38所示。在上层锌铁皮圆弧部分,开梅花眼,孔径6mm,孔距3cm。其构造简单,适用于中小跨径,伸缩量为2～4cm,使用年限短。

（2）钢板伸缩缝。它是以钢板为跨缝材料,构造如图6-39所示,比较复杂,且噪音

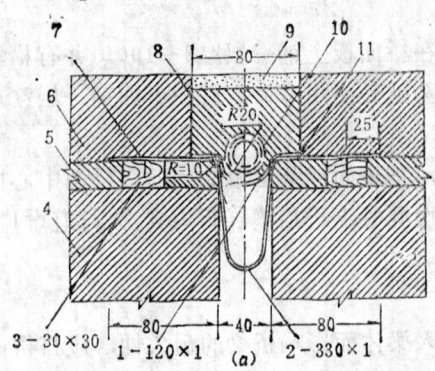
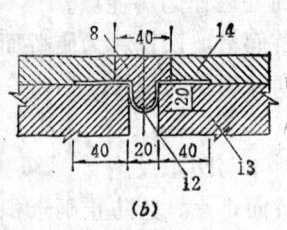

图 6-38　锌铁皮伸缩缝

(a)行车道伸缩缝；(b)人行道伸缩缝

1—上层锌铁皮；2—下层锌铁皮；3—小木块；4—行车道块件；5—三角垫层；6—行车道铺装层；7—圆钉；
8—沥青膏；9—砂子；10—石棉纤维过滤器；11—锡焊；12—镀锌铁皮；13—人行道块件；14—人行道铺装层

大，在温差较大或跨径较大的桥梁上使用，伸缩量为4～6cm。

（3）橡胶伸缩缝。它是以橡胶条作为跨缝材料的伸缩缝，构造如图6-40所示。橡胶条有弹性，易胶贴或胶接，能满足变形和防水要求，能吸收震动，无噪音，伸缩量为4～10cm。

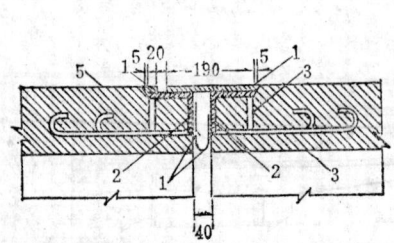
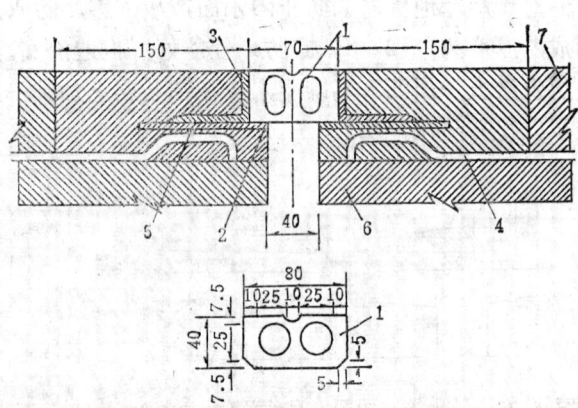

图 6-39　钢板伸缩缝（尺寸单位：cm）

1—钢板；2—角钢；3—钢筋；4—行车道块件；
5—行车道铺装层

图 6-40　橡胶伸缩缝构造（尺寸单位：cm）

1—橡胶条；2—钢板；3—角钢；4—钢筋；5—焊缝；6—行车道块件；7—行车道铺装层

4.人行道和安全带

（1）人行道。大中型桥梁和城镇桥梁均应设置人行道，人行道块件，常用肋板式截面，安装在桥上有非悬臂式和悬臂式两种，如图6-41，其中悬臂式借助锚固钢筋获得稳定。人行道宽度最小为75cm，顶面铺2cm厚的水泥砂浆铺装层，并向里做成为1%的横坡以利排水。

（2）安全带。在人群稀少地区，可不设人行道，仅设安全带。安全带宽度25cm，其构造有矩形截面和肋板式截面两种，如图6-42所示。

5.栏杆和灯柱

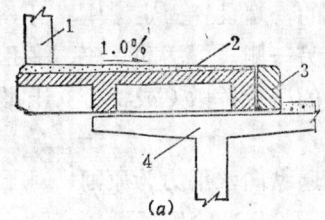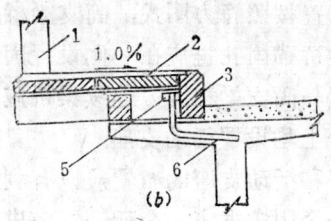

图 6-41 人行道

(a)非悬臂式；(b)悬臂式

1—栏杆；2—人行道铺装层；3—缘石；4—T梁；5—锚接钢板；6—锚固钢筋

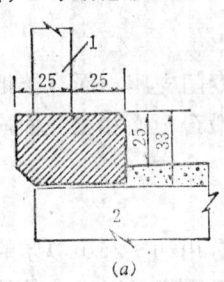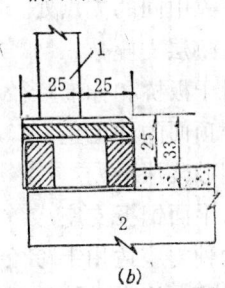

图 6-42 安全带

(a)矩形截面；(b)肋板式截面

1—栏杆；2—预制板(梁)块件

桥梁上的栏杆是一种安全防护设备，设计时应考虑简单实用，朴实大方。栏杆柱高度常为80～100cm，间距为1.6～2.7m，跨径矮小且宽度不大的桥梁可将栏杆做得矮些（60cm）。对道路桥梁可采用简单的扶手栏杆，如图6-43(a)，栏杆柱之间用两根扶手连接，栏杆柱截面一般为18×14cm，内配4φ10钢筋。

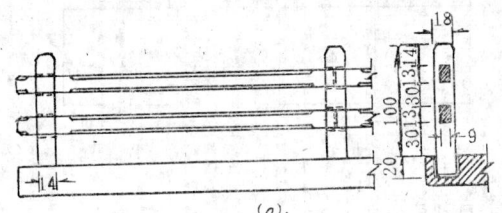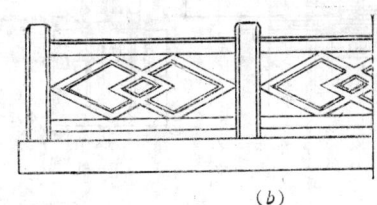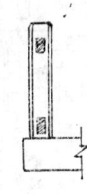

图 6-43 栏杆（尺寸单位：cm）

对于城市桥梁，可选用双棱形花板等比较美观的栏杆以美化环境，如图6-43(b)。

城市桥梁上需要设置照明设备，照明灯柱可设在栏杆位置上，照明用灯一般高出行车道5m左右。其它管线可在人行道下面预留孔道通过。

（二）梁式桥支座构造

梁式桥在桥跨结构和墩台之间均须设置支座，其作用为传递上部结构支承反力，包括恒载和活载引起的竖向力和水平力，保证结构在活载、温度变化、混凝土收缩和徐变等因素作用下的自由变形，使结构的受力情况与计算图式相符合。

梁式桥支座可分为固定支座和活动支座两种。固定支座既要固定主梁在墩台的位置并传递竖向力和水平力，又要保证主梁发生挠曲时在支承处能自由转动；活动支座只能传递竖向力，并保证主梁在支承处既能自由转动又能水平移动。

支座的布置按照静力图式，简支梁桥应在每跨的一端设置固定支座，另一端设置活动支座。悬臂梁桥锚固孔也应在一侧设置固定支座，另一侧设置活动支座；多孔悬臂梁桥挂梁的支座布置与简支梁相同；连续梁桥应在每联中的一个桥墩（或桥台）上设置固定支座，其余墩台上均设置活动支座。

固定支座和活动支座的布置应以有利于墩台传递纵向水平力为原则。对于多跨简支梁桥一般应是一个固定支座一个活动支座进行排列布置；但若个别桥墩较高时，为了减小水平力（制动力）的作用，可在其上布置相邻两跨的活动支座；对于坡桥，应将固定支座布置在标高低的墩台上；对于连续梁桥，为使全梁的纵向变形分散在梁的两端，宜将固定支座设在靠中间的支点处。

1. 垫层支座

对于板桥和标准跨径小于10m的梁桥，可不设专门支座，而直接把板或梁的端部支承在墩台顶面的油毛毡（二层）上，设置垫层支座的墩台顶面和梁底面应平整，如不平整应用水泥砂浆抹平。

2. 平面钢板支座

这种支座适用于跨径10m左右的梁桥。该支座是用20～25mm厚的两块钢板制成。固定支座为一块中心钻孔的钢板，安装时套在锚固于墩台帽混凝土内的锚栓上，而锚栓又伸入预埋在梁体混凝土体内的套管里，如图6-44(b)。活动支座为两块钢板，上面一块焊接在锚栓上，锚固于梁体混凝土内，下面一块则焊接在墩台帽上的预埋垫板上，如图6-44(a)。为减少摩阻力，在两块钢板接触面涂石墨粉。

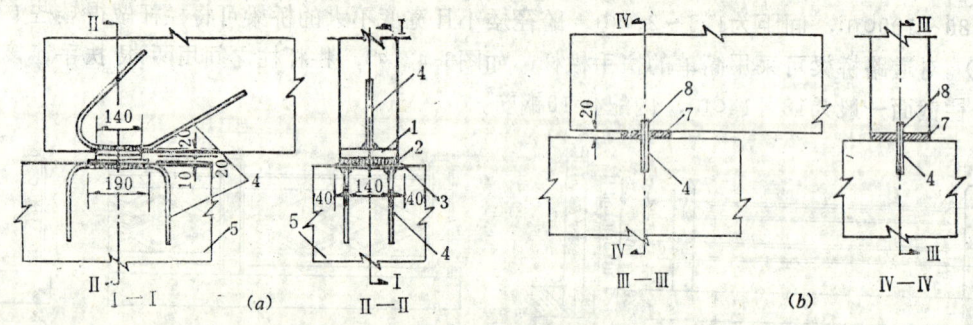

图 6-44　平面钢板支座（尺寸单位：cm）
(a)活动支座；(b)固定支座
1—上座垫板；2—下座板；3—垫板；4—锚栓；5—墩台帽；6—主梁；7—钢板；8—套管

3. 弧形钢板支座

适用于跨径10～20m、支承反力不超过600kN的梁桥可设置弧形钢板支座，这种支座是由两块厚约4～5cm铸钢制成的上、下座板组成，上座板为平面钢板，下座板为弧形钢板，安装时焊接在墩台帽上预埋钢垫板上。弧形形状为圆弧，以保证梁发生自由变形时有较大转动范围，如图6-45，固定支座的下座板两侧焊有两块齿板或上下座板中心钻孔内用栓钉固定；活动支座所不同的是不焊齿板也不用栓钉固定，其它与固定支座相同。

4. 钢筋混凝土摆柱式支座

对跨径等于或大于20m的梁式桥，由于载荷大，用钢筋混凝土摆柱式支座来代替弧形

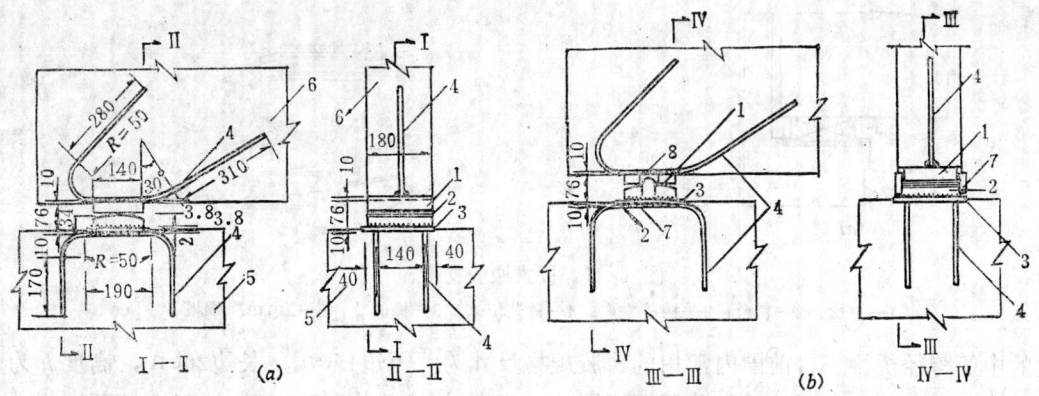

图 6-45 弧形钢板支座

(a)活动支座；(b)固定支座

1—上座板；2—下座板；3—垫板；4—锚栓；5—墩台帽；6—主梁；7—齿板；8—齿槽

钢板活动支座。摆柱式支座摩擦系数只有0.05，且承受支点反力可达5000～6000kN。支座高度从20～30cm起，大的可达100cm以上。

摆柱式支座由两块平面钢板和一个摆柱组成，如图6-46。摆柱是一个上下镶有弧形钢板的钢筋混凝土短柱，两侧面设有齿板，两块平面钢板的相应位置设有齿槽，安装时应使齿板与齿槽相吻合。摆柱用标号40～50号的混凝土制成。

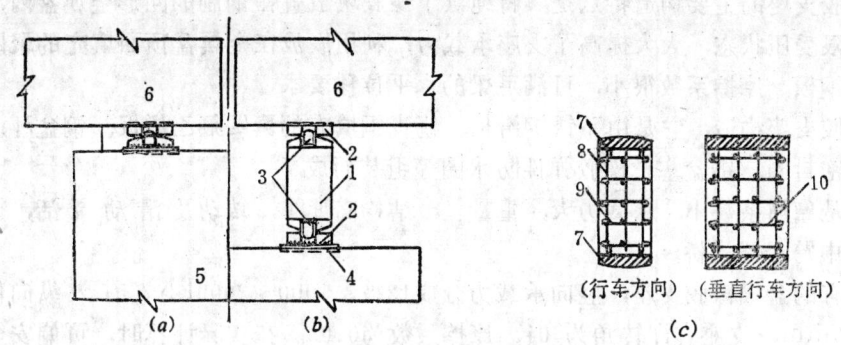

图 6-46 钢筋混凝土摆柱式支座

(a)固定支座；(b)活动支座；(c)钢筋混凝土摆柱构造

1—钢筋混凝土摆柱；2—平面钢板；3—齿板；4—垫板；5—墩帽；6—主梁；7—弧形钢板；8—竖向钢筋；9—顺桥向水平钢筋；10—横桥向水平钢筋

5.橡胶支座

橡胶支座与其它金属刚性支座相比，具有构造简单、加工方便、省钢材、造价低、结构高度低、安装方便、减震性能好等优点。

（1）板式橡胶支座。板式橡胶支座构造最简便，从外形看是一块黑色橡胶板如图6-47(b)所示，它的活动机理是：利用橡胶不均匀弹性压缩和其剪切变形来实现水平位移。与弧形钢板支座不同，板式橡胶支座无固定支座与活动支座之别。

常用的板式橡胶支座用几层薄钢板或钢丝网作加劲层。可用于支承反力达3000kN左

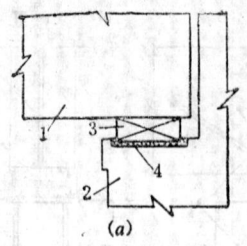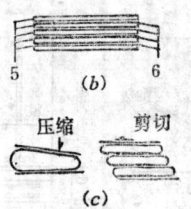

图 6-47　板式橡胶支座

1—主梁；2—桥台；3—橡胶支座；4—砂浆填塞；5—橡胶片；6—2mm薄钢板

右的中等跨径桥梁。目前国内常用的橡胶规格尺寸为：短边15cm，长边20cm，高度 h 为 14、21、28、42mm四档。加劲薄钢板厚2mm，中间橡胶片厚5mm。氯丁橡胶硬度要求为邵氏55°～60°，它适用于温度不低于 −25℃ 的地区。

为使橡胶支座受力均匀，在安装时把梁底面和墩台顶面清洁平整，不平时可在墩台顶面抹一层水灰比不大于0.5、1:3的水泥砂浆。可把支座直接安放上去，当支座比梁肋宽时，支座上加放一块钢垫板。目前我国生产的橡胶支座容许最大温差为±35℃（安装气温起算），因此，平均气温下安装较好。

（2）盆式橡胶支座。一般板式橡胶支座处于无侧限受压状态，故其抗压强度不高，其位移量取决于橡胶容许剪切变形和支座高度，要求位移量愈大，支座就要做得愈厚，因此板式橡胶支座的承载力和位移值受到一定的限制。

盆式橡胶支座的主要构造特点是：将纯氯丁橡胶块放置在钢制的凹形金属盆内，由于橡胶处于侧限受压状态，大大提高了支座承载力；利用嵌放在金属盆顶面填充的聚四氟乙烯板与不锈钢板，摩擦系数很小，可满足梁的水平位移要求。

盆式橡胶支座构造：它是由不锈钢滑板、锡青铜填充的聚四氟乙烯板、钢盆环、氯丁橡胶块、钢密封圈、钢盆塞、橡胶弹性防水圈等组装而成。

其特点是摩擦系数小，承载力大，重量轻，结构高度小，转动及滑动灵活，成本较低，适用大中跨径梁式桥。

目前已有的盆式橡胶支座，竖向承载力分成12级，1000～2000kN，有效纵向位移量±40～±200mm，支座容许转角为40′，摩擦系数为0.05。在实际计算时，可偏安全地进行，当计算墩台水平力时取摩擦系数为0.10（板式橡胶支座为0.20～0.30）。

第三节　拱　桥

一、拱桥基本特点及适用范围

拱桥是我国道路上广泛使用的一种桥梁体系，拱桥主要承受的是轴压力、竖向力与水平力，弯矩很小，所以拱桥主要是承受水平推力的结构。正是这个水平推力的存在，拱所承受弯矩比相同跨径梁的弯矩小得多，而使整个拱主要承受压力。因此，拱桥不仅可利用钢、钢筋混凝土等修建，且可充分利用抗压性能较好而抗拉性能差的圬工材料（石料、混凝土、砖等）来修建。这种由圬工材料修建的拱桥又称为圬工拱桥。

拱桥主要优点：跨越能力大、能就地取材，省钢材、水泥，耐久性好，养护维修费用少，外形美观，构造简单。

拱桥主要缺点：自重较大，对地基要求高；施工机械化程度较低；需要劳动力多，工期长；与梁桥比，上承式拱桥建筑高度较高，当用于城市立交桥及平原地区时，因桥面标高提高，而使两岸接线工程量增大。

拱桥虽然存在这些缺点，但优点突出，特别是圬工拱桥得到了广泛应用。

二、拱桥分类

（一）按拱圈截面形式分类

1.板拱桥

主要承重结构主拱圈在整个宽度内砌成矩形。

2.肋拱桥

在板拱桥的基础上，将主拱圈划分成两条或两条以上、形成分离的、高度较大的拱肋，拱肋之间用横系梁连接。可节省材料，又减轻拱圈自重。

3.双曲拱桥

主拱圈在纵横向均呈曲线形，故称双曲拱桥。它具有装配化特点，施工期较短。

4.箱形拱桥

箱形拱桥外形和板拱相似，由于截面挖空，使箱形截面抵抗矩较相同材料用量的板拱大得多，所以节省材料。

（二）按建筑材料分类

分为圬工拱桥、钢筋混凝土拱桥和钢拱桥。

（三）按主拱圈所采用的拱轴线形式分类

分为圆弧线拱、悬链线拱和抛物线拱。圆弧线拱适用于小跨径；悬链线拱适用于大中跨径；高次抛物线拱适用于特大跨径。

（四）按拱上建筑形式分类

1.实腹式拱桥

其构造简单，施工方便，但自重大，常用于20m以下跨径的拱桥。

2.空腹式拱桥

其圬工体积小，桥型美观，常用于25m以上的拱桥。

（五）按静力体系分类

1.三铰拱（静定结构）

温度变化、墩台沉陷等变形不会在拱圈截面内产生附加内力，但结构整体刚度差，适用于软土地基和拱上建筑的腹拱圈。

2.无铰拱（三次超静定）

在竖向荷载作用下拱的内力分布比三铰拱好。因此无铰拱比三铰拱省材料。结构整体刚度大，且构造简单，施工方便。但是由于其超静定次数较高，温度变化、墩台位移、基础不均匀沉降、材料收缩时使拱内产生附加内力。一般适用于地基条件较好的地区。

三、拱桥构造

（一）拱桥上部结构的主要组成部分

拱桥上部结构是由主拱圈及拱上建筑所组成。主拱圈是拱桥的主要承重结构，由于拱圈是曲线形，车辆无法直接在弧面上行驶，所以在桥面系与拱圈之间需要有传递压力的构件或填充物，以使车辆平顺地通过桥梁。桥面系和传力构件或填充物统称为拱上建筑。如图6-48为一实腹式拱桥上部构造。

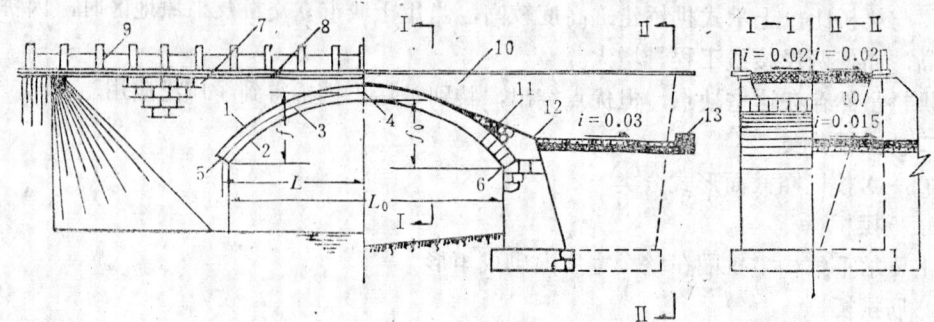

图 6-48　实腹式拱桥上部构造

1—拱背；2—拱腹；3—拱轴线；4—拱顶；5—拱脚；6—起拱线；7—侧墙；8—人行道；9—栏杆；10—拱腔填料；11—护拱；12—防水层；13—盲沟

拱圈最高处横截面称为拱顶，拱圈和墩台连接处的横截面称为拱脚（即起拱面）。拱圈各横截面（或换算截面）的形心连线称为拱轴线。拱圈上的曲面叫做拱背，下曲面叫拱腹。起拱面与拱腹相交的直线称为起拱线。计算矢高与计算跨径之比，称为矢跨比，一般将矢跨比大于或等于1/5的拱称为陡拱，矢跨比小于1/5的拱称为坦拱。

（二）石拱桥构造（即石板拱）

石拱桥的主拱圈通常做成实体矩形截面。常用的拱轴线型有等截面圆弧线拱和等截面或变截面悬链线拱。

用于砌筑拱圈的石料，其强度等级不得低于MU30号。砌筑用的砂浆强度等级，对于大中跨径拱桥，不得小于M7.5号；对于小跨径桥，不得小于M5号。

拱石规格，片石厚度不小于15cm，砌缝宽不大于4cm。块石厚度20～30cm，形状大致方正有两个平行面。宽约为厚度的1～1.5倍，长约为厚度的1.5～3倍。错缝砌筑，缝宽不大于3cm。粗料石厚度不小于20cm，宽为厚度的1～1.5倍，长为厚度的1.5～4倍，表面凹深不大于2cm，错缝砌筑，缝宽不大于2cm。

（三）拱上建筑构造

1.实腹式拱上建筑

实腹式拱上建筑由侧墙、拱腹填料、护拱和桥面系等部分组成，见图6-48。

（1）侧墙。承受拱腔填料和活载引起的侧压力。用块石或片石砌筑而成，用粗料石镶面。侧墙顶宽0.5（块石）～0.7（片石）m，外坡直立，内坡为3:1或4:1。

（2）拱腔填料。支承桥面，具有传递荷载和吸收冲击力的作用。一般用透水性良好的散料体（如砾石、碎石、煤渣、砂类土等），以防积水，造成冻害。

（3）护拱。它是在拱脚的拱背上浆砌片石而成。加厚了拱脚厚度，排除掺入拱腔内的积水。

（4）桥面系。由人行道、两侧栏杆构成。

2.空腹式拱上建筑

把拱上建筑做成腹孔的形式，不设腹孔部分构造与实腹拱相同。

石拱桥的腹孔一般用圆弧线型，称为腹拱，其拱圈又称为腹拱圈。支承腹拱圈的墩叫做腹拱墩。腹孔对称布置，每边2~5孔，主拱圈跨径越大，腹孔数取越多。腹孔做成等跨径，它设在拱脚至1/4~1/3跨径范围内，如图6-49。

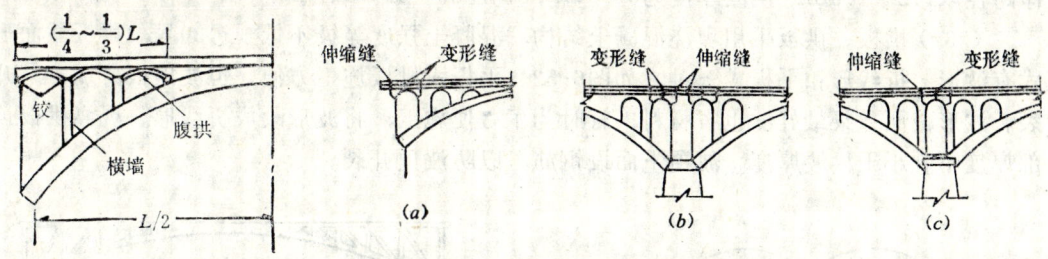

图 6-49　腹拱布置　　　　　　图 6-50　腹孔在墩台处支承方案

　　腹孔跨径一般不大于主拱圈跨径的1/8~1/15（其比值随主拱跨径增大而减少）。腹孔矢跨比为1/3~1/6。石砌腹拱圈厚度为30~45cm。

　　腹拱墩有实体横墙式和空腹横墙式两种。腹拱墩厚度，对混凝土一般应大于腹拱圈厚度的一倍，对浆砌块石应大于60cm。腹拱墩侧面为直立，也可以设30∶1的侧坡。

　　腹拱在墩台处的支承方案如图6-50所示。

　　图6-50（ a ）为腹拱支承在桥台上；图6-50（ b ）为腹拱支承在墩顶实体墙上；图6-50（ c ）为腹孔跨过桥墩。靠近墩台附近的腹拱应做成三铰拱如图6-50，大跨径拱桥的其它腹拱也应做成三铰拱或两铰拱，腹拱铰可用油毛毡隔开。

（四）双曲拱桥构造

1.主拱圈构造

由拱肋、拱波、拱板组成，拱肋间设横向联系，如图6-51。

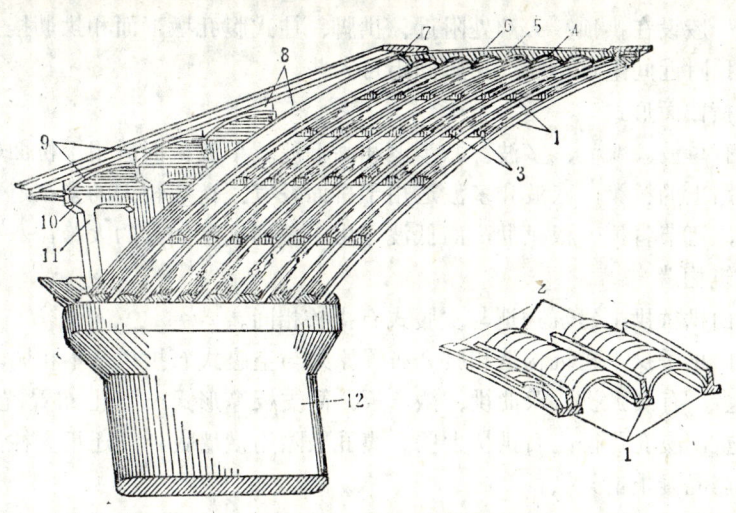

图 6-51　双曲拱桥构造

1—拱肋；2—拱波；3—横隔板；4—防水层；5—填料；6—路面；7—人行道块件；8—侧墙；9—腹拱；
10—盖梁；11—立柱；12—桥墩

　　（ 1 ）拱肋。拱肋是主拱圈的重要构成部分，它与拱波和现浇拱板共同受力。拱肋为混凝土结构，强度等级不低于C20号；采用预制安装时，其强度等级不低于C25号。拱肋中钢筋按构造与吊装要求布置。

（2）拱波。拱波为混凝土结构，形状在纵向为圆弧形，其混凝土强度等级不低于C20号，并用强度等级不低于M10砂浆砌筑，其中可布置$\phi 4 \sim \phi 6$钢筋。矢跨比1/3～1/5，净跨径取1.2～1.6m，拱波厚度为6～8cm，宽度30～50cm。

（3）拱板。拱板采用现浇混凝土结构，混凝土强度等级不低于C20号，拱板截面形式有波形、折线形和平板式三种，如图6-52。平板式拱板施工方便，但波顶很薄弱，易开裂。波形截面效果最好，也省材料，有时为了方便施工，将波形改成折线形。现浇拱板顶部厚度不宜小于拱波厚度。波顶上面设钢筋，以防波顶开裂。

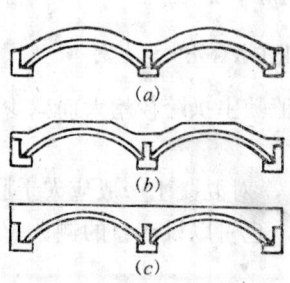

图 6-52 拱板截面形式

(a)波形截面；(b)折线形截面；(c)平板式截面

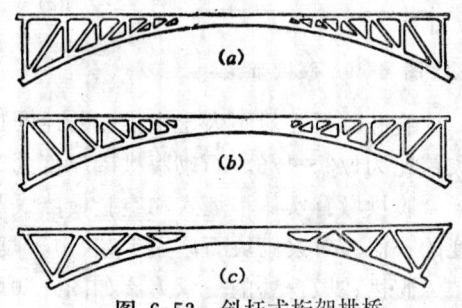

图 6-53 斜杆式桁架拱桥

(a)斜压杆式；(b)斜拉杆式；(c)三角形式

（4）横向联结系。设横向联结系能使活载均匀分布，横向联结系可用拉杆、横系梁和横隔板做成。拉杆是用一根钢筋穿过预留孔，用螺帽拧紧，效果较差；横系梁是宽度为10～20cm钢筋混凝土块件；横隔板是宽度为15～20cm的钢筋混凝土板，其高度不高出拱波。横隔板联系最好。

横向联系一般设在拱顶、$L/4$处附近、拱脚、柱式腹孔墩下面和拱肋接头处。其间距为3～5m，拱顶附近间距可小些，拱脚间距可大些。

2.主拱圈横截面形式

截面形式有单波、双波、多波、悬半波和高低波。单波截面适用于桥面较窄、荷载较小的低等级道路上的桥梁；双波和多波适用于桥面较宽、荷载较大的多车道桥梁，从边肋上挑出悬半波，可节省掉一根拱肋；高低波适用于截面高度较大的大跨径双曲拱桥。

3.拱上建筑构造

实腹式双曲拱桥拱上建筑构造与实腹式石拱桥相同。

空腹式双曲拱桥拱上建筑构造和腹孔布置原则与空腹式石拱桥基本相同，不同之处是腹拱形式比较多，有圆弧拱、双曲拱、微弯板、简支板等形式；腹孔布置范围较石拱桥大，以减轻自重；腹孔跨径比石拱桥大些。腹孔墩除用横墙式外，还用立柱式如图6-51。

（五）钢筋混凝土桁架拱桥

钢筋混凝土桁架拱桥是水平推力的拱形桁架结构，其型式有以下几种。

斜杆式、竖杆式、圆孔拱片式等三种。现仅介绍斜杆式桁架拱桥构造。

斜杆式桁架拱桥又分为斜压杆式、斜拉杆式和三角形式，见图6-53。

1.特点

外形美观轻巧，兼有桁架和拱的特点，各截面尺寸较小，自重轻，省材料，减小了水平推力，桁架拱片可分段整片预制，整体性好，装配化程度高，施工工序少。

2.斜杆式桁架拱桥构造

其上部构造由桁架拱片、横向联结系和桥面三部分组成。

（1）桁架拱片。由上弦杆、下弦杆、腹杆、实腹段组成，见图6-54。

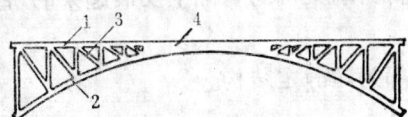

图 6-54 斜杆式桁架拱片构造

1—上弦杆；2—下弦杆；3—腹杆；4—实腹段

上弦杆和实腹段的上缘构成桁架拱片的上边缘，上弦杆轴线平行于拱片的上边缘。拱片下缘为拱形，其形状有圆弧线、悬链线和二次抛物线三种。下弦杆轴线平行于拱片的下边缘线，净矢跨比一般为1/6～1/10。

腹杆包括斜杆和竖杆。各杆件轴线在结点处相交于一点。各杆件边线在交角处宜用圆弧线连接，以避免应力集中。

桁架节间长度由端部向跨中逐节减小，使斜杆大致平行。斜杆斜度一般为30°～50°之间。节间最大长度不宜超过5m。为避免上弦杆截面增大，最后一节的三角形，最小边长不宜小于0.5m。实腹段长度为（0.3～0.4）L_0（L_0为净跨径）。

拱片间距为2m左右，跨度较大时，片数可适当减少。上下弦杆为等截面，腹杆、上下弦杆为等宽度。

（2）横向联系。其作用为把各桁架拱片联成整体，使之共同受力，并加强横向稳定，如图6-55。

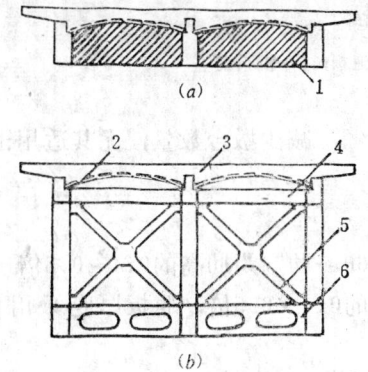

(a)

(b)

图 6-55 横向连接系布置和桥面组成

（a）跨中截面；（b）端部或$L/4$处截面

1—横隔板；2—预制微弯板；3—混凝土填平层；4—拉杆；5—剪刀撑；6—横系梁

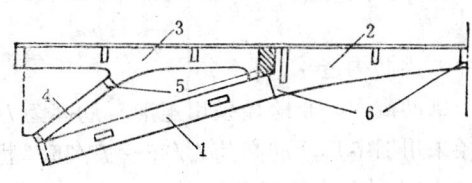

图 6-56 刚架拱桥

1—拱腿；2—实腹段；3—弦杆；4—斜杆；5—湿接头；6—干接头

其形式有拉杆、横系梁、横隔板和剪刀撑做成。拉杆和横系梁设在上、下弦杆结点处和实腹段（间距为3～5m）。横隔板设在实腹段与桁架部分交界处和跨中，板高度直抵桥面。剪刀撑设在$L/4$附近的上、下结点之间及跨径端部。

（3）桥面。桥面由预制微弯板和现浇混凝土填平层组成。预制微弯板沿横桥向搁置在拱片的上弦杆和实腹段上，为加强连接，可将上弦杆和实腹段设计成凸字形截面，并伸出钢筋。

（六）钢筋混凝土刚架拱桥

1.结构形式

刚架拱桥是在桁架拱、斜腿刚架桥的基础上发展起来的桥型。它由拱圈、斜杆和弦杆组成，如图6-56。

刚架拱为推力结构，内部为超静定结构。

2.特点

外形轻巧美观，构件截面尺寸小，自重轻，省钢材，整体性好，刚度大，对地基条件要求低。

3.构造

拱腿截面采用矩形，弦杆和实腹段、与微弯板结合做成凸形。

（七）钢筋混凝土肋拱桥

1.结构形式

肋拱桥由两条或两条以上的分离式拱肋和设置在拱肋上的立柱、横梁、行车道板组成，如图6-57。

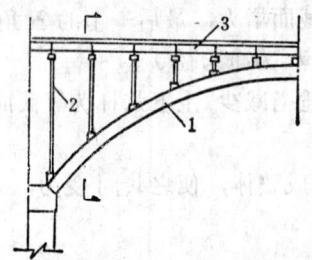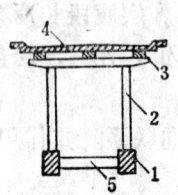

图 6-57　肋拱桥构造

1—肋拱；2—立柱；3—纵梁；4—行车道板；5—横系梁

2.特点

钢筋混凝土肋拱桥与板拱桥相比，省材料，自重轻，减少墩台数量，尤其适用于软土地基。

3.拱肋构造

拱肋截面，小跨径采用矩形，肋高为$L/40\sim L/60$，肋宽为肋高的0.4～0.5倍；较大跨径采用工字形，肋高为$L/25\sim L/35$，肋宽为肋高的0.4～0.5倍，腹板厚度采用0.4～0.5m，大跨径截面采用箱形。

为加强横向稳定性，在肋与肋之间设置横系梁，两侧最边缘拱肋之间的距离不少于跨径的1/20。

四、拱桥细部构造

（一）拱腔填料、桥面和人行道

1.拱腔填料

其作用是扩散车辆荷载，减少车辆荷载的冲击力，对主拱圈顶及腹拱圈拱顶处填料厚度（包括路面）：石拱桥不小于50cm；双曲拱桥不小于30cm。当填土厚度大于或等于以上数值时，可不计入汽车荷载对拱圈的冲击力。

也可不用拱顶填料厚度（减轻自重），但在内力计算时应计入汽车冲击力的影响。

2.桥面

拱桥行车道部分的铺装类型，可根据使用要求、交通量等综合考虑。目前采用的有碎石路面、沥青路面和水泥混凝土路面。

3.人行道

在行车道两侧设人行道或安全带和栏杆。其构造与梁桥相似。

（二）伸缩缝与变形缝

在活载作用、温度变化、混凝土收缩等因素影响下，在侧墙或腹拱圈与墩台连接处将产生裂缝。为防止裂缝产生，应设置伸缩缝和变形缝。

实腹式拱桥伸缩缝在两拱脚上方，并在横桥向贯通全桥及侧墙全高，伸缩缝可做成直线形如图6-58（ a ）和折线形如图6-58（ b ），拱内部仍做成直线缝。

空腹式拱桥可将靠墩台第一个腹拱圈做成三铰拱，并在靠墩台的拱铰上方侧墙上设伸缩缝，其余两铰拱上方侧墙上设变形缝，如图6-59。大跨径拱桥，应将靠近拱顶的腹拱圈也做成两铰拱，拱铰上侧墙设置变形缝。

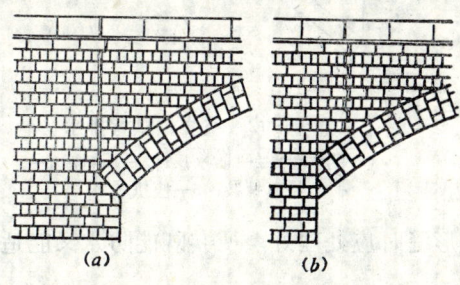

图 6-58　实腹式拱桥伸缩缝型式

（a）直线形；（b）折线形

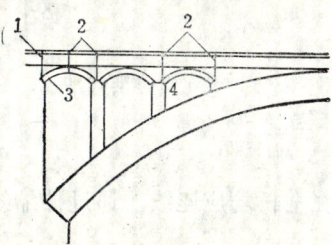

图 6-59　空腹式拱桥伸缩缝和变形缝

1—伸缩缝；2—变形缝；3—三铰拱；4—二铰腹拱

伸缩缝宽为2～3cm，缝内用沥青麻絮或沥青锯末做成的预制板填塞。

变形缝不留缝，设缝处干砌或用低强度等级的砂浆砌筑，也可用油毛毡隔开。

所设伸缩缝、变形缝全桥宽均应贯通。

（三）排水与防水设施

雨水、雪水等对拱桥的耐久性、美观有较大影响。因此，不仅要求能够及时排除雨、雪水，且要求将透过桥面铺装层的拱腹水及时排除。

1.桥面排水

行车道设置1.5～3.0%的横坡；人行道设置向内倾斜1%的横坡。其纵向排水和梁桥相同，排除桥面雨水的构造见图6-60。

2.防水设施

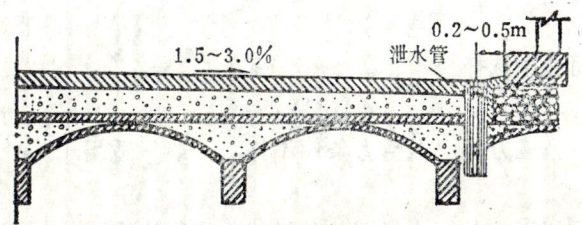

图 6-60　桥面排水构造

透过桥面渗入拱腹的雨水，由防水层汇到拱腹内的泄水管排出，防水层和泄水管设置方式与拱上建筑有关。

实腹拱，防水层沿拱背护拱、侧墙布设。对单跨桥，不设泄水管，积水沿防水层流至桥台后面盲沟排出，如图6-61。多孔桥，可在$L/4$处附近设泄水管如图6-61。

空腹式拱桥，防水层沿腹拱上方和主拱实腹段的拱背铺设。泄水管布置在$L/4$附近，如图6-62。

泄水管有铸铁管、混凝土管。内径6～8cm，严寒地区可加大，但不大于15cm，管节伸出主拱圈10～15cm。

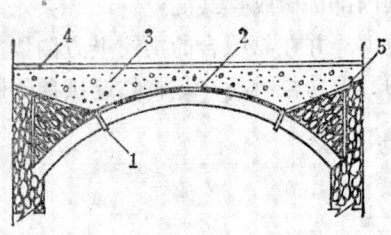

图 6-61　多孔实腹拱背排水
1—泄水管；2—防水层；3—填料；4—桥面铺装；5—伸缩缝

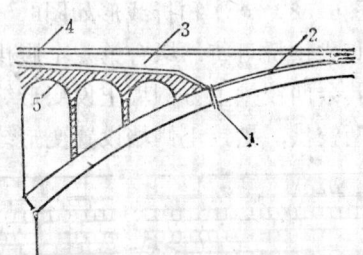

图 6-62　空腹拱拱背排水
1—泄水管；2—防水层；3—填料；4—桥面铺装；5—腹拱

防水层在全桥均应连续，通过伸缩缝和变形缝时应处理好，使其既能防水又能适应变形。

防水层有粘帖式和涂抹式两种。粘帖式为2～3层油毛毡与沥青交替粘铺而成，防水效果好，但造价高；涂抹式为用沥青涂抹在砌体表面，效果较差。

五、拱桥主拱圈型式的选择

（一）选定跨径和矢跨比

1.跨径选定

拱桥跨径由地形地质、水文和通航等条件综合考虑确定。

2.矢跨比选定（f/L）

当跨径不变，矢跨比越大（矢高越大），则墩台经受的水平推力越小，但建筑高度大，材料用量大；矢跨比越小，拱上建筑体积减小，建筑高度较低，省材料，但水平推力增大，墩台体积增大，附加内力也增大。所以矢跨比在很大程度上控制了桥下净空和拱脚标高。矢跨比根据地形、地质、水文、路线标高等综合考虑选定，对圬工拱桥一般$f/L=1/4～1/8$（不宜小于1/10），钢筋混凝土桁架拱、刚架拱桥一般$f/L=1/6～1/10$，但不宜小于1/12。

（二）主拱圈截面线型选择

1.圆弧线

圆弧线型最简单，施工方便，但受力条件不好，一般只适用于跨径20m以下拱桥。

2.悬链线

实腹式拱在自重作用下，其压力线即为悬链线，所以实腹式拱桥应采用悬链线作为拱轴线。对于大中跨径的空腹式拱桥常选用悬链线作为拱轴线。

3.抛物线

在均布荷载作用下，拱的合理拱轴线为二次抛物线，对桁架拱、刚架拱桥可选用二次抛物线作为拱轴线。对特大跨径拱桥应选用高次抛物线作为拱轴线。

六、拱圈截面形式和主要尺寸拟定

（一）拱圈截面形式

由于拱的受力是从拱顶向拱脚逐渐增大，因此拱圈宜采用变截面，一般为宽度不变，厚度从拱顶向拱脚逐渐增大。但是变厚度施工麻烦，为了施工方便，对于一般的大、中、小跨径拱桥均采用等截面设计，对于特大跨径拱桥可采用变截面设计以节省材料。

（二）拱圈截面尺寸拟定

1. 石拱桥拱圈厚度拟定

（1）中、小跨径石拱桥拱圈厚度估算公式：

$$d = mk \sqrt{L_0} \tag{6-15}$$

式中 L_0——拱桥净跨径（cm）；

  m——系数，一般为 $4.5 \sim 6.0$，随矢跨比减小而增大；

  K——荷载系数，对汽车—10级为1.0，汽车—20级为1.2；

  d——拱圈厚度（cm）。

（2）大跨径石拱桥拱圈厚度估算公式：

$$d = m_1 k (L_0 + 20) \tag{6-16}$$

式中 L_0——拱圈净跨径（cm）；

  m_1——系数，一般为 $0.016 \sim 0.02$，跨径越大，矢跨比越小，系数取大值；

  k——荷载系数，数值同前；

  d——拱圈厚度。

2. 双曲拱桥、桁架拱桥及双曲拱桥拱肋、拱波和拱板尺寸估算

（1）主拱圈高度估算公式。双曲拱（肋中距不大于2m）、桁架拱主拱圈高度为：

$$H = \left(a + \frac{L_0}{b} \right) k \tag{6-17}$$

式中 L_0——拱桥净跨径（cm）；

  a、b——系数，按表6-10查用；

  k——荷载系数，按表6-10查用；

  H——主拱圈高度（cm）。

（2）拱肋、拱波和拱板尺寸估算

a、b、k 系 数　　　　　　　　　　　　表 6-10

双 曲 拱 桥	a、b	$a = 35$；$b = 100$
	k	汽车—10级为1.0；汽车—20级为1.4
桁 架 拱 桥	a、b	$a = 20$；$b = 70$
	k	汽车—10级为1.0；汽车—20级为1.2
箱 形 拱 桥	a、b	$a = 60 \sim 70$；$b = 100$
	k	1

①拱肋：有支架施工，拱肋高度$h = (0.3 \sim 0.5)H$；无支架施工$h \lessgtr 0.012L_0$，拱肋宽度$b = (0.6 \sim 1.0)h$，对无支架施工，b宜取大值。

②拱波：净跨径为$1.2 \sim 1.6$m；宽度为$0.3 \sim 0.6$m；厚度为$0.06 \sim 0.08$m；矢跨比为$1/3 \sim 1/5$。

③拱板：现浇拱板厚度不小于拱波宽度，常为$0.08 \sim 0.10$m，拱板截面积应为主拱圈截面积的$35 \sim 40\%$以上。

3.确定拱圈宽度

拱圈宽度主要取决于桥面宽度。为保证横向稳定，其宽度一般不宜小于$L/20$。

拱桥其它尺寸拟定同前。

七、拱桥上部构造体积计算

拱桥各部分形状较复杂，所以工程上常采用一些近似公式及表格进行计算。

（一）侧墙体积计算和侧墙勾缝面积计算

勾缝面积即为表面积。一般按规则图形分块计算。

1.圆弧拱侧墙体积和侧墙勾缝面积计算（见图6-63）

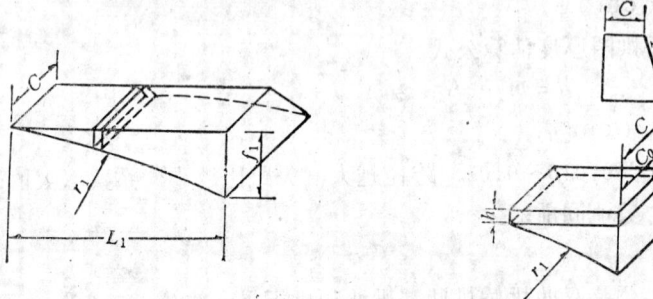

图 6-63　侧墙体积和勾缝面积计算

（1）侧墙体积（半跨一边的数量）

$$V = V_1 + V_2 = B_1 C L_1^2 + B_2 m_1 L_1^3 + \left(C_0 + \frac{m_1 h}{2}\right)hL_1 \qquad (6\text{-}18)$$

（2）侧墙勾缝面积（半跨一边的数量）

$$A = A_1 + A_2 = B_1 L_1^2 + hL_1 \qquad (6\text{-}19)$$

式中　V_1——曲线部分体积；$V_1 = B_1 C L_1^2 + B_2 m_1 L_1^3$；

　　　V_2——直线部分体积；$V_2 = \left(C_0 + \frac{m_1 h}{2}\right)hL_1$；

　　　A_1——曲线部分面积；$A_1 = B_1 L_1^2$；

　　　A_2——直线部分面积；$A_2 = hL_1$。

其中　B_1、B_2——系数，查表6-11，（由f/L比值查）

　　　L_1——拱圈外弧半跨长度；

　　　C——拱顶处侧墙顶宽；

　　　C_0——侧墙顶宽。

2.悬链线拱侧墙体积和勾缝面积计算（图6-63）

238

B_1、 B_2 值

表 6-11

系数	f/L	1/2	1/3	1/4	1/5	1/6	1/7	1/8	1/9	1/10
B_1		0.2146	0.1828	0.1503	0.1261	0.1064	0.0923	0.0814	0.0727	0.0659
B_2		0.0479	0.0313	0.0212	0.0161	0.0107	0.0078	0.0062	0.0055	0.0046

（1）侧墙体积（半跨一边数量）

$$V = V_1 + V_2 \tag{6-20}$$

（2）侧墙勾缝面积（半跨一边数量）

$$A = A_1 + A_2 \tag{6-21}$$

式中

$$V_1 = \frac{Cf_1 L_1}{k(m-1)}(shk-k) + \frac{f_1^2 L_1 m_1}{2k(m-1)^2}\left(-\frac{1}{2}shk \cdot chk - 2shk + \frac{3}{2}k\right)$$

$$V_2 = \left(C_2 + \frac{m_1 h}{2}\right)hL_1$$

$$A_1 = \frac{L_1 f_1}{k(m-1)}(shk-k)$$

$$A_2 = hL_1$$

其中 m ——拱轴系数，由设计图纸查得。

k ——系数，$k = l_n(m + \sqrt{m^2-1})$

（二）护拱体积计算

桥墩护拱从拱脚向跨中各为 $L_1/2$ 及 D 设置；桥台护拱的设置与桥墩相似（图6-64）。

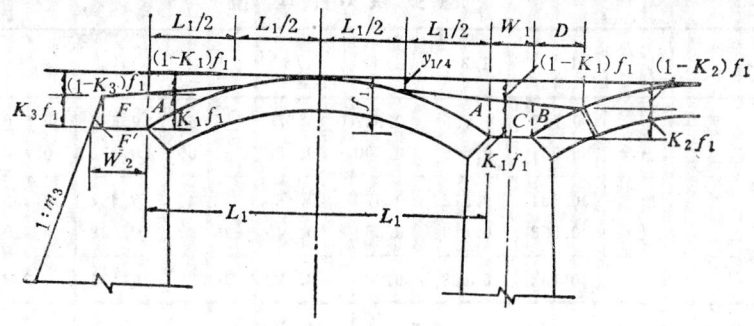

图 6-64 护拱体积计算

1. 拱上护拱体积计算

$$V_A \approx \frac{1}{4}\left[B - 2C - \frac{2f_1 m_1}{3}\left(2 - k_1 + \frac{y_{\frac{1}{4}}}{f}\right)\right]k_1 f_1 L_1 \tag{6-22}$$

$$V_B \approx n\left[B - 2C - \frac{2}{3}f_1 m_1(3 - k_1 - k_2)\right]k_1 f_1 L_1 \tag{6-23}$$

式中 n ——系数，$D = L_1/4$时，$n = 1/8$；$D = L_1/6$时，$n = 1/12$。

B ——拱圈全宽；

C ——拱弧顶处侧墙宽度；

L_1——拱圈外弧半跨长度；

f_1——拱圈外弧高度；

$y_{\frac{1}{4}}$——拱圈外弧在 $L_1/2$ 处座标；

m_1——侧墙内边坡率（高:宽 $=1:m_1$）；

k_1、k_2——系数，查表6-11。

2.墩顶护拱体积计算

$$V_C \approx [B-2C-f_1m_1(2-k_1)]k_1f_1W_1 \qquad (6-24)$$

式中 W_1——墩顶高度，

其余符号同前。

3.桥台台顶护拱体积计算

$$V_F = \frac{f_1}{2}[(B-2C-2f_1m_2)(k_1+k_3)+f_1m_2(k_1^2+k_3^2)](W_1-k_3f_1m_2) \qquad (6-25)$$

$$V_F^1 = \frac{1}{2}\left[B-2C-\frac{2}{3}(3-k_3)f_1m_2\right]k_3^2f_1^2m_3 \qquad (6-26)$$

式中 k_0——系数，$k_0 = 2(1-k_1-y_{\frac{1}{4}}/f_1)$；

k_3——系数，$k_3 = (k_1L_1-k_0W_2)\cdot L_1-k_0f_1m_3)$；

W_2——台顶宽度；

m_2——桥台侧墙内边坡率；

m_3——桥台侧墙背坡率；

其余符号同前。

圆 弧 拱 K_1、K_2 值　　　　　　　表 6-11a

D 系数 $f_1/2L_1$		1/2	1/3	1/4	1/5	1/6	1/7	1/8	1/9	1/10
$L_1/4$	K_1	0.723	0.636	0.597	0.579	0.567	0.560	0.556	0.551	0.549
	K_2	0.651	0.546	0.500	0.480	0.465	0.458	0.453	0.449	0.447
$L_1/6$	K_1	0.631	0.512	0.470	0.453	0.440	0.434	0.430	0.425	0.425
	K_2	0.553	0.410	0.363	0.345	0.330	0.323	0.319	0.315	0.315
$y_{1.4}/f_1$		0.134	0.183	0.208	0.222	0.230	0.235	0.238	0.244	0.247

悬 链 线 拱 K_1、K_2 值　　　　　　　表 6-11b

D 系数 m		1.347	1.756	2.240	2.814	3.500	4.324	5.321	6.536	8.031
$L_1/4$	K_1	0.554	0.566	0.579	0.591	0.604	0.617	0.629	0.643	0.656
	K_2	0.451	0.464	0.478	0.492	0.506	0.520	0.534	0.549	0.564
$L_1/6$	K_1	0.428	0.439	0.451	0.462	0.476	0.486	0.498	0.511	0.524
	K_2	0.317	0.329	0.341	0.353	0.365	0.376	0.390	0.405	0.418
$y_{1.4}/f_1$		0.24	0.23	0.22	0.21	0.2	0.19	0.18	0.17	0.16

4.拱腔填料体积计算

$$V_{填料} = 2BA - V_{侧墙} - V_{护拱}$$ （6-27）

式中　B——拱圈宽度；

　　　A——侧墙勾缝面积（半跨一边）。

5.拱圈体积计算

（1）圆弧拱

$$V = S \cdot B \cdot d$$ （6-28）

式中　S——拱轴长度，由 f/L 查表6-12；

　　　B——拱圈宽度；

　　　d——拱圈厚度。

（2）悬链线拱

$$V = \frac{1}{\gamma_1} L \cdot B \cdot d$$ （6-29）

式中　$\dfrac{1}{\gamma_1}$——悬链线拱轴线长度系数，可查表6-13。

圆 弧 拱 拱 轴 线 长 度　　　表 6-12

f/L	1/2	1/3	1/4	1/5	乘　数
S	3.14159	2.35202	1.85461	1.52202	R

注：拱轴长度 S，由矢跨比 f/L 查上表得系数，把系数乘以 R（半径）得拱轴长度 S。

$1/v_1$　值　　　表 6-13

f/L ＼ m	1.347	1.543	1.756	1.988	2.240	2.514	2.814	3.142	3.500
1/5	1.09992	1.10081	1.10173	1.10268	1.10367	1.10470	1.10575	1.10684	1.10797
1/6	1.07107	1.07175	1.07245	1.07318	1.07394	1.07473	1.07554	1.07638	1.07725
1/8	1.04103	1.04145	1.04189	1.04235	1.04283	1.04333	1.04384	1.04437	1.04492

第四节　桥 墩 与 桥 台

　　桥梁墩（台）主要由墩（台）帽、墩（台）身和基础三部分组成，见图6-65。

　　桥梁墩（台）的主要作用是承受上部结构传来的荷载，并通过基础又将该荷载及本身自重传递到地基上。

　　在选择墩（台）的型式、构造、材料时，必须坚持就地取材、因地制宜的原则，根据桥跨结构的特点，墩（台）高度、地形、地质及水文条件、施工条件等因素，经过技术经济综合比较予以确定。

一、桥墩的类型及适用条件

　　桥墩一般系指多跨桥梁的中间支承结构物。目前我国道路桥梁常采用的桥墩类型根据墩身的结构型式可分为实体式（重力式）桥墩、空心墩、轻型薄壁墩、柱式墩、排架式墩等。

1.实体式墩

实体式墩的特点主要是靠自身重量（包括桥跨结构重）平衡外力而保证桥墩的稳定，因此墩身厚实，不设受力钢筋，如图6-65所示，墩身用石砌或用片石混凝土砌筑。它适用于荷载较大的大、中型桥梁，或流冰、漂浮物较多的河流中，在盛产砂石料地区，小桥也常用实体式桥墩。它的缺点是墩身圬工数量较大，自重和阻水面积也较大。配用钢筋混凝土悬臂式墩帽，可减少实体墩的墩身长度和宽度，如图6-66，从而减轻自重和减少阻水面积。

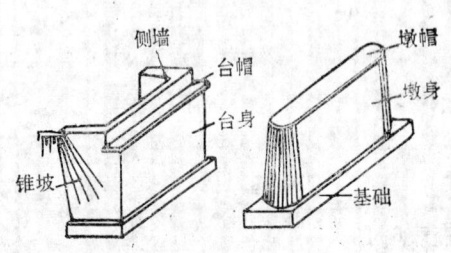

图 6-65 梁桥重力式墩台

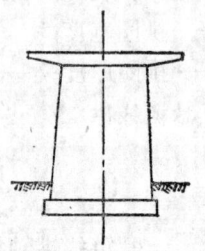

图 6-66 悬臂式墩帽

2.空心桥墩

为了充分发挥材料强度，在一些高大桥墩中，将桥墩做成混凝土或钢筋混凝土的空心结构，如图6-67。这种桥墩与实体式桥墩相比，具有圬工体积小、自重轻、构件生产装配化和机械化、施工进度快等优点，但在流速大并且夹有大量泥砂石的河流，或可能有船舶、冰、漂浮物撞击的河流中，不宜采用空心桥墩。

3.轻型桥墩

这些桥墩的构造特点是利用上部构造及下部支撑梁作墩台间的支撑，使整个结构成为四铰的刚构系统，并把墩台作为支承于弹性地基上的梁加以考虑。其圬工数量比一般实体墩台小得多，适用于小跨径钢筋混凝土板桥或梁桥，但跨径不宜超过三孔，如图6-68。

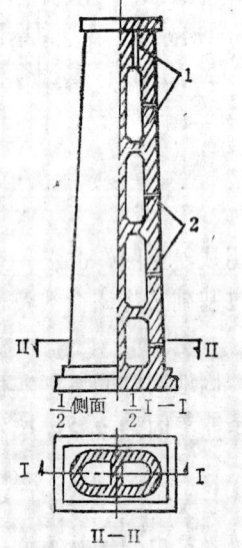

图 6-67 空心桥墩

1—检查孔；2—泄水孔

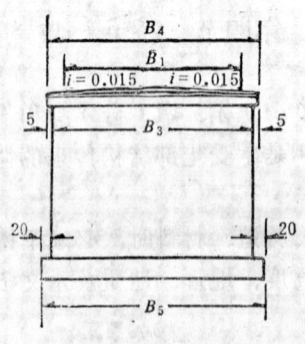

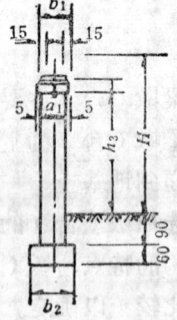

图 6-68 轻型桥墩

242

4.柱式墩

柱式桥墩可做成单柱式或多柱式。单柱式桥墩用于低桥和窄桥，道路上常采用的是双柱式桥墩。柱式桥墩的基础可以是刚性扩大基础，如图6-69，也可以是钻孔桩基础如图6-70，前者一般用于地基容许承载力大于0.2MPa的桥梁上，后者多用于地基软弱的桥梁。

由于柱式桥墩的墩身不是整体的，而是由分离的主柱所组成，因此，墩身的圬工体积小，重量轻，造型比较美观。尤其是钻孔桩柱式桥墩，适用于各种地质条件，在我国桥梁中应用得较为广泛，发展得也较快。

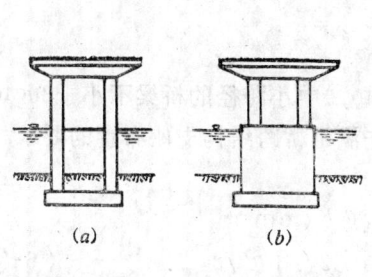

图 6-69 柱式桥墩

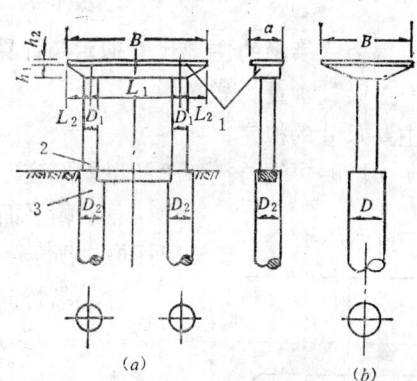

图 6-70 柱式桥墩
1—盖梁；2—系梁；3—桩

5.柔性排架式墩

柔性排架桩墩是由单排或双排的钢筋混凝土桩与钢筋混凝土盖梁连接而成，如图6-71。其主要特点是，可以通过一些构造措施，将上部结构传来的水平力（制动力、温度影响力等）传递给全桥的各个柔性墩台，或相邻的刚性墩台上，以减少单个柔性墩所受到的水平力。这类桥墩的优点是结构简单，用料经济，修建简便，完全避免了繁重的水下作业，施工速度快。主要缺点是用钢量大，使用高度和承载能力都受到一定限制。因此它适用于低浅宽滩河流和通航要求低、流速不大的河网地区河流的小跨径桥梁。在有流冰的河道上采用时，应在桩墩迎水一端加建破冰体，破冰体由表面镶有角钢的钢筋混凝土桩组成，如图6-72，用以保护桩墩不受碰击破坏。

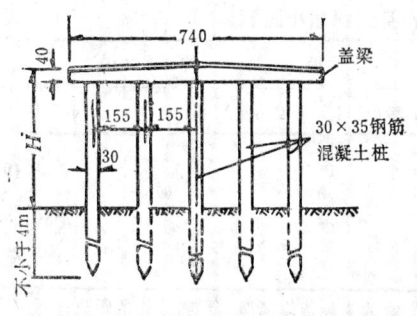

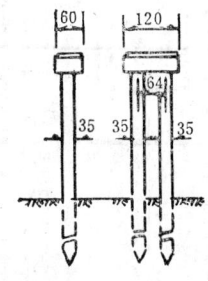

图 6-71 柔性桩墩

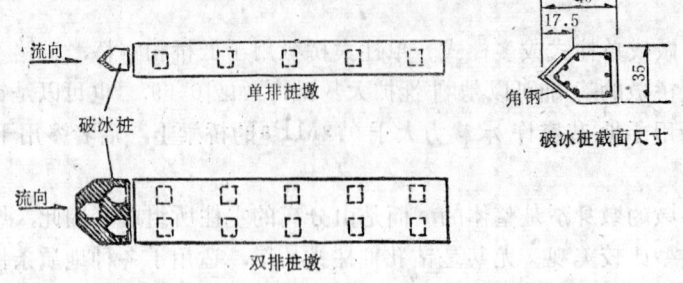

图 6-72　破冰桩设置

二、重力式桥墩的主要尺寸拟定与计算要点

（一）梁式桥重力式桥墩

1.主要尺寸的拟定

（1）墩帽。大跨径桥梁的墩帽厚度，不小于40cm；中小跨径的桥梁不小于30cm。

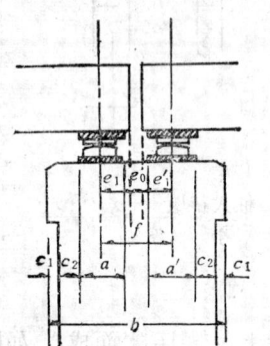

图 6-73　墩帽纵桥向宽度

墩帽平面尺寸应首先满足桥跨结构支座布置的要求，如图6-73所示。

①纵桥向墩帽最小宽度b（cm）

$$b \geqslant f + a/2 + 2c_1 + 2c_2 + a'/2 \qquad (6-30)$$

式中　f —— 相邻的两跨支座的中心距（cm）；

$$f = e_1 + e_0 + e_1'$$

e_0 —— 相邻两桥跨结构间的最小容许缝隙（伸缩缝），中小跨径桥梁为3～5cm，大跨径桥梁则按温度变化、弹性变形以及构件预制、安装条件等具体确定；

e_1和e_1' —— 支座中心轴到桥跨结构端的距离（cm）；

a和a' —— 支座垫板的纵桥向宽度（cm）；

c_1 —— 檐口宽度一般为5～10cm；

c_2 —— 支座边缘到墩台身顶部边缘的距离，其值应视墩台构造形式及安装上部构造的施工方法而定。为了避免支座过于靠近墩身侧面边缘，造成应力集中；提高混凝土的局部抗压能力；考虑施工误差及预留锚栓孔的要求，支座边缘到墩身边缘最小距离不应小于表6-14所规定的值。

支座边缘到墩（台）身边缘最小距离　　　　　表 6-14

跨径 \ 方向	纵 桥 向（厘米）	横 桥 向 （cm）	
		圆形端头（自支座边角量起）	矩 形 端 头
大　桥	25	25	40
中　桥	20	20	30
小　桥	15	15	20

附注：1.采用钢筋混凝土悬臂墩（台）帽时，上述最小距离为支座边缘离墩（台）帽边缘的距离；

　　　2.跨径100米及以上的桥梁，应按实际情况另定。

②横桥向墩帽最小宽度 B（cm）

$$B = 桥跨结构两边主梁中心距 + 支座横向宽度 + 2C_2 + 2C_1 \qquad (6\text{-}31)$$

墩帽宽度除应满足以上要求外，还应满足墩身顶宽的要求和安装上部结构施工的需要，以及抗震时，采取设防措施需要的宽度。

（2）墩身。墩身尺寸主要包括墩帽、墩顶、墩底的尺寸及墩身侧坡等。墩高由基础顶面及桥面标高或设计洪水位控制。墩顶尺寸由墩帽控制。重力式桥墩的墩顶宽，小跨径桥不宜小于80cm，中跨径桥不宜小于100cm，大跨径桥的墩顶宽视上部构造类型而定。墩底尺寸受墩帽尺寸、墩高、墩身侧坡控制，墩身侧坡度一般采用20:1～30:1。

（3）基础。基础的平面形式一般与墩身的底截面形状配合，桥梁上常用的是矩形截面。基础底面的尺寸与基础的高度有下述关系，如图6-74所示。

$$\left. \begin{array}{l} a = L + 2H\mathrm{tg}\alpha \\ b = d + 2H\mathrm{tg}\alpha \end{array} \right\} \qquad (6\text{-}32)$$

式中　a、b——分别为基底的长度和宽度（m）；

　　　L、d——分别为墩、台底截面的长度和宽度（m）；

　　　H——基础高度；

　　　α——墩身底截面边缘至基底边缘连线与垂线的夹角。

在图6-74中 c_1 称为襟边，其作用一方面是扩大基底面积，同时也供施工可能发生的平面尺寸误差需要以及支立墩、台身模板的工作面需要。其值应视基底面积、基础厚度及施工方法而定，一般采用15～70cm。

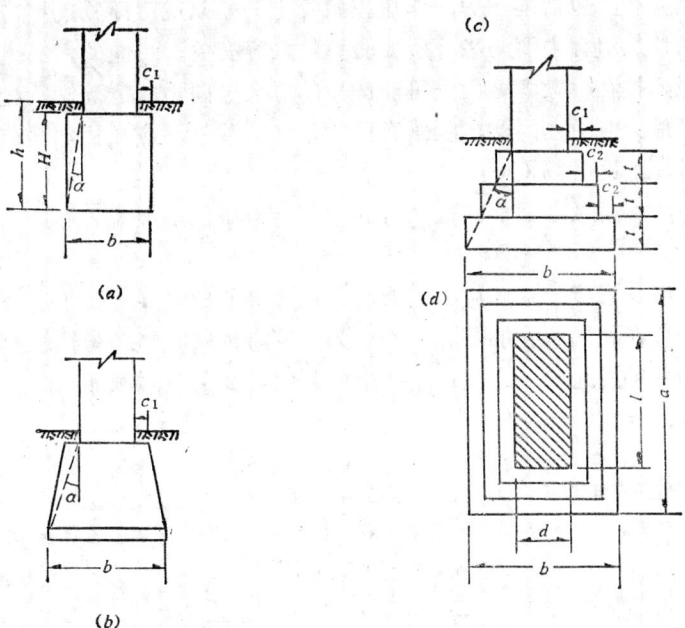

图 6-74　刚性基础立面与平面图

若基础高度较大而地基强度又较小，基底面积需要适当扩大时，一般可将基础立面做成锥形或台阶形，如图6-74（b）、（c）所示。

基础的襟边宽c_1、高度H、台阶的宽度c_2与台阶高度土应有一定的比例，此比例由夹角α来控制，要求$\alpha \leqslant \alpha_{max}$（$\alpha_{max}$一般称为刚性角）。刚性角$\alpha_{max}$的数值是与基础所采用的圬工材料强度有关，刚性角应满足如下规定：

砖、片石、块石、粗料石砌体，当用强度等级M5以下砂浆砌筑时，$\alpha_{max} \leqslant 30°$；当用强度等级M5以上砂浆砌筑时，$\alpha_{max} \leqslant 35°$；混凝土浇筑时，$\alpha_{max} \leqslant 40°$。常用的台阶高度土为50～100cm。

2.设计计算要点

（1）荷载与荷载组合。作用在桥墩上的荷载和外力，可分为永久荷载、可变荷载、偶然荷载三类。

第一类　永久荷载：包括上部构造的恒重对墩帽或拱座产生的支座反力，桥墩自重，基础襟边上的土重，水的浮力（位于透水性地基上的桥梁墩台，当验算稳定时，应计算设计水位时水的浮力；当验算地基应力时，仅考虑低水位时的浮力；基础嵌入不透水性地基的墩台，可以不计水的浮力；当不能肯定是否透水时，则分别按透水或不透水两种情况进行最不利的荷载组合）等。

第二类　可变荷载：可变荷载可分基本可变荷载和其它可变荷载两种。基本可变荷载包括汽车荷载、平板挂车或履带车荷载、人群荷载。对于重力式墩台可不考虑汽车的冲击力。其它可变荷载包括作用在上部构造和墩身上的纵横向风力，由汽车荷载产生的制动力，作用在墩身上的流水压力、冰压力、上部构造因温度变化对桥墩产生的水平力、支座摩阻力等。

第三类　偶然荷载：包括地震力，作用在墩身上的船只或漂浮物的撞击力。

重力式桥墩的荷载组合主要与墩身所要验算的内容有关。可能的荷载组合如下。

①第一种组合：按在桥墩各截面上可能产生的最大竖向力的情况进行组合。它用来验算墩身强度和基底最大应力。因此，除了有关的永久荷载外，应在相邻两跨满布基本可变荷载的一种或几种，如图6-75（a）。

②第二种组合：按桥墩各截面在顺桥方向上可能产生的最大偏心和最大弯矩的情况进行组合。

它是用来验算墩身强度、基底应力、偏心以及桥墩的稳定性。属于这一组合的除了有关的永久荷载外，应在相邻两孔的一孔上（当为不等跨桥梁时则在跨径较大的一孔上）布置基本可变荷载的一种或几种，以及可能产生的其它可变荷载，例如纵向风力、汽车制动力和支座摩阻力等，如图6-75（b）。

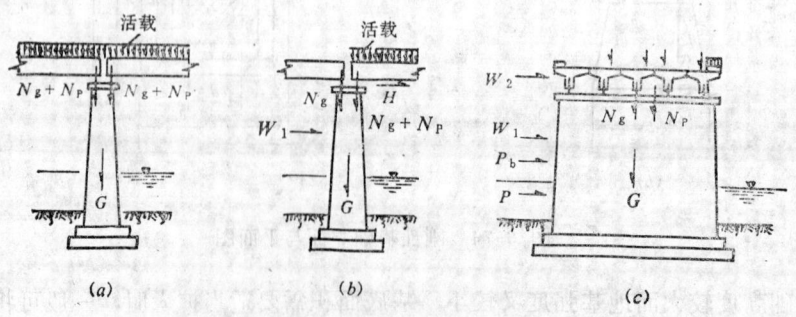

图 6-75　梁桥桥墩的荷载组合形式

③第三种组合：按桥墩各截面在横桥方向上可能产生最大偏心和最大弯矩的情况进行组合。

它是用来验算在横桥方向上的墩身强度、基底应力、偏心以及桥墩的稳定性。属于这一组合的除了有关的永久荷载以外，应在偏于桥面的一侧布置基本可变荷载的一种或几种，此外还应考虑其它可变荷载（如横向风力、流水压力或冰压力等）或者偶然荷载中的船只或漂浮物的撞击力等，如图6-75（c）。

（2）计算要点（图6-76）

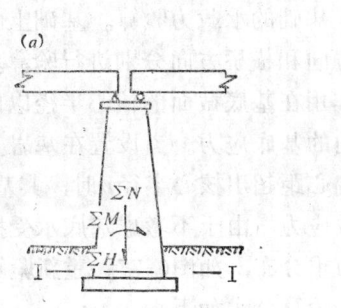
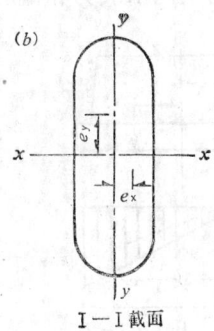

图 6-76 墩身底截面强度验算

①墩身强度验算。对于较矮的桥墩一般验算墩身的突变处截面；对于较高的桥墩，应沿竖向每隔2～3m验算一个截面，其步骤如下：

Ⅰ）内力验算。作用于每个截面上的外力应按顺桥方向和横桥方向分别进行组合，以求得相应的纵向力ΣN、水平力ΣH和弯矩M。

Ⅱ）抗压强度验算。对于轴心受压和偏心受压的桥墩，可按规范中有关公式进行验算。如果不满足要求时就应修改墩身截面尺寸，重新验算。

Ⅲ）偏心距e_0的验算。桥墩承受偏心受压荷载时，偏心距$e_0 = \dfrac{\Sigma M}{\Sigma N}$不得超过表6-15的容许值，当荷载组合①中考虑了水的浮力或基础变位影响力时，容许偏心距则按荷载组合②采用。

容 许 偏 心 距 e_0　　　　　　　　　　　　　表 6-15

荷 载 组 合	结 构 名 称	容 许 偏 心 距
组 合 Ⅰ	中、小跨径拱圈	$\leqslant 0.6y$
	其他结构	$\leqslant 0.5y$
组合 Ⅱ、Ⅲ、Ⅳ	中、小跨径拱圈	$\leqslant 0.7y$
	其他结构	$\leqslant 0.6y$
组 合 Ⅴ		$\leqslant 0.7y$

注：①当混凝土结构截面受拉一边布设有不小于截面面积0.05%的纵向钢筋时，表内规定值可增加0.1y；

②当截面配筋率符合规定时，按钢筋混凝土截面计算，偏心距不受限制；

③当荷载组合Ⅰ中考虑了水的浮力或基础变位影响力时，容许偏心距按荷载组合Ⅱ采用。

②墩顶水平位移的验算。墩顶过大的水平位移会影响桥跨结构的正常使用，对于高度超过20m的重力式桥墩应验算墩顶水平方向的弹性位移。规范规定墩顶端水平位移的容许极限值为：

$$\Delta \leqslant 0.5\sqrt{L} \tag{6-33}$$

式中　Δ——墩顶计算水平位移值（cm）；

　　　L——相邻墩台间最小跨径长度，以米计跨径在小于25m时仍以25米计。

③基础底面土的承载力和偏心距的验算

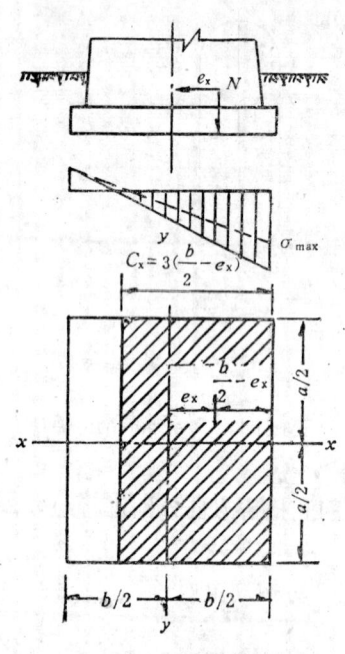

图 6-77　基底应力重分布

Ⅰ）基础的承载力验算。基础土的承载力一般按顺桥方向和横桥方向分别进行验算。当偏心荷载的合力作用在基底截面的核心半径以内时，应验算偏心方向的基底应力。当设置在基岩上的桥墩基底的合力偏心距超出核心半径 ρ 时，其基底的一边将会出现拉应力，由于不考虑基底承受拉应力，故按基底应力重分布，如图6-77。重新验算基底最大压应力。其验算公式如下：

顺桥方向

$$\sigma_{\max} = \frac{2N}{aC_x} \leqslant [\sigma] \tag{6-34}$$

横桥方向

$$\sigma_{\max} = \frac{2N}{bC_y} \leqslant [\sigma] \tag{6-35}$$

式中　$\sigma_{\max}$——应力重分布后基底最大压应力；

　　　N——作用于基础底面合力的竖向分力；

　　　a、b——横桥方向和纵桥方向基础底面的边长；

　　　$[\sigma]$——地基土壤的容许承载力，按荷载及其使用情况计入容许承载力的提高系数；

　　　C_x——顺桥方向验算时，基底受压面积在顺桥方向的长度，即 $C_x = 3(b/2 - e_x)$；

　　　C_y——横桥方向验算时，基底受压面积在横桥方向的长度，即 $C_y = 3(a/2 - e_y)$；

　　　e_x、e_y——合力在 x 轴和 y 轴方向的偏心距。

Ⅱ）基底偏心验算。为了使恒载基底应力分布比较均匀，防止基底最大压应力与最小压应力相差过大，导致基底产生不均匀的沉陷，基底合力偏心距 e_0 应满足表6-16的要求。

表中：

$$\rho = \frac{W}{A} ; \quad e_0 = \frac{\Sigma M}{N}$$

其中　ρ——墩台基础底面的核心半径；

　　　W——墩台基础底面的截面模量；

　　　A——墩台基础底面的面积；

　　　N——作用于基底合力的竖向分力；

　　　ΣM——作用于墩台的水平力和竖向的分力对基底形心轴的弯矩。

荷 载 情 况	地 基 条 件	合力偏心距	备 　 注
墩台仅受恒载作用时	非岩石地基	桥　墩 $e_0 \leq 0.1\rho$	对于拱桥墩台，其恒载合力作用点应尽量保持在基底中线附近
		桥　台 $e_0 \leq 0.75\rho$	
墩台受荷载组合Ⅱ、Ⅲ、Ⅳ作用时	非岩石地基	$e_0 \leq \rho$	建筑在岩石地基上的单向推力墩，当满足强度和稳定性要求时，合力偏心距不受限制
	石质较差的岩石地基	$e_0 \leq 1.2\rho$	
	坚密岩石地基	$e_0 \leq 1.5\rho$	

④桥墩的整体稳定性验算。桥墩的整体稳定性包括倾覆稳定性和滑动稳定性两个方面。

Ⅰ）倾覆稳定性验算。抵抗倾覆的稳定系数 K_0，可按下列验算（图6-78）：

$$K_0 = \frac{M_稳}{M_倾} = \frac{x \Sigma P_i}{\Sigma(P_i e_i) + \Sigma(T_i h_i)} = \frac{x}{e_0} \qquad (6-36)$$

式中　x——基底截面重心 O 至偏心方向截面边缘距离；

e_0——所有外力的合力 R（包括水浮力）的竖向分力对基底重心的偏心距。

Ⅱ）滑动稳定性验算。抵抗滑动的稳定系数 K_c，按下式验算：

$$K_c = \frac{f \Sigma P_i}{\Sigma T_i} \qquad (6-37)$$

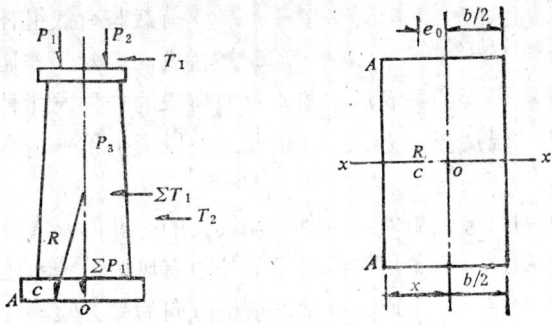

图 6-78　桥墩稳定性验算

式中　ΣP_i——各竖向力的总和（包括水的浮力）；

ΣT_i——各水平力的总和；

f——基础底面（圬工）与地基土之间的摩擦系数，若无实测值时可参照表6-17选取。

按上述求得的 K_0 及 K_c 均不得小于表6-18规定的最小值。在验算中还应注意，要分别按常水位和设计洪水位两种情况考虑水的浮力。

（二）拱桥重力式桥墩

1.主要尺寸的拟定

无铰拱拱座与拱轴线呈正交的斜面，当桥墩两侧孔径相等时，拱座均设置在桥墩顶部

基 底 摩 擦 系 数	表 6-17
地 基 土 分 类	摩擦系数 f
软塑粘土	0.25
硬塑粘土	0.30
砂粘土、粘砂土、半干硬的粘土	0.30～0.40
砂 土 类	0.40
碎石类土	0.50
软质岩土	0.40～0.60
硬质岩土	0.60～0.70

抗倾覆和抗滑动的稳定系数 表 6-18

荷 载 情 况	验算项目	稳定系数
荷载组合 I	抗 倾 覆	1.5
	抗 滑 动	1.3
荷载组合 II，III，IV	抗 倾 覆	1.3
	抗 滑 动	
荷载组合 V	抗 倾 覆	1.2
	抗 滑 动	

注：表中荷载组合 I 如包括由混凝土收缩、徐变和水的浮力引起的效应，则应采用荷载组合 II 时的稳定系数。

的起拱线标高上，有时考虑桥面的纵坡，两侧的起拱线标高可以略为不同。当桥墩两侧的孔径不等时，为了平衡恒载水平推力，将拱座设置在不同的起拱线标高上。此时，桥墩墩身可以在推力小的一侧变坡或增大边坡。从外形美观上考虑，变坡点一般设在常水位以下，如图6-79。墩身两侧边坡一般为20:1～30:1。普通墩顶宽可按拱跨的1/15～1/30（混凝土墩）或1/10～1/25（石砌墩）估计，其比值随跨径的增大而减小，且不小于80cm。对于单向推力墩，应按具体情况计算确定。基础尺寸按与梁桥桥墩基础相同的方法拟定。

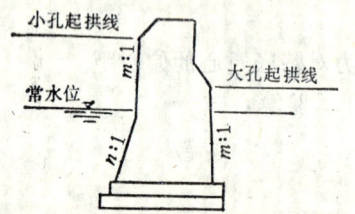

图 6-79 拱桥墩身边坡变化

2.计算

（1）荷载与荷载组合

①顺桥方向。对于普通桥墩应为相邻两孔的永久荷载，在一孔或跨径较大的一孔满布基本可变荷载的一种或几种，其它可变荷载中的汽车制动力、纵向风力、温度影响力等。并由此对桥墩产生不平衡水平推力、竖向力和弯矩。

对于单向推力墩则只考虑相邻两孔中跨径较大的一孔的永久荷载作用力。

②横桥方向。在横桥方向作用于桥墩上的外力有风力、流水压力、冰压力、船只或漂浮物撞击力、或地震力等。对于道路桥梁，横桥方向的受力验算一般不控制设计。

值得注意的是，在其它可变荷载中，有些荷载不应同时考虑，如表6-19所示。

其它可变荷载不同时组合表 表 6-19

编 号	荷 载 名 称	不与该荷载同时参与组合的荷载编号
1	风 力	—
2	汽车制动力	3, 4, 6
3	流水压力	2, 4
4	冰 压 力	2, 3
5	温度影响力	—
6	支座摩阻力	2

（2）计算要点。比较图6-76及图6-80，不难看出，就某个截面而言，梁桥桥墩与拱桥桥墩的外力都可以合成为竖向的和水平方向的合力 ΣN 和 ΣH，还有绕该截面 x-x 轴和 y-y 轴的弯矩 ΣM_x 和 ΣM_y。因此它们的验算内容和计算方法基本相同，这里就不再赘述。

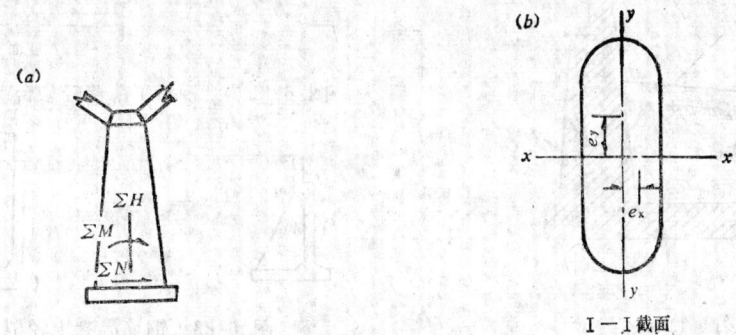

图 6-80　墩身底截面强度验算

三、桥台的类型及适用条件

桥台是直接支承桥梁上部结构的承重构造物，又是把桥梁和路堤紧密衔接起来的结合体。因此，它除了承受来自上部结构传来的荷载以外，还要承受来自台后路堤的土压力。

当前我国道路桥梁桥台主要有实体式桥台、轻型桥台、埋置式桥台等。

1.实体式桥台

U型桥台是较常用的实体式桥台，它由支承桥跨的台身（或称前墙）与两侧翼墙（侧墙）在平面上构成U字形而得名。它的构造简单，能够用各种石料砌筑，不用钢筋，不需模板，施工工艺和设备简单，适用于填土高度在8～10m以下跨度稍大的桥梁，但桥台体积和自重较大，对地基强度的要求也就较高。U型桥台侧墙间填土易积水、结冰后冻胀，使侧墙产生裂缝。所以宜用渗水较好的土夯填。并做好台后排水设施，如图6-81。侧墙两边需设锥形护坡，以保护路堤坡脚不受冲刷。

2.轻型桥台

如图6-82，轻型桥台为直立的薄壁墙，桥台顶部与上部结构锚固，下部设置钢筋混凝土支撑梁，使上部结构、桥台和支撑梁共同组成四铰刚构系统。并借助两端台后的被动土压力来保持稳定。其特点是台身薄，圬土数量少，重量轻，对地基强度的要求相应就低，结构简单，施工方便，它适用于13m以下的小跨径桥梁，桥跨结构一般不超过三孔，总桥长不宜超过20m。常用的翼墙有八字式和一字式两种，如地形许可也可以把翼墙做成耳墙，如图6-83。

3.埋置式桥台

埋置式桥台是将桥台大部分埋入锥形护坡中，以减薄台身。这样，桥台所受的土压力大为减少，桥台的体积也就相应减少。但由于锥坡伸入到桥孔，压缩了河道，有时因此需增加桥长。它适用于桥头为浅滩，锥坡受冲刷小，填土高度在10m以下，孔径在10m以上的桥梁。

埋置式桥台仅附有短小的耳墙，耳墙与路堤衔接，伸入路堤的长度一般不小于50cm。

常见的埋置式桥台有下列四种型式。

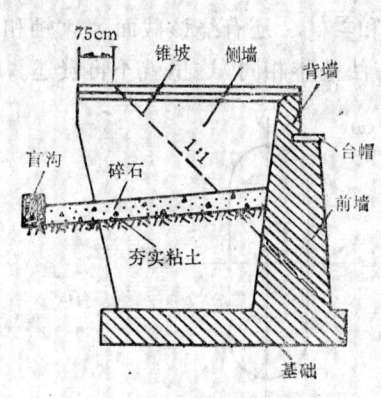

图 6-81 U型桥台

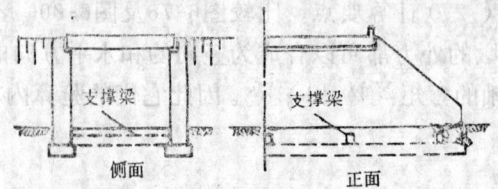

图 6-82 梁桥圬工薄壁轻型台

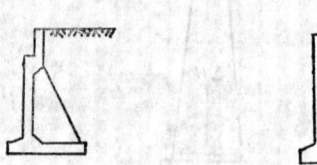

图 6-83 钢筋混凝土轻型桥台

（1）实体式埋置桥台。如图6-84。实体式埋置桥台的工作原理是靠台身后倾，使重心落在基底截面的形心之后，以平衡台后填土的倾覆力矩，减少恒载产生的偏心矩，但倾斜度应适当。其优点是结构稳定性好，可以用于高达10m和10m以上的高桥台。

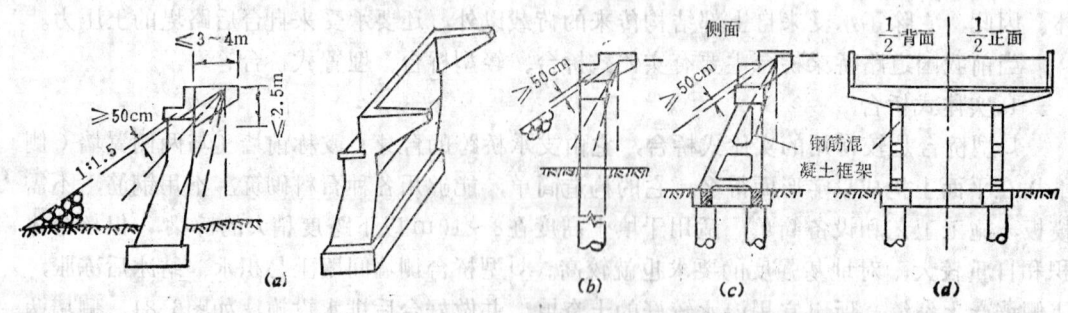

图 6-84 埋置式桥台

（2）肋形埋置式桥台。如图6-85。这种桥台是将图6-84（a）所示的台身挖空而形成，从而节省圬工体积。台高在10m及10m以上者，在两块后倾式的肋板之间设系梁。

（3）钻孔桩柱式埋置桥台。如图6-84（b）所示。这种桥台对于各种土质地基都适宜。根据桥的宽度和土基承载能力可以采用双柱、三柱或多柱的型式。普通双车道道路桥以采用双柱式较经济。当填土高度大于5m时，宜采用框架式埋置式桥台，如图6-84(c)、(d)。

（4）框架式埋置式桥台。框架式桥台既比桩柱式桥台有更好的刚度，又比肋形埋置式桥台挖空率高，更节省圬工体积。由于这种桥台结构本身存在着斜杆，能够产生水平分力以平衡土压力，加之基础较宽，所以稳定性好，可用于填土高度在5m以上的桥台。其不足之处是必须用双排桩基，钢筋水泥用量均比桩柱式桥台要多。

四、重力式桥台的主要尺寸拟定与计算

（一）梁式桥重力式桥台

1.主要尺寸的拟定

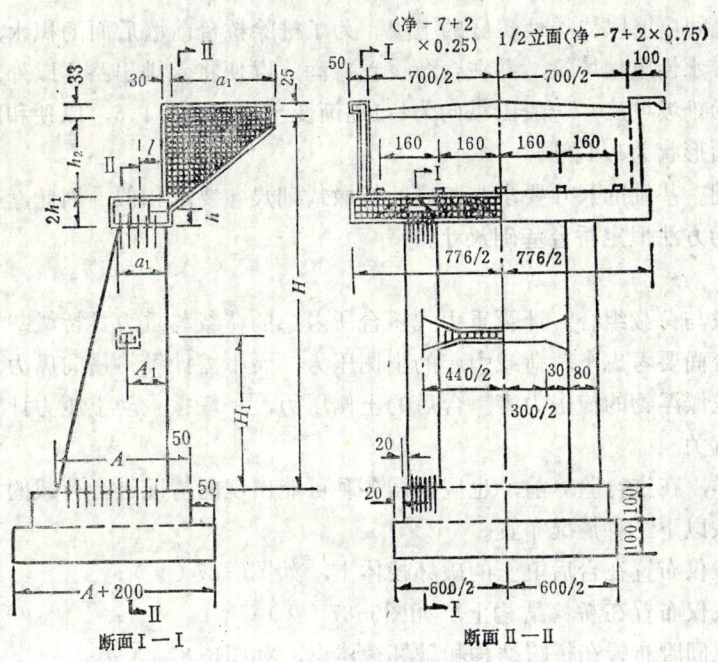

图 6-85 肋形埋置式桥台

常用的重力式桥台为U型桥台，它是由台帽、台身和基础三部分组成。

（1）台帽。台帽的构造和尺寸要求与相应的桥墩墩帽有许多共同之处，不同的是台帽顶面只设单排支座，在另一侧要砌筑挡住路堤土的背墙。背墙的顶宽，对于片石砌体不得小于50cm，对于块石、料石及混凝土砌体不宜小于40cm。背墙一般做成垂直的，并与两侧侧墙连接。在台帽放置支座部分的构造尺寸可按相应的墩帽尺寸拟定。

（2）台身。台身由前墙和侧墙组成。前墙正面多采用10:1或20:1的斜坡。侧墙与前墙结合成一体，兼有挡土墙和支撑墙的作用。侧墙正面一般是直立的，其长度视桥台高度和锥坡坡度而定。前墙的下缘一般与锥坡下缘相齐，因此，桥台越高，锥坡越坦，侧墙则越长。侧墙尾端，应有不小于0.75m的长度伸入路堤内，以保证与路堤有良好的衔接。台身的宽度通常与路基的宽度相同。

侧墙在任一水平截面的宽度，对于片石砌体不小于该截面至墙顶高度的0.4倍；块石、料石砌体混凝土不小于0.35倍；若桥台内填料为透水性良好的砂性土或砂砾，则上述两项可分别减为0.35倍和0.3倍。前墙及侧墙的顶宽，对于片石砌体不宜小于50cm；对于块石、料石砌体和混凝土不宜小于40cm，见图6-86。

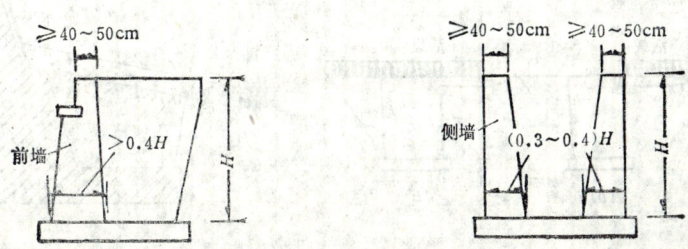

图 6-86 U形桥台尺寸图

两个侧墙之间应填以渗透性较好的土壤。为了排除桥台前墙后面的积水，应于侧墙间选用砂砾一类渗水性土壤填筑，并在台背设置盲沟，以便将水排出路堤以外，如图6-81。

桥台两侧的锥坡坡度，一般由纵向为1:1逐渐变至横向为1:1.5，以便和路堤的边坡一致。锥坡的平面形状为1/4椭圆。

（3）基础。基础的尺寸要求与相应的桥墩基础尺寸要求相似，因此，可按拟定桥墩基础尺寸相似的方法拟定桥台基础尺寸。

2.计算

（1）荷载与荷载组合。计算重力式桥台所考虑的荷载与重力式桥墩基本一样，不同的是，对于桥台尚要考虑车辆荷载引起的土侧压力，而不需计纵、横向风力、流水压力、冰压力、船只或漂浮物的撞击力等。台后的土侧压力，一般按主动土压力计算，其大小与土的压实程度有关。

与桥墩一样，在进行验算前，也应根据各种可能出现的情况进行荷载的最不利组合，而车辆荷载可按以下三种情况布置。

①车辆荷载仅布置在台后填土的破坏棱体上，如图6-87（ a ）；
②车辆荷载仅布置在桥垮结构上，如图6-87（ b ）；
③车辆荷载同时布置在桥跨结构和破坏棱体上，如图6-87（ c ）。

一般重力式桥台以第①种和第③种组合控制设计，但需根据具体情况进行分析比较后才能确定。

（2）计算要点。桥台的强度、偏心距和稳定性的验算也与桥墩基本相同，但只作顺桥方向的验算。当验算基础顶面的台身砌体强度时，如桥台截面的各部分尺寸满足有关规定时，则应把桥台的侧墙和前墙作为整体来考虑受力；否则台身（桥台前墙）应按独立的挡土墙计算。

（二）拱桥重力式桥台

1.主要尺寸的拟定

拱桥桥台只在向河心的一侧设置拱座，其尺寸可参照桥墩的拱座拟定。对于空腹式拱桥，在前墙顶面上还要砌筑背墙，用来挡住路堤填土和支承腹拱。起拱线处台身（前墙）宽度，应根据拱跨、台高等确定。台身、背墙、锥坡等有关尺寸及台内填料、排水设施等详见图6-88。侧墙尺寸的有关规定与梁式桥形桥台相同。

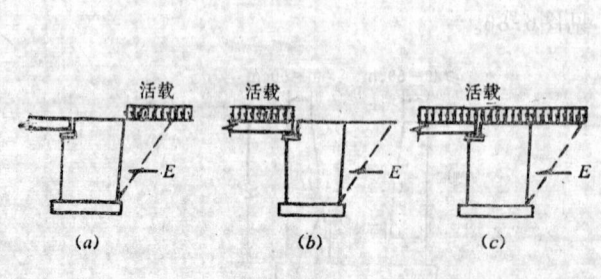

图 6-87 梁桥桥台荷载组合形式

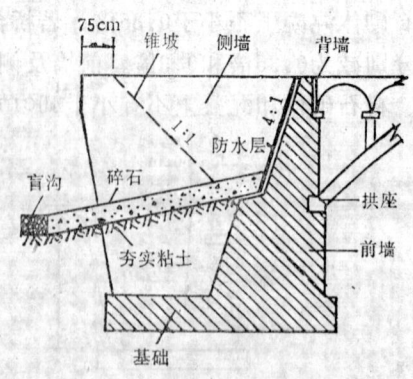

图 6-88 拱桥U形桥台

（1）荷载与荷载组合。计算拱桥U型桥台要考虑的荷载与梁式桥桥台基本相同。不同的是，对于拱桥桥台还要考虑由拱脚传来的水平推力，及无铰拱的拱脚弯矩。在计算时，一般按以下两种情况布置车辆荷载，并进行组合。

①桥上布满活载，使拱脚水平推力H_p达到最大值；温度上升时，制动力向路堤方向，台后按压实土考虑土侧压力，使桥台有向路堤方向偏移的趋势，如图6-89（a）

②台后破坏棱体上有活载，制动力向桥跨方向，桥跨上无活载，温度下降，台后按未压实考虑土侧压力，使桥台有向桥跨方向偏移的趋势，如图6-89（b）。

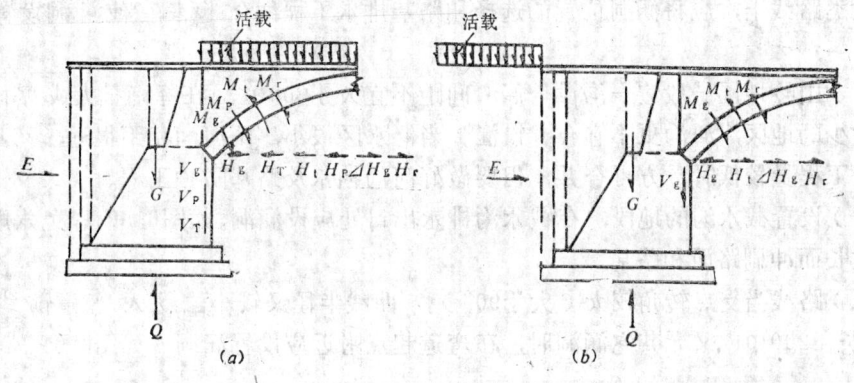

图 6-89　拱桥桥台荷载组合图式

（2）计算要点。拱桥桥台与梁式桥桥台的验算内容基本相同，所不同的是对于拱桥桥台的台口截面还应验算其抗剪强度。圬工抗剪强度为圬工抗剪力与其摩阻力之和，即：

$$\sigma_j = (Q - \mu N)\frac{1}{A} \leqslant [\sigma_j] \tag{6-38}$$

式中　σ_j——验算截面直接剪应力；

　　　Q——验算截面上的剪力，为恒载与活载产生的拱推力；

　　　A——受剪截面面积；

　　　N——垂直于受剪截面的竖向力，为拱桥桥台台口（可取起拱线处）以上圬土及填土重及拱圈的竖向压力之和；

　　　μ——圬工材料计算摩擦系数，当荷载为主要组合时采用0.4，为附加组合时采用0.5；

　　　$[\sigma_j]$——圬工材料的允许直接剪应力。

如果用在裸拱情况下卸拱架等施工方法时，还应该按不同施工情况用上式验算墩台口抗剪强度。

第五节　涵　洞

贯穿埋设在路堤中，供排水使用的小型构造物，在桥梁中的多跨总长小于8米或单跨小于5米者，称为涵洞，涵洞是道路的主要构造物，其设置是否合理，对能否满足排水需要，保证道路运输畅通有很大影响。

涵洞设计中，应对道路沿线的地形、地质、水文、材料、施工条件及农田排灌等情况进行充分的调查研究。通过测量、调查、水文计算，根据经济合理、坚固耐久、因地制宜、就地取材、方便施工的原则，合理确定涵洞位置，选择孔径和结构类型，并完成涵洞布置与设计工作。应使所设计的涵洞能保证车辆交通的安全使用，又满足排水要求。

一、涵洞位置选择

为使路基稳定，排水良好，工程量小，合理选择涵洞位置是关键。一般在路线已定情况下，涵洞位置选择要点如下。

（一）山区越岭路段涵洞的设置

在这类路线上，应将涵洞位置的选择和路基排水工程结合起来，使涵洞设置经济合理。

（1）山岭地区一般应一沟设一涵，间距不宜大于300m。在降雨量大或暴雨集中且山坡植被少的地区，河沟更不宜合并设涵。当汇水区很小，两河沟相距很近，又具备沟通条件，且工程量较低时，方可合并，但要做好河沟挡水及路基防护工程。

（2）设置截水沟的地段，在截水沟排水出口处应设涵洞，如图6-90，以免水顺沟槽流经距离过长而冲刷路面和路基。

（3）路线当交点转角较大（大于90°），曲线半径又较小，进入弯道前纵坡大于4%，坡长在200m内又无其它涵洞时，在弯道起点附近应设置涵洞，如图6-91。

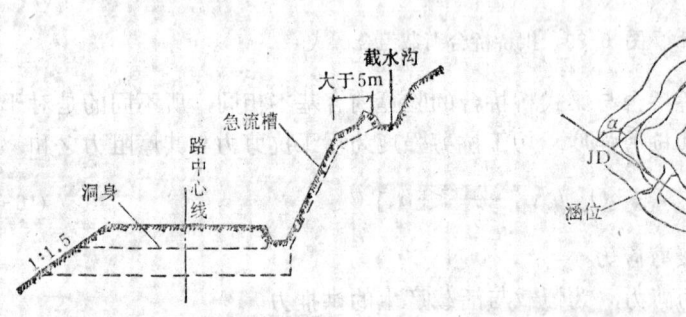
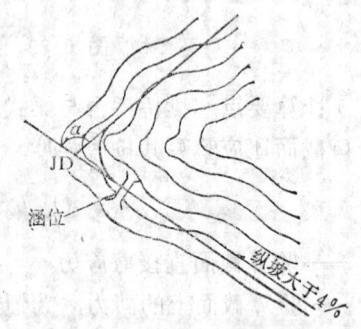

图 6-90　截水沟急流槽处设涵洞　　　　　图 6-91　弯道起点附近设涵洞

（4）当汇水面积大于0.05km²，并具有明显的沟形时，应设涵洞。涵洞轴线应尽量符合水流方向。

（5）当沟底纵坡较陡，路基填土很高，所填为不渗水土壤，在地形条件许可的情况下，可将涵洞设在较高处以减小涵长，如图6-92，但应注意出水洞口水流不冲刷路基和农田。

（6）当河沟较平缓，可考虑将涵洞设置为正交，可减短涵长。为防止冲毁农田，应注意修建引水工程，如图6-93。

（二）山区沿河线的涵洞设置

（1）这类路线涵洞设置应注意：上游洞口应考虑水流流向，下游洞口应避免危及农田和村镇，涵底标高和涵洞净高应考虑沿河水位的涨落影响及河沟的冲刷情况。

（2）路线跨跃弯曲河沟时，应进行裁弯取直，使水流畅通，如图6-94，让涵洞尽量与路线正交。

（3）当沿河线在通过山地沼泽地段时，为避免涵洞基础施工困难，以提高涵洞整体稳定性，尽可能一跨通过不良地质地段，如图6-95。

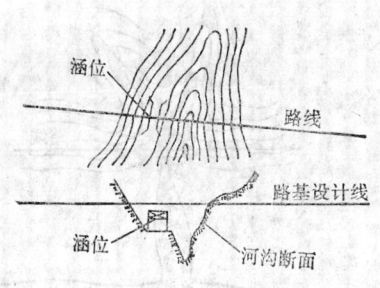

图 6-92 涵洞设在沟坡上

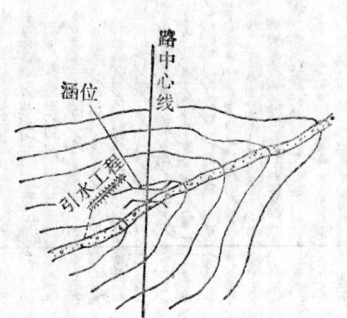

图 6-93 斜沟正做

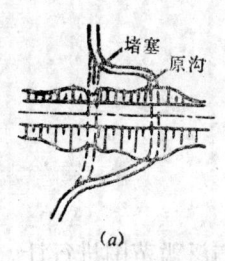 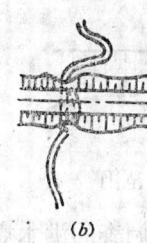 

(a)　　　　　　　(b)　　　　　　　(c)

图 6-94 河道裁弯取直

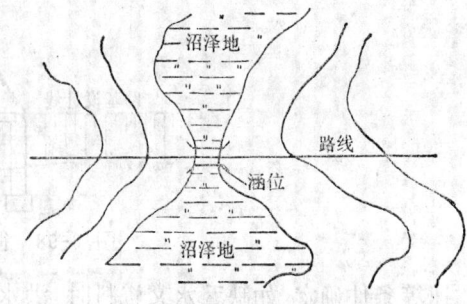

图 6-95 沼泽地处涵洞布置

（4）当路线必须在河弯处通过时，涵洞应设在水流较集中的河床一侧，如图6-96。

（三）平原区涵洞的设置

平原区涵洞设置应与有关水利部门及乡、村政府共同商定。

（1）对于人工灌溉渠道应与乡、村干部共同商定涵位及孔径，必要时应签署协议书。避免设过多、孔径过大的涵洞造成浪费。同时也防止调查不彻底，施工中或施工后又增设涵洞。

（2）在路线通过较长的低洼、泥沼地带或在有天然纵坡地段，可适当增设涵洞。

（3）在路线靠近村庄时，要特别注意设置涵洞，以便于排除村内积水。

（4）在有长期积水的低洼地段，为平衡路基两侧水位，应设涵洞或采用透水路堤。

（5）当路线与铁路、公路、机耕道平面交叉时，为了不使排水沟水流受阻，同时不致于冲刷相交路线路基，应在路线交叉处设置涵洞。

（四）不良地质地段的涵洞设置

（1）路线从泥石流地区穿过时，涵洞位置应设在泥石流流通区最窄处，孔径应适当大些，洞高应比流动泥石流高处高1m以上，如图6-97。

（2）当泥石流形成区域内断面呈驼峰状时，若路基标高受到限制，"驼峰"增高速度很慢，应采取彻底清除"驼峰"办法，将清除的砂砾填到路基上，同时应将涵洞进出口上下游的砂砾清除，深度与涵底标高一致形成排水坡度，沟槽宽度应大于洞口宽，如图6-98。

二、确定孔径

涵洞的孔径，应根据设计洪水流量、河床地质、河床和锥坡加固型式所允许的平均流

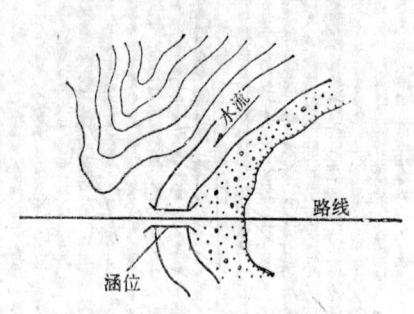

图 6-96　河弯上布置涵洞

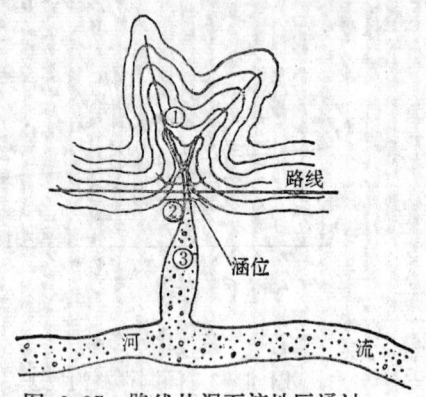

图 6-97　路线从泥石流地区通过
①形成区；②流通区；③堆积区

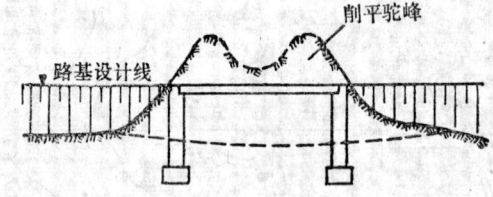

图 6-98　彻底清除固体堆积物范围

速等条件确定。如缺乏水文资料时，洪水流量可根据实地调查的洪水痕迹与泛滥范围进行计算。

当涵洞的上游条件许可积水时，依暴雨径流计算的流量可考虑减少，但减少的流量不宜大于总流量的1/4。

（一）流量计算

（1）涵洞的设计洪水频率，可按表6-20采用。

涵 洞 洪 水 设 计 频 率　　　　　表 6-20

道　路　等　级				
汽 车 专 用 道 路		一　　般　　道　　路		
高速公路、一	二	二	三	四
1/100	1/50	1/50	1/25	不作规定

（2）涵洞设计流量的确定，方法很多，但由于影响小流域流量的因素非常错综复杂，我国幅员辽阔，各地气候、地形、地貌、地质和水利化措施的差异很大，难以用某一种简单方法或公式普遍适用全国。目前在道路测设实际工作中，通常采用以下几种方法。

①径流形成法

②形态调查法

③直接类比法

以上三种方法在《公路设计手册·涵洞》内有详细介绍，限于篇幅，这里不一一介绍。

（二）孔径计算

涵洞孔径多数按无压力式计算，只有当路堤较高，附近农田、房屋不致因较高壅水而遭受影响时，可以采用半压力式，至于压力式涵洞，只有在进水口的洞口建筑系呈流线型

258

时才允许采用。

无压力式涵洞内顶点至最高流水面的净高如表6-21所示。

无压力式涵洞内顶点至最高流水面净高   表 6-21

涵洞进口净高(或内径)h(m)	涵 洞 类 型		
	圆 管 涵	拱 涵	箱 涵
	净 高		
$h \leqslant 3$	$\geqslant h/4$	$\geqslant h/4$	$\geqslant h/6$
$h > 3$	$\geqslant 0.75$m	$\geqslant 0.75$m	$\geqslant 0.5$m

无压力式涵洞、压力式涵洞和倒虹吸涵洞的孔径计算，均见《公路设计手册·涵洞》。

（三）确定孔径

根据上述孔径计算的结果，结合规范的规定及现场调查的情况，互相核对，最后确定孔径和涵高。

（1）涵洞的标准跨径为：0.75、1.00、1.25、1.50、2.00、2.50、3.00、4.00m。在不淤塞的情况下，灌溉涵洞的跨径可小于0.75m，但以不小于0.5m为宜。

（2）当地群众对洪水情况最了解，应当虚心细致地向他们进行调查访问，征求对涵洞位置、孔径大小及涵底标高的意见。

（3）山区越岭线及沿溪线，河沟水流湍急，洪峰历时短，一般为单式河床断面，河槽明显，孔径不宜压缩，可按在同一设计洪水位下的涵洞过水面积与天然河沟过水断面积相等来确定孔径。

（4）洪水时河沟内有大漂石滚动，涵洞孔径应大于漂石直径的两倍。

（5）路线通过泥石流堆积区时，应先按洪水泾流决定孔径，再适当增大。

（6）当路线跨越排灌渠道时，一般应按水利部门及当地群众的意见，其孔径一般不压缩渠道的过水面积。

（7）对于高速公路，一级、二级公路，所跨越的季节性干河沟，应结合农用运输需要，尽量采用立体交叉，一般跨径不小于4.0m，净高不小于2.2m。

（8）平原地区的路线所跨越的天然排水沟或洼地，一般都水面较宽，水流较缓，涵洞孔径允许较大压缩，但要避免涵前壅水过高而淹没农田。

（9）涵洞净高比壅水高度大0.25m；冬季有淹水的涵洞也应比淹水高度大0.25m。

三、涵洞类型与选择

（一）涵洞类型

涵洞可按以下几种情况进行分类。

1.按建筑材料分类

（1）钢筋混凝土涵。用于管涵、盖板、箱涵和拱涵。涵身经久耐用，养护费用少，管涵及盖板涵的施工安装及运输均较便利，但耗钢量较多，预制工序较复杂。

（2）混凝土涵。多用于四铰管、拱涵，少量用于圆管及小跨径的盖板涵。优点是能节约钢材，便于预制。缺点是施工困难，或损坏时修复困难。

（3）石涵。多用于石盖板涵及石拱涵。优点是造价和养护费用低，可节省钢材、水泥，经久耐用。产石地区应当首先考虑采用石涵。

（4）砖涵。主要用于砖拱。砖涵便于就地取材，但在水流含碱量大时和冰冻地区不宜使用。

2.按构造型式分类

（1）管式涵。管式涵洞孔径一般为0.5～1.5m。受力情况及适应基础性能较好，圬工数量小，造价较低，但在低路堤使用时受到限制。在有条件集中预制和运输比较方便的地段多采用钢筋混凝土圆管涵。

（2）盖板式涵。盖板式涵洞建筑高度较低，适用于低路基地段，当涵洞顶不需填土时，可用作明涵。

（3）拱涵。拱涵只要在恒载条件下不变形时，一般超载潜力较大。砌筑技术易掌握，养护费用低，经久耐用，是我国的传统结构类型。

（4）箱涵。适用于软土地基，但因施工困难，造价较高，一般不常采用。

3.按洞顶填土情况分类

（1）明涵。洞顶填土小于50cm，适用于低路堤、浅沟渠处。

（2）暗涵。洞顶填土大于或等于50cm，适用于高路堤、深沟渠处。

4.按水力性能分类

（1）无压力式涵洞。入口水流深度（不是涵前积水深度）小于洞口高度，水面不接触洞顶，具有自由水面。此外，这类涵洞内顶点至最高流水面净高还应满足表6-21的要求。通常所建涵洞大多属于这一类。

（2）半压力式涵洞。入口水深虽大于洞口高度，但水仅在进水口处可充满洞口，而在涵洞全长范围内的其余部分都具有自由水面。通常在涵洞尺寸受路基高度或其他因素限制时采用。

（3）压力式涵洞。入口水深大于进口水高度，在涵洞全长范围内都充满水流，无自由水面。在深沟高路堤或允许壅水，并不危害农田时采用。

（4）倒虹吸管。在路线两侧水深高于涵洞进出水口，路基填土不高时采用。倒虹吸管进出水口必须设置竖井，包括防淤沉淀井，洞内要求严密不漏水。

（二）涵洞型式的选择

选择涵洞类型，主要应考虑以下几点。

1.地形、水文和水力条件

一般新建涵洞，以采用无压力式涵洞为主。只有在不受涵前蓄水限制，不淹没上游农田、村庄设施时，才能用有压或半压力式涵洞。

设计流量10m³/s左右时，一般情况下宜采用圆管涵。

设计流量在20m³/s左右时，若路堤高度可满足最小填土高度，宜采用单孔盖板涵或拱涵。

在低等级路线上，如溪沟流量小于10m³/s，水流中泥砂很少，沟底具有10‰的纵坡，保证不致淤塞时，可考虑采用渗水路堤或加小涵洞的渗水路堤，但冰冻地区不宜采用。一般应与修建涵洞作经济比较后进行选择。

2.造价

一般在山区选择石涵较经济，在缺乏石料地区，选用圆管涵或混凝土盖板涵较经济。在满足流量要求条件下，单孔圆管比混凝土板涵、拱涵经济，四铰管又比钢筋混凝土管涵经济。在流量大处，钢筋混凝土盖板涵比多孔管涵经济。

宣泄同样流量的管涵，单孔比多孔经济。单孔钢筋混凝土盖板涵也比多孔钢筋混凝土管涵经济。采用无压力式圆管涵时，一般不宜超过三孔。

3.取材

应尽可能就地取材，少用或不用钢筋，优先考虑砖石圬工涵洞，山区石料丰富地区，应充分采用石涵。

4.施工条件

同一段道路上不宜采用过多的不同类型的涵洞，以便在条件允许时，便于集中预制、节省模板和保证质量。

5.地质条件

瓦管、混凝土管、拱涵都要求有较坚实的基础，其它类型涵洞也要求基础不能产生过大沉陷，而且沉陷必须均匀。对于软土地基应加以处理，或采用钢筋混凝土箱涵。但必须进行经济比较。

6.养护维修

考虑养护维修的便利，涵洞不宜过长，孔径不宜过小。冰冻地区不宜设小孔径管涵。

7.其他

冰冻地区不宜采用倒虹吸管

四、涵洞洞口、洞身构造

（一）洞身构造

洞身是涵洞的主要部分，最常见截面形式有圆形、矩形、拱形。在一般情况下，同一涵洞洞身截面不变，但为了提高全涵的泄洪排水能力，常抬高入口阶段。圆管涵入口阶段不便抬高。下面着重介绍常用的圆管涵、盖板涵及拱涵的洞身构造。

1.圆管涵

圆管涵的洞身由若干管节、管基组成。管节之间的接缝要求严密不漏水，一般采用热沥青浸炼的麻絮在管内和管外各填壁厚的一半，最后用满涂热沥青的油毛毡围裹两道。

根据材料、受力及地质条件，管基可采用砂砾垫层、水泥混凝土、水泥混凝土加砂砾垫层。为了防止因地基的不均匀沉降或外力过大使涵洞沿纵向受损，采用水泥混凝土管基的圆管涵，应沿纵向设置适量的断缝，断缝处管基也应断开。

建于软土地基上的涵洞，为了避免圆管涵沉降过大而影响使用，涵底纵向宜设置适量的预拱度，保证涵洞在近期及远期都能正常使用。

2.盖板涵

盖板涵的洞身由盖板、墩台身及基础组成。常用的盖板有石盖板、混凝土盖板及钢筋混凝土盖板。常用的墩台身型式是轻型墩台，这类墩台需设置支撑梁，使盖板、墩台身、支撑梁间形成一个静定的四铰刚构，因此，在板未安装前台背禁止填土，以防台身变形或断裂。对于钢筋混凝土盖板涵，墩台帽应注意预埋栓钉，使盖板与墩台联结稳固。支撑梁也可用加厚的涵底铺砌来代替。

3.拱涵

拱涵的洞身由拱圈、护拱、侧墙、墩台身和基础组成。

拱圈常采用圆弧拱，所采用的材料有砖、石和混凝土等。拱圈有等厚和变厚两种，厚度大小由填土高度、设计荷载和所采用的材料确定。

护拱是在接近拱脚处的拱背上用低强度等级的砂浆砌筑的片石或块石部分。为了便于排除桥面渗入的雨水，护拱一般做成斜坡式，并在斜坡上方设防水层。

拱圈两侧上方砌筑侧墙以围挡拱圈填料，侧墙顶宽为0.5～0.75m，内侧俯斜，外侧垂直。为了美观的需要，侧墙外侧通常用块石镶面。

（二）洞口构造

涵洞洞口建筑，是为了使涵洞进出水口与路基衔接平顺，并调节水流状态，保持水流顺畅，使上下游河床、洞口基础和涵侧路基免受冲刷，保证道路正常通车，防止农田受害。

当水流有可能冲刷路基边坡时，其洞口两侧路基边坡，应铺砌加固。对有压力涵洞的上游洞口，其铺砌高度还应保证其涵前水位不侵冲路基。

进出口的河床通常采用干砌或浆砌片石加固。在陡坡河流上，采用急流槽并应使急流槽底粗糙，在流速过大时，须设跌水井及消力槛。

常用的洞口型式有八字翼墙、锥形坡坡、一字墙护坡、上游急流坡（或跌水井）、上游边沟跌水井、下游急流坡、下游接挡土墙附跌水、上下游接渡槽、倒虹吸等，现分述如下。

1.八字翼墙

在洞口设敞开斜置的翼墙，在平面上成八字式。如图6-99所示。这样洞口适用于平坦顺直、纵断面变化不大的河沟。具有水力条件好、工程量小、施工简单等优点，因而是最常用的洞口型式。

2.锥形护坡

在洞口端部设一定长度的端墙，填料沿端墙下溜，形成锥形体。锥坡一般需要铺砌，圬工体积大，不如八字翼墙经济。对于较大较高的涵洞，其稳定性较好。

3.一字墙护坡

在洞口端部设一定长度的端墙，在渠道侧的一定长度内砌石加固。这种洞口常用于规则的人工渠道。如图6-100所示。

图 6-99　八字翼墙洞口

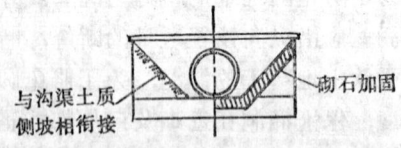

图 6-100　一字墙护坡洞口

4.上游急流坡或上游跌水井

这种洞口的构造如图6-101所示。除岩石地基外，沟底和沟槽边沟均需采用人工铺砌。跌水高度H_1小于建筑高度H_n时，上游洞口可采用跌水井。为了保证土体稳定，上游沟槽开挖纵坡以1:1或1:2为宜。

262

5.上游边沟跌水井

洞口构造如图6-102所示。这种洞口用于排除旁山线较长距离内的边沟及截水沟处的涵洞。

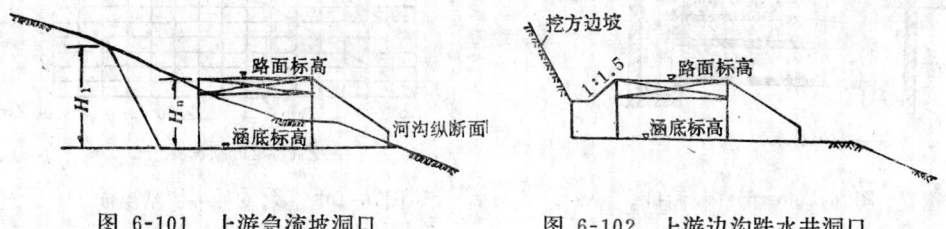

图 6-101　上游急流坡洞口　　　　　图 6-102　上游边沟跌水井洞口

6.下游急流坡及下游接挡土墙附跌水

洞口构造如图6-103及6-104所示。这两种洞口一般用于涵前河沟纵坡大于30%时的涵洞。

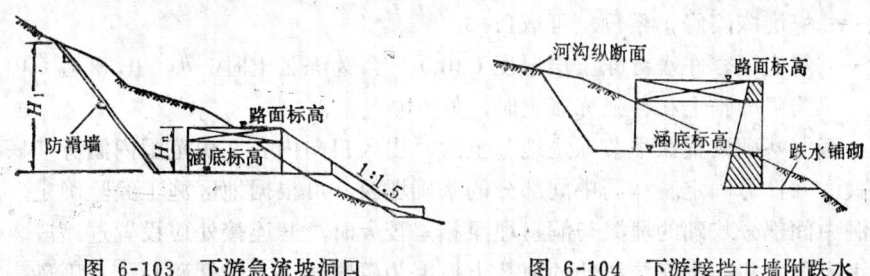

图 6-103　下游急流坡洞口　　　　　图 6-104　下游接挡土墙附跌水

7.上下游接渡槽

洞口由直翼墙、渡槽组成。用于路基两侧有排水边沟的灌溉涵洞。

8.倒虹吸

洞口由竖井、挡水埂组成。其构造如图6-105所示。在路基填土不高,路线两侧水深都高于涵洞进出水口,大多在农田灌溉方面必须设置涵洞时采用。

五、基础的埋置深度与涵底铺砌

（一）基础的埋置深度

涵洞墩台明挖基础的基底埋置深度应符合下列要求。

（1）除岩石、砾石及粗砂地基外,一般应在冰冻线以下不小于0.25m。

（2）设置在岩石上的基础,应清除风化层,但如风化层较厚,清凿有困难时,亦可将基础设置在风化层中。

（3）当墩台基底设置在季节性冻胀土层中时,基底的最小埋置深度可按下式确定:

$$h = Z_0 m_t - h_d \qquad (6-39)$$

式中　h——基础最小埋置深度（m）。对于弱冻胀土的基底埋深,也可根据标准冻深值Z_0,从图6-106查得。

　　　Z_0——标准冻深（m）。可采用地表无积雪和草皮覆盖条件下多年实测最大冻深的平均值。当无实测资料时,可参照《公路桥涵地基与基础设计规范·JTJ 024—85》内的标准冻深线图3.1.1-2,结合实地调查确定。也可根据当地气象观测资料按下式估算:

263

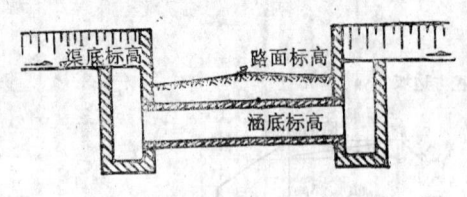

图 6-105 倒虹吸洞口

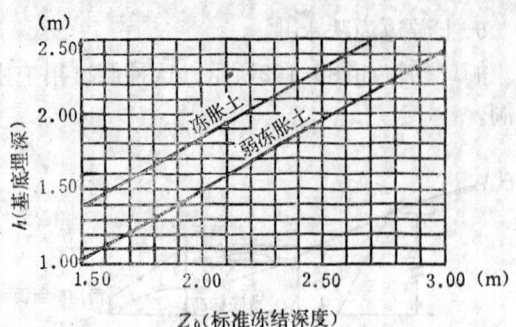

图 6-106 Z_0（标准冻结深度）

$$Z_0 = 0.28\sqrt{\Sigma T + 7} - 0.5 \qquad (6\text{-}40)$$

ΣT——低于0℃的月平均气温的累积值（取连续十年以上的年平均值），以正号代入；

m_t——标准冻深修正系数，可取1.15；

h_d——基底下容许残留冻土层厚度（m）；当为冻胀土时，$h_d = 0.22 Z_0$（m）；当为强冻胀土和特强冻胀土时，$h_d = 0$。

（4）涵洞基础设置在季节冻土地基上时，出入口向内各2 m范围内涵身基底的埋置深度可按式6-39计算确定。涵洞中间部分的基础埋深，可根据地区施工经验确定。严寒地区，当涵洞中间部分基础的埋深与洞口埋深相差较大时，其连接处应设置过渡段。冻结深度地区，也可采取将基底至冻结线处的地基土换填为粗颗粒土（包括碎石土、砾砂、粗砂、中砂，但其中粉粒含量≤15％，或粒径小于0.1mm的颗粒≤25％）的措施。

（5）涵洞基础，在无冲刷处，除岩石地基外，应在地面或河床底以下至少埋深1 m；如有冲刷，基底埋深应在局部冲刷线以下不少于1 m。

（6）涵洞基础底面，如河床上有铺砌层时，宜设置在铺砌层顶面以下1 m。

（7）当基底下有软土层时，为了将基础置于好土层上或需要人工加固地基时，往往增加基础的埋置深度。

（8）当涵洞位于陡坡上时，基础应做成台阶状。阶高与阶长之比，不宜小于1:2，以免造成台阶过于短高，在转折处可能产生裂缝。

（二）涵底铺砌

在一般情况下，涵洞的洞身、洞口都采用片石铺砌。在进出洞口及涵身的铺砌部分，原地面标高低于铺砌层底面的地段，不得用素土填垫，应用碎石、片石等材料铺砌。

由于出水洞口河床受水流冲刷引起的病害较多，因此应注意对出水洞口河床的处理。

（1）在纵坡小于3％的涵洞，出水口流速小于土壤的允许冲刷流速时，一般下游洞口河床可不做处理，否则应加跳坎或抛填片石加固。

（2）在自由流出式涵洞下游，为减少工程量，在涵洞出水口根据不同情况可分别设置一级、二级或三级跳坎。跳坎可采用块石或混凝土预制块砌筑，如图6-107。

六、涵洞长度与工程数量计算

（一）涵洞长度计算

本文仅介绍常见的涵洞长度计算公式。对于一些在特殊情况下设置的涵洞长度计算公式，长度计算图表，《公路设计手册·涵洞》内有详细的介绍，本文不再赘述。

（1）涵洞与路线正交（图6-108）。

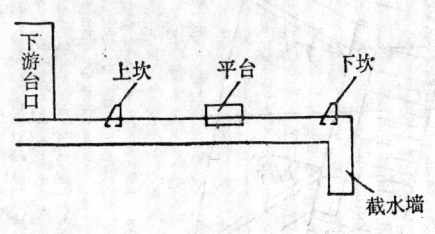

图 6-107　跳坎的一般布置图

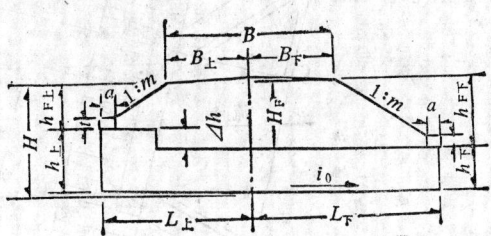

图 6-108　正交洞身

涵洞长度

$$L = L_{上} + L_{下} \tag{6-41}$$

由

$$L_{上} = B_{上} + m(H - h_{上} - L_{上}i_0)$$

$$L_{上}(1 + mi_0) = B_{上} + m(H - h_{上})$$

得：

$$L_{上} = \frac{B_{上} + m(H - h_{上})}{1 + mi_0} \tag{6-42}$$

由

$$L_{下} = B_{下} + m(H - h_{下} + L_{下}i_0)$$

$$L_{下}(1 - mi_0) = B_{下} + m(H - h_{下})$$

得：

$$L_{下} = \frac{B_{下} + m(H - h_{下})}{1 - mi_0} \tag{6-43}$$

当帽石底端墙外缘不位于路基边坡延线上时，则在式（6-42）内以 $h_{上} + t$ 代替 原式的 $h_{上}$，在式（6-43）内以 $h_{下} + t$ 代替原式的 $h_{下}$，并计入 a 值，则得：

$$L_{上} = \frac{B_{上} + m(H - h_{上} - t) + a}{1 + mi_0} \tag{6-44}$$

$$L_{下} = \frac{B_{下} + m(H - h_{下} - t) + a}{1 - mi_0} \tag{6-45}$$

（2）涵洞与路线斜交，斜交洞口如图6-109。

由图6-108及图6-109可知：

$$L_{上} = \frac{B_{上} + m(H - h_{上} - L_{上}i_0)}{\cos\varphi}$$

由

$$L_{上}\cos\varphi = B_{上} + m(H - h_{上} - L_{上}i_0)$$

$$L_{上}(\cos\varphi + mi_0) = B_{上} + m(H - h_{上})$$

得：

$$L_{上} = \frac{B_{上} + m(H - h_{上})}{\cos\varphi + mi_0} \tag{6-46}$$

由

$$L_{下} = \frac{B_{下} + m(H - h_{下} + L_{下}i_0)}{\cos\varphi}$$

$$L_{下} = B_{下} + m(H - h_{下} + L_{下}i_0)$$

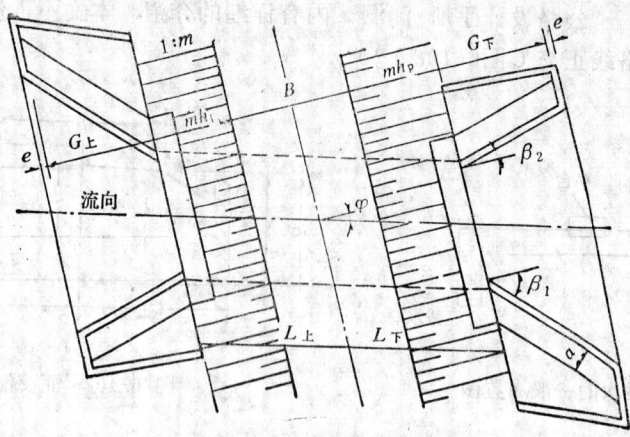

图 6-109 斜交涵洞、斜做洞口

$$L_{\overline{F}}(\cos\varphi - mi_0) = B_{\overline{F}} + m(H - h_{\overline{F}})$$

得：
$$L_{\overline{F}} = \frac{B_{\overline{F}} + m(H - h_{\overline{F}})}{\cos\varphi - mi_0} \qquad (6\text{-}47)$$

（3）涵洞与路线斜交，洞口正做如图6-110。

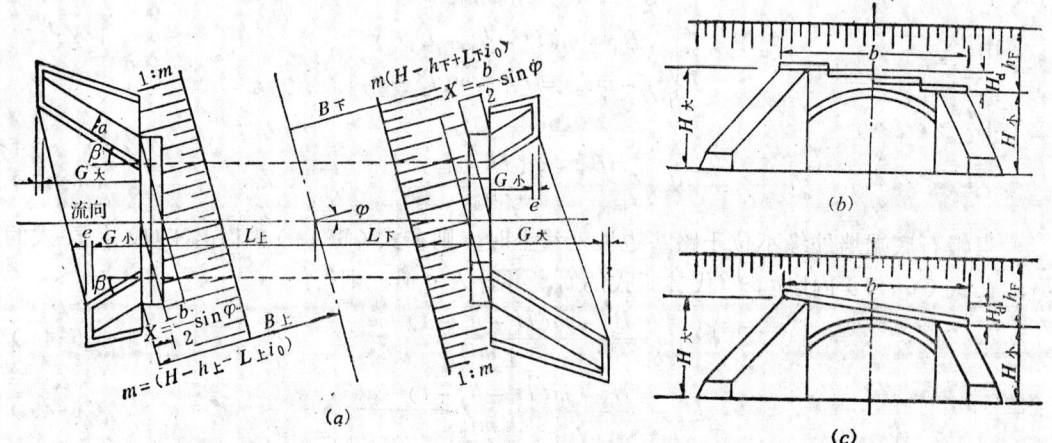

图 6-110 斜交涵洞、正做洞口
(a)平面图；(b)台阶式端墙；(c)斜坡式端墙

斜交正做涵洞，一般是先确定小翼墙高度，并使 $H_{\text{小}} = h_{\text{上、下}}$，然后按 $H_{\text{小}} + H_{\text{d}}$ 算出 $H_{\text{大}}$，并宜使其不高出路肩。如高出路肩，则路基与翼墙边坡的衔接不好处理。

当按 $h_{\text{上、下}} = H_{\text{小}}$ 计算出口涵长时，则中间部分应减去 $\dfrac{x}{\cos\varphi \pm mi_0}$。当正做洞口，两翼墙的张角一般均相等。此时 $x = b/2\sin\varphi$。按式（6-46）及（6-47）可得：

$$\because L_{\text{上}} = \frac{B_{\text{上}} + m(H - h_{\text{上}})}{\cos\varphi + mi_0} - \frac{0.5b\sin\varphi}{\cos\varphi + mi_0}$$

$$\therefore L_{\text{上}} = \frac{B_{\text{上}} + m(H - h_{\text{上}}) - 0.5b\sin\varphi}{\cos\varphi + mi_0} \qquad (6\text{-}48)$$

$$\therefore L_{\overline{F}} = \frac{B_{\overline{F}} + m(H - h_{\overline{F}})}{\cos\varphi - mi_0} - \frac{0.5b\sin\varphi}{\cos\varphi - mi_0}$$

$$\therefore L_{下} = \frac{B_{下} + m(H - h_{下}) - 0.5b\sin\varphi}{\cos\varphi - mi_0} \tag{6-49}$$

在工程实际中，常采用出檐办法，将帽石长度 b 调整为较整齐的数值。大小翼墙的高度差 $H_d = \dfrac{b\sin\varphi}{m}$，大翼墙高度 $H_大 = H_小 + H_d$。

在一般情况下，上游的大翼墙高度如不高出路肩，则下游也一样。但因有路基纵坡的影响，二者也不经常一致。有时需分别进行计算。

（二）工程数量计算

1. 拱圈（圆弧拱）

如图6-111所示，拱圈的单孔每米体积：

$$V_{拱圈} = \varphi_0(2Rd + d^2) \tag{6-50}$$

式中

圆弧拱半径：

$$R = \frac{L_0}{2}\left(\frac{L_0}{4f_0} + \frac{f_0}{L_0}\right)$$

半圆心角：

$$\varphi_0 = \arcsin\frac{L}{2R}$$

d —— 拱圈厚度。

2. 圆弧拱侧墙

如图6-112所示，单孔全桥的侧墙体积：

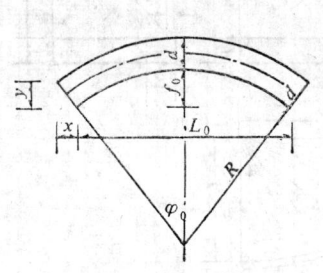

图 6-111 等截面圆弧拱

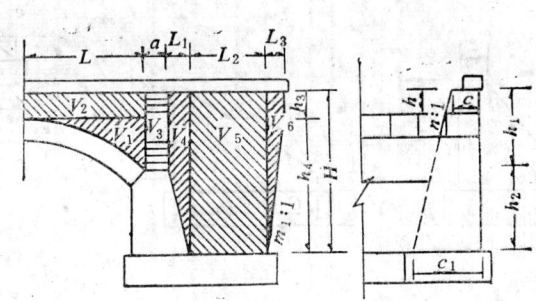

图 6-112 圆弧拱侧墙

$$V_{侧墙} = 4(V_1 + V_2 + V_3 + V_4 + V_5 + V_6) \tag{6-51}$$

上式中体积 V_1 按表（6-22）计算

表 6-22

$\dfrac{f_0}{L_0}$	V_1
$\dfrac{1}{2}$	$0.2146\left(c + \dfrac{h}{n}\right)L^2 + 0.0479\,\dfrac{L^3}{n}$
$\dfrac{1}{3}$	$0.1828\left(c + \dfrac{h}{n}\right)L^2 + 0.0313\,\dfrac{L^3}{n}$
$\dfrac{1}{4}$	$0.1503\left(c + \dfrac{h}{n}\right)L^2 + 0.0212\,\dfrac{L^3}{n}$

$$V_2 = \left(c + \frac{h}{2n}\right)h \cdot L$$

$$V_3 = \left(c + \frac{h}{2n}\right)h_1 \cdot a$$

$$V_4 = \left(h_1 + \frac{h}{n}\right) \cdot c \cdot L_1 + \frac{H^3 - h^3}{6mn}$$

$$V_5 = \frac{1}{2}(c + c_1) \cdot H \cdot L_2$$

$$V_6 = \frac{1}{12} \cdot L_3 \cdot \left[\left(2c + \frac{h_3}{n}\right) \cdot h_3 + \left(5c + c_1 + \frac{H}{n}\right) \cdot H\right]$$

3.八字翼墙（见图6-113）

（1）墙身体积（一个翼墙）

$$V_{\text{身}} = \frac{H + h}{2} \cdot G \cdot c + \frac{m_0(H^3 - h^3)}{6n_0} \tag{6-52}$$

（2）基础体积（一个基础）

$$V_{\text{基}} = \left(\frac{c_1 + c_2}{2} + e_1 + e_2\right)G \cdot d \tag{6-53}$$

4.锥形护坡

如图6-114所示，一个锥坡体积：

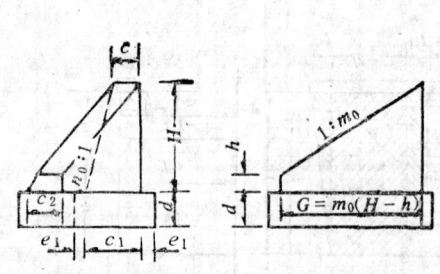

图 6-113　八字翼墙图式　　　　　图 6-114　锥形护坡图式

$$V_{\text{锥}} = \frac{\pi}{12}n \cdot n' \cdot H^3 \cdot \left[c \cdot \frac{t}{H} - D\left(\frac{t}{H}\right)^2 + E\left(\frac{t}{H}\right)^3\right] \tag{6-54}$$

式中

$$c = 1.5(A + B)$$

$$D = A \cdot B + \frac{1}{2}(A + B)^2$$

$$E = \frac{1}{2}(A^2 \cdot B + A \cdot B^2)$$

而：

$$A = \frac{\sqrt{1 + n^2}}{n^2}$$

$$B = \frac{\sqrt{1 + n'^2}}{n'^2}$$

$$V_{锥} = \frac{\pi}{4}[H(nb + n'a) + e(a + b) - a \cdot b] \times T \qquad (6\text{-}55)$$

当 $n = 1.5$, $n' = 1.0$ 时

$$V_{锥坡} = H \cdot t(1.54 \cdot H - 2.0 \cdot t) \qquad (6\text{-}56)$$

除了上述以外的其它涵洞工程量计算，均较简单，本文不再介绍。

七、涵洞标准设计与成果

涵洞设计中，为提高质量、降低造价、方便设计、便于批量生产和施工养护方面的需要，常采用标准设计。标准设计是将涵洞跨度、主要构造尺寸、统一标准、规格按模数化尺寸的设计。目前一般结构的公路涵洞按不同跨径、不同结构类型制定了标准设计图供设计使用。在标准设计时应因地制宜，就地取材，便于施工养护，并根据地形、地质、水文条件，合理选择桥涵类型，套用标准设计图进行设计。涵洞（小桥）标准设计步骤如下。

（一）涵洞位置的选定

1. 调查收集资料

根据道路既定路线，沿线调查收集气象、水文、地形、地质、土壤、农田水利、地表植被、材料、施工条件等资料。

2. 选定涵洞位置

根据路线走向，结合道路路线平、纵、横设计与路基排水要求，农田水利排灌需要，合理选择桥涵位置，确定涵洞中心桩位，测定涵洞中心桩地面标高、河床断面、沟底纵坡，完成该处地质、水文地质及洪水位的调查工作。

（二）涵洞孔径的确定

1. 确定设计流量

设计流量是确定桥涵孔径及类型的主要依据。设计流量的计算确定方法有以下几种。

（1）直接类比法。这种方法主要是在新建涵洞河道的上、下游或邻近河沟上对已建成涵洞的类型、孔径、使用情况、洪水位等方面的调查，通过分析拟定新建涵洞设计流量的方法。

（2）形态调查法。形态调查法是通过调查涵洞位置的河槽形态，设计洪水位，取得拟建涵洞位置河槽断面的泄水面积、平均流速等资料确定设计流量的方法。

（3）径流形成法

径流形成法是对拟建涵洞上游汇水区域内形成最大流量的暴雨强度、雨量、土壤和植被吸水量、径流形成时间等因素来确定设计流量的方法。

计算设计流量应按桥涵所在地区的水文条件、径流性质，合理选择计算公式。一般小流域以径流法为主，大流域以形态调查法为主，有条件时采用直接类比法。并采用多种方法进行核对，通过分析，合理确定设计流量。设计流量的各种计算方法详见《桥涵水力水文》一书。

2. 选择涵洞类型

涵洞的类型选择首先满足宣泄设计流量需要，还应结合涵洞所处的地形、地质和水文条件，结合路基设计标高、河床沟底标高、洞顶填土高度、材料供应及施工条件，并注意考虑同一路段内尽量使涵洞类型统一（便于施工）等条件，从标准图中选择决定涵洞类型。

3. 涵洞孔径的确定

涵洞孔径大小必须满足水流设计流量在孔径顺利排泄这一目标，同时保证桥涵、路基使用安全，河道不产生冲刷破坏，涵孔不发生淤积堵塞现象。因此在套用标准图确定桥涵孔径时应考虑以下方面。

（1）涵洞净高。常用的无压式涵洞的洞身净高（$h_{洞}$）的确定与涵前水深（$h_{进}$）和涵前壅水高度（H）应符合以下关系：

①
$$h_{洞} > \frac{H}{1.2} \qquad\qquad (6-57)$$

②
$$h_{洞} \geqslant h_{进} + \varDelta$$

式中　$\varDelta$——无压涵洞进口处净空高度规定，按表6-21取值。

（2）涵洞跨径。根据确定的涵洞类型，涵洞净高，为满足设计流量通过的要求。常采用以下简化公式拟定涵洞跨径：

盖板涵与箱涵：

$$B = \frac{Q}{1.575 H^{\frac{3}{2}}} \qquad\qquad (6-58)$$

石拱涵：

$$B = \frac{Q}{1.422 H^{\frac{3}{2}}} \qquad\qquad (6-59)$$

圆管涵：

$$d = \left(\frac{Q}{1.69}\right)^{\frac{2}{5}} \qquad\qquad (6-60)$$

式中　B——涵洞宽，即净跨径（m）；

　　　d——圆管涵直径（m）；

　　　Q——设计流量（m³/s）；

　　　H——涵前壅水高度，$H = \dfrac{h_{进}}{\beta}$，（m）；

　　　β——壅水降落系数，取$\beta = 0.87$；

【例】　某钢筋混凝土盖板涵，设计流量$Q = 2$m³/s，计算其孔径。

【解】　拟定$h_{洞} = 1$（m），设为无压力式涵洞，由表6-21得

$$\varDelta = \frac{1}{6} h_{洞} = \frac{1}{6} = 0.16（m）$$

$$h_{进} = h_{洞} - \varDelta = 1 - 0.16 = 0.84（m）$$

$$H = \frac{h_{进}}{\beta} = \frac{0.84}{0.87} = 0.966（m）$$

$$B = \frac{2}{1.575 \times (0.966)^{\frac{3}{2}}} = 1.34（m）$$

选用涵洞孔径为　　　　　　　　　$1-1.5 \times 1$

验算：　　　　　　$1.2 h_{洞} = 1.2 \times 1 = 1.2(m)$

$$H < 1.2 h_{洞}$$

符合无压式涵洞条件，选择孔径合理。

（3）孔径的确定。对涵洞孔径的确定除满足设计流量通过的要求外，同时必须注意，孔径对河道压缩引起水位提高及涵下流速加大的问题，若设计中涵洞跨径定的过小，

270

可以降低工程费用,但上游壅水高度增加导致涵高与路基高度增加,同时水流加快增加涵底河床的加固工程费用。因此,涵洞孔径确定必须依据设计流量与涵孔通过流量的关系,合理解决流速、涵前壅水高度与工程造价等问题,所以在计算确定涵洞孔径时应考虑以下几点。

①涵洞孔径的确定是以涵洞孔径的容许通过流量($Q_通$)满足设计流量(Q)通过为准,即$Q_通 > Q$。

②套用标准图,应根据设计流量拟定标准孔径后,再进行该孔径的通过流量及各项水力特性计算并与设计流量和规定数据核对,相差不超过10%时,认为设计合理。

③当涵洞控制净高受到限制时,应考虑适当增大跨径、加大过水面积的方法,提高宣泄能力,同时可改变流速,减小河床冲刷。

④当河床纵坡、河床断面地形影响水流流速较大,用增大涵洞跨径方法无法避免沟底冲刷时,应根据流速对涵底河床采取合理的人工加固措施。

⑤对于平坦地形,沟底纵坡很小时,涵洞孔径设计应不小于1 m,为便于清淤,宜设有一定的涵底纵坡,以防淤积堵塞。

（三）涵洞设计

1.涵洞布置

根据涵址中桩处的地形、地质资料及已选定的涵洞类型、孔径查套标准设计图,常套用河北交通规划院《小桥涵设计手册》,选择适宜的型式对各桩位的涵洞进行布置设计,完成涵洞总体布置,如图6-115,对斜涵尚应绘出平面图。布置图中应能反映:

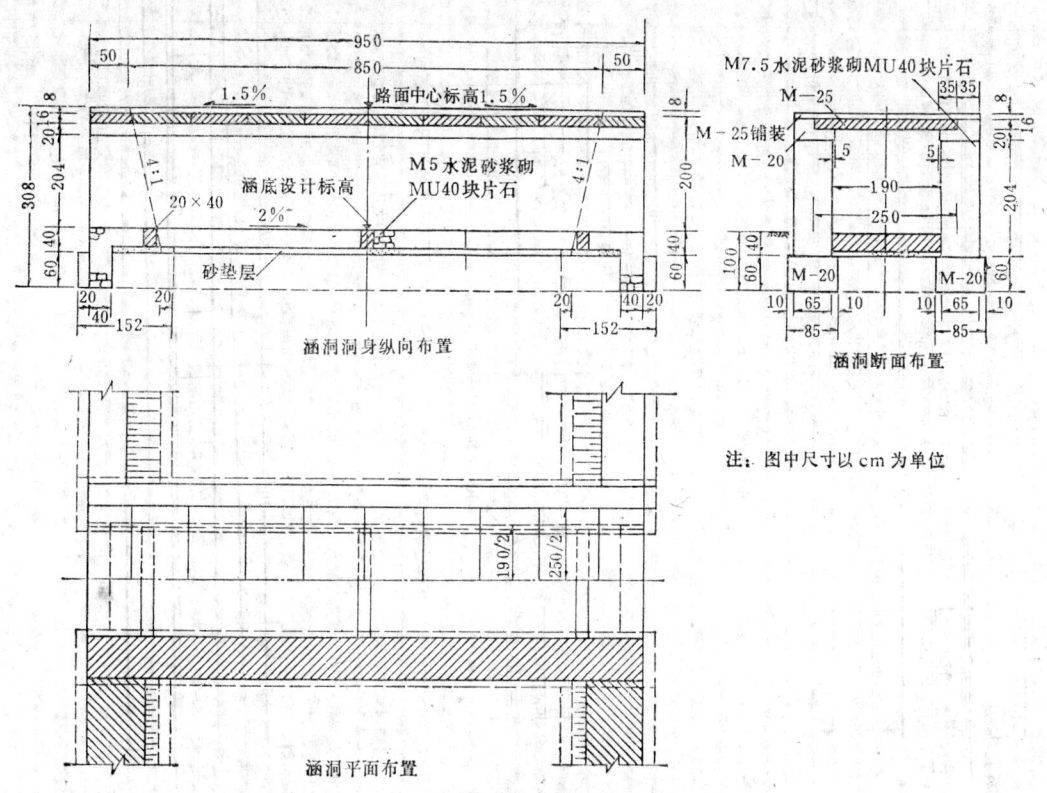

图 6-115 涵洞总体布置图

271

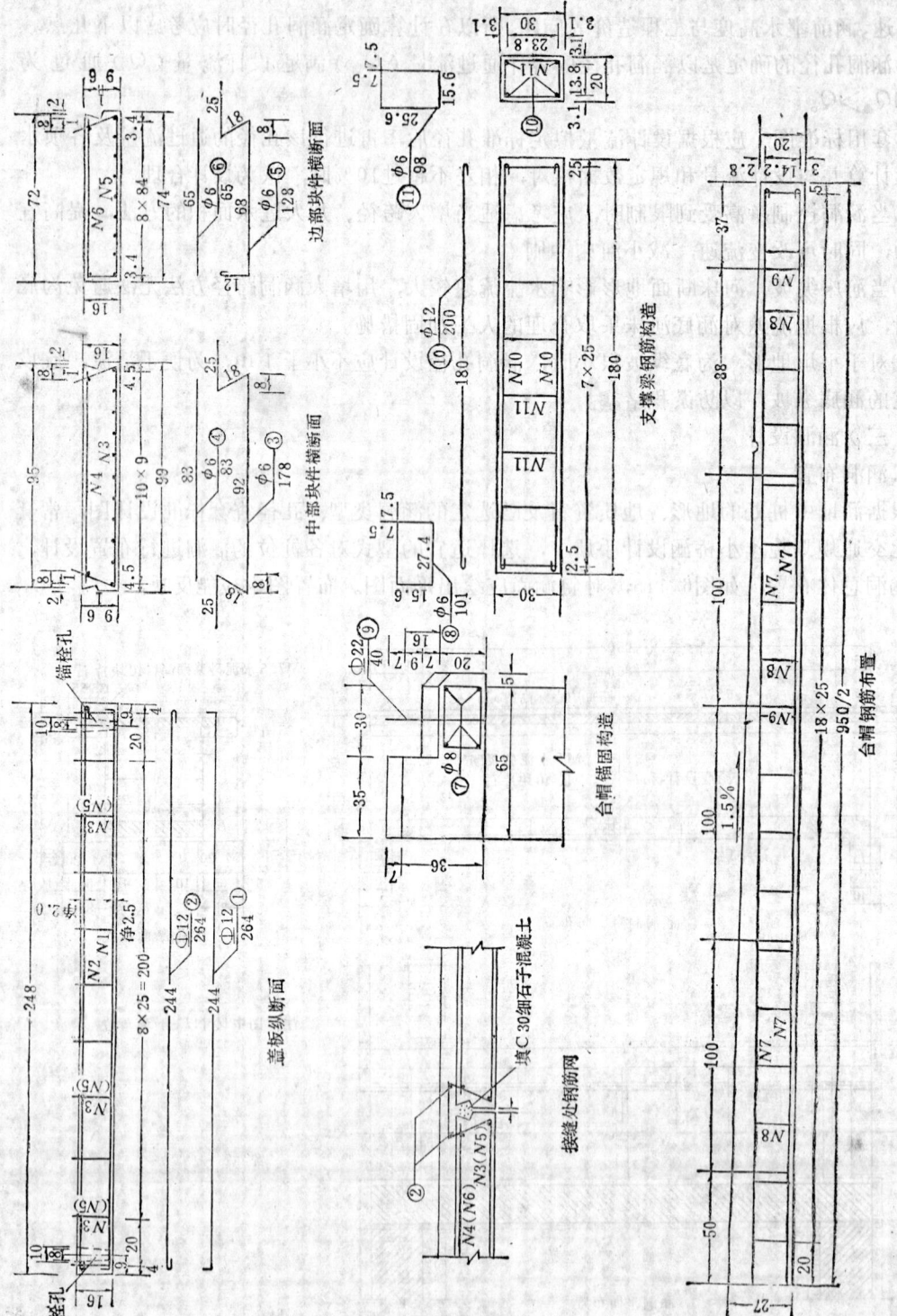

边部块件横断面

中部块件横断面

盖板纵断面

支撑架钢筋构造

台帽锚固构造

接缝处钢筋网

台帽钢筋布置

图 6-116 涵洞结构设计图

272

①涵洞与原地面的关系，涵洞纵向布置情况。

②涵底铺砌、涵洞基础埋深及布置情况。

③涵洞孔径、孔数与洞身结构型式与布置。

④涵洞进口、出口采用的结构型式、洞口布置情况与洞口原地面处理方案。

⑤涵洞与路线相交关系及涵顶填土高度关系。

⑥注明各部分尺寸、高程、比例等。

2.涵洞结构设计

根据已确定的涵洞类型与孔径，在套用标准图确定涵洞结构构造时，应使标准图中涵洞结构的荷载标准、洞顶填土高度、洞口形式等与实际情况相符。并根据标准设计图绘制完成结构设计图，如图6-116。图中应表示：

①涵洞结构与各构造部分的名称、尺寸、形式。

②各构造部分组成材料的品种、规格、形状、尺寸、位置。

③注明各部分施工要求与施工措施。

（四）设计成果

对于一个设计路段的涵洞设计必须采用统一标准设计，应尽量做到类型统一，孔径统一，构件的尺寸、规格统一，以便于定型生产，加快施工进度，方便采购材料，利于养护，降低工程费用。涵洞设计完成并提供以下设计成果：

（1）涵洞总体布置图

（2）涵洞洞身结构与细部构造设计图

（3）涵洞上下游防护与洞口设计图

（4）涵洞设计一览表

（5）涵洞工程数量表

（6）挖基工程数量表

参 考 文 献

1.编写组.公路设计手册.北京：人民交通出版社出版，1982

2.河北交通规划设计院编.公路小桥手册.人民交通出版社出版，1988

3.北京市政设计院编.城市道路设计手册.北京：中国建筑工业出版社出版，1986

4.中华人民共和国交通部部标准.公路设计规范汇编.北京：人民交通出版社出版，1990

5.中华人民共和国交通部部标准.公路桥涵设计规范.北京：人民交通出版社出版，1990

6.中华人民共和国交通部部标准.公路工程技术标准（JTJ 01—88）.北京：人民交通出版社出版，1989

7.周荣沾主编.城市道路设计.北京：人民交通出版社出版.1988

8.西安公路学院主编.公路勘测设计.北京：人民交通出版社出版，1980

9.金效仪主编.路基路面工程.北京：人民交通出版社出版，1987

10.李永珠主编.桥梁工程.北京：人民交通出版社出版，1988

11.朱永明主编.公路勘测设计.北京：人民交通出版社出版，1987

12.张正林主编.公路工程.北京：人民交通出版社出版，1987

13.[日]大塚勝美、木仓正美著，沈华春译.公路线型设计.北京：人民交通出版社出版，1981